普通高等教育“十三五”规划教材
人工智能与自动化专业规划教材

生产过程控制系统及仪表

张治国　李文江　胡学海　编著

電子工業出版社
Publishing House of Electronics Industry
北京・BEIJING

内 容 简 介

生产过程控制是自动化学科的重要组成部分，是跨接在自动控制原理和工业实践应用之间的桥梁，是将自动控制理论灵活应用于工业生产实践不可或缺的部分。本书从工业自动控制系统的基本组成结构出发，逐一介绍过程控制中的对象模型、执行器、控制器、检测仪表（压力、温度、流量、物位、成分的检测）、变送器，以及相关的本安防爆技术。分析上述组成部分在控制系统中的作用及工作原理，进而引出上述仪表性能和特性对控制系统设计的相关意义。同时，本书以上述仪表相关知识为基础，论述过程控制系统的基本设计方法，详细描述被控参数、控制参数、干扰通道、控制通道选择对控制系统的影响，并以控制系统基本设计方法为出发点，引入前馈、串级、纯滞后、比值、均匀、选择性、分程等特殊控制系统的设计方法和基本思路。在描述控制系统的设计过程中，本书尝试从控制理论中的频域理论角度，分析和设计生产过程控制系统。本书最后介绍自适应、预测、专家、模糊、集散等先进过程控制方法。本书共9章，每章附有思考题与习题，并提供配套电子课件和习题参考答案等。

本书可作为高等学校自动化专业及石化、电子、轻工等专业本科高年级和研究生相关课程的教材或参考书，也可供工业控制工程技术人员学习参考。

图书在版编目（CIP）数据

生产过程控制系统及仪表 / 张治国，李文江，胡学海编著．—北京：电子工业出版社，2021.1

ISBN 978-7-121-39900-8

Ⅰ．①生… Ⅱ．①张… ②李… ③胡… Ⅲ．①生产过程控制—自动控制系统—高等学校—教材 ②生产过程控制—自动化仪表—高等学校—教材 Ⅳ．①TP278 ②TH86

中国版本图书馆 CIP 数据核字（2020）第 214716 号

策划编辑：王羽佳
责任编辑：底　波
印　　刷：涿州市京南印刷厂
装　　订：涿州市京南印刷厂
出版发行：电子工业出版社
　　　　　北京市海淀区万寿路 173 信箱　邮编　100036
开　　本：787×1 092　1/16　印张：15.5　字数：434 千字
版　　次：2021 年 1 月第 1 版
印　　次：2021 年 1 月第 1 次印刷
定　　价：49.00 元

凡所购买电子工业出版社图书有缺损问题，请向购买书店调换。若书店售缺，请与本社发行部联系，联系及邮购电话：（010）88254888，88258888。

质量投诉请发邮件至 zlts@phei.com.cn，盗版侵权举报请发邮件至 dbqq@phei.com.cn。

本书咨询联系方式：（010）88254535，wyj@phei.com.cn。

前　　言

生产过程控制是自动化应用领域的重要分支，其在电子、冶金、硅酸盐、轻工等生产中有着广泛的应用。由于过程控制技术的应用，可以大大促进工业生产的自动化程度，进而提高劳动生产效率、产品质量，并降低生产安全风险，因此近年来该领域技术的应用和发展，已经极大地优化了各类工业生产的技术经济指标和生态环境，在很多工业生产环节中实现了“无人化”和现代化，从而减轻工人的劳动强度。

生产过程控制及相关仪表知识是自动化专业的主要课程之一。本书基于“系统、实用、全面”的原则，尝试将自动控制的基本理论同工业生产实践相结合，系统介绍了生产过程控制系统设计的基本方法，以及相关仪表性能对该系统设计的影响，并从控制论频域的角度分析了过程控制系统设计的基本方法和理论。通过对本书的学习，学生可以全面理解各类典型过程控制的组成、特点及相关仪表选型，掌握过程控制系统设计和调试的一般过程和基本方法，并对现代过程控制系统的发展进行全面了解。全书在章节安排上，力求内容系统完整，逻辑关系相互衔接，便于阅读。

本书共 9 章，参考教学时数 48 学时，具体包括第 1 章绪论、第 2 章过程控制中的对象模型、第 3 章过程控制中的执行器、第 4 章控制器与控制算法实现、第 5 章过程控制中的检测仪表（压力、温度、流量、物位、成分的检测）、第 6 章显示变送原理和安全栅、第 7 章简单控制系统设计、第 8 章复杂控制系统（包括前馈、串级、纯滞后、比值、均匀、选择性和分程控制）、第 9 章先进过程控制技术（自适应控制、预测控制、专家系统、模糊控制、神经网络控制、集散控制及计算机控制）。每章附有思考题与习题。

本书提供配套电子课件和习题参考答案，请登录华信教育资源网（http://www.hxedu.com.cn）免费注册后下载。

本书第 2、4、5、7、8 章由张治国编写，第 1 章由李文江编写，第 3、6、9 章由李文江和胡学海共同编写。全书由张治国统稿。电子科技大学自动工程学院教授曾勇、吴小娟仔细审阅了书稿，并提出了许多宝贵的意见和建议，这些建议对于本书的完善与提高起到了极为重要的作用。另外，研究生崔琼和袁嘉泽参与了本书的资料收集和部分文字整理工作。在此一并表示感谢。

作者在多年从事生产过程控制的教学及相关科研工作中，曾得到许多专家、教师、朋友的帮助和支持；在本书编写过程中参考了许多专家、学者的文章、著作及相关文献，在此一并表示感谢。

由于作者水平有限，书中存在疏漏、错误在所难免，恳请广大读者批评指正。

作　者

目　录

第 1 章　绪　　论

1.1　过程控制系统定义与特性

在工业生产流水线中，生产过程是指各种生产装置或设备之间，物质和能量的交换及相互作用。表征生产过程的主要参数有温度、压力、流量、液位、成分、浓度等。

在生产过程中，对工艺生产指标及各设备之间物质和能量交换的配合协作控制，称为过程控制。过程控制的理论和方法在生产生活中应用广泛，从饮水机、电饭锅、热水器、空调的温度控制，到加热炉、储液罐、混合池、电站锅炉等大型设备的生产指标控制，再到轻工、化工、石油、冶金、电力、核能、建材等大型工业领域的流水线协作配合控制，过程控制都扮演着不可或缺的角色，因此过程控制是自动控制应用最为重要的领域之一。

同时过程控制也是各种自动控制理论应用最为广泛、存在控制问题和难点最多的领域之一。这是因为和其他控制应用领域相比，它存在以下特点。

1．生产过程的连续性

在过程控制系统中，大多数被控过程以长期或间歇的形式运行，在设备中被控变量不断地受到各种扰动的影响。

2．被控过程的复杂性

过程控制涉及范围广，被控对象较复杂，有些机理过程（如发酵、生化过程）至今尚未被人们掌握，其次一些大型设备（热电站锅炉和燃烧炉膛）结构复杂，分布式参数特点明显，内部物质和能量交换很难被精确描述，这导致人们常常难以建立这些工业系统精确的数学模型，因此很难设计适应各种过程的控制系统。

3．控制方案的多样性

由于过程控制系统几乎涵盖了工业生产的各个部门和生产环节，因此其研究的对象、工艺种类繁多，特性各异，这使得各种控制理论和方法在该领域有着十分广泛的应用市场。控制领域中的各种方案，从传统的单变量、PID 控制，到多变量、计算机集散系统控制，再到比值、前馈、反馈、分程、选择、解耦等复杂控制，都被普遍应用于生产过程控制系统。不仅如此，目前诸如自适应控制、预测控制、模糊控制等现代控制技术，也被越来越多地应用到过程控制系统中，这使得现代过程控制形式多样，控制方案种类繁多。

4．过程控制的主要形式是定值控制

工业生产线的运作需要物料和燃料添加的稳定性，如化学反应炉在生产时需要恒定的压力和温度。因此，在很多情况下，过程控制的目的在于排除干扰，保证被控变量稳定在给定值的范围内，从而保证产品的质量和产量。这需要大量使用定值控制，因此定值控制仍是目前过程控制的主要形式。

5．检测和控制仪表是过程控制系统的主要组成部分

过程控制可以表述为应用检测仪表测量被控变量，并将检测结果转变成信号，控制仪表根据检测信号进行运算，进而按照运算结果控制执行器，实现对被控对象的控制。因此，过程控制可以分为控制和检测两部分，而检测和控制仪表是构成上述两部分的主要元素。在现代工业体系中，它们都具有标准的信号制式，可以做到互连、互换和互操作。

1.2　过程控制系统类型和组织形式

由于控制过程复杂多样，因此过程控制方案种类丰富。基于控制方案不同，过程控制系统有多种分类方法。按控制参数分为温度控制系统、压力控制系统、流量控制系统；按被控变量的数量分为单变量控制系统、多变量控制系统；按控制器类型分为常规仪表控制系统和计算机控制系统，而计算机控制系统还可分为DDC、DSC和现场总线控制系统（FCS）；按控制动作规律分为P控制系统、I控制系统、PI控制系统、PD控制系统、PID控制系统。

在讨论控制原理时，常采用以下两种分类方法。

1．按给定值特点不同分类

➢　定值控制系统

定值控制系统是指以将被控变量稳定或控制在某一固定值（给定值）为目标的控制系统。它能通过克服来自系统内部或外部的随机扰动，使被控变量长期保持在一个期望值附近。在工业生产过程中，大多数工艺参数（温度、压力、流量、液位、成分等）都要求保持恒定。因此，定值控制系统是工业生产过程中应用最多的一种控制系统。

➢　随动控制系统

随动控制系统为给定值随时间不断变化的控制系统，即被控变量的控制目标随时间发生变化，这种系统也常被称为伺服系统。它的主要作用是克服一切扰动，使被调量随时跟踪给定值，如锅炉燃烧过程控制中，为了保证燃料充分燃烧，要求空气中的含氧量随燃料量成比例变化，而燃料量又是随负荷变化的，负荷的变化规律则由外部电网需求决定。

➢　程序控制系统

程序控制系统是指被控变量的给定值按预定的程序变化的控制系统，又称为顺序控制系统。这类系统多用于工业炉、干燥设备，以及周期性工作的加热设备。例如，合成纤维锦纶生产中熟化缸的温度控制和冶金工业中金属热处理温度控制，在这些控制中，给定值按照预定的程序进行升温、恒温和降温变化。

2．按系统结构特点分类

➢　反馈控制系统

反馈控制系统按照被控变量与给定值的偏差进行调节，从而达到减小或消除偏差的目的，偏差值是系统调节的依据。反馈控制系统由被控变量反馈通道构成闭合回路，所以又称为闭环控制系统。反馈控制系统是过程控制系统的基本结构形式。

➢　前馈控制系统

前馈控制系统是通过测量扰动，进而以基于扰动变化进行控制的系统。其主要目的在于根据扰动量的大小额外附加控制变量，以抵消扰动对被控变量的影响，因此干扰通道的数学模型是其进行控制器设计的主要依据。前馈控制系统并不对被控变量进行反馈，因此它也是一种开环控制，很少在控制系统中单独使用，往往需要跟反馈控制相结合。

➢　前馈-反馈复合控制系统

在面对强干扰时，将前馈和反馈控制结合起来是一种常见的控制手段，这种复合控制系统称为前馈-反馈控制系统，其可以通过前馈控制减弱或消除特定的强干扰对输出的影响，同时还可以利用反馈控制克服多种扰动，有效结合两种控制的优点，从而提高系统的控制品质。

1.3　过程控制的发展历程

1.3.1　设备与仪表发展阶段

20 世纪 40 年代以前，生产过程的控制主要依赖于操作人员手动调整，控制效率低、成本高。第二次世界大战以后，随着计算机、电子电路及自动控制理论的发展，过程自动化技术的开发和应用发展很快，尤其随着互联网技术的应用，目前过程控制技术已经发展到了新的高度。过程控制系统与仪表的发展过程，大致经过以下几个阶段。

➢　局部自动化阶段（20 世纪 50 年代至 60 年代）

在这个阶段，第二次世界大战刚刚结束，大量军事领域的自动控制理论和技术转向民用，出现了以电动和气动单元组合仪表为代表的自动化设备。这类设备主要采用巡回检测装置及集中监控与操作的控制系统。单部设备或装置的自动化是这一阶段自动化设备的主要特征。依靠这类设备能够在局部范围内实现工厂仪表化和自动化，在一定程度上提高了设备的生产效率，促进了生产力的发展，满足了生产设备的大型化与生产过程的连续化。这时期控制系统设计理论以经典控制理论中的频率法和根轨迹法为主体，主要解决单输入、单输出的定值控制系统的分析和综合问题。

由于这个阶段通常只关注单部设备的控制与调节，因此控制器设计往往缺少通用性，控制器设计效率低，并且在生产系统中各控制系统间互不关联或关联甚少，从而限制了生产过程品质的进一步提高。

➢　模拟单元仪表控制阶段（20 世纪 60 年代至 70 年代）

20 世纪 60 年代，电子电路技术取得较大发展，计算机技术初具雏形。同时在控制理论领域，出现了系统辨识理论（最小二乘法）和最优控制理论（极大值原理、动态规划、卡尔曼滤波）等，以状态空间分析法为基础的新兴理论，为系统建模和优化提供了极大的助力，进而为新型控制技术的发展与应用提供了理论基础。另外，随着现代生产规模的扩大，生产过程和产品质量要求越来越高，迫切需要生产过程进行集中控制与管理。因此，新兴电子电路和自动控制技术相结合，产生了以模拟单元仪表为代表的控制系统。工业控制领域出现了直接数字控制（Direct Digital Control，DDC）和监督计算机控制（Supervisory Computer Control，SCC）。

➢　集散控制阶段（20 世纪 70 年代中期至今）

随着计算机技术的发展，到了 20 世纪 70 年代后期，计算机和局域网逐渐进入工业控制领域，出现了直接数字控制（Direct Digital Control，DDC）技术，即用单部计算机取代所有回路的控制仪表。20 世纪 80 年代初，随着计算机性能提高、体积缩小，出现了内装 CPU 的数字控制仪表。基于“集中管理，分散控制”的理念，在数字控制仪表和计算机与网络技术基础上，开发了集中、分散相结合的集散型控制系统（Distributed Control System，DCS）。DCS 实行分层结构，将控制故障风险分散、管理功能集中，在大型生产过程控制中得到广泛应用。

进入 20 世纪 90 年代，随着 CPU 进入检测仪表和执行器，自动化仪表彻底实现了数字化、智能化。控制系统也出现了由智能仪表构成的现场总线控制系统（Fieldbus Control System，FCS）。FCS 把控制功能彻底下放到现场，依靠现场智能仪表便可实现生产过程的检测、控制，同时开放的、标准化的通信网络——现场总线，可以将分散在现场的控制系统通信连接起来，实现信息的集中管理。现代使用的物联网技术及远程控制技术，从某种程度上说都是集散控制和网络技术的延伸和发展。

1.3.2 策略与算法发展概况

在自动化仪表高速发展的时期，过程控制策略与算法也经历了由简单到复杂的发展历程。以经典控制理论为基础的单回路 PID（Proportional Integral Derivative）控制算法，逐渐发展为多回路多变量的现代控制方法。比值控制、串级控制、Smith 预估控制、均匀控制、前馈控制及选择性控制等复杂控制策略在工业实践中得到广泛应用。

近年来随着现代控制理论和人工智能技术的发展，解耦控制、推断控制、神经网络控制、预测控制、模糊控制、自适应控制等策略与算法，逐渐成为现代工业控制的重要组成部分。现代工业控制系统出现了以下重要特点。

（1）功能综合化、控制与管理一体化已成为趋势，其应用领域和规模越来越大。

（2）控制技术、通信技术、计算机技术相结合，使得过程控制技术密集化、系统集成化。

（3）系统的智能化程度日益提高，控制精度越来越高，控制手段日益丰富。

1.4 过程控制系统响应状态

1.4.1 稳态与动态过程

系统的输出响应可以分为稳态和动态两种状态。以定值控制为例，当控制系统输入（给定值或期望值）不变时，若系统本身稳定，那么系统内部的各状态会处于动态平衡，此时被控对象的各组成环节会处于静止状态，它们的输出信号保持不变，这种状态称为稳态或静态。例如，在热电站的汽包液位控制系统中，当给水量与蒸发量平衡时，汽包液位保持不变，系统处于（动态）平衡，也即系统达到稳态。

当受到外部干扰时，原处于稳态的系统平衡就会遭到破坏，此时被控变量会因干扰的影响偏离原来的稳态值。如果系统状态的平衡点稳定，那么控制器就会输出信号操作执行器克服干扰，使系统达到新的平衡状态。从外部干扰导致系统状态偏离平衡点，到自动控制装置作用，使系统建立新的平衡状态（重新回到稳态），在这一过程内，系统的各状态变量和物理环节都处于两种平衡状态的过渡过程，这种状态称为动态。

由于在实际的生产过程中，被控过程常常受到各种扰动的影响，不可能一直工作在稳态，所以被控系统常常会处于不同的动态中。这些动态特性将直接影响工业生产的质量、效益和安全。因此，评价工业系统的控制品质，仅分析稳态是远远不够的，更为重要的是研究被控系统各状态变量（特别是被控变量）在动态过程中的变化情况。只有综合分析动态和稳态指标，才能设计出合乎控制指标的良好控制设备。

1.4.2 动态过程表现形式

当期望值（给定值）变化或受干扰影响后，原平衡状态受到破坏，系统经过一段过程进入新平衡状态。这种从一个平衡状态过渡到另一个平衡状态的过程称为控制系统的过渡过程。

过渡过程是衡量控制系统性能的重要指标，其主要需要分析的性能包括稳定性、准确性、快速性。要衡量这些指标，就需要对系统的过渡过程进行分析。影响过渡过程的因素分为两部分，即外部因素和内部因素。

➢ 内部因素——由系统中各环节的特性和结构所决定的因素。

➢ 外部因素——在系统特性确定的情况下，被控变量随时间的变化规律还和输入信号有关。

在过程控制系统的设计中，常用来衡量控制系统性能的输入信号是阶跃信号。这是因为系统的给定值本质上是系统输出的期望值，当生产线产量根据市场需求发生变化时，系统的给定值（如物料和燃料的输送）就发生阶跃变化。因此利用阶跃信号可以较好地检验，当给定值输入发生变化时定值控制系统的过渡性能。实际工业系统中干扰信号的变化速度通常要小于阶跃变化，因此如果控制系统能够较好地克服阶跃扰动的影响，那么就能较好地处理其他干扰信号。

由经典控制理论可知，定值控制系统在阶跃干扰下，通常有以下几种基本过渡形式。

➢ 单调衰减过程

给定值阶跃变化后，系统输出响应单调上升或下降，最后稳定在新的数值附近。

➢ 振荡衰减过程

给定值阶跃变化后，系统输出响应幅值以特定频率振荡，同时波动幅值逐渐减小，最后稳定在某范围内。

➢ 等幅振荡过程

给定值阶跃变化后，系统输出响应幅值做等幅振荡。

➢ 振荡发散过程

给定值阶跃变化后，系统输出响应幅值以特定频率振荡，同时幅值不断增大。

显然在发散振荡过程中，系统状态无法达到新的平衡状态，这不但不能实现控制指标，使响应逐渐趋近给定值，而且会导致系统状态输出超出工艺允许范围，导致严重后果。另外，在没有特殊需求的情况，大幅值的等幅振荡也会导致设备疲劳损坏，因此这两种情况都需要在实际应用中避免。

对于单调衰减和振荡衰减，实际控制设计中通常倾向于采用后者作为设计目标。这是因为虽然在实际应用中，大多数被控系统都是高阶系统，但是由经典控制理论关于二阶系统的分析定性可知，振荡衰减的系统响应速度通常要快于单调上升的系统，因此在没有特殊要求的情况下，进行实际控制器设计时，大多采用振荡幅值相对较小的振荡衰减的过渡过程，以加快系统的响应速度。

1.5　控制系统的性能指标

由上述分析可知，控制的目的就是消除或避免干扰对系统输出的影响。衡量控制系统设计优劣就在于被控系统，扰动偏离给定值后，控制器能否准确、快速且平稳地使被控变量达到给定值或接近给定值。因此控制系统响应的准确性、快速性和平稳性，是三项评价控制性能的重要指标。

在通常情况下，观察被控系统阶跃响应是评价控制系统性能指标的重要方法。为了衡量系统对输入（给定值）的跟随能力，以及对干扰的克服能力，衡量系统性能的阶跃响应分为两种，分别是输入阶跃响应和干扰阶跃响应。虽然两种阶跃响应衡量的系统性能不同，但其反映的系统性能指标是相同的。图 1-1 所示为闭环控制系统在给定值扰动下的阶跃响应曲线。

在生产过程中，控制性能指标有单项性能指标和偏差积分性能指标两类。单项性能指标以控制系统被控变量的单项特征量作为性能指标，主要用于衰减振荡过程的性能评价；而偏差积分性能指标则是一种综合性能指标。下面将逐一对其进行分析。

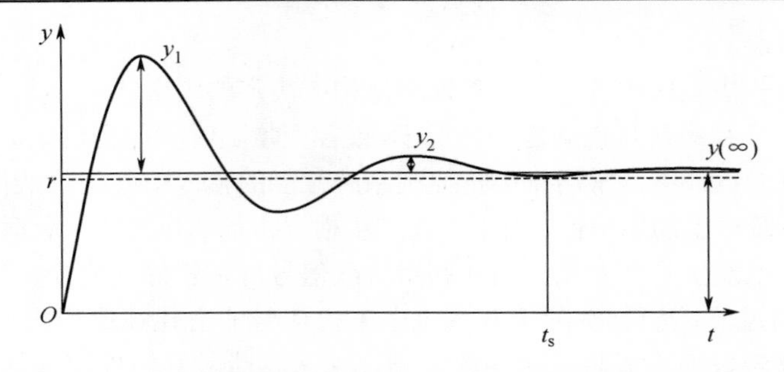

图 1-1　闭环控制系统在给定值扰动下的阶跃响应曲线

1.5.1　单项性能指标

1．衰减比和衰减率

由于实际系统多为高阶系统，因此在输入阶跃信号的情况下，过渡过程通常会出现振荡波形。衰减比 D_b（Subsidence Ratio）表示振荡过程衰减的程度，是衡量过渡过程稳定程度的动态指标。该指标反映了系统响应的稳定速度，是系统本身稳定性的重要体现，其值等于两个相邻波峰的比值，如图 1-1 所示。

$$D_b = \frac{y_1}{y_2}$$

显然，当 $D_b > 1$ 时，图 1-1 中第一个波峰 y_1 要大于第二个波峰 y_2，这意味着系统逐渐趋于某个稳态值，输出响应衰减振荡。当 $D_b = 1$ 时，意味着图 1-1 中第一个波峰 y_1 等于第二个波峰 y_2，这意味着系统输出等幅振荡。当 $D_b < 1$ 时，表示后出现的波峰要大于前面的波峰，这意味着系统并不稳定，输出处于发散振荡状态。此外，$D_b \to \infty$ 表示振荡过程是非周期性的。

如何选取合理的衰减比是控制器设计的重要内容，通常情况下，衰减比过小，系统稳定性差，稳定时间长，但是衰减比过大，系统输出的上升时间较长，超调量较大。根据工业实践的经验，一般希望控制系统有一定的稳定裕度，过渡过程经过两次左右的波动后趋于新的稳态值，因此衰减比一般选取 4：1～10：1。

衰减率是指经过一个周期后，波动幅值衰减的百分数，表示为

$$\psi = \frac{y_1 - y_2}{y_1} \times 100\%$$

在控制过程中，一般要求衰减比为 4：1～10：1，即衰减率为 $75\% \sim 90\%$。

2．最大动态偏差和超调量

最大动态偏差是指过渡过程开始后第一个波峰超过其给定值的幅值。有些书上定义为过渡过程开始后第一个波峰超过其新稳态值的幅值。希望该值小且持续时间短。

超调量（Overshoot）：最大动态偏差占稳态量的百分数，即

$$\sigma = \frac{y_1}{y(\infty)} \times 100\%$$

最大动态偏差或超调量是衡量系统动态准确性的指标，其值越大，被控变量瞬时偏离给定值就越远。考虑到扰动的不确定性，偏差有可能叠加，因此对于工艺要求高的生产过程，需要限制最大动态偏差的允许值。

3．残余偏差

与超调量和衰减比衡量系统的动态特性不同，残余偏差反映的是系统的静态特性。过渡过程结束后，被控变量所达到的新稳态值与给定值之间的偏差称为残余偏差，简称残差，它是控制系统的最终稳态偏差 $e(\infty)$ 。在阶跃输入作用下，残差（Steady-state error）为

$$e(\infty)=r-y(\infty)$$

式中，r 表示给定值；$y(\infty)$ 表示系统输出的稳态值，其是衡量系统稳态准确性的性能指标。

4．调节时间和振荡频率

通常认为被控变量进入其稳态值的±5％或±2%范围内，过渡过程结束。调节时间 t_s 是指从过渡过程开始到结束所需的时间，其是衡量控制系统快速性的指标。

过渡过程中相邻两同向波峰之间的时间间隔叫作振荡周期或工作周期，其倒数称为振荡频率。在衰减率一定的情况下，振荡频率与调节时间成反比，振荡频率越高，调节时间越短。因此振荡频率也作为衡量控制系统快速性的指标。

1.5.2　综合性能指标

单项指标虽然清晰明了，但要考虑整个系统的性能，还需要综合考虑多项指标，这在实际工业系统的操作中并不方便。因此，在应用过程中提出了所谓的综合性能指标。由于长时间对偏差的观察和统计可以反映系统整体品质，因此这类指标通常情况下都和偏差的积分相关。

1．误差积分 E_I

误差积分 E_I 的表达式为

$$E_I=\int_0^{\infty}e(t)\mathrm{d}t$$

E_I 可用于估计在整个过渡过程中系统输出偏离期望值（给定值）的情况，大体反映出系统的超调量、静态误差等信息，但是不能保证系统有合适的衰减率。例如，对于等幅振荡过程，误差积分 $E_I=0$，这显然不合理，因此 E_I 指标很少使用。

2．绝对误差积分 E_{IA}

绝对误差积分 E_{IA} 的表达式为

$$E_{IA}=\int_0^{\infty}|e(t)|\mathrm{d}t$$

E_{IA} 为一般公认的误差准则，可以有效弥补误差积分 E_I 出现正、负误差相消的情况，该指标可兼顾残差和衰减率的要求，即当 E_{IA} 最小时，可以确保衰减率和残差最小。按此指标整定的系统一般可以获得较快的过渡过程和较小的超调量。

3．平方误差积分 E_{IS}

平方误差积分 E_{IS} 的表达式为

$$E_{IS}=\int_0^{\infty}e^2(t)\mathrm{d}t$$

绝对误差积分 E_{IA} 虽然可以在很大程度上反映出衰减率、静态误差、超调量等信息，但是 E_{IA} 并不是关于偏差 $e(t)$ 的可导函数，这给控制器设计带来诸多不便。相对于 E_{IA} 、E_{IS}，不仅关于 $e(t)$，而且对大误差灵敏。在一些工业应用场合，采用平方误差积分 E_{IS} 作为设计依据，可以有效控制较

大超调量的产生。

4．时间与绝对误差乘积积分 E_{ITA}

时间与绝对误差乘积积分 E_{ITA} 的表达式为

$$E_{\mathrm{ITA}}=\int_0^{\infty} t\left|e(t)\right|\mathrm{d}t$$

E_{ITA} 对初始偏差不敏感，而对后期偏差非常敏感。因此采用 E_{ITA} 作为性能指标设计控制器，可以有效加快误差随时间的衰减速度。

不同的偏差积分指标对过渡过程评价的侧重点不同。如果对同一个广义对象，采用同一种控制器，利用不同的性能指标，则会导致不同的控制器参数设置。关于控制系统性能指标还有两点需要说明：（1）需按具体工艺要求和整体情况统筹兼顾，提出合理的控制要求。并不是所有的回路都有很高的控制要求，例如，有些储槽的液位控制，只要求不超过液位上限、不低于液位下限就可以，没必要实现液位的精准控制。（2）某些性能指标之间存在相互矛盾的关系，需要对它们折中处理，保证关键指标。例如，当一个系统要求无超调时，可能使调节时间变得很长。因此，在设计调节系统时，应根据具体情况，分清主次，区别对待，折中处理，优先保证主要指标。

1.6　过程控制系统的组成

本节将以热电站的锅炉液位控制系统为例，阐述过程控制系统的主要组成部分。锅炉是热电站的主要设备。在工作时水位的合理性，对于锅炉的正常工作极为重要。锅炉水位过低，意味着有酿成事故的可能；水位过高，则会导致蒸汽温度过低，形不成过热蒸汽，无法推动汽轮机正常工作。因此，在热电站的工作过程中，锅炉必须根据汽轮机蒸汽负荷的大小调整给水量，以使液位能够稳定在工艺指标允许的范围内。为实现上述控制目标，需要一套如图 1-2 所示的锅炉液位控制系统。

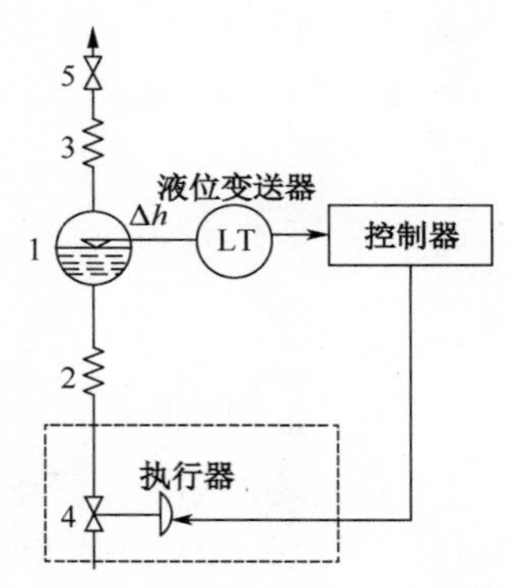

1—汽包；2—省煤器；3—过热器；4—给水阀门；5—蒸汽阀门

图 1-2　锅炉液位控制系统

锅炉液位控制系统主要由汽包、省煤器、过热器、给水阀门、蒸汽阀门、控制器、液位变送器、执行器等几部分组成。在控制过程中，首先由液位变送器测得汽包的水位变化，并将水位信息转换成电信号送入控制器。在控制器中该输入信号与水位控制目标值（设定值）进行比较，获得两者的偏差，然后控制器根据控制算法对偏差进行运算，得到控制变量，并输送给执行器改变给水量，从而使水位保持在指标范围内。

从锅炉汽包液位的例子可以看出，液位控制系统主要由以下装置组成。

（1）液位变送器（传感器）。

（2）实现控制算法的控制器　（调节器）。

（3）操作给水阀门的执行器。

（4）控制给水量的阀门。

上述装置和锅炉本身（被控对象）就组成了简单的过程控制系统。该系统的组成在过程控制的实现中具有普遍意义，即典型的单回路简单控制系统通常由以下几部分构成：被控对象、变送器（检测变送器）、控制器（调节器）、执行器（调节阀）。过程控制系统框图如图 1-3 所示。

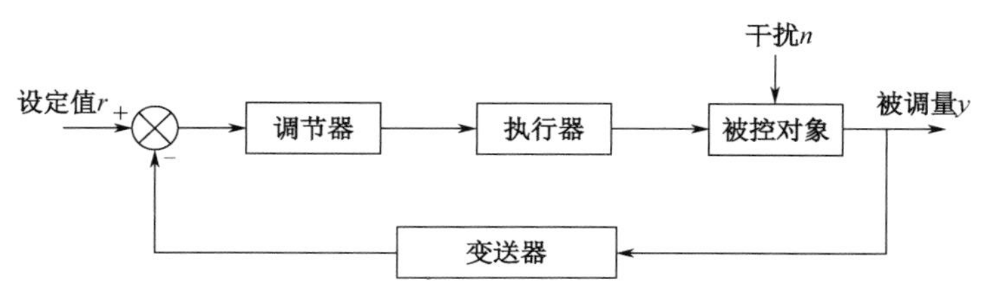

图 1-3　过程控制系统框图

显然，图 1-3 中的控制器、执行器、被控对象、变送器构成单闭环反馈系统，其中：

➢　连线箭头表示信号传递方向。

➢　被控对象表示被控制的实际设备，或者生产过程，如电站汽包、酸碱中和池、鼓风机、水泥旋转窑等。

➢　变送器为控制系统的检测变送装置，其主要位于控制系统的反馈通道。它的主要功能是将实际被控物理量转换成标准的电信号，如在 DDZ-Ⅲ型仪表中，该电信号表示为 4～20mA 的电流信号和 1～5V 的电压信号。在工艺流程图中，常用 LT 、 PT 、 TT 、 FT 分别表示液位、压力、温度、流量检测变送装置。

➢　控制器，即调节器，既是控制系统的计算单元，也是实现控制算法的主要部分。变送器的反馈信号进入控制器后，先和设定值进行比较获取偏差，然后控制器根据设定的控制算法（控制律），对偏差进行运算，产生一个输出信号，控制执行器调节被控变量，使其更接近设定值。

➢　执行器为根据控制器输出，用于执行控制律的装置。其是执行控制操作的具体设备，通常由调节阀、电动机、转台、机械臂等装置构成。

➢　被调量表示实际工业生产中希望被控制或调节的物理量，如锅炉汽包中的液位高度、青霉素生产过程中的温度、水泥生产中输送物料的流量等。

➢　调节量又被称为操纵量或控制量，是指执行机构输出给被控对象，用于改变被调量的物理量，如调节阀控制的给水量调节汽包液位高度。

➢　设定值表示被控变量的期望值，也称为给定值。

➢　干扰表示除了调节量以外导致被调量改变的因素，如汽包中除了给水量，蒸汽流量、汽包压力和温度都会使汽包液位发生改变，它们都可以归结为汽包液位控制的干扰。

上述单回路控制系统是工业生产过程控制的主要构成要素，约占工业控制系统的 80%以上，是各种复杂控制系统的基本组成单元，同时它还是各种先进或高级控制系统的底层控制系统。工业生产对过程控制的要求可归结为以下三项。

（1）安全性——生产过程中，确保人身和设备安全是最重要和最基本的要求。

常常应用故障预测和诊断、越限和事故报警、容错控制，以及联锁保护等措施确保生产过程的安全进行。

（2）稳定性——保证生产过程稳定长期运行，抑制外部干扰。

（3）经济性——在保证质量的情况下，以较低的成本，获得较高产量或收益。

后续将以图 1-3 为主要线索，逐次介绍被控对象、执行器、控制器、变送器等控制系统的组成部分，然后按两部分，即简单控制系统设计和复杂控制系统设计，描述工业生产中常用的过程控制系统设计方法，如图 1-4 所示为本书内容的介绍顺序。

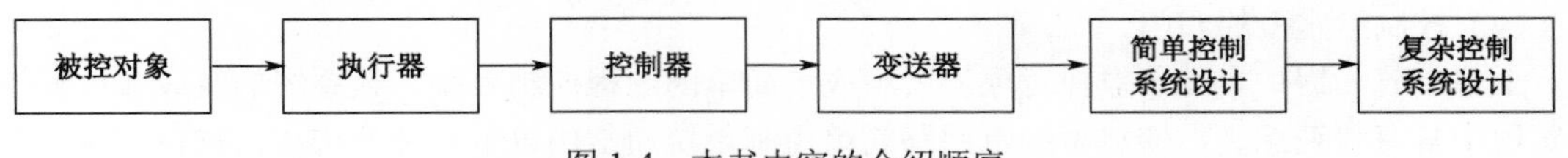

图 1-4　本书内容的介绍顺序

思考题与习题

1-1　什么是过程控制系统？典型过程控制系统由哪几部分组成？

1-2　简述过程控制系统的分类。

1-3　什么是定值控制系统？

1-4　试比较被控对象的静态特性和动态特性。

1-5　试说明定值控制系统稳态和动态的含义。为什么在分析过程控制系统的性能时更关注其动态性能？

1-6　评价过程控制系统的单项性能指标有哪些？请解释其含义。

1-7　在评价过程控制系统的性能指标中，为什么一般不用偏差积分？

1-8　某生产控制过程的设定温度为 900℃，要求控制过程中温度偏离设定值的最大值不得超过 80℃。现设计的温度定值控制系统，在最大阶跃干扰作用下的过渡过程曲线如图 1-5 所示。试求该系统过渡过程的最大动态偏差、衰减比、振荡周期，并评价该系统是否能满足生产工艺要求。

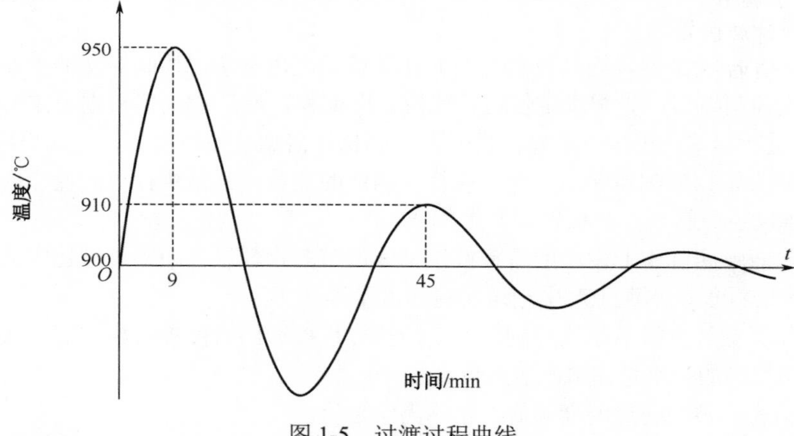

图 1-5　过渡过程曲线

第 2 章　过程控制中的对象模型

2.1　被控对象数学模型的意义

2.1.1　数学模型的重要性

完整过程控制系统由自动化仪表装置及其被控对象组成。而所谓生产过程系统模型，就是应用数学工具对这类系统的描述和刻画。由于数学模型是现代经典控制的理论基础，因此在生产过程的控制器设计中，其扮演着极其重要的角色。这意味着应用相关物理、化学及系统理论知识，建立合理、恰当的数学模型是实现过程控制的重要环节。

在各式各样的控制过程中，被控对象（也称被控过程）的动态特性具有很大差异，例如，响应速度有快有慢，振荡幅值有大有小。产生上述差别的原因在于被控对象本身，即被控对象的物理和化学特性。在生产过程的控制器设计中，上述这些被控对象的动态特性及系统控制要求（指标），直接决定了调节器、执行器等控制环节的性质和构成。这意味着控制系统方案设计，以及仪表、装置选型，都要以控制对象的动态特性和控制指标为基础。

综上所述，只有全面了解被控过程的动态特性，才能合理地设计控制方案，选择合适的自动化仪表装置，并进行相应的调节器参数整定。简而言之，被控过程的特性对于控制系统方案设计、仪表与装置的选型、调节器参数的整定、控制性能的分析与改进，都具有极其重要的意义。

显然，数学模型对于被控过程动态特性的精确表述，具有至关重要的作用。在控制器的设计过程中，数学模型主要是指输入（控制与扰动）和输出（系统状态和被控变量）之间的映射关系。目前具有多种数学模型用于描述被控过程的动态特性，本书主要关注其中的传递函数，并着重探讨线性、单输入-输出模型。

2.1.2　数学模型的主要用途

被控过程数学模型主要用于描述输入变量与输出变量之间的映射关系，其中，动态模型着重描述这种联系，随时间变化的特征，即输出变化被表述为输入和时间的函数。跟动态模型相对应的是静态模型，其反映的是系统处于稳定状态下，输入与输出之间的关系，如增益。通常情况下，被控过程的数学模型被广泛应用于以下几个方面。

1. 过程控制系统的方案设计及控制参数

选择控制变量、整定控制参数都需要以被控过程数学模型为依据。新型控制方案及控制算法的设计，如预测、推理、前馈动态补偿等控制系统的设计，都需要以数学模型为基础。此外，在生产过程中，要设计复合和解耦等复杂控制系统，不仅需要建立被控对象本身的数学模型，还必须建立调节、干扰、耦合等附属通道的精确数学模型，因此在过程控制中，没有精确、可靠的数学模型，就无法实现被控对象精确可靠的控制，更无法进行控制方案的优化。

2．基于仿真分析指导生产工艺及其设备设计

在生产过程中，可以利用数学模型仿真生产工艺及其设备的运行过程，进而利用仿真结果分析各种因素对被控过程特性的影响，并以此为基础指导生产工艺及其设备的设计、优化及改进，从而降低设计新型工艺和设备的硬件成本和实验时间，加快设计和投产进程。

3．培训运行操作人员

复杂的大型现代化生产设施（如核电站、大型火电机组），操作要求高，工作人员需要具有极高的专业素养，因此操作人员上岗之前，需要进行严格的岗前操作培训。将生产过程数学模型和仿真技术结合在一起，可以建立高效、安全、低成本的工程技术和操作人员的培训系统，指导和训练相关人员处理突发状况，验证处理突发事件预案的可行性，进而加快相关人员的岗前训练，提高大型系统运行的安全性。

4．工业过程的故障检测与诊断

利用数学模型可以描述工业系统中的各种故障特征，进而可以帮助人们设计检测和诊断故障的方法，并分析故障产生的原理和机制，为排除故障提供最优方案和途径。

2.1.3　过程控制模型要求

建立动态数学模型的基本原则可以归纳为两条，即简单和可靠。这是因为实际生产过程往往具有非常复杂的动态特性，反映这些动态环节的数学特征纷繁复杂；另外，模型需要刻画的实际系统数学特征越多，它的阶次、维度和参数就越多，模型也因此更为复杂。这意味着计算过程中近似处理的误差累积，更容易导致模型精度的下降，同时模型运算的时间也更长。换句话说，如果模型描述实际系统的细节越多，就要求计算工具（如计算机），具有更强的计算速度、能力和精度。由于在实际应用中，计算资源总是有限的，因此为了建模系统能够保证实时性、经济性、实用性，需要突出主要因素，忽略次要因素，即在满足控制性能指标的条件下，应尽可能简化数学模型，以提高控制效率。

鉴于以上原因，在实际应用中，被控过程的传递函数或其他动态数学模型的阶次一般不高于三阶，经常采用具有纯滞后的一阶和二阶模型，最常用的是纯滞后的一阶模型。

2.1.4　过程控制中常用的建模方法

建立被控过程数学模型的基本方法有两种，即机理法和测试法。所谓机理法就是根据生产过程中实际发生的变化规律，写出相关的平衡方程（物质平衡方程、能量平衡方程、动量平衡方程）、动态方程（反映流量、热量传递规律的物理化学方程），以及工艺生产设备的特性方程，进而获得所需的数学模型。

机理法建模的优点在于当系统内部的物理化学过程较为清楚时，基于经典物理化学理论，可以建立非常可靠、有效的物理模型，精确刻画被控对象的静态、动态特性，进而可以为控制器设计打下坚实的基础。

与机理法相对应的是测试法。基于系统输入、输出实测数据的处理，测试法可以根据模式识别、线性回归等数学工具建立相应的数学模型，因此这种方法也称为系统辨识。因为测试法建模完全依赖于外部数据描述系统特性，所以它可以在不清楚系统内部特性的情况下建立高精度的模型，因此这种建模方法也被称为黑箱建模法。

显然在实际的生产过程中，被控对象往往比较复杂，如化工、冶金生产存在大量非线性及分

布式参数环节，人们很难通过理论分析的方法获得被控对象的内部工作机制，这使得应用经典物理化学方程获得的数学模型，很难满足设计要求。由于测试法建模可以避免对复杂系统内部的物理化学方程求解，因此可以有效解决上述问题，成为生产过程建模中不可缺少的工具。

随着计算机理论的发展，现代建模理论所涉及的内容相当丰富，已经成为现代控制理论一个专门的学科分支。本节将就上述内容，根据过程控制设计的需要进行相应介绍。

2.2　过程控制的典型环节模型

过程控制系统的被控对象，常常由管道和容器构成，因此应用数学方程描述这类对象，刻画其动态过程，成为被控对象建模的重要环节。虽然在实际工业生产中设计的管道和容器种类繁多，但从系统学的角度来说，它们都可以用同一类数学模型进行刻画，这类模型称为容器模型。下面我们将从控制学的角度来分析这类模型，并将其与经典控制理论中的典型环节联系在一起。

2.2.1　具有自衡特性的单容模型

过程控制系统中管道和容器的动态性能在数学上可以用微分方程描述。单容过程是容器模型中最简单的一种，其通常可以用一阶微分方程描述，单个水槽就是典型的单容系统。下面将以水槽的例子来说明单容系统的特点。

如图 2-1 所示为单容水槽，其上方和下方分别装有进水阀门和出水阀门。图中 γ_j 表示控制进水量的阀门开度，γ_c 表示控制出水量的阀门开度。当阀门开启时，水槽流入量为 Q_i，流出量为 Q_o，水槽液位高度为 H。显然，液位高度 H 反映了水流入量与流出量之间的平衡关系。

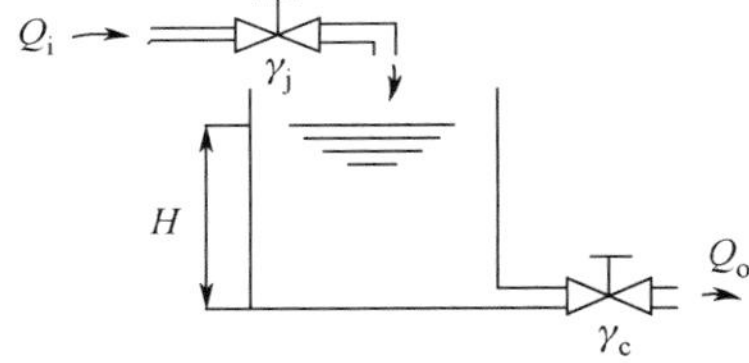

图 2-1　单容水槽

设水槽的横截面积为 S_A，则根据液体体积公式可得如下物料平衡方程

$$\frac{dH}{dt}=\frac{1}{S_A}(Q_i-Q_o) \tag{2-1}$$

即水槽内的液位高度 H 的变化量等于水槽流入和流出的流量差。

为便于问题的讨论，这里假设水槽的流入量和流出量分别满足条件

$$Q_i=k_u u \tag{2-2}$$

以及

$$Q_o=k\sqrt{H} \tag{2-3}$$

式中，常数 k_u 和 k 分别表示与阀门相关的系数。将式(2-2)和式(2-3)分别代入式(2-1)得

$$\frac{dH}{dt}=\frac{1}{S_A}(k_u u-k\sqrt{H}) \tag{2-4}$$

式中，S_A 表示水槽横截面积。

显然，式(2-4)是一个非线性微分方程。由于经典控制理论以线性系统为主要研究对象，因此很难基于式(2-4)应用经典理论进行控制器设计。另外，式(2-4)的非线性部分具有可导性，因此根据李雅普诺夫第一定律，可以基于小偏差线性化模型研究其在平衡点的稳定性问题。换句话说，当液位变化不大时，可以利用增量方程替代平衡方程式(2-4)来研究水槽液位控制问题。

假设水槽的液位在受到扰动前处于平衡状态，即流入的水量等于流出的水量，显然，在这种

稳定平衡工况下，液位变化速度为零。如果记平衡状态下流入量为Q_i^0，流出量为Q_o^0，则式(2-1)可表示为

$$0=\frac{1}{S_A}(Q_i^0-Q_o^0) \tag{2-5}$$

下面我们假设水槽系统受到扰动，导致流入量Q_i、流出量Q_o发生改变。此时液位高度H也会随之发生变化。这里不妨设上述变化量分别为ΔH、ΔQ_i和ΔQ_o，则有

$$H=H_0+\Delta H，\ Q_i=Q_i^0+\Delta Q_i，\ Q_o=Q_o^0+\Delta Q_o \tag{2-6}$$

将式(2-6)代入式(2-1)则有

$$\mathrm{d}(H_0+\Delta H)/\mathrm{d}t=\frac{1}{S_A}(Q_i^0+\Delta Q_i-Q_o^0-\Delta Q_o) \tag{2-7}$$

由于H_0为常数，所以有$\mathrm{d}H_0/\mathrm{d}t=0$。因此将式(2-5)代入式(2-7)之后有

$$\frac{\mathrm{d}\Delta H}{\mathrm{d}t}=\frac{1}{S_A}(\Delta Q_i-\Delta Q_o) \tag{2-8}$$

式(2-8)就是动态平衡方程式(2-1)的增量形式。考虑液位只在其稳态值附近小范围内变化，则根据全微分方程有

$$\Delta Q_o=\partial Q_o/\partial H\big|_{H=H_0}\cdot\Delta H \tag{2-9}$$

将式(2-3)代入式(2-9)可得

$$\Delta Q_o=\frac{k}{2\sqrt{H_0}}\Delta H \tag{2-10}$$

这里k表示和阀门相关的系数。同理，根据式(2-2)可得

$$\Delta Q_i=k_u\Delta u \tag{2-11}$$

将式(2-10)和式(2-11)代入式(2-8)有

$$\frac{\mathrm{d}\Delta H}{\mathrm{d}t}=\frac{1}{S_A}\left(k_u\Delta u-\frac{k}{2\sqrt{H_0}}\Delta H\right) \tag{2-12}$$

或

$$\frac{2\sqrt{H_0}}{k}S_A\frac{\mathrm{d}\Delta H}{\mathrm{d}t}+\Delta H=k_u\frac{2\sqrt{H_0}}{k}\Delta u \tag{2-13}$$

这里常数k_u和k分别表示和阀门相关的系数。不难看出，式(2-13)为一阶惯性系统，和RC电路系统相同，它的阶跃响应是指数曲线。单容水槽液位阶跃响应曲线如图2-2所示。实际上，如果将液位控制系统与RC电路进行比较，会发现两者虽然属于截然不同的两类物理对象，但从控制学和系统学的角度看，两者具有相同的数学模型。例如，在电磁学中，电压u、电流i、电阻R和电容C，可以表述为如下关系

$$i=\frac{u}{R}，\ \frac{\mathrm{d}u}{\mathrm{d}t}=\frac{i}{C} \tag{2-14}$$

如果在上述水槽系统中，将液位类比于电压，流量类比于电流，那么将式(2-14)同式(2-8)和式(2-10)进行对比，可以发现水槽系统中的参数S_A和$2\sqrt{H_0}/k$，与电路系统中的电容C和电阻R具有类似的作用，因此在工业应用中，也常常将它们称为水容和水阻。

另外，根据电路学可知，如图2-3所示的RC充电回路，如果将U_i作为输入量，将U_o作为输

出量，可得

$$RC\frac{\mathrm{d}U_{\mathrm{o}}}{\mathrm{d}t}+U_{\mathrm{o}}=U_{\mathrm{i}} \tag{2-15}$$

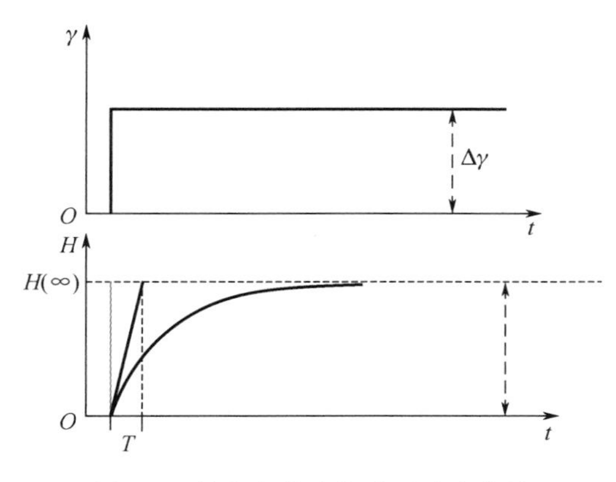

图 2-2　单容水槽液位阶跃响应曲线

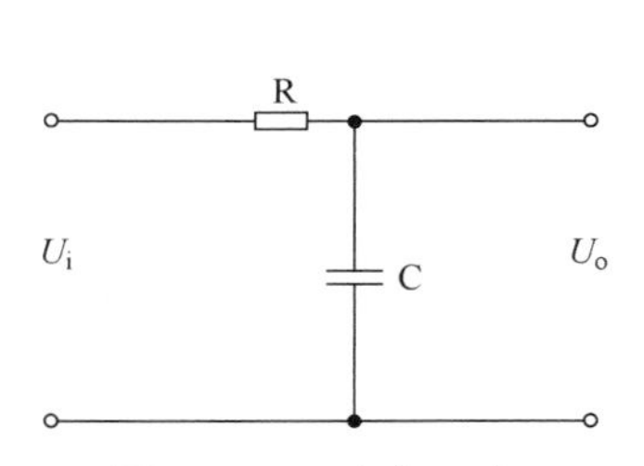

图 2-3　RC 充电回路

对比式(2-15)和式(2-13)可以发现，两者都可以表示为一阶惯性系统。由经典控制理论可知：

$$T=\frac{2\sqrt{H_0}}{k}S_{\mathrm{A}}=R_{\mathrm{s}}\times C_{\mathrm{s}} \tag{2-16}$$

式中，R_{s}表示水阻；C_{s}表示水容；S_{A}表示水槽横截面积；k表示和阀门相关的系数；T为一阶惯性系统的时间常数。因此，从系统学的角度说，两者没有本质区别。

事实上，通过上述水槽系统和 RC 电路系统的分析，可以发现在实际系统中具有一个容积（积蓄能量、液体）和一个阻力（电阻、流阻）的被控对象，都具有相似的动态特性。由于单个容器的水槽具有典型的代表性，且在过程控制中被广泛使用，因此这类系统又被称为单容对象。如图 2-4 所示，在工业系统中，类似的自衡特性类的单容模型，还包括储气罐、电加热槽和混合槽等系统。它们与水槽和 RC 电路一样都具有阻力 R 和容积 C 特性。从图 2-2 可以看出，无论是图 2-1 所示的水槽系统，还是图 2-3 所示的 RC 充电回路，当它们受到阶跃扰动时，其输出虽然会发生波动，但最终会稳定在一定的范围内。以水槽系统为例，图 2-2 意味着只要时间足够长，液位就会稳定在恒定值上，此时水流入量会等于流出量，即式(2-5)再次成立。从系统学的角度说，这表明系统稳定在新的平衡点上，因此这类系统可以看作从一个平衡点到另一个平衡点的跃迁。这类系统称为具有自衡能力的系统。自衡特性类的单容模型如图 2-4 所示。

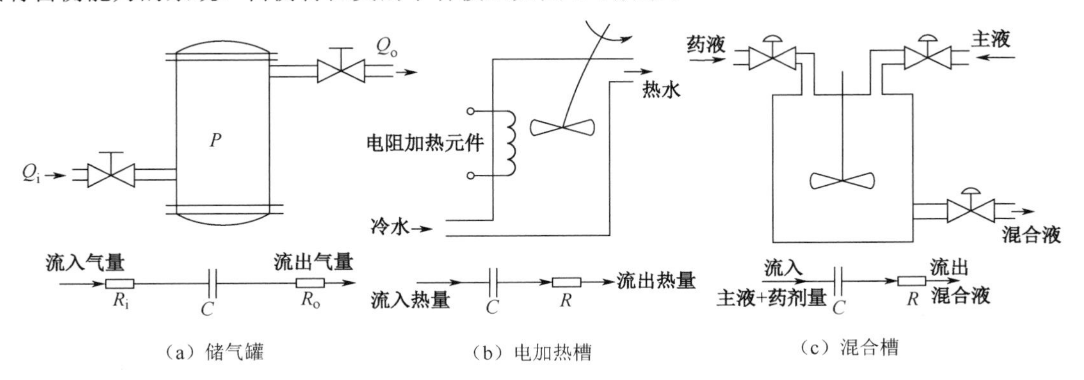

图 2-4　自衡特性类的单容模型

2.2.2　无自衡特性的单容模型

在实际工业过程中，不是所有的系统都具有自衡能力。如图 2-5 所示的单容积分水槽系统，它与图 2-1 所示的具有自衡能力的单容水槽相比，差别主要在于在其流出侧装有排水泵，这意味着该水槽排出的水量为恒定值。在图 2-1 所示的水槽系统中，液位 H 越高，液压越大，进而导致流出量 Q_o 越大，从而形成负反馈效应抑制液位 H 上升，最终导致系统重新回到平衡点。这种负反馈效应称为内生反馈。

与图 2-1 所示的水槽系统不同，图 2-5 所示的单容积分水槽系统，由于其排水量并不随液位高低而变化，因此输出的变化（液位变化）并不会形成反馈效应（排水泵提供的水压不变），因此在式(2-8)中有 $\Delta Q_o = 0$。由此可以得到液位在调节阀开度扰动下的变化规律为

$$\frac{\mathrm{d}H}{\mathrm{d}t} = \frac{k_u}{S_A}\Delta\gamma \tag{2-17}$$

这里 $\Delta\gamma=\gamma_j-\gamma_c$，表示阀门开度扰动。式(2-17)表明其液位的变化是一个逐渐积累的过程，从数学上看它是一个积分环节，其阶跃响应为一条直线，单容积分水槽阶跃响应曲线如图 2-6 所示。这意味着在阶跃扰动下，系统无法再次回到平衡点，因此这类系统被称为无自衡能力的系统。

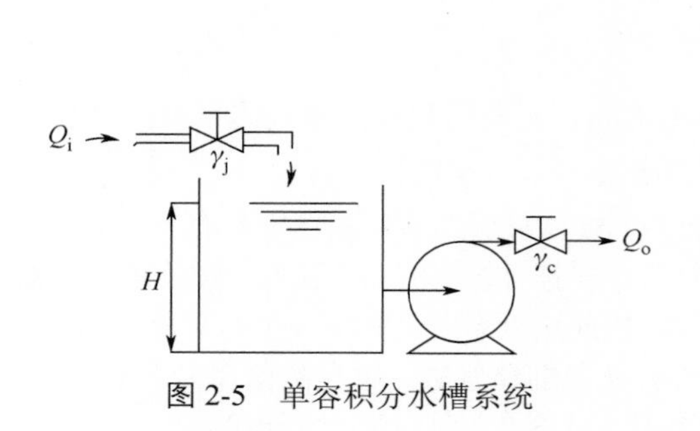

图 2-5　单容积分水槽系统

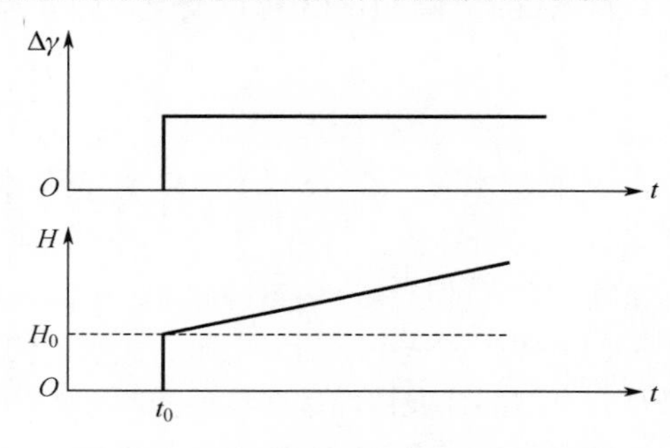

图 2-6　单容积分水槽阶跃响应曲线

2.2.3　多容过程建模

显然，在生产过程中具有容器效应的设备并不单一，当多个具有容器效应的设备连接在一起时，就会构成多容系统。虽然单容系统是研究多容系统的基础，但是多容系统特性并不是单容系统的简单累加。

如图 2-7 所示的两个水槽构成了典型的双容系统。在该系统中，水槽 1 和水槽 2 通过管道连接在一起，阀门 γ_j 和阀门 γ_1 分别控制水槽 1 和水槽 2 的进水量，阀门 γ_2 控制水槽 2 的出水量。这里水槽 1 流入量 Q_i 由调节阀控制，流出量 Q_o 由用户根据需求改变，被控物理量为水槽 2 的液位 H_2，即 H_2 为系统的输出量。下面分析 H_2 的动态特性。

图 2-7 所示的两个水槽的流量平衡方程可以表示为

水槽 1：

$$\frac{\mathrm{d}H_1}{\mathrm{d}t} = \frac{1}{S_{A1}}(Q_i - Q_1) \tag{2-18}$$

水槽 2：

$$\frac{\mathrm{d}H_2}{\mathrm{d}t} = \frac{1}{S_{A2}}(Q_1 - Q_o) \tag{2-19}$$

式中，S_{A1} 和 S_{A2} 分别表示两个水槽的横截面积。

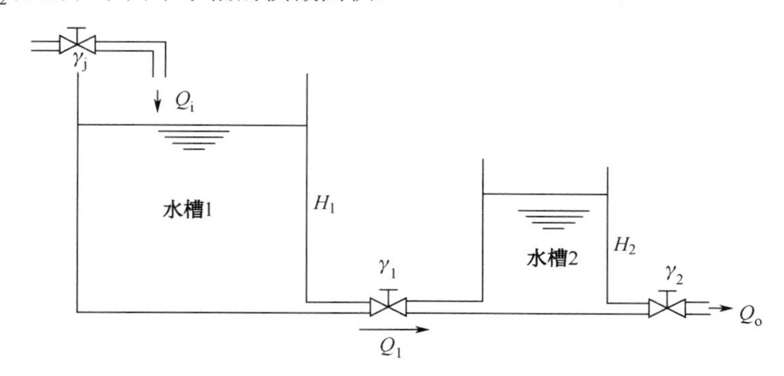

图 2-7 双容系统

为便于问题的阐述，这里假设流出量和水压成线性关系。显然，阀门 γ_1 和 γ_2 处的水压与水槽的液位相关（水压为 $P = g\rho H$，这里 g 表示重力加速度常数，ρ 为液体密度），但需要注意的是，阀门 γ_1 与单容的阀门情况不同，它的流量不仅取决于水槽 1，还和水槽 2 相关，即取决于两个水槽的液位差，因此这里流量和液位的关系可以表示为

$$\begin{cases} Q_i = k_u \gamma_j \\ Q_1 = \dfrac{1}{R_1}(H_1 - H_2) \\ Q_o = H_2 / R_2 \end{cases} \tag{2-20}$$

式中，R_1 和 R_2 分别表示对应阀门的线性化水阻。

将式(2-20)代入式(2-18)和式(2-19)并整理得

$$T_1 \frac{dH_1}{dt} + H_1 - H_2 = k_u R_1 \gamma_j \tag{2-21}$$

$$T_2 \frac{dH_2}{dt} + H_2 - R_a H_1 = 0 \tag{2-22}$$

其中

$$T_1 = S_{A1} R_1\,,\quad T_2 = S_{A2} \frac{R_1 R_2}{R_1 + R_2}\,,\quad R_a = \frac{R_2}{R_1 + R_2}$$

从式(2-21)和式(2-22)中消去 H_1 得

$$T_1 T_2 \frac{d^2 H_2(t)}{dt} + (T_1 + T_2)\frac{dH_2(t)}{dt} + (1 - R_a)H_2(t) = R_a k_u R_1 \gamma_j(t) \tag{2-23}$$

注意，在单容系统中，讨论的是增量方程，即在式(2-12)和式(2-13)中，自变量为流量、液位和阀门开度的增量 ΔQ、ΔH 和 $\Delta\gamma$。由于式(2-18)～式(2-20)本身为线性方程，因此式(2-23)表示的流量、液位和阀门开度方程与其对应的增量方程具有相同的形式。因此下面将依然以式(2-23)为讨论对象，分析双容系统的特点。

式(2-23)表明，双容系统是关于液位 $H_2(t)$ 的二阶微分方程，该方程也被称为双容系统的运动方程，其反映了该系统中含有两个串联容器的特点。对式(2-23)进行拉氏变换可得

$$\frac{\hat{H}_2(s)}{\hat{\gamma}_j(s)} = \frac{R_a k_u R_1}{T_1 T_2 s^2 + (T_1 + T_2)s + (1 - R_a)} \tag{2-24}$$

式中，$\hat{\gamma}_j(s)$ 和 $\hat{H}_2(s)$ 分别表示 $\gamma_j(t)$ 和 $H_2(t)$ 的拉氏变换。式(2-24)意味着双容系统为二阶环节。根据经典控制理论中的相关内容，可得 H_2 的阶跃响应。双容水槽阶跃响应曲线如图 2-8 所示。对比图 2-2 所示的单容水槽液位阶跃响应曲线的单调性，可以发现双容系统阶跃响应曲线呈 S 形，这意味着双容水槽的阶跃响应在起始阶段与单容水槽有很大差别，从图 2-8 中可以看出，在调节阀突然开大后的瞬间，H_2 的起始变化速度也为零，因此双容系统响应的最大速度，并不像单容系统那样出现在起始处，而是呈现出慢-快-慢的特点，即在响应过程中存在响应速度的最大值点，如图 2-8 中的 p 点。

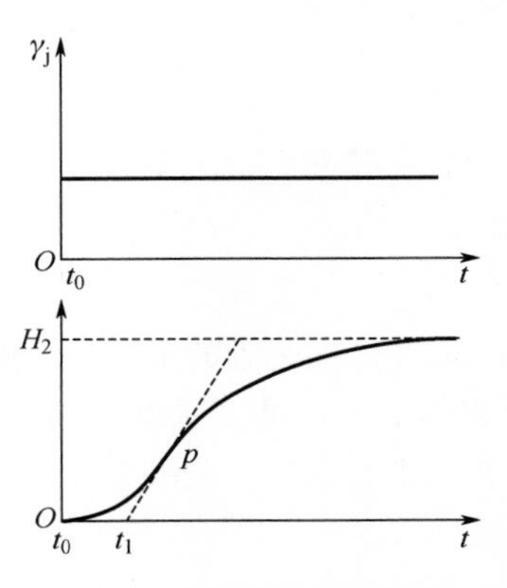

图 2-8　双容水槽阶跃响应曲线

在图 2-8 中，从拐点 p 画一条切线，它在时间轴上截出一段距离 $[t_0,t_1]$，这段时间大体反映出多个容积体系导致的阶跃响应延时程度。这种由多容积体系引起的被控变量滞后称为容积迟延。需要注意的是，这种容积迟延与传输迟延（纯滞后）具有不同的物理本质。不难想象，系统中串联的容积越多、越大，容积迟延也越大，这往往也是有些工业过程难以控制的原因。

利用上述概念可以分析类似的工业过程。图 2-9 所示的是加热器工艺示意图，其用饱和蒸汽通入容器中以加热盘管中的冷水。在蒸汽入口装有调节阀以便控制热水温度。在这里，流入量、流出量都是热流量。有两个可以存储热量的容积：盘管的金属管壁 C_1 和盘管中的水 C_2。加热器等效的容积和阻力如图 2-10 所示，该图显示了被控对象的热量流动路线及容积和阻力的分布情况。利用相应的热阻、热容概念同样可以写出加热器的运动方程。

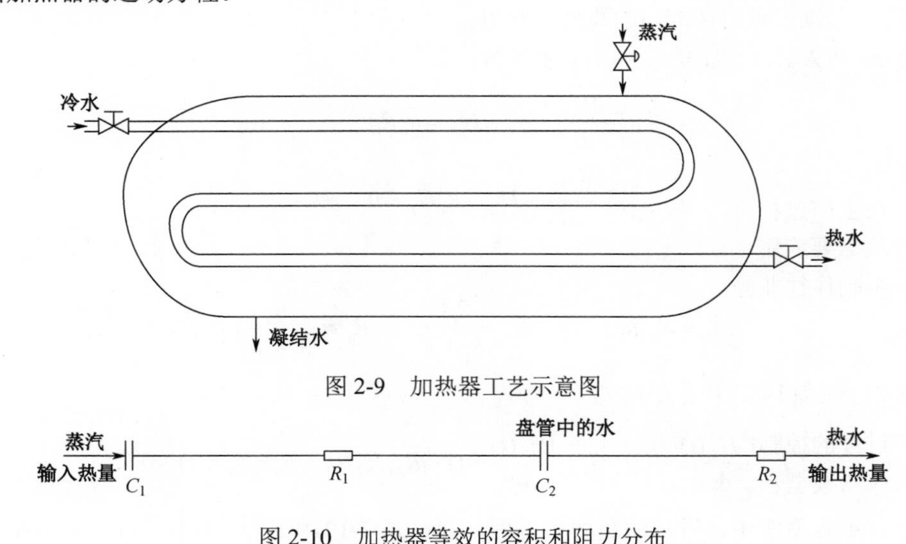

图 2-9　加热器工艺示意图

图 2-10　加热器等效的容积和阻力分布

2.3　阶跃响应法建模

2.3.1　模型的类型

将特定信号（如阶跃信号、脉冲信号）输入系统，获取输出信号，进而用输出信号的特点描述系统，称之为非参数模型。显然，当工业对象过于复杂，而无法应用经典物理化学理论进行精细分析时，基于实验数据获得非参数模型是一种行而有效的方法。那么如何基于非参数模型（如响应曲线）得到对应的解析模型（如微分方程、传递函数等）呢？本节将重点阐述如何用过渡响应的非参数模型（阶跃响应曲线和脉冲响应曲线）建立其参数模型。

从严格意义上说，任何模型都是实际对象的近似或逼近，不存在能够毫无误差地描述实际对象的模型。因此，在具有相同结构的模型集合中（模型的类型），选择合理的模型参数，使得建立的模型和实际对象之间的误差最小，成为测试法建模的核心思想。因此首先确定模型的结构，以保证备选模型能够满足建模指标，再通过参数辨识，从候选模型集合中选择误差最小的模型，是测试建模法的一般过程。下面以几种具有自平衡（无积分环节）能力的典型系统为例，讨论测试建模法。

从前面经典建模法的讨论可知，很多生产过程的环节都可以表示成一阶或二阶微分方程的形式（如单容系统或双容系统），同时生产过程中存在大量的管道、皮带轮等物料输送环节，可以表示为存在滞后的形式，因此生产过程中建模对象的传递函数，大多可以表示成有理分式加滞后环节的形式，例如：

一阶环节

$$G(s)=\frac{K}{Ts+1} \tag{2-25}$$

具有时延的一阶环节

$$G(s)=\frac{K}{Ts+1}\mathrm{e}^{-\tau s} \tag{2-26}$$

二阶环节

$$G(s)=\frac{K}{T^2s^2+2\xi Ts+1} \tag{2-27}$$

具有时延的二阶环节

$$G(s)=\frac{K}{T^2s^2+2\xi Ts+1}\mathrm{e}^{-\tau s} \tag{2-28}$$

当然，在生产过程中除前面论述的单容系统和双容系统外，还存在多个容器环节构成的多容系统，这时就需要应用高阶传递函数来表示它们的数学模型。然而在生产过程中实际对象的内部结构和运行机制往往非常复杂，这意味着应用经典理论分析的方法，很难确定其微分方程的阶数。另外，工业生产过程中大多是响应速度较慢的系统。实践证明，在控制要求不高的情况下，使用带有滞后环节的一阶或二阶系统替代高阶系统，用于控制器设计，可以取得很好的效果。同时应用低阶模型替代真实的高阶系统，还有利于简化建模和控制器设计的计算过程。因此，通常情况下，在生产过程的控制器设计中，往往将被控对象的模型限定在二阶以下。

实际系统与模型输出阶跃响应曲线的辨识过程可以用图 2-11 所示的对比框图表示，其步骤可分为两步。

第一步进行模型结构辨识。将阶跃信号分别输入实际系统，根据实际系统输出曲线特点，判断模型的类别（如是一阶环节还是二阶环节）。

第二步进行模型参数辨识。将相同的阶跃信号同时输入实际系统和模型，比较两者输出之间的误差，应用相关理论调整模型的参数，使得模型和真实系统输出误差最小，进而实现模型的优化。

下面将逐一讨论如何根据测试数据确定一阶和二阶系统的参数和结构。

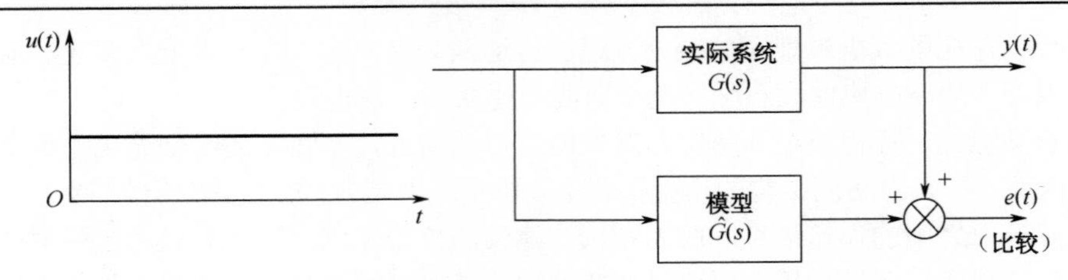

图 2-11　实际系统与模型输出对比框图

2.3.2　由阶跃响应曲线确定一阶环节的参数

1. 一阶环节结构的确定

模型的阶数越低，越有利于提高模型的实时性，降低建立模型的计算量。但是模型阶数过低必然会导致模型精度的下降，进而导致难以保证控制精度。下面讨论什么样的系统可以应用一阶环节作为其模型结构。

对于给定的被控对象，到底将其处理为一阶系统还是二阶系统，通常是根据其曲线特征判断的。一阶环节，在阶跃输入条件下，其输出曲线的特点是：发生阶跃的瞬时（$t=0$），其斜率不为零而为最大值，然后逐渐上升到稳态值 $y(\infty)$，一阶环节单位阶跃响应曲线如图 2-12 所示。实践表明，当某系统的阶跃响应满足上述特点时，将该系统处理为一阶非周期环节，即用式(2-25)（一阶非周期环节）近似该系统传递函数，通常可以满足控制的设计要求。

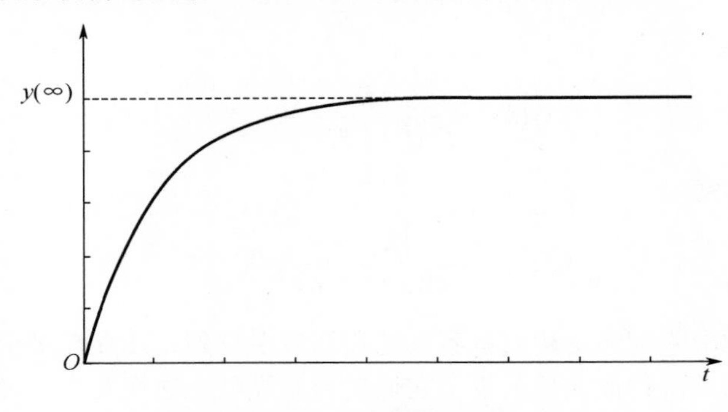

图 2-12　一阶环节单位阶跃响应曲线

2. 一阶环节模型参数的确定

对于式(2-25)中所确定的一阶环节来说，其要确定的参数主要有两个，即 K 和 T。换句话说，在模型结构确定为一阶环节的条件下，只要确定参数 K 和 T，就可以确定模型的解析表达。下面讨论如何根据输出曲线确定 K 和 T。

静态放大系数 K 可用输出量的静态坐标值 $y(\infty)$ 与阶跃扰动值 r_0 之比来计算：

$$K=\frac{y(\infty)}{r_0} \tag{2-29}$$

在计算一阶环节的时间常数 T 时，将实验阶跃响应曲线 $y(t)$，修改成下述归一化的阶跃响应曲线 $y^*(t)$，有

$$y^*(t)=\frac{y(t)}{y(\infty)} \tag{2-30}$$

对于这样的环节，归一化的阶跃响应曲线 $y^*(t)$ 是一条指数上升的曲线：

$$y^*(t)=1-\mathrm{e}^{-\frac{t}{T}} \tag{2-31}$$

即

$$T=\frac{-t_1}{\ln\left[1-y^*(t_1)\right]} \tag{2-32}$$

若取 $y^*(t_1)=0.632$，则

$$T=t_1 \tag{2-33}$$

因此，只要在归一化阶跃响应曲线上找到纵坐标为 0.632 的点，那么该点对应的时间坐标 t_1 值即为时间常数。

由实验阶跃响应曲线（或归一化阶跃响应曲线）求得时间常数 T 后，通常应对计算结果进行校对，可取 $t_2=2T$ 或 $t_3=T/2$ 时 $y^*(t_2)$ 及 $y^*(t_3)$ 的值来校对。根据式(2-31)，当 $t=t_2=2T$ 时，有

$$y^*(t_2)=1-\mathrm{e}^{-\frac{2T}{T}}=1-\mathrm{e}^{-2}=0.87 \tag{2-34}$$

当 $t=t_3=T/2$ 时，有

$$y^*(t_3)=1-\mathrm{e}^{-\frac{T}{2T}}=1-\mathrm{e}^{-\frac{1}{2}}=0.39 \tag{2-35}$$

如果两条曲线上相应点相差比较大，则说明用一阶环节和实际系统的传递函数存在较大差异，需要修改假定的模型结构（如增加模型的阶次或附加环节）。

2.3.3　由阶跃响应曲线确定带时延的一阶环节的参数

若实验阶跃响应曲线是一条 S 形的周期曲线，则可用带时延的一阶系统阶跃响应曲线（见图 2-13）来近似，其传递函数为式(2-26)，式中需要确定参数 K、T、τ 。其中同样用式(2-29)求出稳态放大系数 K 。

在计算时间常数 T 及纯时延 τ 时，也要用式(2-30)将 $y(t)$ 转换成归一化阶跃响应曲线 $y^*(t)$ 。

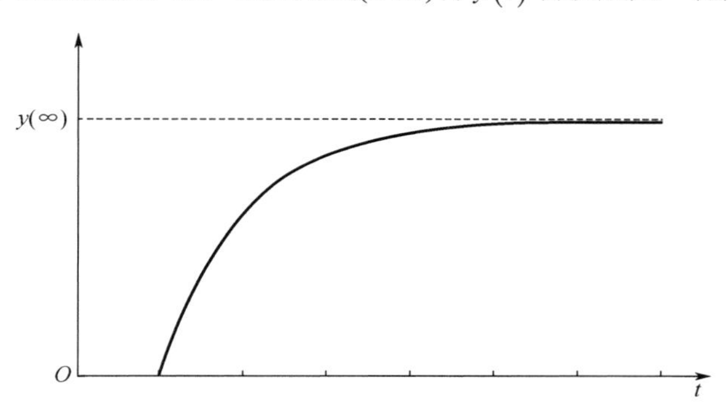

图 2-13　带时延的一阶系统阶跃响应曲线

对于带时延的一阶环节来讲，曲线 $y^*(t)$ 可以表示为

$$\begin{cases}0 & t<\tau \\ 1-\mathrm{e}^{-\frac{t-\tau}{T}} & t\geqslant\tau\end{cases} \tag{2-36}$$

为了确定 T 及 τ ，应选 $y^*(t)$ 的两个坐标值，以便联立方程，现选择 t_1 及 t_2 为

$$\begin{cases} y^*(t_1)=1-\mathrm{e}^{-\frac{t_1-\tau}{T}} \\ y^*(t_2)=1-\mathrm{e}^{-\frac{t_2-\tau}{T}} \end{cases} \tag{2-37}$$

其中，$t_2>t_1>\tau$。由式两边取自然对数

$$\begin{cases} -\dfrac{t_1-\tau}{T}=\ln\left[1-y^*(t_1)\right] \\ -\dfrac{t_2-\tau}{T}=\ln\left[1-y^*(t_2)\right] \end{cases} \tag{2-38}$$

由此解得

$$\begin{cases} T=\dfrac{t_2-t_1}{\ln\left[1-y^*(t_1)\right]-\ln\left[1-y^*(t_2)\right]} \\ \tau=\dfrac{t_2\ln\left[1-y^*(t_1)\right]-t_1\ln\left[1-y^*(t_2)\right]}{\ln\left[1-y^*(t_1)\right]-\ln\left[1-y^*(t_2)\right]} \end{cases} \tag{2-39}$$

根据式(2-39)，可由归一化阶跃响应曲线的两个坐标值$y^*(t_1)$、$y^*(t_2)$及其对应的时间t_1、t_2计算得到T和τ。

若选择$y^*(t_1)=0.3935$，$y^*(t_2)=0.632$，则可得

$$\begin{cases} T=2(t_2-t_1) \\ \tau=2t_1-t_2 \end{cases} \tag{2-40}$$

对于计算结果，可在

$$\begin{aligned} &t_3\leqslant\tau && y^*(t_3)=0 \\ &t_4=0.8T+\tau && y^*(t_4)=0.55 \\ &t_5=2T+\tau && y^*(t_5)=0.87 \end{aligned}$$

几个时刻，对阶跃响应曲线的坐标值进行校对。下面我们通过一个例子来具体说明。

某生产耐火材料的隧道式加热炉的实验阶跃响应曲线如图 2-14 所示（实线），输入变量是燃料气的流量，以阀门开度的百分数γ表示，被调量选定为炉中某一堆垛上的温度。由此阶跃响应曲线推导传递函数。

对此实验曲线，我们用一阶非周期加纯时延环节来近似。首先求出其放大系数为

$$K=\frac{0.08}{\gamma}$$

这里0.08的单位为度。根据归一化后的阶跃响应曲线，求出$y^*=0.39$及$y^*=0.63$时所对应的时间t_1及t_2为

$$t_1=27\mathrm{s},\quad t_2=51\mathrm{s}$$

这里 s 表示时间单位秒。于是计算得

$$T=2(t_2-t_1)=48$$
$$\tau=2t_1-t_2=3$$

因此传递函数为

$$G(s)=\frac{0.08}{48s+1}\mathrm{e}^{-3s}$$

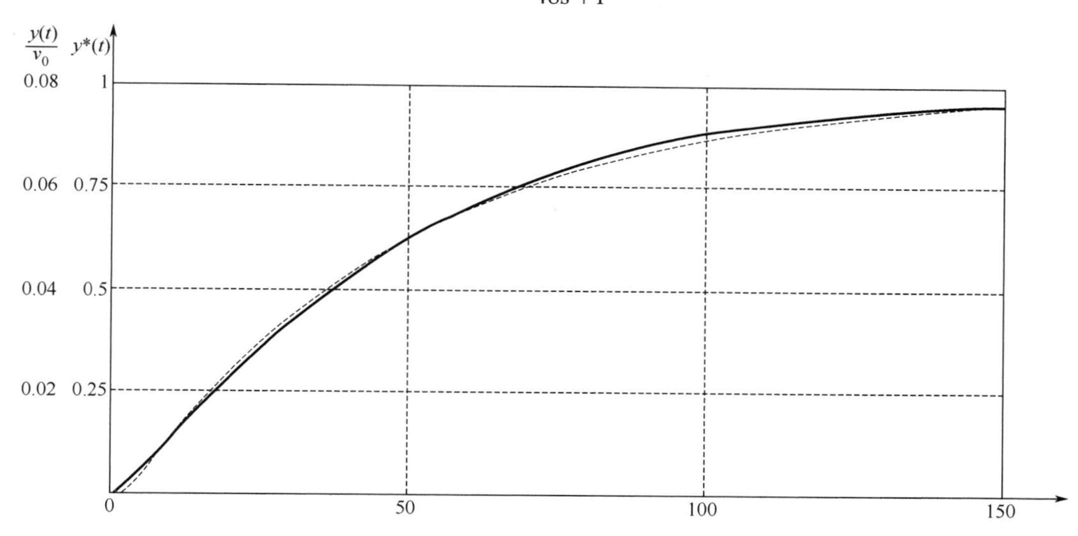

图 2-14　隧道式加热炉的实验阶跃响应曲线

根据此传递函数所构成的阶跃响应曲线如图 2-14 中的虚线所示，其计算值及与此相对应的阶跃响应曲线实验值列于表 2-1 中。

表 2-1　隧道式加热炉的阶跃响应实验值与计算值

$y^*(t)$	t/s					
	0	3	27	41	51	99
实验值	0	0.005	0.39	0.53	0.63	0.88
计算值	0	0	0.39	0.55	0.63	0.87

2.3.4　由阶跃响应曲线确定二阶环节参数

对于二阶环节或带时延的二阶环节，其传递函数由(2-27)或式(2-28)表示，由于$\xi<1$时的二阶系统传递函数的辨识比较麻烦，这里只讨论$\xi\geqslant 1$即所谓过阻尼的情况。过阻尼时，二阶环节的阶跃响应曲线是一条 S 形曲线。在工业生产过程中，大多数的实验阶跃响应曲线是“过阻尼”的，因此这种方法可以适用于一大类工业生产过程中。至于得到一条 S 形实验阶跃响应曲线后，究竟用前面所述的一阶加时延环节来近似，还是用二阶过阻尼环节来近似，没有什么事先严格区分的方法，可以将两种计算结果与实验曲线对比，观察哪一个精度好就选择哪一个。

对于二阶过阻尼环节的实验阶跃响应曲线，同样先采用式(2-29)及式(2-30)求得放大系数 K 及归一化的阶跃响应曲线 $y^*(t)$，剩下的问题就是根据 $y^*(t)$ 求传递函数。

$$G(s)=\frac{1}{T^2s^2+2T\xi s+1} \tag{2-41}$$

式(2-41)的 $G(s)$ 可以分解成

$$G(s)=\frac{1}{T^2(s+\omega_1)(s+\omega_2)} \tag{2-42}$$

其中

$$\begin{cases} \omega_1 = \dfrac{1}{T}\left[\xi - \sqrt{\xi^2 - 1}\right] \\ \omega_2 = \dfrac{1}{T}\left[\xi + \sqrt{\xi^2 - 1}\right] \end{cases} \tag{2-43}$$

因$\xi \geqslant 1$，故ω_1和ω_2是实数，且均大于零。由式(2-43)可以推导得

$$\begin{cases} T = \dfrac{1}{\sqrt{\omega_1 \omega_2}} \\ \xi = \dfrac{\omega_1 \omega_2}{\sqrt{\omega_1 \omega_2}} \end{cases} \tag{2-44}$$

因此只要由实验曲线算出ω_1和ω_2后，即可求得T和ξ_0，式(2-42)又可写成

$$G(s) = \frac{\omega_1 \omega_2}{(s+\omega_1)(s+\omega_2)} \tag{2-45}$$

当输入为单位阶跃函数时，该环节的阶跃响应曲线为

$$y^*(t) = 1 - \frac{\omega_2}{\omega_2 - \omega_1}\mathrm{e}^{-\omega_1 t} + \frac{\omega_1}{\omega_2 - \omega_1}\mathrm{e}^{-\omega_2 t} \tag{2-46}$$

或

$$1 - y^*(t) = \frac{\omega_2}{\omega_2 - \omega_1}\mathrm{e}^{-\omega_1 t} - \frac{\omega_1}{\omega_2 - \omega_1}\mathrm{e}^{-\omega_2 t} \tag{2-47}$$

令

$$\omega_2 = \alpha \omega_1 \tag{2-48}$$

代入式(2-47)，可得

$$\begin{aligned} 1 - y^*(t) &= \frac{\alpha}{\alpha - 1}\mathrm{e}^{-\omega_1 t} - \frac{1}{\alpha - 1}\mathrm{e}^{-\alpha\omega_1 t} \\ &= \frac{\alpha}{\alpha - 1}\mathrm{e}^{-\omega_1 t}\left[1 - \frac{1}{\alpha}\mathrm{e}^{-(\alpha-1)\omega_1 t}\right] \end{aligned} \tag{2-49}$$

两边取自然对数，得

$$\ln\left[1 - y^*(t)\right] = \ln\left[\frac{\alpha}{\alpha - 1}\right] - \omega_1 t + \ln\left[1 - \frac{1}{\alpha}\mathrm{e}^{-(\alpha-1)\omega_1 t}\right] \tag{2-50}$$

当$t \to \infty$时，上式简化为

$$\ln\left[1 - y^*(t)\right] = \ln\left[\frac{\alpha}{\alpha - 1}\right] - \omega_1 t \tag{2-51}$$

由式（2-51）可以看出，当$t \to \infty$时，$\ln\left[1 - y^*(t)\right]$趋近于一条直线，其斜率$k$及截距$b$为

$$\begin{cases} k = -\omega_1 \\ b = \ln\left[\dfrac{\alpha}{\alpha - 1}\right] \end{cases} \tag{2-52}$$

因此只要在坐标纸上画出t比较大时$\ln\left[1 - y^*(t)\right]$的图形，然后画出渐近线，再求出此直线的斜率及截距，就可算出

$$\begin{cases} \omega_1 = -k \\ \alpha = \dfrac{e^b}{e^b - 1} \end{cases} \tag{2-53}$$

再根据式(2-48)及式(2-44)可算出 T 及 ξ，从而求得该环节的传递函数。

2.3.5　飞升曲线法

飞升曲线法是对处于开环、稳态的被控过程，使其输入量做相应变化，测得被控过程的飞升曲线，然后根据飞升曲线，求出被控过程输入与输出之间的动态数学关系——传递函数。

1. 飞升曲线的直接测定

直接测定飞升曲线的原理很简单，即在被控过程处于开环、稳态时，通过手动或遥控装置使被控过程的输入量（一般是调节阀）做阶跃变化；用记录仪或数据采集系统记录被控过程输出的变化曲线，直至被控过程进入新的稳态，得到的记录曲线就是被控过程的飞升曲线。

现场试验往往会遇到很多问题，例如，不仅要保证正常生产，不会因测试受到严重干扰，还要尽量设法减小其他随机扰动的影响及避免系统中的非线性因素等。为了得到可靠的测试结果，应注意以下事项。

（1）合理地选择阶跃输入信号的幅值。过小的阶跃输入幅值可能导致响应信号被其他干扰淹没而难以识别，但过大的扰动幅值则会使正常生产受到严重干扰甚至危及生产安全。一般阶跃扰动量取为被控过程正常输入信号的 5%～15%。

（2）试验时被控过程应处于相对稳定的工况。试验期间应设法避免出现其他偶然性的扰动，避免其他扰动引起的动态变化与试验时的阶跃响应混淆在一起，从而影响辨识结果。

（3）要仔细记录阶跃响应的起始部分。这一部分数据的准确性对确定被控过程动态特性参数的影响很大，要准确记录。对有自衡能力的被控过程，试验过程应在输出信号达到新的稳态值时结束；对无自衡能力的被控过程，则应在输出信号变化速度不再改变时结束。

（4）多次测试，消除非线性。考虑到被控过程的非线性，应选取不同负荷，在不同设定值下进行多次测试。即使在同一负荷和同一设定值下，也要在正向和反向扰动下重复测试，以求全面掌握被控过程的动态特性。完成一次试验测试后，应使被控过程恢复到原来的工况并稳定一段时间，再做第二次试验测试。

2. 矩形脉冲法测定被控过程的飞升曲线

飞升曲线直接测定法简单易行，但当扰动输入信号幅值较大、较长时间存在时，被控变量变化幅值可能超出允许范围而影响生产过程的正常进行，可能造成产品产量与质量下降，甚至引发安全事故。为了能够施加比较大的扰动幅值而又不至于严重干扰生产，可用矩形脉冲输入代替阶跃输入，测出被控过程的矩形脉冲响应曲线，再根据矩形脉冲响应曲线求出对应的阶跃响应曲线，具体方法如下。

图 2-15（a）所示的矩形脉冲输入信号 $x(t)$ 可以看作幅值与 $x(t)$ 相等的两个阶跃信号 $x_1(t)$ 和 $x_2(t)$ 的叠加。如图 2-15（b）所示，一个是在时刻 $t=0$ 时输入被控过程的正阶跃信号 $x_1(t)$，另一个是在 $t=\Delta t$ 时输入被控过程的负阶跃信号 $x_2(t)=-x_1(t-\Delta t)$，即

$$x(t) = x_1(t) + x_2(t) = x_1(t) - x_1(t-\Delta t) \tag{2-54}$$

如果被控过程是线性的，则其矩形脉冲 $x(t)$ 的响应 $y(t)$ 是阶跃输入 $x_1(t)$ 和 $x_2(t)=-x_2(t-\Delta t)$ 的响应 $y_1(t)$ 和 $y_2(t)=-y_1(t-\Delta t)$ 的叠加：

$$y(t)=y_1(t)+y_2(t)=y_1(t)-y_1(t-\Delta t) \tag{2-55}$$

由式（2-55）可知其阶跃响应为

$$y_1(t)=y(t)+y_1(t-\Delta t) \tag{2-56}$$

利用式(2-56)，可通过矩形脉冲 $x(t)$ 的响应 $y(t)$ 求得其阶跃响应 $y_1(t)$。用作图法可从测得的矩形脉冲响应曲线 $y(t)$ 画出阶跃响应 $y_1(t)$ 的曲线。在 $0\sim\Delta t$ 时间范围内，飞升曲线与矩形脉冲响应曲线重合；Δt 以后的飞升曲线为该段的矩形脉冲响应 $y(t)$ 加上其 Δt 时段之前的阶跃响应曲线值 $y_1(t-\Delta t)$。作图时，先把时间轴分成间隔为 Δt 的等分时段，在第一时段（$0<t<\Delta t$），$y_1(t-\Delta t)=0$，故 $y_1(t)=y(t)$；Δt 之后每一时段的 $y_1(t)$，则是该段中 $y(t)$ 与相邻前一段的阶跃响应 $y_1(t-\Delta t)$ 之和。以此类推，就可以由矩形脉冲响应曲线求得完整的飞升曲线，图 2-15（c）所示是通过作图法得到自衡过程飞升的方法，通过作图法得到非自衡过程飞升曲线的方法与自衡过程的方法相同，如图 2-15（d）所示。

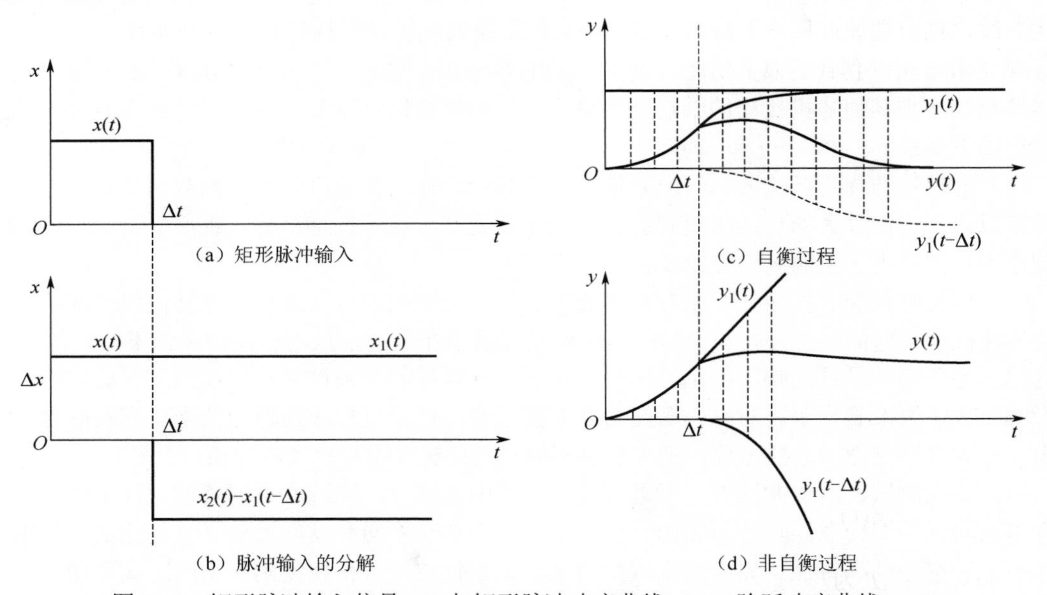

图 2-15　矩形脉冲输入信号 $x(t)$ 与矩形脉冲响应曲线 $y(t)$，阶跃响应曲线 $y_1(t)$

2.4　周期信号响应法建模

前面研究的阶跃信号响应法，是通过研究系统输出的过渡过程和输入的关系，即通过系统的过渡响应来研究系统的数学模型；周期信号响应法是通过研究对系统不同频率的正弦及其稳态输出的关系，即通过系统的稳态响应来研究系统的数学模型。

这里也首先研究非参数模型的辨别。从原理上讲，任何形式的过渡响应，都可得到系统频率响应的非参数模型。例如，在传递函数为 $G(s)$ 的系统上加上输入信号 $r(t)$，如果得到了输出 $y(t)$，则由传递函数的定义可得到关系式：

$$G(s)=\frac{\int_\theta^\varphi y(t)\mathrm{e}^{-st}\mathrm{d}t}{\int_\theta^\varphi r(t)\mathrm{e}^{-st}\mathrm{d}t} \tag{2-57}$$

令 $s=\mathrm{j}\omega$，上式就变为系统的频率响应特性：

$$G(\mathrm{j}\omega)=\frac{\int_0^{\infty} y(t)\cos\omega t\mathrm{d}t-\mathrm{j}\int_0^{\infty} y(t)\sin\omega t\mathrm{d}t}{\int_0^{\infty} r(t)\cos\omega t\mathrm{d}t-\mathrm{j}\int_0^{\infty} r(t)\sin\omega t\mathrm{d}t} \tag{2-58}$$

设 $r(t)$ 和 $y(t)$ 都是有界函数，则对各个 ω 用数值计算方法，即求出复量 $G(\mathrm{j}\omega)$，从而可求得系统的频率特性。因为这种方法的计算量比较大，必须用计算机才行，所以常用下面的方法。

在所研究的系统输入端加上某个频率的正弦波信号，记录输出的稳态振荡波形，即可测得精确的频率特性。当然应该对所选的各个频率逐个进行实验。

周期信号响应法的关键在于有一个能产生准确正弦波，且有相当功率的信号发生器。系统频率特性测试原理如图 2-16 所示，为方便分析数据，需要在记录仪上同时记下输入和输出波形。用频率法建模，由于需要逐个频率进行实验，所以在对缓慢的工业过程进行建模时，需要花费大量的实验时间。为了节约时间，可采用“组合频率法”。这种方法是把几个各自具有一定幅值及相位频率不同的正弦波信号组合起来，作为系统的输入测试信号，记录其输出端波形。因为系统是线性的，所以输出端波形可以认为是各输入正弦信号的响应之和，这些输出量各自也均为正弦振荡，可采用谐波分析（傅氏分析）方法从总的输出波形中分析出各个频率的输出波形。由此可同时求得几个频率下的输出/输入幅值比和相移。

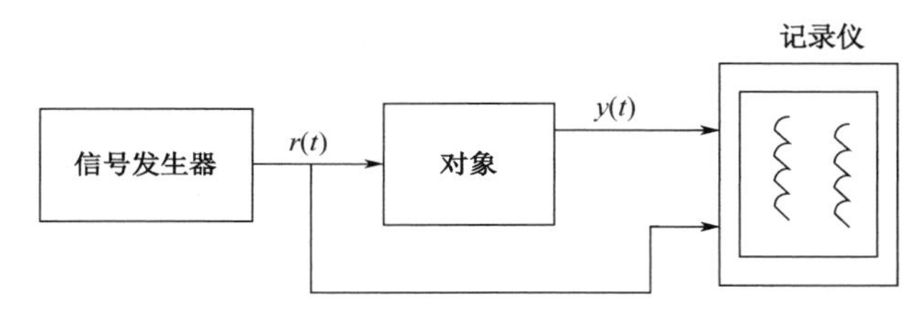

图 2-16　系统频率特性测试原理

在获得实验数据之后，对输出数据要进行离散的谐波分析。对一个周期函数进行傅里叶级数展开，就是将该函数展开成各次谐波之和。若该函数为 $y(t)$，其周期为 T，则 $y(t)$ 可以展开为

$$y(t)=A_0+A_1\cos\omega t+A_2\cos 2\omega t+\cdots+B_1\sin\omega t+B_2\sin 2\omega t+\cdots \tag{2-59}$$

式中，$\omega=\dfrac{2\pi}{T}$；T 为基波周期。

$$A_0=\frac{1}{T}\int_0^T y(t)\mathrm{d}t \tag{2-60}$$

$$A_n=\frac{2}{T}\int_0^T y(t)\cos(n\omega t)\mathrm{d}t\quad(n=1,2,\cdots) \tag{2-61}$$

$$B_n=\frac{2}{T}\int_0^T y(t)\sin(n\omega t)\mathrm{d}t\quad(n=1,2,\cdots) \tag{2-62}$$

若采样时间间隔为 Δt，一个周期的采样点数为 N，则谐波系数的离散计算公式为

$$A_0=\frac{1}{N}\sum_{i=0}^{N-1} y(i) \tag{2-63}$$

$$A_n=\frac{2}{N}\sum_{i=0}^{N-1} y(i)\cos\left(\frac{2n\pi}{N}i\right) \tag{2-64}$$

$$B_n=\frac{2}{N}\sum_{i=0}^{N-1} y(i)\sin\left(\frac{2n\pi}{N}i\right) \tag{2-65}$$

当然，欲求的最高谐波次数 $n_{\max}$，要符合香农采样定理，即 $N > 2n_{\max}$。根据下述公式可计算输出各次谐波的幅值和相位：

$$\tilde{A}_N = \sqrt{A^2{}_n + B^2{}_n} \tag{2-66}$$

$$\varphi_n = \arctan\frac{A_n}{B_n} \tag{2-67}$$

这样，即可根据系统的输出和输入各项谐波的幅值比与相位差求出系统的频率特性。

2.5　最小二乘法建模

2.5.1　基本最小二乘法模型

1．最小二乘法模型的标准形式

对一个单输入/单输出线性定常系统，可以采用差分方程的单变量形式予以描述，即 CAR 模型：

$$\begin{aligned} & y(k) + a_1 y(k-1) + \cdots + a_n y(k-n) \\ & = b_1 r(k-1) + b_2 r(k-2) + \cdots + b_n r(k-n) + e(k) \end{aligned} \tag{2-68}$$

式中，$\{r(k), y(k)\}$ 为实测的输入、输出序列；$\{e(k)\}$ 为零均值同分布的不相关的随机变量序列；n 为模型的阶数。

辨识式(2-68)，包括以下两个问题。

（1）如何从输入、输出数据，确定模型的阶数 n。

（2）在已知模型阶数 n 时，如何从输入、输出数据估计模型中未知参数 $a_1, a_2, \cdots, a_n, b_1, b_2, \cdots, b_n$。

下面将讨论如何应用最小二乘法来解决第二个问题。式(2-68)可以改写成

$$y(k) = -a_1 y(k-1) - \cdots - a_n y(k-n) + b_1 r(k-1) + \cdots + b_n r(k-n) + e(k) \tag{2-69}$$

为了公式的表述整齐，考虑对输入、输出观测了 $N+n$ 次，得到实测的输入、输出序列：

$$\{r(k), y(k)\}，\quad k = 1, 2, \cdots, N+n$$

为了估计上述 $2n$ 个未知参数，要构成如式(2-69)那样的 N 个观测方程，且满足条件 $N \geqslant 2n+1$，即

$$\begin{cases} y(n+1) = -a_1 y(n) - \cdots - a_n y(1) + \\ \qquad b_1 r(n) + \cdots + b_n r(1) + e(n+1) \\ y(n+2) = -a_1 y(n+1) - \cdots - a_n y(2) + \\ \qquad b_1 r(n+1) + \cdots + b_n r(2) + e(n+2) \\ \qquad \cdots \\ y(n+N) = -a_1 y(n+N-1) - \cdots - a_n y(N) + \\ \qquad b_1 r(n+N-1) + \cdots + b_n r(N) + e(n+N) \end{cases} \tag{2-70}$$

若用向量矩阵的形式表示此方程组，则可写成

$$\boldsymbol{y}(N) = \boldsymbol{\Phi}(N)\boldsymbol{\theta}(N) + \boldsymbol{e}(N) \tag{2-71}$$

有时简写成

$$\boldsymbol{y} = \boldsymbol{\Phi}\boldsymbol{\theta} + \boldsymbol{e} \tag{2-72}$$

式中

$$\begin{cases} \boldsymbol{y}(N) = [y(n+1), y(n+2), \cdots, y(n+N)]^{\mathrm{T}} \quad \boldsymbol{\theta}(N) = [a_1, \cdots, a_n, b_1, \cdots, b_n]^{\mathrm{T}} \\ \boldsymbol{e}(N) = [e(n+1), e(n+2), \cdots, e(n+N)]^{\mathrm{T}} \end{cases} \tag{2-73}$$

而

$$\begin{aligned} \boldsymbol{\Phi}(N) &= [\varphi(1), \varphi(2), \cdots, \varphi(N)]^{\mathrm{T}} \\ &= \begin{bmatrix} -y(n) & -y(n-1) & \cdots & -y(1) & r(n) & r(n-1) & \cdots & r(1) \\ -y(n+1) & -y(n) & \cdots & -y(2) & r(n+1) & r(n) & \cdots & r(2) \\ \vdots & \vdots & \cdots & \vdots & \vdots & \vdots & \cdots & \vdots \\ -y(n+N-1) & -y(n+N-2) & \cdots & -y(N) & r(n+N-1) & r(n+N-2) & \cdots & r(N) \end{bmatrix} \end{aligned} \tag{2-74}$$

其中

$$\boldsymbol{\varphi}^{\mathrm{T}}(i) = [-y(n+i-1), -y(n+i-2), \cdots, -y(i), r(n+i-1), \cdots, r(i)] \tag{2-75}$$

这里 $i = 1, 2, \cdots, N$ 。

从式(2-70)容易看出，每一个观测方程可以表示为

$$\boldsymbol{y}(n+i) = \boldsymbol{\varphi}^{\mathrm{T}}(i)\boldsymbol{\theta}(N) + \boldsymbol{e}(n+i) \tag{2-76}$$

式(2-68)和式(2-76)可称为最小二乘法模型类，它们最后都要变成式(2-71)，其可以称为最小二乘法模型的标准格式。

2. 最小二乘法估计的基本原理

参数估计的最小二乘法原理（准则）就是从式(2-68)一类模型中，找出这样一个模型，在这个模型中，系统中的参数向量 $\boldsymbol{\theta}$ 的估计量 $\hat{\boldsymbol{\theta}}$，使得在观测式(2-72)的残差平方和（代价函数、损失函数）

$$J = \sum_{i=1}^{N} e^2(n+i) = \boldsymbol{e}^{\mathrm{T}}(N)\boldsymbol{e}(N) \tag{2-77}$$

为最小。

根据数学分析中的求极值原理可知，因为 J 是 $\hat{\boldsymbol{\theta}}$ 的二次函数，它的极小值是存在的。为了求出这些参数，必须解方程组

$$\begin{cases} \dfrac{\partial J}{\partial a_i} = 0 \\ \dfrac{\partial J}{\partial b_i} = 0 \end{cases} \quad i = 1, 2, \cdots, N \tag{2-78}$$

由式(2-78)可得

$$\boldsymbol{\Phi}^{\mathrm{T}}\boldsymbol{\Phi}\boldsymbol{\theta} - \boldsymbol{\Phi}^{\mathrm{T}}\boldsymbol{y} = 0 \tag{2-79}$$

或者

$$\boldsymbol{\Phi}^{\mathrm{T}}\boldsymbol{\Phi}\boldsymbol{\theta} = \boldsymbol{\Phi}^{\mathrm{T}}\boldsymbol{y}$$

3. 参数解的表达式及唯一性

要解出参数 $\boldsymbol{\theta}$ 的值（向量），就必须解式(2-78)或式(2-79)。当信息矩阵 $\boldsymbol{\Phi}^{\mathrm{T}}\boldsymbol{\Phi}$ 为非奇异时，则可由式(2-79)求出 $\hat{\boldsymbol{\theta}}$ 解的表达式为

$$\hat{\boldsymbol{\theta}} = (\boldsymbol{\Phi}^{\mathrm{T}}\boldsymbol{\Phi})^{-1}\boldsymbol{\Phi}^{\mathrm{T}}\boldsymbol{y} \tag{2-80}$$

实际上，对式(2-77)直接求导，可以得到与式(2-80)一样的结果。式(2-80)是损失函数 J 极小化的必要条件，而损失函数 J 极小化的充分条件为

$$\frac{\partial}{\partial\hat{\boldsymbol{\theta}}}\left(\frac{\partial J}{\partial\hat{\boldsymbol{\theta}}}\right)^{\mathrm{T}} \tag{2-81}$$

它是正定的。注意将式（2-77）代入式(2-81)，便得

$$\frac{\partial}{\partial\hat{\boldsymbol{\theta}}}\left(\frac{\partial J}{\partial\hat{\boldsymbol{\theta}}}\right)^{\mathrm{T}} = 2\boldsymbol{\Phi}^{\mathrm{T}}\boldsymbol{\Phi} \tag{2-82}$$

当信息矩阵 $\boldsymbol{\Phi}^{\mathrm{T}}\boldsymbol{\Phi}$ 为非奇异时，式(2-82)是正定的。式(2-82)的右边与 $\hat{\boldsymbol{\theta}}$ 无关，其表明了最小二乘法的一个重要性质，即它只有一个局部极小值存在，而这个极小值也是全部极小值。因此，最小二乘法估计量 $\hat{\boldsymbol{\theta}}$ 是唯一的。

2.5.2 递推的最小二乘法

在生产运行过程中，系统的输入、输出往往是序贯地测得的。调节器的设计要求在线估计参数，如自校正调节器（Self-Tuning Regulators）。

如果我们测得了 $N+n$ 个数据，可以用 $\hat{\boldsymbol{\theta}} = [\boldsymbol{\Phi}^{\mathrm{T}}\boldsymbol{\Phi}]^{-1}\boldsymbol{\Phi}^{\mathrm{T}}\boldsymbol{y}$ 估计出系统所含的未知参数。若增加了一个新的数据（即测得了 $n+N+1$ 个数据），那么我们要用 $\hat{\boldsymbol{\theta}} = [\boldsymbol{\Phi}^{\mathrm{T}}\boldsymbol{\Phi}]^{-1}\boldsymbol{\Phi}^{\mathrm{T}}\boldsymbol{y}$ 重新计算一遍才能得到 $n+N+1$ 个数据时的最小二乘法估计。这样为了记忆 $n+N+1$ 个数据需要占用大量的计算机内存，而且许多计算是重复的。因此，我们想到能否用 $n+N$ 个数据所得的最小二乘法估计 $\hat{\boldsymbol{\theta}}(N)$，在获得第 $n+N+1$ 数据时进行适当修改来获得 $n+N+1$ 个数据时的最小二乘法估计 $\hat{\boldsymbol{\theta}}(N+1)$ 呢？这就是这里所要讨论的递推的最小二乘法。

使用递推的最小二乘法可以减少计算机内存的占用和计算量，可以采用小型计算机进行离线和在线计算，使得当系统参数变化时能够及时修正参数，进而获得系统的实时模型。因此，递推最小二乘法估计已成为自适应控制的重要工具。

为了导出 $\hat{\boldsymbol{\theta}}$ 递推估计公式，我们把观测数中的 N 作为变动参数并引进下列符号。由 $n=N$ 个数据获得的最小二乘法估计记作

$$\hat{\boldsymbol{\theta}}(N) = [\boldsymbol{\Phi}^{\mathrm{T}}(N)\boldsymbol{\Phi}(N)]^{-1}\boldsymbol{\Phi}^{\mathrm{T}}(N)\boldsymbol{y}(N)$$

其中

$$\boldsymbol{\Phi}(N) = [\varphi(1), \varphi(2), \cdots, \varphi(N)]^{\mathrm{T}}$$
$$= \begin{bmatrix} -y(n) & -y(n-1) & \cdots & -y(1) & r(n) & r(n-1) & \cdots & r(1) \\ -y(n+1) & -y(n) & \cdots & -y(2) & r(n+1) & r(n) & \cdots & r(2) \\ \vdots & \vdots & \cdots & \vdots & \vdots & \vdots & \cdots & \vdots \\ -y(n+N-1) & -y(n+N-2) & \cdots & -y(n) & r(n+N-1) & r(n+N-2) & \cdots & r(n) \end{bmatrix}$$

而

$$\boldsymbol{y}(n) = \left[y(n+1),\quad y(n+2),\quad \cdots,\quad y(n+N)\right]^{\mathrm{T}}$$

当增加一个观测对 $\left(r(n+N+1),\quad y(n+N+1)\right)$ 时，$\boldsymbol{\Phi}(N)$ 就增加了一行，即

$$\boldsymbol{\Phi}(N+1)=\begin{bmatrix}\boldsymbol{\Phi}(N)\\ \boldsymbol{\varphi}^{\mathrm{T}}(N+1)\end{bmatrix},\quad \boldsymbol{y}(N+1)=\begin{bmatrix}\boldsymbol{y}(N)\\ \boldsymbol{y}(n+N+1)\end{bmatrix} \tag{2-83}$$

其中

$$\boldsymbol{\varphi}^{\mathrm{T}}(N+1)=\left[-y(n+N),-y(n+N-1),\cdots,-y(N+1),r(n+N),\cdots,r(N+1)\right]$$

此时由$(n+N+1)$个观测数据对获得$\hat{\boldsymbol{\theta}}$的最小二乘法估计为

$$\hat{\boldsymbol{\theta}}(N+1)=\left[\boldsymbol{\Phi}^{\mathrm{T}}(N+1)\boldsymbol{\Phi}(N+1)\right]^{-1}\boldsymbol{\Phi}^{\mathrm{T}}(N+1)\boldsymbol{y}(N+1)$$

将式(2-83)代入上式，得

$$\begin{aligned}&\hat{\boldsymbol{\theta}}(N+1)=\left[\boldsymbol{\Phi}^{\mathrm{T}}(N)\boldsymbol{\Phi}(N)+\boldsymbol{\varphi}(N+1)\boldsymbol{\varphi}^{\mathrm{T}}(N+1)\right]^{-1}\times\\&\left[\boldsymbol{\Phi}(N)\boldsymbol{y}(N)+\boldsymbol{\varphi}(N+1)\boldsymbol{y}(n+N+1)\right]\end{aligned} \tag{2-84}$$

为了推导过程书写方便，在下列推导过程中暂时省略$\boldsymbol{\Phi}(N)$中的N，记作$\boldsymbol{\Phi}$，省略$\boldsymbol{\varphi}(N+1)$中的$N+1$，记作$\boldsymbol{\varphi}$。推导完或后，再把省略的$N$和$N+1$添上，获得明晰的递推公式。经省略后式(2-84)可写成

$$\hat{\boldsymbol{\theta}}(N+1)=\left[\boldsymbol{\Phi}^{\mathrm{T}}\boldsymbol{\Phi}+\boldsymbol{\varphi}\boldsymbol{\varphi}^{\mathrm{T}}\right]^{-1}\left[\boldsymbol{\Phi}\boldsymbol{y}+\boldsymbol{\varphi}\boldsymbol{y}(n+N+1)\right] \tag{2-85}$$

由式(2-85)可以看到，每次递推必须获得$(\boldsymbol{\Phi}^{\mathrm{T}}\boldsymbol{\Phi}+\boldsymbol{\varphi}\boldsymbol{\varphi}^{\mathrm{T}})$的逆矩阵，这样做工作量较大。为了简化，我们运用如下矩阵求逆引理。

求逆引理设$\boldsymbol{A}$、$\boldsymbol{C}$和$\boldsymbol{A}+\boldsymbol{BCD}$都是非奇异方阵，那么有

$$(\boldsymbol{A}+\boldsymbol{BCD})^{-1}=\boldsymbol{A}^{-1}-\boldsymbol{A}^{-1}\boldsymbol{B}\left(\boldsymbol{C}^{-1}+\boldsymbol{D}\boldsymbol{A}^{-1}\boldsymbol{B}\right)^{-1}\boldsymbol{D}\boldsymbol{A}^{-1} \tag{2-86}$$

推论：当$\boldsymbol{D}=\boldsymbol{B}^{\mathrm{T}}$时有

$$\left(\boldsymbol{A}+\boldsymbol{BCB}^{\mathrm{T}}\right)^{-1}=\boldsymbol{A}^{-1}-\boldsymbol{A}^{-1}\boldsymbol{B}\left(\boldsymbol{C}^{-1}+\boldsymbol{B}^{\mathrm{T}}\boldsymbol{A}^{-1}\boldsymbol{B}\right)^{-1}\boldsymbol{B}^{\mathrm{T}}\boldsymbol{A}^{-1} \tag{2-87}$$

把式(2-87)代入式(2-85)，这时令

$$\boldsymbol{A}=\boldsymbol{\Phi}^{\mathrm{T}}\boldsymbol{\Phi},\quad \boldsymbol{B}=\boldsymbol{\varphi},\quad C=1$$

则有

$$\left[\boldsymbol{\Phi}^{\mathrm{T}}\boldsymbol{\Phi}+\boldsymbol{\varphi}\boldsymbol{\varphi}^{\mathrm{T}}\right]^{-1}=\left(\boldsymbol{\Phi}^{\mathrm{T}}\boldsymbol{\Phi}\right)^{-1}-\left(\boldsymbol{\Phi}^{\mathrm{T}}\boldsymbol{\Phi}\right)^{-1}\boldsymbol{\varphi}\left[1+\boldsymbol{\varphi}^{\mathrm{T}}\left(\boldsymbol{\Phi}^{\mathrm{T}}\boldsymbol{\Phi}\right)^{-1}\boldsymbol{\varphi}\right]^{-1}\boldsymbol{\varphi}^{\mathrm{T}}\left(\boldsymbol{\Phi}^{\mathrm{T}}\boldsymbol{\Phi}\right)^{-1} \tag{2-88}$$

把式(2-88)代入式(2-85)，得

$$\begin{aligned}\hat{\boldsymbol{\theta}}(N+1)&=[\boldsymbol{\Phi}^{\mathrm{T}}\boldsymbol{\Phi}+\boldsymbol{\varphi}\boldsymbol{\varphi}^{\mathrm{T}}]^{-1}[\boldsymbol{\Phi}\boldsymbol{y}+\boldsymbol{\varphi}\boldsymbol{y}(n+N+1)]\\&=(\boldsymbol{\Phi}^{\mathrm{T}}\boldsymbol{\Phi})^{-1}\boldsymbol{\Phi}^{\mathrm{T}}\boldsymbol{y}+(\boldsymbol{\Phi}^{\mathrm{T}}\boldsymbol{\Phi})^{-1}\boldsymbol{\varphi}\boldsymbol{y}(n+N+1)\\&\quad-(\boldsymbol{\Phi}^{\mathrm{T}}\boldsymbol{\Phi})^{-1}\boldsymbol{\varphi}\left[1+\boldsymbol{\varphi}^{\mathrm{T}}(\boldsymbol{\Phi}^{\mathrm{T}}\boldsymbol{\Phi})^{-1}\boldsymbol{\varphi}\right]^{-1}\boldsymbol{\varphi}^{\mathrm{T}}(\boldsymbol{\Phi}^{\mathrm{T}}\boldsymbol{\Phi})^{-1}\boldsymbol{\Phi}^{\mathrm{T}}\boldsymbol{y}\\&\quad-(\boldsymbol{\Phi}^{\mathrm{T}}\boldsymbol{\Phi})^{-1}\boldsymbol{\varphi}\left[1+\boldsymbol{\varphi}^{\mathrm{T}}(\boldsymbol{\Phi}^{\mathrm{T}}\boldsymbol{\Phi})^{-1}\boldsymbol{\varphi}\right]^{-1}\boldsymbol{\varphi}^{\mathrm{T}}(\boldsymbol{\Phi}^{\mathrm{T}}\boldsymbol{\Phi})^{-1}\boldsymbol{\varphi}\boldsymbol{y}(n+N+1)\\&=\hat{\boldsymbol{\theta}}(N)+(\boldsymbol{\Phi}^{\mathrm{T}}\boldsymbol{\Phi})^{-1}\boldsymbol{\varphi}\left[1+\boldsymbol{\varphi}^{\mathrm{T}}(\boldsymbol{\Phi}^{\mathrm{T}}\boldsymbol{\Phi})^{-1}\boldsymbol{\varphi}\right]^{-1}\cdot\left[\boldsymbol{y}(n+N+1)-\boldsymbol{\varphi}^{\mathrm{T}}\boldsymbol{\theta}(N)\right]\end{aligned}$$

在上式中令

$$\boldsymbol{K}(N)=\left(\boldsymbol{\Phi}^{\mathrm{T}}\boldsymbol{\Phi}\right)^{-1}\boldsymbol{\varphi}\left[1+\boldsymbol{\varphi}^{\mathrm{T}}\left(\boldsymbol{\Phi}^{\mathrm{T}}\boldsymbol{\Phi}\right)^{-1}\boldsymbol{\varphi}\right]^{-1} \tag{2-89}$$

得

$$\hat{\boldsymbol{\theta}}(N+1)=\hat{\boldsymbol{\theta}}(N)+\boldsymbol{K}(N)\left[\boldsymbol{y}(n+N+1)-\boldsymbol{\varphi}^{\mathrm{T}}\hat{\boldsymbol{\theta}}(N)\right] \tag{2-90}$$

令 $\boldsymbol{P}(N)=(\boldsymbol{\Phi}^{\mathrm{T}}\boldsymbol{\Phi})^{-1}$，并代入式(2-88)和式(2-89)中，则得递推最小二乘法估计的公式，集中在一起得

$$\hat{\boldsymbol{\theta}}(N+1)=\hat{\boldsymbol{\theta}}(N)+\boldsymbol{K}(N)\left[\boldsymbol{y}(n+N+1)-\boldsymbol{\varphi}^{\mathrm{T}}\hat{\boldsymbol{\theta}}(N)\right]$$

$$\boldsymbol{K}(N)=(\boldsymbol{\Phi}^{\mathrm{T}}\boldsymbol{\Phi})^{-1}\boldsymbol{\varphi}\left[1+\boldsymbol{\varphi}^{\mathrm{T}}(\boldsymbol{\Phi}^{\mathrm{T}}\boldsymbol{\Phi})^{-1}\boldsymbol{\varphi}\right]^{-1} \tag{2-91}$$

$$\boldsymbol{P}(N+1)=\boldsymbol{P}(N)-\boldsymbol{P}(N)\boldsymbol{\varphi}\left[1+\boldsymbol{\varphi}^{\mathrm{T}}\boldsymbol{P}(N)\boldsymbol{\varphi}\right]^{-1}\varphi^{\mathrm{T}}\boldsymbol{P}(N) \tag{2-92}$$

说明如下。

（1）$\boldsymbol{P}(N)$ 是求 $\hat{\boldsymbol{\theta}}(N)$ 时算得的，可以由式(2-92)递推计算。$1+\boldsymbol{\varphi}^{\mathrm{T}}\boldsymbol{P}(N)\boldsymbol{\varphi}$ 是一个数，这里 $\left(1+\boldsymbol{\varphi}^{\mathrm{T}}\boldsymbol{P}(N)\boldsymbol{\varphi}\right)^{-1}$ 实质上是一个除法，从而避免了矩阵求逆。

（2）这一组递推公式有明显的物理意义。

① 第 $N+1$ 次估计 $\hat{\boldsymbol{\theta}}(N+1)$ 是第 N 次估计 $\hat{\boldsymbol{\theta}}(N)$ 加上一个修正项 $\boldsymbol{K}(N)\left[\boldsymbol{y}(n+N+1)-\boldsymbol{\varphi}^{\mathrm{T}}\hat{\boldsymbol{\theta}}(N)\right]$。

② 因为

$$\boldsymbol{\varphi}^{\mathrm{T}}\hat{\boldsymbol{\theta}}(N)=-\hat{a}_1y(n+N)-\hat{a}_2y(n+N)-\cdots-\hat{a}_ny(N+1)+\hat{b}_1r(n+N)+\cdots+\hat{b}_nr(N+1)$$

因此 $\boldsymbol{\varphi}^{\mathrm{T}}\hat{\boldsymbol{\theta}}(N)$ 表示估计得 $\hat{\boldsymbol{\theta}}(N)$ 后，用模型方程得到的预报值 $\hat{\boldsymbol{y}}(n+N+1)$ 是新的实测值。$[\boldsymbol{y}(n+N+1)-\boldsymbol{\varphi}^{\mathrm{T}}\hat{\boldsymbol{\theta}}(N)]$ 表示实测值与预报值之差，如果实测值与预报值相等，即

$$\boldsymbol{y}(n+N+1)-\boldsymbol{\varphi}^{\mathrm{T}}\hat{\boldsymbol{\theta}}(N)=0$$

可知

$$\hat{\boldsymbol{\theta}}(N+1)=\hat{\boldsymbol{\theta}}(N)$$

此时不用修正 $\hat{\boldsymbol{\theta}}(N)$。

如果实测值与预报值不相等,即

$$\boldsymbol{y}(n+N+1)-\boldsymbol{\varphi}^{\mathrm{T}}\hat{\boldsymbol{\theta}}(N)\neq 0$$

此时 $\hat{\boldsymbol{\theta}}(N)$ 必须通过修正才能得到 $\hat{\boldsymbol{\theta}}(N+1)$。修正项与 $\boldsymbol{y}(n+N+1)-\boldsymbol{\varphi}^{\mathrm{T}}\hat{\boldsymbol{\theta}}(N)$ 成反比，即 $\boldsymbol{y}(n+N+1)$ 与 $\boldsymbol{\varphi}^{\mathrm{T}}\hat{\boldsymbol{\theta}}(N)$ 之差越大，修正项越大。$\boldsymbol{K}(N)$ 是增益因子，增益因子越大，则修正项越大。

（3）式(2-92)可以简化。把式(2-85)代入式(2-92)可得

$$\begin{aligned}\boldsymbol{P}(N+1)&=\boldsymbol{P}(N)-\boldsymbol{K}(N)\boldsymbol{\varphi}^{\mathrm{T}}\boldsymbol{P}(N)\\&=\left[\boldsymbol{I}-\boldsymbol{K}(N)\boldsymbol{\varphi}^{\mathrm{T}}\right]\boldsymbol{P}(N)\end{aligned} \tag{2-93}$$

利用式(2-90)、式(2-91)、式(2-92)或式(2-90)、式(2-91)、式(2-93)求 $\boldsymbol{\theta}$ 的估计值，涉及如何选取 $\boldsymbol{P}(N)$ 和 $\boldsymbol{\theta}(N)$ 的初值问题。这里提供两种方法：

① 先取一批观测值，用最小二乘法估计出 $\boldsymbol{\theta}$ 作为初值。

此时设

$$\boldsymbol{\Phi}(N)=\left[\boldsymbol{\varphi}(1),\boldsymbol{\varphi}(2),\cdots,\boldsymbol{\varphi}(N)\right]^{\mathrm{T}}$$

那么 $\boldsymbol{\Phi}^{\mathrm{T}}\boldsymbol{\Phi}=\sum_{k=1}^{N}\boldsymbol{\varphi}(k)\boldsymbol{\varphi}^{\mathrm{T}}(k)$。如果观测次数 N 小于未知参数的个数，即

$$N<2n$$

此时用正规方程解出的 $a_1,\cdots,a_n,b_1,\cdots,b_n$ 不唯一，$\boldsymbol{\Phi}^{\mathrm{T}}\boldsymbol{\Phi}$ 不是正定矩阵。为了找到正定的协方差初值，我们必须取 $N_0>2n$（参数个数），即用

$$\boldsymbol{P}_0=\boldsymbol{P}(N_0)=\left[\boldsymbol{\Phi}^{\mathrm{T}}(N_0)\boldsymbol{\Phi}(N_0)\right]^{-1}$$

$$\hat{\boldsymbol{\theta}}_0=\left[\boldsymbol{\Phi}^{\mathrm{T}}(N_0)\boldsymbol{\Phi}(N_0)\right]^{-1}\boldsymbol{\Phi}^{\mathrm{T}}(N_0)\boldsymbol{y}(N_0)$$

作为初值。

② 人为给初值。

取 $\boldsymbol{P}_0=\varepsilon^2\boldsymbol{I}$，$\varepsilon$ 足够大：

$$\hat{\boldsymbol{\theta}}_0=0$$

事实上，取 $\boldsymbol{P}_0=\varepsilon^2\boldsymbol{I}$，就是取

$$\boldsymbol{\Phi}(0)=\begin{bmatrix}1/\varepsilon & 0\\ 0 & 1/\varepsilon\end{bmatrix}_{2n\times 2n}$$

因为

$$\boldsymbol{P}(1)=\left[\boldsymbol{\Phi}^{\mathrm{T}}(0)\boldsymbol{\Phi}(0)+\boldsymbol{\Phi}(1)\boldsymbol{\Phi}^{\mathrm{T}}(1)\right]^{-1}$$

$$\boldsymbol{P}(2)=\left[\boldsymbol{\Phi}^{\mathrm{T}}(0)\boldsymbol{\Phi}(0)+\boldsymbol{\Phi}(1)\boldsymbol{\Phi}^{\mathrm{T}}(1)+\boldsymbol{\Phi}(2)\boldsymbol{\Phi}^{\mathrm{T}}(2)\right]^{-1}$$

$$\cdots$$

$$\boldsymbol{P}(N)=\left[\frac{1}{\varepsilon^2}\boldsymbol{I}+\boldsymbol{\Phi}(1)\boldsymbol{\Phi}^{\mathrm{T}}(1)+\cdots+\boldsymbol{\Phi}(N)\boldsymbol{\Phi}^{\mathrm{T}}(N)\right]^{-1}$$

$$=\left[\frac{1}{\varepsilon^2}\boldsymbol{I}+\boldsymbol{\Phi}^{\mathrm{T}}(N)\boldsymbol{\Phi}(N)\right]^{-1}$$

因此当 $N>2n$，$\varepsilon\to\infty$ 时

$$\boldsymbol{P}(N)=\left[\boldsymbol{\Phi}^{\mathrm{T}}(N)\boldsymbol{\Phi}(N)\right]^{-1}$$

$$\hat{\boldsymbol{\theta}}(N)=\boldsymbol{P}(N)\boldsymbol{\Phi}^{\mathrm{T}}(N)\boldsymbol{y}(N)=\left[\boldsymbol{\Phi}^{\mathrm{T}}(N)\boldsymbol{\Phi}(N)\right]^{-1}\boldsymbol{\Phi}^{\mathrm{T}}(N)\boldsymbol{y}(N)$$

以上两式表明，当 $\varepsilon\to\infty$ 时，采用上述初值，递推最小二乘法的解接近于真实解。ε^2 一般可取 $10^6\sim10^{10}$。

上述递推最小二乘法估计，虽然在估计过程中“历史”数据没有被保存下来，但“历史”数据的影响却一直在起作用。因此这种递推方法称为“无限增长记忆”的递推最小二乘法。

2.6　基于 M 序列信号测定对象的动态特征

基于时域的测试方法虽然在工业系统中占有相当高的地位，但这类方法通常存在一些难以克服的缺点，具体表现在以下几点。

（1）影响控制系统的正常工作状态，有时甚至有破坏设备的风险。

（2）一般不易消除各种干扰的影响。

（3）对于大多数系统只能进行离线辨识。

这里将引入一种新的系统建模方法——相关分析法。

2.6.1 相关分析法的基本原理

图 2-17 所示为噪声干扰的单入/单出线性定常系统。在该图中，$r(t)$ 是系统的输入变量，$y(t)$ 是系统输出变量的实际测量值，并满足

$$y(t)=z(t)+n(t) \tag{2-94}$$

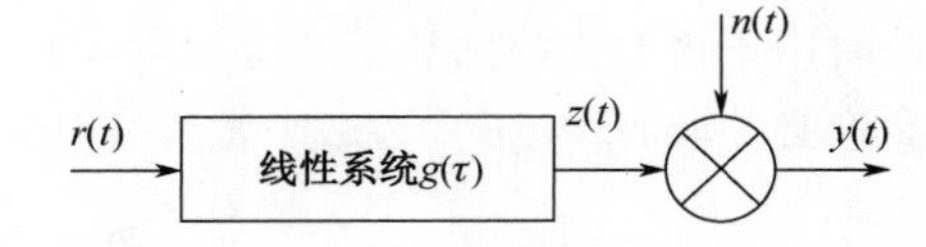

图 2-17　噪声干扰的单入/单出线性定常系统

式中，$z(t)$ 是系统的真正输出；$n(t)$ 是随机干扰，它可以是测量仪表误差，也可以是其他随机因素所引起的总误差。

按照线性定常系统理论，系统的输出可表示为卷积形式，即

$$z(t)=\int_0^{\infty} g(\lambda)r(t-\lambda)\mathrm{d}\lambda \tag{2-95}$$

上式两边分别乘以 $r(t-\tau)$，得

$$z(t)r(t-\tau)=\int_0^{\infty} g(\lambda)r(t-\lambda)r(t-\tau)\mathrm{d}\lambda \tag{2-96}$$

继而有

$$\lim_{T\to\infty}\frac{1}{T}\int_0^{T} z(t)r(t-\tau)\mathrm{d}t=\int_0^{\infty} g(\lambda)\left\{\lim_{T\to\infty}\frac{1}{T}\int_0^{T} r(t-\lambda)r(t-\tau)\mathrm{d}t\right\}\mathrm{d}\lambda \tag{2-97}$$

若 $\{r(t)\}$ 和 $\{z(t)\}$ 是弱各态历经的，则根据相关函数的定义，输入的自相关函数和输出的互相关函数分别为

$$R_{\mathrm{rr}}(\tau-\lambda)=\lim_{T\to\infty}\frac{1}{T}\int_0^{T} r(t-\lambda)r(t-\tau)\mathrm{d}t \tag{2-98}$$

$$R_{\mathrm{rz}}(\tau)=\lim_{T\to\infty}\frac{1}{T}\int_0^{T} z(t)r(t-\tau)\mathrm{d}t \tag{2-99}$$

将式(2-98)和式(2-99)代入式(2-97)中，得

$$R_{\mathrm{rz}}(\tau)=\int_0^{\infty} g(t)R_{\mathrm{rr}}(\tau-t)\mathrm{d}t \tag{2-100}$$

式（2-100）是著名的维纳-霍夫（Wiener-Hopf）方程，这个方程是相关分析法的理论基础。

在一定条件下，$R_{\mathrm{rz}}(\tau)$ 等价于

$$R_{\mathrm{ry}}(\tau)=\int_0^{\infty} g(\lambda)R_{\mathrm{rr}}(\tau-\lambda)\mathrm{d}\lambda \tag{2-101}$$

这是因为

$$\begin{aligned}R_{\mathrm{ry}}(\tau)&=\lim_{T\to\infty}\frac{1}{T}\int_0^{T} y(t)r(t-\tau)\mathrm{d}t=\lim_{T\to\infty}\frac{1}{T}\int_0^{T}[z(t)+n(t)]r(t-\tau)\mathrm{d}t\\&=R_{\mathrm{rz}}(\tau)+\lim_{T\to\infty}\frac{1}{T}\int_0^{T} n(t)r(t-\tau)\mathrm{d}t\end{aligned} \tag{2-102}$$

如果 $r(t)$ 与 $n(t)$ 不相关，且干扰 $n(t)$ 的均值为零，则式(2-102)的右端第二项为零，从而有

$$R_{\mathrm{ry}}(\tau)=R_{\mathrm{rz}}(\tau)=\int_0^{\infty} g(t)R_{\mathrm{rr}}(t-\tau)\mathrm{d}t \tag{2-103}$$

由式（2-103）可见，通过实际测得的输出与输入之间的互相关函数 $R_{\mathrm{ry}}(\tau)$，在一定的条件下

等价于真实的输出与输入之间的互相关函数 $R_{rz}(\tau)$。因此，相关分析法具有较强的抗扰能力，这是相关分析法的一个突出优点。

维纳-霍夫方程是一个积分方程，求它的解是比较困难的。然而，若采用白噪声作为系统的输入，就能很容易地解出 $g(\tau)$，并且 $g(\tau)$ 具有很简单的解析形式。这是因为白噪声的自相关函数为 δ 函数，即

$$R_{rr}(\tau-t)=K\delta(\tau-t) \tag{2-104}$$

式中，K 为一常数。把式(2-104)代入式(2-103)中，得

$$R_{ry}(\tau)=Kg(\tau) \tag{2-105}$$

这说明采用白噪声作为输入，系统输入与输出之间的互相关函数 $R_{xy}(\tau)$ 与脉冲响应 $g(\tau)$ 成比例。这样，求脉冲响应的问题便简化成计算互相关函数的问题。相关分析实验系统如图 2-18 所示。

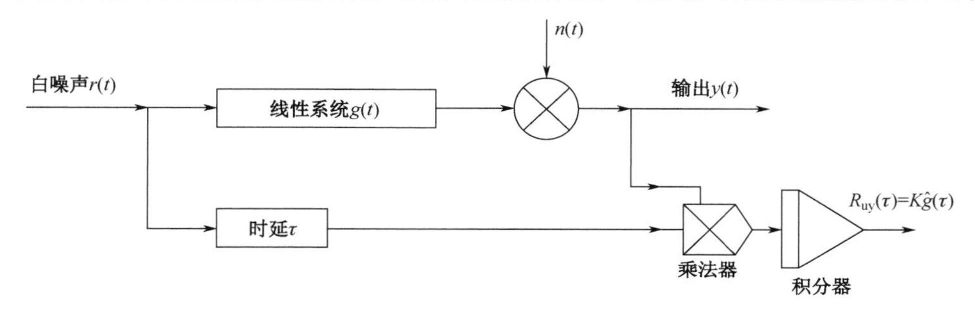

图 2-18　相关分析实验系统

然而，用白噪声作为输入信号计算相关函数，理论上要应用无限长时间的观测数据，即必须在较长一段时间内进行积分，要消耗较多时间，这是我们所不希望的。如果积分时间过长，往往又会产生诸如信号漂移、记录仪的零点漂移等问题。实践表明，为减少观测时间，可以采用具有周期性的、近似于白噪声的、人工可以制造（复制）的伪随机信号，因为利用这种信号，只需较少的观测数据，就能完成互相关函数的计算。

2.6.2　伪随机序列基本理论

为了克服白噪声作为输入时，估算脉冲特性响应函数需要较长时间，可以采用伪随机信号作为输入探测信号，这个信号的自相关函数与白噪声的自相关函数相同，即一个脉冲，但是它有重复周期 T。也就是说，伪随机信号的自相关函数 $R_{rr}(\tau)$ 在 $\tau=0$、T、$2T$ 等，以及 $-T$、$-2T$ 等各点取值 σ^2（信号的均方值），而在其他各点的值为零。伪随机信号的自相关函数如图 2-19 所示。

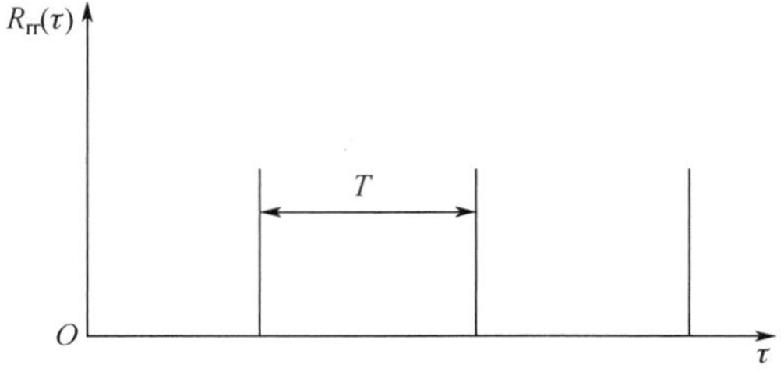

图 2-19　伪随机信号的自相关函数

用伪随机信号识别对象动态特性具有诸多好处。例如，假设对线性对象输入伪随机信号，则互相关函数 $R_{ry}(\tau)$ 计算简单，原因如下：

$$\begin{aligned}R_{rr}(\tau)&=\lim_{T_1\to\infty}\frac{1}{T_1}\int_0^{T_1}r(t)r(t+\tau)\mathrm{d}t=\lim_{nT\to\infty}\frac{1}{nT}\int_0^{nT}r(t)r(t+\tau)\mathrm{d}t\\&=\lim_{n\to\infty}\frac{n}{nT}\int_0^{T}r(t)r(t+\tau)\mathrm{d}t=\frac{1}{T}\int_0^{T}r(t)r(t+\tau)\mathrm{d}t\end{aligned} \tag{2-106}$$

同理有

$$R_{rr}(\tau-u)=\frac{1}{T}\int_0^T r(t)r(t+\tau-u)\mathrm{d}t \tag{2-107}$$

由

$$\begin{aligned}R_{ry}(\tau)&=\int_0^\infty g(u)R_{rr}(\tau-u)\mathrm{d}u\\&=\int_0^\infty g(u)\left[\frac{1}{T}\int_0^\infty r(t)r(t+\tau-u)\mathrm{d}t\right]\mathrm{d}u\end{aligned} \tag{2-108}$$

更换积分次序后，得

$$R_{ry}(\tau)=\frac{1}{T}\int_0^T\left[\int_0^\infty g(u)r(t+\tau-u)\mathrm{d}u\right]r(t)\mathrm{d}t$$

考虑

$$y(t)=-\int_{-\infty}^t r(t-u)g(u)\mathrm{d}u=\int_0^\infty g(u)r(t-u)\mathrm{d}u \tag{2-109}$$

这里有

$$R_{ry}\left(\tau\right)=\frac{1}{T}\int_0^T r(t)y(t+\tau)\mathrm{d}t \tag{2-110}$$

式(2-110)说明只要计算一个周期就可以获得相关函数。

另外，对于$\tau<T$，有

$$\begin{aligned}R_{ry}(\tau)&=\int_0^\infty g(u)R_{rr}(\tau-u)\mathrm{d}u\\&=\int_0^T g(u)R_{rr}(\tau-u)\mathrm{d}u+\int_T^{2T} g(u)R_{rr}(\tau-u)\mathrm{d}u+\int_{2T}^{3T} g(u)R_{rr}(\tau-u)\mathrm{d}u+\cdots\\&=\int_0^T g(u)K\delta\left(\tau-u\right)\mathrm{d}u+\int_T^{2T} g(u)K\delta\left(\tau-u+T\right)\mathrm{d}u+\int_{2T}^{3T} g(u)K\delta\left(\tau-u+2T\right)\mathrm{d}u+\cdots\\&=Kg(\tau)+Kg(\tau+T)+Kg(\tau+2T)+\cdots\end{aligned}$$

如果T选择适当，使脉冲响应函数$g(\tau)$在时间T内衰减到零，那么$g\left(\tau+T\right)\approx0$，$g\left(\tau+2T\right)\approx0$，此时式(2-111)就转变为

$$R_{ry}(\tau)=Kg(\tau) \tag{2-111}$$

式(2-112)意味着，互相关函数$R_{ry}(\tau)$与脉冲响应函数$g(\tau)$只相差一个常数。但是，此时$R_{ry}\left(\tau\right)$的计算只需在$0\sim T$时间内进行，这充分反映了采用伪随机信号的优越性。

2.6.3　伪随机序列的产生方法

伪随机信号产生的方法有多种，最简便的方法就是将一个随机信号取其中一段，其长度为T。然后，在其他时间段内都重复这一段，直至无穷。如图2-20所示为n级线性反馈移位寄存器，伪随机码也可以通过移位寄存器的方式产生。该图表示一个由n个双稳态触发器顺序连接而成的n级线性反馈移位寄存器。每个触发器的输出只有两个状态：1或0。

当移位脉冲来到时，每位内容（0或1）移到下一位，而第n位移出内容即为输出。为了保持连续工作，将移位寄存器的内容经过适当的逻辑运算（如第n位中的内容与第k位中的内容按模2相加）反馈到第一位作为输入。这里需要的是第n位输出的序列。对于给定n位的移位寄存器，能够产生的最长伪随机二进制序列，称为M序列。

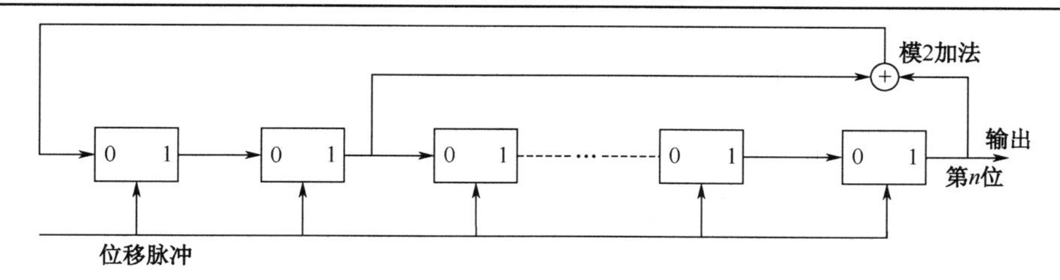

图 2-20 n 级线性反馈移位寄存器

例如，一个 4 位寄存器的第 1 位内容（0 或 1）送到寄存器的第 2 位，寄存器第 2 位的内容送至寄存器的第 3 位，寄存器第 3 位的内容送至寄存器的第 4 位，而寄存器第 3 位和第 4 位的内容进行模 2 相加（即$1\oplus 0=1$，$0\oplus 1=1$，$0\oplus 0=0$，$1\oplus 1=0$；$\oplus$ 记号表示模 2 相加），反馈到寄存器的第 1 位。如果初始状态时，寄存器的内容都少 1，则第 1 位位移脉冲来到以后，4 位寄存器的内容变为 0111。一个周期的变化规律为

初态 1111→0111→0011→0001→1000→0100→0010→1001→1100→0110→1011→

0101→1010→1101→1110→1111 第二个周期开始

这里一个周期结束，产生了 15 种不同的状态。如果取寄存器第 4 位的内容作为伪随机信号，那么这个随机序列为

$$\underbrace{111100010011010}_{\text{一个周期}}$$

它确定是一个周期为 15 的伪随机序列。

对于一个 n 位移位寄存器，因为每位有两种状态，所以有 2^n 种状态。不考虑各位全为 0 的状况，最多只有 2^n-1 种状态。因此，一个 n 位寄存器所能产生的最长序列信号的周期位为

$$N=2^n-1 \tag{2-112}$$

即 M 序列的长度为 $N=2^n-1$。式（2-112）中，$n=4$，周期为 15（$2^4-1=15$），因此上例所得的序列是一个 M 序列信号。关于各种不同位数的寄存器，如何选择合适的反馈路径才能取得最大长度二位式信号问题，有关文献有专门论述。

M 序列信号的主要性质如下。

（1）由 n 位移位寄存器所产生的 M 序列的周期为

$$N=2^n-1$$

（2）在一个 M 序列周期中，1 出现的次数为 2^n-1，而 0 出现的次数为 $2^{n-1}-1$。

（3）在一个周期内 0 与 1 的交替次数中，游程长度为 1 的占游程总数的 1/2、为 2 的占 $1/4$ 等，当周期为 2^n-1时，游程长度为 n 和 $n-1$ 的都占 $1/\left(2^n-1\right)$。

（4）周期为 $N=2^n-1$ 的 M 序列的相关函数为

$$R_{\pi}(\tau)=\begin{cases} a^2\left[1-\dfrac{|\tau|}{\Delta t}\dfrac{N+1}{N}\right] & -\Delta t<\tau<\Delta t \\ -\dfrac{a^2}{N} & \Delta t\leqslant\tau\leqslant(N-1)\Delta t \end{cases} \tag{2-113}$$

当 $\tau\geqslant N$ 时，$R_{\pi}(\tau)$ 的数值在 $0\leqslant\tau\leqslant N-1$ 时，$R_{\pi}(\tau)$ 的数值以周期 N 延拓出去。把以上 M 序列的性质与离散二位式白噪声序列的性质加以比较，就会看到这两种序列的性质是相似的。M 序列的自相关函数是周期 N 的函数，当 N 相当大时，两种序列的相关函数也是相似的，即它们的概率性质是相似的。这就是把 M 序列称为伪随机序列的原因，并且可以把 M 序列当作离散二位式

白噪声。应当指出，伪随机序列有多种，但 M 序列是最重要的伪随机序列之一。

思考题与习题

2-1　什么是被控过程的数学模型？

2-2　建立被控过程数学模型的目的是什么？过程控制对数学模型有什么要求？

2-3　建立被控过程数学模型的方法有哪些？

2-4　什么是流入量？什么是流出量？它们与控制系统的输入、输出信号有什么区别与联系？

2-5　机理法建模一般适用于什么场合？

2-6　什么是自衡特性？具有自衡特性被控过程的系统框图有什么特点？

2-7　什么是单容过程和多容过程？

2-8　什么是过程的滞后特性？滞后有哪几种？产生的原因是什么？

2-9　应用直接法测定阶跃响应曲线时应注意哪些问题？

2-10　对图 2-21 所示的液位过程，流入量为 Q_1，流出量为 Q_2、Q_3，液位 h 为被控变量，水箱截面积为 A，并设 R_2、R_3 为线性液阻。

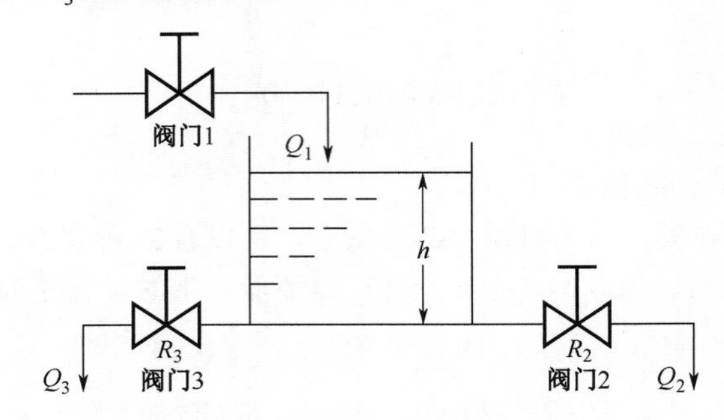

图 2-21　题 2-10 图

（1）列出液位过程的微分方程组；

（2）画出液位过程的框图；

（3）求出传递函数 $H(s)/Q_1(s)$，并写出放大倍数 K 和时间常数 T 的表达式。

2-11　以 Q_1 为输入、h_2 为输出列出图 2-22 所示串联双容液位过程的微分方程组，并求出传递函数 $H_2(s)/Q_1(s)$。

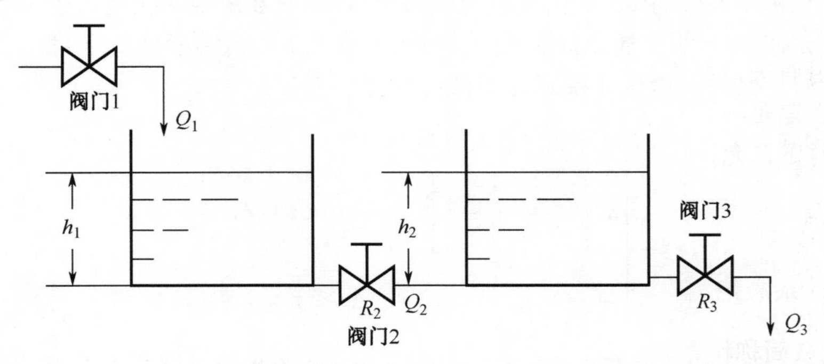

图 2-22　题 2-11 图

第 3 章　过程控制中的执行器

3.1　仪表类设备的基本性能指标

在工业设备中，常用的控制器（调节器）、执行器和检测传感器都具有统一的信号制式和精度标准，因此在过程控制设备设计中，它们也被称作仪表类设备。当进行控制系统设计时，它们具有相同的仪表选型标准和指标。因此在介绍控制器、执行器和检测传感器等控制系统仪表前，这里首先介绍与其相关的性能。

1．绝对误差

绝对误差是衡量仪表性能常用的指标参数，其反映了仪表实际测量（检测类仪表）和输出信号（控制器和执行器）过程中的准确性，可以表述为

$$\varDelta = X - X_{\mathrm{t}} \tag{3-1}$$

式中，$\varDelta$ 表示绝对误差；X 表示仪表的指示值；X_{t} 表示真值。

然而物理学研究和实践表明，真实理论值是不能准确测得的，因此在计算绝对误差时，常常采用精度较高的标准表输出值 X_0 替代 X_{t}，即

$$\varDelta = X - X_0 \tag{3-2}$$

这里 X_0 又被称为标准值。仪表在其标尺范围内，读数误差最大的绝对值称为最大的绝对误差 $\varDelta_{\max}$。

2．基本误差

绝对误差指标并不能反映实际工业应用中误差的真实情况，例如，温度高达 550℃的热电站汽包温度出现 5℃的误差，并不算很大的温度波动，但是对于发酵温度在 25~28℃的青霉素生产，5℃的误差则有可能直接导致产品报废。因此在实际工业生产中，误差对一项生产工艺来说，不仅与误差的绝对值有关，而且与系统输出的信号范围有关。为此，在仪表设计中还提出了基本误差的概念。基本误差是一种简化的相对误差，又称引用误差或相对百分误差。基本误差表明了仪表在规定工作条件下，允许出现的最大误差限。定义为

$$E_{\delta} = \frac{\varDelta_{\max}}{L_{\mathrm{C}}} \times 100\% \tag{3-3}$$

式中，$\varDelta_{\max}$ 表示最大绝对误差；L_{C} 表示仪器量程，其为最大测量上限和下限的差。

3．精确度（简称精度）

基本误差虽然能够在工业生产中反映误差与仪表使用范围之间的关系，但依然难以满足工业仪表使用的标准化要求。为满足仪表在工业应用中的标准性和统一性，国家推出了仪表的精确度等级系列。将仪表的基本误差去掉“±”号及“%”号，套入规定的仪表精度等级系列即得仪表

精确度。我国仪表常用的精确度等级有 0.005、0.02、0.05、0.1、0.2、0.4、0.5、1.0、1.5、2.5、4.0 等。下面以两个例子进一步说明如何确定仪表的精确度等级。

例 3-1　某型阀门在输入为 4~20mA 标准信号的条件下，其行程刻度的基本误差为 0.8%，则该阀门的精度等级符合 1.0 级；如果某型阀门的基本误差为 1.2%，则该阀门的精度等级符合 1.5 级。

例 3-2　某台测温仪表的测温范围为 –100 ~ 800 ℃，校验该表时测得全量程内最大绝对误差为 +6 ℃，试确定该仪表的精度等级。

解：该仪表的基本误差为

$$E_{\delta}=\frac{6}{800-(-100)}\times 100\% \approx +0.667\% \tag{3-4}$$

因为国家规定的精度等级中无 0.667 级仪表，而该仪表超过 0.5 级仪表所允许的最大绝对误差，所以这台测温仪表的精度等级为 1.0 级。

例 3-3　某台测压仪表的测压范围为 0～10MPa。根据工艺要求，测压示值的误差不允许超过 ±0.08 MPa，问应如何选择仪表的精度等级才能满足以上要求？

解：根据工艺要求，仪表的允许基本误差为

$$E_{\delta}=\frac{0.08\text{MPa}}{10\text{MPa}}\times 100\% = 0.8\% \tag{3-5}$$

因为 0.8 介于 0.5～1.0 之间。1.0 级的仪表，其允许的最大绝对误差为 ±0.1 MPa，超过了工艺允许的数值，所以应选择 0.5 级的仪表。

精度等级数值越小，说明该仪表的精确度等级越高。0.05 级以上的仪表，考虑到仪表价格，以及仪表的耐用性和易损程度，一般作为标准仪表，用来对现场使用的仪表进行校验。

4. 灵敏度和分辨率

对于指针式仪表，总希望相同的测量值，能够引起指针较大的偏转，以便清晰地观察测量数值，灵敏度即反映了上述性能。灵敏度 S 表示指针式测量仪表对被测参数变化的敏感程度，常以仪表稳定后，仪表的输出量 ΔY（如指示装置的直线位移或转角）与引起此位移的被测参数变化量 ΔX 之比表示：

$$S=\frac{\Delta Y}{\Delta X} \tag{3-6}$$

灵敏限是指能引起仪表输出变化的最小输入值。它表示仪表显示值的精细程度。仪表没有动作的区域被称为死区。

对于数字式仪表而言，与灵敏限相对应的是分辨率，分辨率是指最后一位有效数字加 1 时，相应输入参数的改变量。分辨率有时也用数字仪表的位数进行表示，被称为相对分辨率，其是绝对分辨率和量程的比值，常用位数表示分辨能力。数字仪表的显示位数越多，相对分辨率越高。

分辨力是指仪表能够显示的、最小的被测值，如一台温度指示仪，最末一位数字表示的温度值为 0.1℃，即该表的分辨力为 0.1℃。

5. 变差

变差为在外界条件不变的情况下，被测参数从量程起点处逐渐增大至终点，再由终点逐渐降低至起点的校验过程中，仪表正反行程，指示值校验曲线间的最大偏差。仪表变差示意图如图 3-1 所示，计算公式为

$$E_{BC}=\frac{E_{FC}}{L_C}\times 100\% \tag{3-7}$$

式中，E_{BC} 表示变差；E_{FC} 表示正反形成最大差值；L_C 表示量程。在机械结构的仪表中，造成变差的原因主要是运动部件的摩擦、弹性元件的弹性滞后、制造工艺上的缺陷所带来的间隙、元件松动等，如阀门在关闭和打开时，可能存在一定变差。

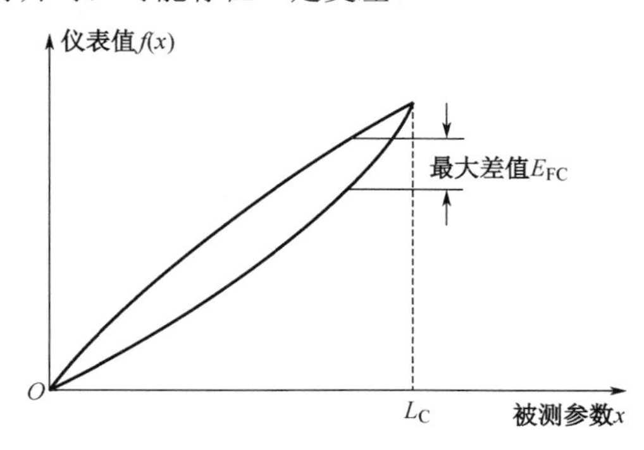

图 3-1　仪表变差示意图

6．响应时间

任何惯性系统对输入的响应都需要时间，仪表也不例外。当用仪表对被测量进行测量时，被测量突然变化以后，仪表指示值总是要经过一段时间后才能准确地显示出来，这段时间称为响应时间。在通常情况下，可以将仪表看成一个二阶系统，测量物理量相当于对该系统输入阶跃信号，因此仪表的输出信号（即指示值）变化到新稳态值的 95%所用的时间即为响应时间。如果要构建在线检测和控制系统，位于反馈通道的测量仪表响应速度，需为其他环节各部分响应速度的 10 倍，此时测量仪表可以看成比例环节，而忽略其响应时间。

3.2　执行器的分类和结构

3.2.1　调节阀分类和作用

执行器是自动控制系统中不可或缺的重要组成环节。虽然执行器的形式有很多，如电机、转台、机械臂等，但在过程控制中，通常将阀门作为执行器。在过程控制系统工作过程中，阀门接收来自调节器的输出信号，并转换成直线位移或角位移，以改变调节阀的流通面积，从而控制流入或流出的物料或能量，实现调节和控制过程参数。按操作介质的不同，执行器可分为自动调节阀、电磁阀、电压调整装置、电流控制器件、控制电机等多种不同的形式。这里仅对过程控制中使用最多的自动调节阀加以介绍。按工作能源形式，自动调节阀可分为气动、电动、液动三种形式。执行器常常工作在高温、高压、深冷、强腐蚀、高黏度、易结晶、闪蒸、汽蚀、高压差等状态下，使用条件恶劣，因此它是整个控制系统的薄弱环节，为保证控制系统处于良好的运行状态，必须加强对执行器的日常维护。

3.2.2　调节阀结构和组成

气动调节阀是以压缩空气为能源，结构简单、动作可靠、维修方便，适用于易燃易爆场合，因而广泛应用于化工、石油、冶金、电力等工业部门。自动调节阀由执行机构和调节机构（阀）两部分组成。执行机构将来自调节器的信号转变成相应大小的推力，推动阀杆位移，改变执行机

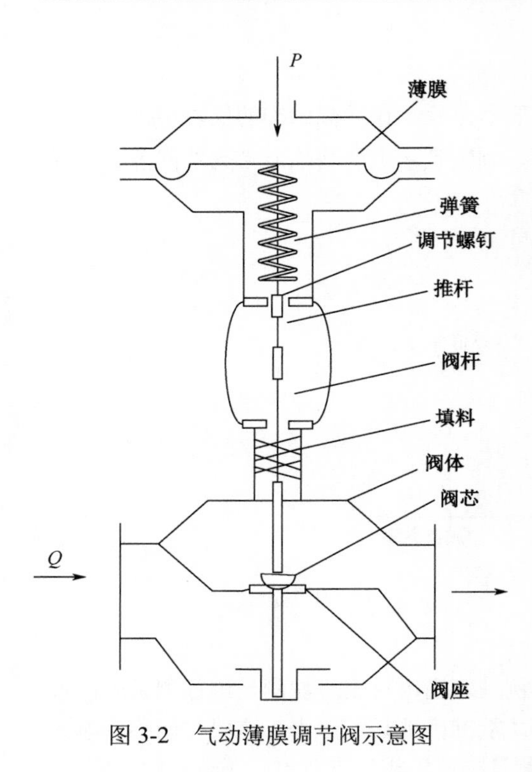

图 3-2　气动薄膜调节阀示意图

构（阀门）开度，控制经过调节阀的流体流量。

1．执行机构

气动执行机构有角行程输出和直行程输出两种输出方式。薄膜式和活塞式执行机构为直行程输出，其中薄膜式执行机构最为常用。图 3-2 所示为气动薄膜调节阀示意图，其上半部分为执行机构，下半部分为调节机构（调节阀）。

气动执行机构由膜片、调节弹簧和推杆等组成，是气动执行器的推动装置。它接收调节器输出的 0.02～0.1MPa 气压信号，经膜片转换成推力，克服弹簧的反作用力后，使阀杆产生位移，同时带动阀芯动作。阀杆的位移即为执行机构的直线输出位移，也称为行程。行程规格有 10mm、16mm、25mm、40mm、60mm、100mm 等。

2．调节机构

实际上，调节机构就是阀门，是一个局部阻力可变的节流元件。阀门主要由阀体、阀座、阀芯、阀杆等部件构成。阀杆上部与执行机构相连，下部与阀芯相连。阀芯在阀体内移动，改变了阀芯与阀座间的流通面积（阀门的开度），即改变了阀门的阻力系数，使得被控介质流量相应地改变，从而达到了控制工艺参数的目的。

3.2.3　执行机构和调节机构的装配

1．执行机构安装方式

平衡状态时输入信号 P 与阀杆位移 L 之间的静态特性关系为

$$L=\frac{A}{K}P \tag{3-8}$$

式中，A 为膜片的有效面积；K 为弹簧的弹性系数。由此可知，执行机构阀杆的位移 L 与输入信号 P 成正比，这说明气动执行机构是一个比例环节。

气动执行机构有正作用和反作用两种形式。

（1）正作用：当输入气压信号 P 增加时，阀杆向下移动的称为正作用。

（2）反作用：当输入气压信号 P 增加时，阀杆向上移动的称为反作用。

具体在图 3-2 中，压力信号从波纹膜片上方通入薄膜气室时，是正作用执行机构；压力信号从波纹膜片下方通入薄膜气室时，是反作用执行机构。

2．调节机构安装方式

根据使用要求的不同，阀门的结构形式多样，有直通单座阀、直通双座阀、角阀、三通阀、隔膜阀、蝶阀、球阀等。这里仅对最常用的直通单座阀和直通双座阀加以介绍。

直通单座阀的阀体内只有一个阀芯和阀座，其结构如图 3-3 所示。流体从左侧流入，经阀芯从右侧流出。由于只有一个阀芯和阀座，容易关闭，因此泄漏量小，但阀体所受到流体作用的不平衡推力较大，尤其是在高压差、大口径时。因此这种阀一般应用在小口径、低压差的场合。

直通双座阀阀体内有两个阀芯和阀座，其结构如图 3-4 所示。流体从左侧流入，经过上、下阀芯后汇合在一起从右侧流出。相比单座阀，流通能力提升 20%左右，但泄漏量大，而不平衡推力小。直通双座阀适用于阀两端压差较大、对泄漏量要求不高的场合，但由于流路复杂而不适用于高黏度和带有固体颗粒的液体。

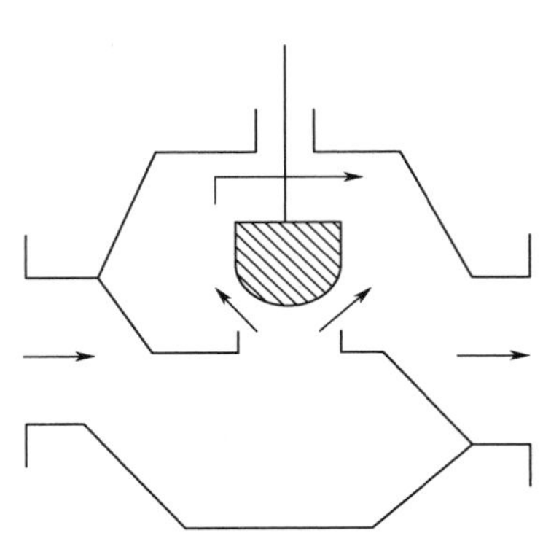

图 3-3　直通单座阀结构

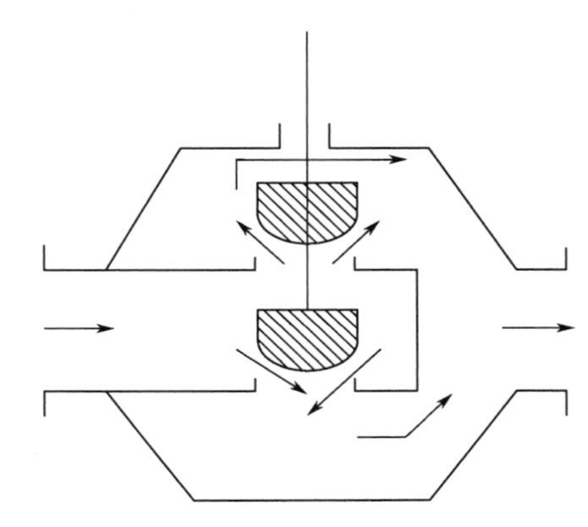

图 3-4　直通双座阀结构

根据阀芯的安装方向不同，这两种阀有气关式和气开式两种。阀门的安装方式如图 3-5 所示，当阀芯下移时，正装阀的阀芯与阀座间的流通截面积减小，而反装阀对应阀芯与阀座间流通截面积增大。

3．执行机构和调节机构的互连

显然执行机构有正作用和反作用两种形式，调节机构本身也有正装和反装两种形式，因此通常阀门的执行机构和调节机构有四种连接方式（正装和正作用、正装和反作用、反装和正作用、反装和反作用），执行机构和调节结构互连如图 3-6 所示。在工业控制中，将无压力信号时阀门全开，随着信号增大，阀门逐渐关小的称为气关式。反之，无压力信号时阀门全闭，随着信号增大，阀门逐渐开大的称为气开式。因此，执行器的执行机构和调节机构组合起来可以实现正作用气关式、正作用气开式、反作用气关式和反作用气开式四种控制方式。

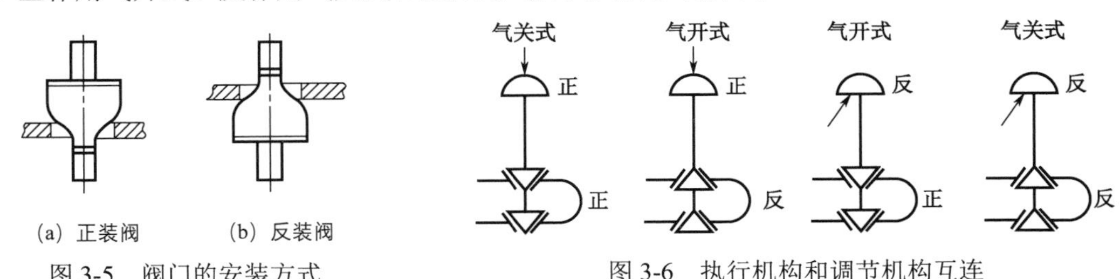

(a) 正装阀　(b) 反装阀

图 3-5　阀门的安装方式

图 3-6　执行机构和调节机构互连

3.3　执行机构的组成和功能

气动阀输入信号为 20～100kPa 的标准气压信号，另一方面，为了防止阀杆引出处的泄漏，填料一般都压得比较紧实，致使摩擦力可能很大，加上阀门内流体对阀芯的作用力，薄膜上需要加注很强大的压力才能推动阀杆。因此，标准气压信号必须经过放大以后，才能用于推动阀门工作。其次，阀门开度的精度主要取决于阀杆的位移精度，而阀杆的位移取决于薄膜上的气压推力与弹簧反作用力的动态平衡。由于阀门的应用场合不同，调节的对象不同，阀杆受到的阻力也不同，因此如果直接采取压力推动阀门的开环控制方式，很难确定执行机构与输入信号之间的精确定位关系，致使执行机构产生回环特性，严重时造成调节系统振荡。这显然无法实现阀门的高精度调节（如工业中常用的1.0级精度阀门）。最后，相较于电动调节阀，气动调节阀能用于易燃易爆的控制现场。为了使气动调节阀能够接收电动调节器的输出信号，必须使用电/气转换器把调节器输出的标准电流信号转换为20～100kPa的标准气压信号。

阀门执行机构是解决上述问题的重要部分，它主要由两部分组成：阀门定位器、电/气转换器。前者用于放大标准气压信号，并精确定位阀杆位移，而后者用于将标准电信号，转换成气压信号。

3.3.1　阀门定位器

在执行机构工作条件差或调节质量要求高的场合，都在调节阀上加装阀门定位器。借助阀杆位移负反馈，使调节阀能按输入信号精确地确定开度。阀门定位器负反馈系统原理如图3-7所示。

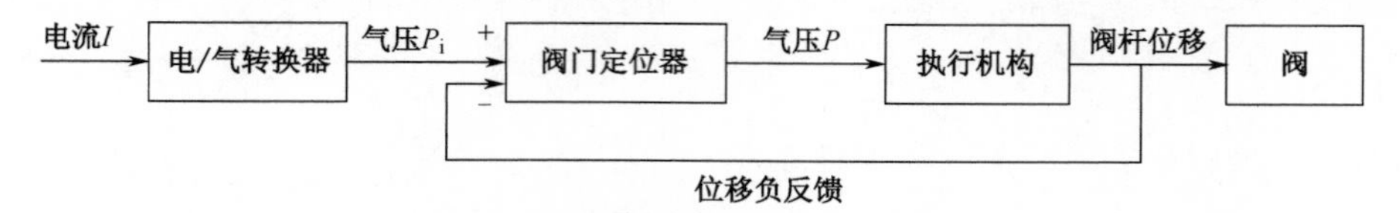

图3-7　阀门定位器负反馈系统原理

气动阀门定位器与执行机构配合使用的原理如图3-8所示，它是一个气压-位移负反馈系统，其工作过程为：由电/气转换器的输出气压信号 P_i 作用于输入波纹管，使托板以反馈凸轮为支点移动，当托板靠近喷嘴时，使背压室A内压力上升，推动膜片使锥阀关小，球阀开大。这样，起源的压缩空气就较易从D室进入C室，而较难进入B室排入大气，使C室压力 P 急剧上升，此压力送往执行机构，通过薄膜产生推力，推动阀杆向下移动，并带动反馈凸轮按顺时针旋转，使挡板下端右移并离开喷嘴，以减小输出压力 P，最终达到平衡。在平衡时，由于气压放大倍数为10～20倍，它的输出气量很大，具有很强的负载能力，故可直接推动执行机构。

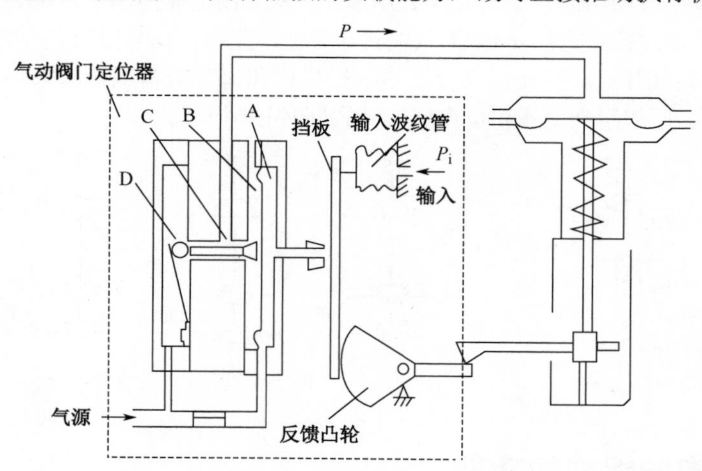

图3-8　气动阀门定位器与执行机构配合使用的原理

在这个气压-位移负反馈系统中，阀门定位器能克服阀杆与填料间的摩擦力，且能消除流体不平衡力的影响，改善了执行器的静态性能；此外，由于气动放大倍数很高，喷嘴和挡板之间很小的距离变化都可引起输出气压 P 的很大变化，加快了执行机构的动作速度，从而也改善了系统的动态性能。根据负反馈原理，可以推知执行机构行程必与输入信号气压 P_i 成精确的比例关系。因此，使用阀门定位器能保证阀门的精确定位。

3.3.2 电/气转换器

相较于电动调节阀，气动调节阀能用于易燃易爆的控制现场。为了使气动调节阀能够接收电动调节器的输出信号，必须使用电/气转换器把调节器输出的标准电流信号转换为 20~100kPa 的标准气压信号。图 3-9 所示为力平衡式电/气转换器的原理。

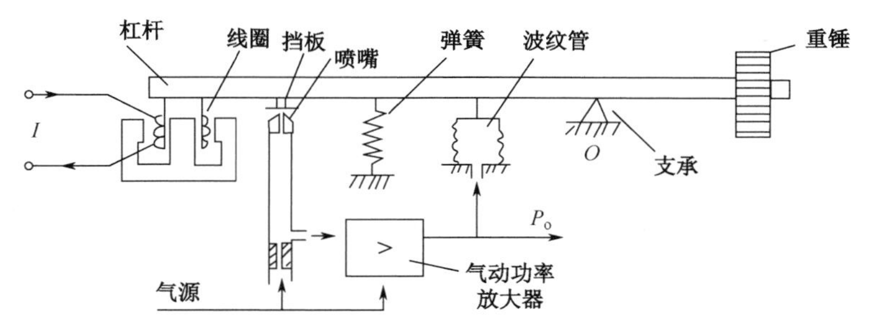

图 3-9 平衡式电/气转换器的原理

在杠杆的一端安装了一个线圈，该线圈能在永久磁铁的气隙中自由上下移动。当有电动调节器送来的电流通入线圈后，便产生了一个向下的电磁力 F_i，F_i 的大小与输入电流成正比，使杠杆绕支点 O 做逆时针偏转，并带动安装在杠杆上的挡板靠近喷嘴，使喷嘴背压增加，经气动功率放大器放大后输出气压 P_o，该气压一方面送入执行器控制阀门的开度，从而控制流体的流量；另一方面该气压信号送入反馈波纹管产生一个向上的反馈力 F_f 作用于杠杆，使杠杆绕支点 O 做顺时针方向偏转。当 F_i 与 F_f 产生的力矩相等时，整个系统处于平衡状态，于是输出的气压信号 P_o 与输入电流成比例。由此可见，电/气转换器是一个具有深度负反馈的力矩平衡系统。当输入电流为 0~10mA DC 或 4~20mA DC 时，输出 0.02~0.1MPa 的气压信号。

图 3-9 中，弹簧用于调整输出气压的零点；波纹管的安装位置可调量程；重锤用来平衡杠杆的质量，使其在各个位置能准确地工作。电/气转换器的精度可达 0.5 级，气源压力为（140±14）kPa，输出气压信号为 20~100kPa，可进行较远距离的传送，直接推动气动执行机构。

3.3.3 定位器和转换器的结合

电/气转换器与阀门定位器可以结合成一体，组成电/气阀门定位器。这种电/气阀门定位器的原理如图 3-10 所示，其基本思想是直接将正比于输入电流信号的电磁力矩与正比于阀杆行程的反馈力矩进行比较，进而建立力矩平衡关系，实现输入电流对阀杆位移的精确转换。具体的转换过程是，输入电流 I 至绕于杠杆的线圈，产生的电磁力使杠杆绕支点 O 转动，改变喷嘴挡板机构的间隙，使其背压改变，此压力变化经气动功率放大器放大后，推动薄膜执行机构使阀杆移动，阀杆移动时，通过连杆及反馈凸轮，带动反馈弹簧，使弹簧的弹力与阀杆位移做比例变化，当反馈力矩等于电磁力矩时，杠杆平衡。这时阀杆的位置必定精确地由输入电流确定。由于这种装置的结构比分别使用电/气转换器和气动阀门定位器简单得多，所以价格便宜，应用十分广泛。

在需要防火防爆的场所使用电/气阀门定位器时，DDZ-Ⅲ型仪表采取的安全措施是，一方面将电动调节器的输出电流经过安全保持器，进行限压限流及电路隔离后才送往现场；另一方面，在现场严格防止危险火花的出现。由于电/气阀门定位器的力线圈匝数多，电感量大（约为 5H），在现场是一个高储能的危险元件，故对它先用环氧树脂浇注固封，然后加以双重续流保护。电/气阀门定位器的安全防爆措施如图 3-11 所示。保护稳压二极管 VD_3、VD_4 在正常工作时为截止状态。当发生事故时，如外部突然断线，储存在线圈中的危险能量可通过 VD_3、VD_4 缓缓释放，从而限制断线处的火花能量在安全火花的范围之内。这些保护二极管都被安装在最靠近线圈的地方，且焊好后，再用硅橡胶做二次灌封。实际上这种措施对于线圈内部故障来说，采取的是密封隔爆方式，因而整套的电气阀门定位器属于安全火花和隔爆复合型防爆结构。

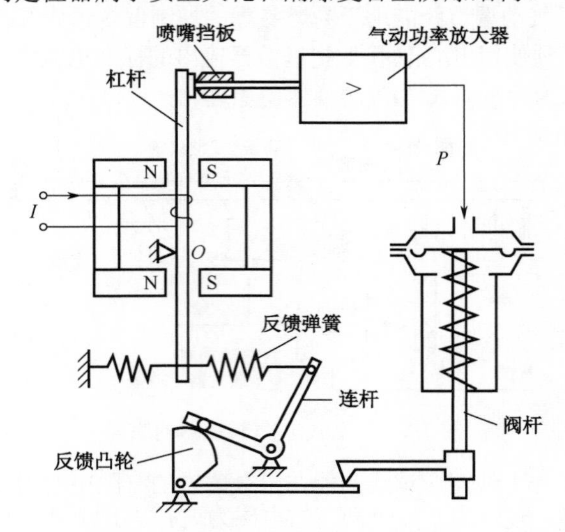

图 3-10　电/气阀门定位器的原理

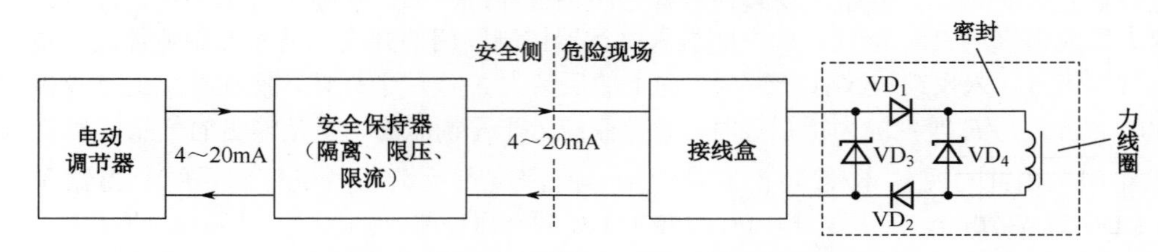

图 3-11　电/气阀门定位器的安全防爆措施

3.4　调节机构功能和流量特性

调节机构与执行机构一样都是阀门的重要组成部分。调节阀的流量特性是指流过阀门的流体的相对流量与阀门的相对开度（阀杆的相对行程）之间的关系，即

$$\frac{Q}{Q_{\max}}=f\left(\frac{l}{L}\right) \tag{3-9}$$

式中，$Q/Q_{\max}$ 是调节阀某一开度时流量 Q 与全开时流量 $Q_{\max}$ 之比，称为相对流量；l/L 是调节阀某一开度行程 l 与全开行程 L 之比，称为相对开度。

通过调节阀的流量大小不仅与阀门的开度有关，还和阀门前后的压差大小有关。且当阀门开度改变时，随着流量的变化，阀门前后的压差也可随之改变。为了方便分析，先假定前后压差不变，然后再扩展到实际工作情况进行分析。因此，流量特性通常有固有流量特性和工作流量特性两种表示形式。

3.4.1　固有流量特性

固有流量特性是指调节阀在前后压差固定的情况下，流量与阀杆位移之间的关系，它完全取决于阀芯的形状（见图 3-12），不同的阀芯曲面可以得到不同的固有流量特性。在常用的调节阀中，主要有直线、对数（等百分比）、快开三种典型的固有流量特性。

1．直线流量特性

直线流量特性是指调节阀的相对流量与相对开度成直线关系，即单位阀芯位移变化所引起的流量变化是常数。其数学表达式为

$$\frac{\mathrm{d}\left(Q/Q_{\max}\right)}{\mathrm{d}\left(l/L\right)}=K \tag{3-10}$$

将式(3-10)积分得

$$\frac{Q}{Q_{\max}}=K\frac{l}{L}+C \tag{3-11}$$

式中，C 为积分常数。记 R 为调节阀所能控制的最大流量与最小流量的比值，即 $R=Q_{\max}/Q_{\min}$，并称为可调比。一般可调比 $R=30$。根据已知边界条件，$l=0$ 时，$Q=Q_{\min}$；$l=L$ 时，$Q=Q_{\max}$，可解得 $C=Q_{\min}/Q_{\max}=1/R$，$K=1-C=1-1/R$。将 K 和 C 的值代入式(3-11)可得

$$\frac{Q}{Q_{\max}}=\left(1-\frac{1}{R}\right)\frac{l}{L}+\frac{1}{R} \tag{3-12}$$

当 l/L=100%时，$Q/Q_{\max}=100\%$；当 l/L=0 时，$Q/Q_{\max}\approx 3.333\%$（以 $R=30$ 计算得之），它反映出调节阀的最小流量 $Q_{\min}$ 作用，而不是调节阀全关时的泄漏量。在图 3-13 所示的调节阀理想流量特性中，直线阀流量特性如直线 1 所示。

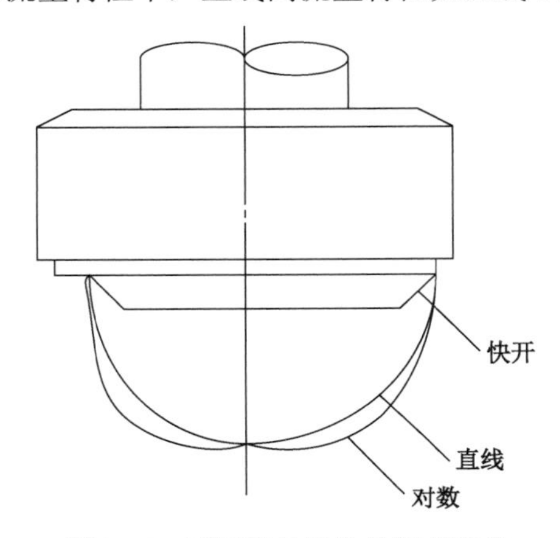

图 3-12　不同流量特性的阀芯形状

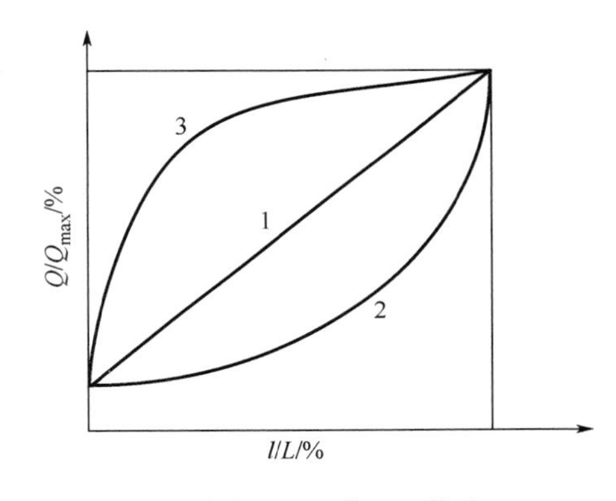

1—直线；2—对数；3—快开

图 3-13　调节阀理想流量特性（R=30）

从流量特性看，直线调节阀的放大系数在任何一点上都是相同的，但其对流量的控制力（即流量变化的相对值）在每一点却不同。调节阀在开度较小时流量相对变化值大（相对于上一时刻的变化），这时灵敏度过高，调节作用过强，容易产生振荡，对控制不利；在开度较大时流量相对变化值小，这时灵敏度过低、调节缓慢，削弱了调节作用。因此，在小开度和大开度情况下，直线调节阀控制性能较差，不宜用于负荷变化大的场合。

2．对数（等百分比）流量特性

对数流量特性是指调节阀的相对流量与相对开度成对数关系，即调节阀的放大系数随响度流量的增大而增大，其数学表达式为

$$\frac{\mathrm{d}\left(Q/Q_{\max}\right)}{\mathrm{d}\left(l/L\right)}=K\frac{Q}{Q_{\max}} \tag{3-13}$$

积分得

$$\ln\left(Q/Q_{\max}\right)=K\frac{l}{L}+C \tag{3-14}$$

将上述边界条件代入可得

$$C=\ln\frac{Q_{\min}}{Q_{\max}}=\ln\frac{1}{R}=-\ln R,\qquad K=\ln R \tag{3-15}$$

整理得

$$\frac{Q}{Q_{\max}}=R\left(\frac{l}{L}-1\right) \tag{3-16}$$

相对行程和相对流量的对数关系如图 3-13 中曲线 2 所示。在不同行程处，流量变化的相对值都是相等的百分数，故对数特性曲线又称为等百分比流量特性。在小开度时调节阀的放大系数小，控制平稳缓和；在大开度时放大系数大，控制灵敏有效。由于对数阀的放大系数随相对开度增加而增加，因此对数调节阀有利于自动控制系统。

3．快开流量特性

这种流量特性在阀门开度较小时，流量变化迅速，随着开度增大，流量很快达到最大值，随后再增加开度时，流量变化很小，所以称为快开流量特性。其特性曲线如图 3-13 中曲线 3 所示。快开特性调节阀主要适用于迅速开闭的切断阀或双位控制系统。

4．抛物线流量特性

特性曲线为抛物线，介于直线和对数曲线之间，这种调节阀使用较少。

3.4.2　工作流量特性

在实际的工艺装置上，调节阀和其他阀门、设备、管道等串联使用，调节阀前后压差随流量变化而变化，这时的流量特性称为工作流量特性。调节阀的工作流量特性是其固有流量特性的畸变。管道阻力越大，流量不同，调节阀前后压差变化也越大，特性变化得也越显著。所以调节阀的工作流量特性除了与结构有关，还取决于配管情况。同一个调节阀，在不同的外部条件具有不同的特性。在实际应用中最关心的也正是工作流量特性。

1．管道串联时的工作流量特性

串联管道系统如图 3-14 所示，管道系统总压力 ΔP 等于管道系统的压降 ΔP_G 与调节阀的压降 ΔP_T 之和。

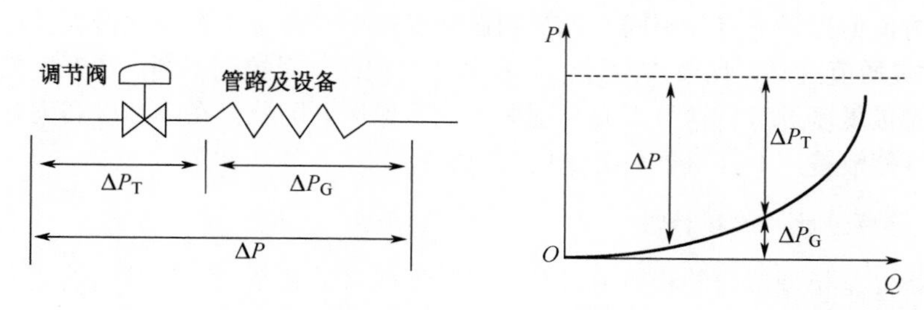

图 3-14　串联管道系统

由串联管道中调节阀两端压差 ΔP_T 的变化曲线可看出，调节阀全关时阀上压力最大，基本等于系统总压力；调节阀全开时阀上压力降至最小。为了表示调节阀两端压差 ΔP_T 的变化范围，以阀权度 s 表示调节阀全开时，阀前后最小压差 $\Delta P_{T\min}$ 与总压力 ΔP 之比 $s=\Delta P_{T\min}/\Delta P$。以 $Q_{\max}$ 表示串联管道阻力为零时（$s=1$），调节阀全开时达到的最大流量。可得串联管道在不同s值时，以自身Q_{max}作为参照的工作流量特性。

由图3-15所示的串联管道时调节阀的工作特性可知，当s变小时，直线阀会逐渐变为快开阀，对数阀会逐渐变为直线阀。

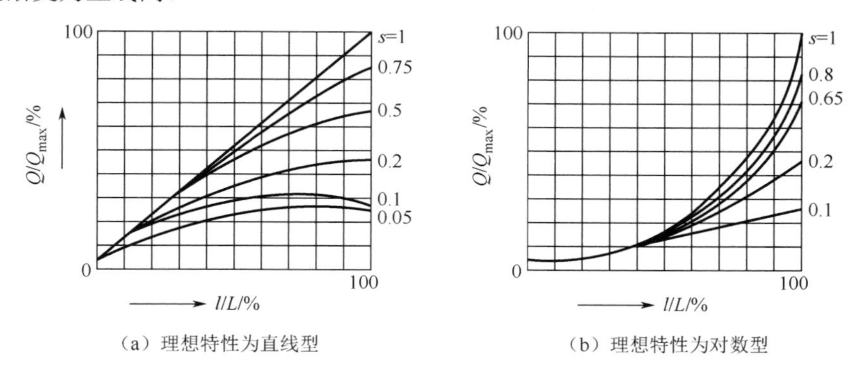

图3-15 串联管道时调节阀的工作特性

2. 管道并联时的工作流量特性

有的调节阀装有旁路，便于手动操作和维护。当生产能力提高或其他原因引起调节阀的最大流量满足不了工艺生产的要求时，可以把旁路打开一些，这时调节阀的理想流量特性就成为工作流量特性。

在图3-16所示的并联管路系统中，有

$$\frac{Q}{Q_{max}}=X\cdot f\left(\frac{l}{L}\right)+(1-X) \tag{3-17}$$

式中，Q为并联管道的总流量，即$Q=Q_1+Q_2$。这里Q_{max}为管道总流量的最大值，f为调节阀的理想流量特性，l/L为阀芯相对位移，X为调节阀全开时最大流量和总管流量之比，即

$$X=\frac{Q_{1max}}{Q_{max}} \tag{3-18}$$

式(3-18)表示并联管道的工作流量特性。理想流量特性为直线及对数的调节阀，不同的X值，并联管道时调节阀的工作流量特性如图3-17所示。

由图3-17可以看出，在并联管道中，调节阀本身的流量特性变化不大，但可调比降低了。在实际应用中，为使调节阀有足够的调节能力，旁路流量不能超过总流量的20%，即X值不能低于0.8。

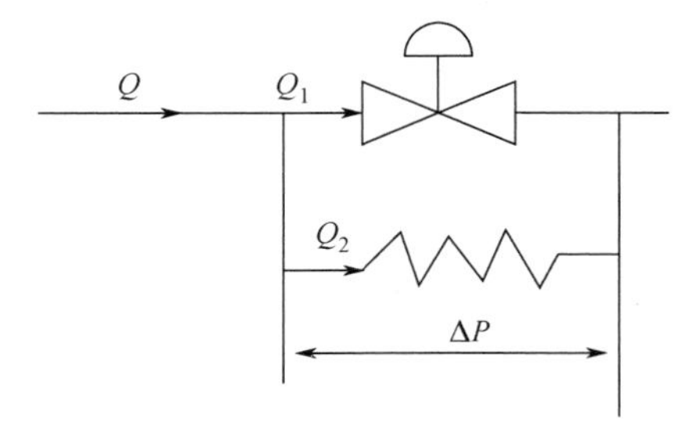

图3-16 并联管道系统

结论：

（1）串、并联管道使理想流量特性发生畸变，串联管道的影响尤为严重；

（2）串、并联管道调节阀的可调比降低，并联管道的变化更为严重；

（3）串联管道使系统总流量减少，并联管道使系统总流量增加；

（4）串联管道调节阀开度小时放大系数增大，开度大时则减小，并联管道调节阀的放大系数在任何开度下都比原来的小。

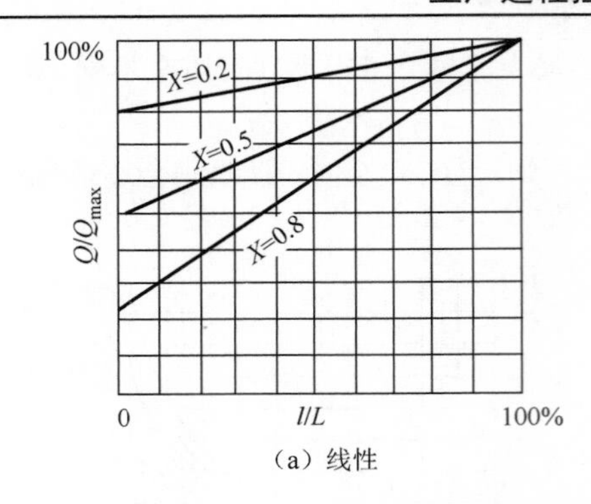

（a）线性

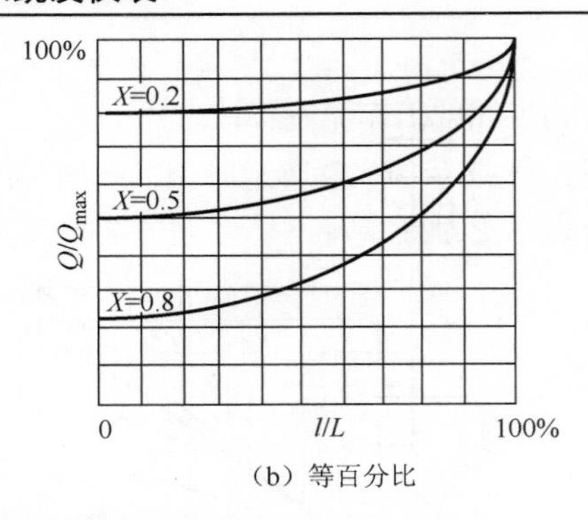

（b）等百分比

图 3-17　并联管道时调节阀的工作特性

3.5　电动调节阀

电动调节阀将从调节器接收到的电流信号（0~10mA DC 或 4~20mA DC）转换为阀门的开度。电动调节阀并非电磁阀，其区别在于，电动调节阀利用电动机转动对阀门开度做连续调节。而电磁阀只有全开和全闭两种状态，当线圈通电时，产生电磁力，吸引阀芯柱上移，阀门打开；当线圈断电后，电磁力消失，阀芯落下，阀门关闭。

电动调节阀也由执行机构和阀门两部分组成，其中阀门部分和气动调节阀相同，这里不再赘述。

根据配用的阀门的不同要求，电动执行机构有直行程、角行程和多转式三种。直行程电动执行机构的输出轴输出大小不同的直线位移，通常用来推动单座、双座、三通、套筒等形式的控制阀。角行程电动执行机构的输出轴输出角位移，转动角度范围小于 360°，通常用来推动蝶阀、球阀、偏心旋转阀等转角式控制阀。多转式电动执行机构的输出轴输出大小不等的有效圈数，通常用于推动闸阀或由执行电动机带动旋转式的调节机构，如各种泵等。

各种电动执行机构的结构和工作原理基本相同，唯一区别在于减速器不一样。这里仅以 0~10mA DC 信号的角行程电动执行机构进行介绍。

（1）基本结构及工作原理。

电动执行机构由放大器和执行器两大部分组成，其结构原理方框图如图 3-18 所示。

为满足复杂调节系统的需要，伺服放大器有三个输入信号通道和一个位置反馈通道。对于简单调节系统，只用其中一个输入通道和位置反馈通道。

伺服放大器将输入信号 I_i 的代数和与反馈信号 I_f 相比较，得到差值信号 $\Delta I\left(\Delta I=\sum I_i-I_f\right)$，根据 ΔI 值的正负实现伺服电动机的正反转。当 $\Delta I>0$ 时，ΔI 经伺服放大器功率放大后，驱动伺服电动机正转，再经减速器减速后（由于伺服电动机输出转速高、力矩小，必须经减速器减速才能推动调节机构），使输出转角 θ 增大。输出轴转角位置经位置发送器转换成相应的反馈信号 I_f，反馈作用到伺服放大器的输入端使 ΔI 减小，直至为零时，伺服电动机停止转动，输出轴就稳定在与输入信号相对应的位置上。反之，当 $\Delta I<0$ 时，伺服电动机反转，输出轴转角 θ 较小，I_f 也相应减小，直至使 $\Delta I=0$，伺服电动机才停止转动，输出轴稳定在另一个新的位置上。

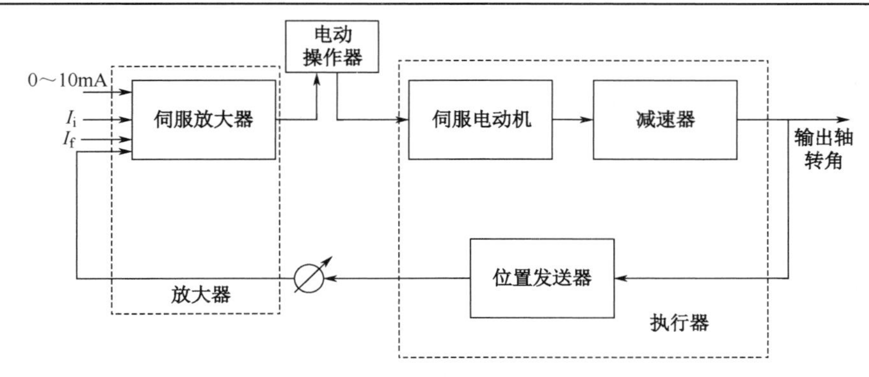

图 3-18 电动执行机构原理方框图

（2）伺服放大器。

伺服放大器由前置放大器和晶闸管触发电路两部分组成，其原理图如图 3-19 所示。前置放大器是一个比较放大器，并根据输入信号 I_i 的代数和与反馈信号 I_f 的差值 ΔI 的正负，输出正向或反向直流电压，使晶闸管触发电路 1 或触发电路 2 发出触发脉冲，晶闸管导通，从而实现点击正转或反转控制。例如，当前置放大器输出电压的极性为 a(+)、b(−)时，触发电路 1 工作，连续地发出触发脉冲，使晶闸管 VT_1 完全导通。由于 VT_1 接在二极管桥式整流器的直流端，所以它的导通使桥式整流器的 c、d 两端近于短接，故 220V 的交流电压一路直接接到电动机的绕组 I 上，另一路经分相电容 C_F 加到绕组 II 上。由于绕组 II 中的电流相位比绕组 I 超前 90°，形成旋转磁场，所以使电动机朝某个方向转动。反之，如果前置放大器的输出电压极性为 a(−)、b(+)，则触发电路 1 截止，VT_1 不通，而触发电路 2 控制 VT_2 完全导通，使电源电压一路直接加于电动机绕组 II 上，另一路径分相电容 C_F 加到绕组 I 上。这样，绕组 I 中的电流相应比绕组 II 超前 90°，电动机朝相反方向转动。当 VT_1 和 VT_2 都不导电时，电动机不转。这里晶闸管起到无触点开关的作用。

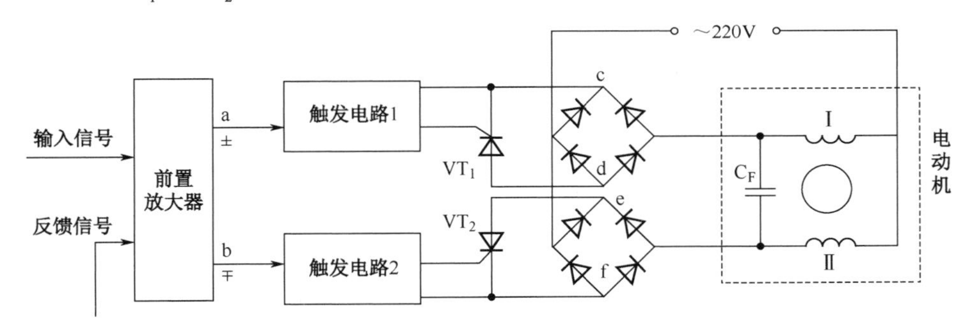

图 3-19 伺服放大器原理图

3.6 调节阀的选型

调节阀是控制系统中的仪表之一，正确的选型关系着系统工作的好坏。在选用调节阀时，一般应考虑以下几个方面。

1. 调节阀结构的选择

不同结构的调节阀有各自的特点，适应不同的需要。在选用时，应根据工艺条件，如腐蚀性和黏度，流体介质的温度，入口和出口压力等因素来选择。一般介质可选用直通单座阀或直通双座阀，高压介质可选用高压阀，强腐蚀介质可选用隔膜阀等。

2. 气开式和气关式的选择

气开式、气关式的选择原则主要是从工艺生产的安全出发。一旦系统发生故障或控制信号突然中断，调节阀阀芯应处于使生产装置安全的状态。例如，蒸汽锅炉的燃料输入管应安装气开式调节阀，即当控制信号中断时应切断进炉燃料，以免炉温过高造成事故；而给水管道应安装气关式调节阀，即当控制信号中断时应开大进水阀，以避免锅炉被烧干。

3. 调节阀的流量特性选择

一个控制系统若要在整个工作范围内都保持较好的品质，应使该系统在整个工作范围内具有线性特性，即总增益尽可能保持恒定。在整个控制系统中，除调节阀外其余部分为线性时，调节阀也应该是线性的；若整个控制系统中除调节阀外具有非线性时，则调节阀应该能够克服它的非线性影响而使整个系统接近为线性。通常，变送器、调节器和执行机构的增益是常数，但调节对象的特性往往具有非线性，其增益随工作点的不同而变化。因此选择调节阀时，希望以调节阀的非线性补偿调节对象的非线性。例如，在实际生产中，很多对象的增益随着负荷的增加而减小，此时可选用对数调节阀，使两者相互补偿，从而保证该系统在整个工作范围内都有较好的调节质量。

对于快开特性的阀，由于小开度时增益大，系统容易振荡，大开度时增益小，系统不灵敏，故在连续调节系统中很少使用，一般只用于两位式调节的场合。在生产现场，调节阀的选择还应结合系统的工艺配管状况来考虑，如表 3-1 所示。如果无法准确掌握工艺配管情况，那么一般可选对数调节阀，因为对数调节阀具有较强的适应性。

表 3-1　配管状况与调节阀工作流量特性关系

配管状况	S_{100}=1～0.6		S_{100}=0.6～0.3		$S_{100}<0.3$	
调节阀工作流量特性	直线	对数	直线	对数	直线	对数
调节阀固定流量特性	直线	对数	对数	对数	对数*	对数*

注：*为需要静态非线性补偿。

4. 调节阀口径的选择

确定调节阀口径是调节阀选择中一个主要内容，它直接影响工艺生产的正常进行、控制质量及生产的经济效果。如果调节阀的口径太大，将使调节阀经常工作在小开度位置，则造成调节质量不好。如果调节阀的口径太小，则又不能满足最大流量的需求。

调节阀的口径决定了调节阀的流通能力。调节阀的流通能力用流量系数 C 表示。流量系数 C 的定义：在调节阀两端压差 100kPa，流体为水（$10^3\text{kg}/\text{m}^3$）的条件下，阀门全开时每小时能通过调节阀的流体流量（m^3/h）。

例如，某一个阀门全开、阀门两端压差为 100kPa 时，流经调节阀的水流量为 $20\,\text{m}^3/\text{h}$，则该阀的流量系数 $C=20$。实际应用中阀门两端压差不一定是 100kPa，流经阀门的流体也不一定是水，因此必须换算。

（1）流量系数 C 的计算。

根据基本流量公式

$$Q=\alpha A_0\sqrt{\frac{2}{\rho}\Delta P} \tag{3-19}$$

将流量系数的定义条件代入式(3-19)

$$C = \alpha A_0 \sqrt{\frac{2}{1000} \times 100} = \alpha A_0 \sqrt{\frac{2}{10}} \tag{3-20}$$

两式相除得

$$C=Q\sqrt{\frac{\rho}{10\Delta P}} \tag{3-21}$$

（2）气体、蒸汽 C 的计算。

气体、蒸汽都具有可压缩性，其 C 的计算必须考虑气体的可压缩性和二相流问题，计算时进行相应的修正。

$$C=KQ\sqrt{\frac{\rho}{10\Delta P}} \tag{3-22}$$

根据实际的工艺流量和管道压力换算出 C 后，查阀门手册确定口径。

例 3-4　某供暖系统，流过加热盘管的水流量为 $Q = 31\text{m}^3/\text{h}$，热水温度为 80℃，$P_\text{m} - P_\text{r} = 1.7 \times 100\text{kPa}$，所装阀门取多大？

解：$P_\text{m} - P_\text{r}$ 是管网入口压差，设配管 S=0.5～0.7，则

$$\Delta P = (0.5\sim0.7) \times 1.7 \times 100\text{kPa} \approx 100\text{kPa}$$

80℃热水的密度 $\rho = 971\text{kg}/\text{m}^3$。代入式(3-22)，得 C≈31，取标准 C=32 在此档中，选取和管道直径相配的口径。在表 3-2 中查找与 C 相对应的 D_g 和 d_g 即为最终选定的调节阀公称直径和阀座直径。

表 3-2　调节阀流量系数 C

公称直径 D_g / mm		19.15(3/4")						20				25
阀座直径 d_g / mm		3	4	5	6	7	8	10	12	15	20	25
额定流量系数 C	单座阀	0.08	0.12	0.20	0.32	0.50	0.80	1.2	2.0	3.2	5.0	8
	双座阀											10
公称直径 D_g / mm		32	40	50	65	80	100	125	150	200	250	300
阀座直径 d_g / mm		32	40	50	65	80	100	125	150	200	250	300
额定流量系数 C	单座阀	12	20	32	56	80	120	200	280	450		
	双座阀	16	25	40	63	100	160	250	400	630	1000	1000

3.7　智能式调节阀

随着电子技术的迅速发展，微处理器也被引入到调节阀中，出现了智能式调节阀。它集控制功能和执行功能与一体，可直接接收变送器送来的检测信号，自行控制计算并转换为阀门开度。智能式调节阀具有以下主要功能。

1．控制和执行功能

将由变送器送来的检测信号按预定程序进行控制运算，并将运算结果直接转变为阀门开度。

2．补偿及校正功能

可通过内置传感器检测的温度、流量、压力、位置等信号进行自动补偿及校正运算。

3．通信功能

智能式调节阀采用数字通信方式与主控室保持联络，主计算机可以直接对执行器发出动作指令。智能式调节阀还允许远程检测、整定、修改参数或算法等。

4．诊断功能

智能式调节阀安装在现场，但都有自动诊断功能，能根据配合使用的各种传感器通过计算机分析判断故障情况，及时采取措施并报警。目前智能式调节阀已经用于现场总线控制系统中。

5．保护功能

无论电源、机械部件、控制信号、通信或其他方面出现故障时，该阀都会自动采取保护措施，以保证设备本身及生产过程安全可靠；具有断电保护功能，当外部电源突然断电后能自动用备用电池驱动执行机构，使阀位处于预先设定的安全位置。

思考题与习题

3-1　气动调节阀主要由哪两部分组成？各起什么作用？

3-2　试问调节阀的结构有哪些主要类型？各应用在什么场合？

3-3　什么叫调节阀的理想流量特性和工作流量特性？常用的调节阀理想流量特性有哪些？

3-4　什么叫调节阀的可调范围？在串联管道中可调范围为什么会变化？

3-5　什么是串联管道中的阀权度 s？s 值的变化为什么会使理想流量特性发生畸变？

3-6　什么叫气动调节阀的气开式与气关式？其选择原则是什么？

3-7　试述电/气转换器的用途与工作原理。

3-8　试述电/气阀门定位器的基本原理与工作过程。

第 4 章　控制器与控制算法实现

4.1　控制器的种类

4.1.1　控制器常见信号形式

执行器的输入信号来自于控制器（又称调节器），在过程控制中主要采用控制仪表的方式实现，是实现控制算法的主要场所。其作用是将测量值（反馈值）与设定值相比较得到偏差，进而根据偏差和反馈值进行相应的数学运算（控制规律），并基于运算输出信号给执行器，控制执行器调节被控变量，对生产过程进行自动调节。

采用统一的信号制式，有利于在工业实践中实现仪表的互换和控制设备标准化，控制仪表常见的信号传递形式主要有以下三类。

1．气动仪表

气动仪表以 140kPa 的气压信号作为工作能源，其输入/输出信号均采用 20～100kPa 的标准气压信号，在 20 世纪 40 年代就广泛应用于工业生产。气动仪表的特点在于结构简单、性能稳定可靠、维护方便、价格便宜，具有本质安全防爆性能，特别适用于石油、化工等有爆炸危险的场所。

2．电动仪表

模拟式控制器用模拟电路实现控制功能的仪表称为电动仪表，又称电动控制器，它的发展经历了Ⅰ型（电子管）、Ⅱ型（晶体管）和Ⅲ型（集成电路）。目前在工业现场还在使用的是 DDZ-Ⅱ和Ⅲ型仪表（控制器），以 220V AC 或 24V DC 作为工作能源，其中 DDZ-Ⅱ型仪表采用 0～10mA 电流或 0～10V 电压作为输入/输出信号，而 DDZ-Ⅲ型仪表主要采用 4～20mA 电流和 1~5V 电压作为标准信号。电动仪表的特点在于信号传输、放大、转换处理比气动仪表容易得多，可以实现无滞后的远距离传送，能源简单、便于和计算机配合。特别是 DDZ-Ⅲ型仪表采用了安全火花防爆措施，可以应用于易燃、易爆的危险场所，在工业生产过程中已经逐渐取代气动仪表和 DDZ-Ⅱ型仪表。

3．自力式仪表

自力式仪表不需要专门提供工作能源。自力式仪表的特点在于无须任何外加能源，利用被调介质自身能量实现介质自动调节。

4.1.2　控制仪表的表现形式

控制仪表经过几十年的发展，已经拥有众多型号和种类，但这些仪表通常可以表示成以下几种形式。

1．基地式控制仪表

这类仪表是将检测、控制、显示功能设计在一个整体内，安装在现场设备上，具有检测、控制、显示的功能。其特点是安装简单、使用方便、通用性差、信号不能与其他仪表共享，只适用于小规模、简单控制系统。但它在一些专用或特殊的设备上依然是不可或缺的部分。

2．单元式组合控制仪表

这类仪表是将仪表按其功能的不同分成若干个单元（如变送单元、给定单元、控制单元、显示单元等），每个单元只完成其中的一个功能，各单元之间用标准信号联系。其中的控制单元是接收测量与给定信号，然后根据它们的偏差进行控制运算，运算的结果作为控制信号输出。它可以分为电动和气动两大类，这种仪表使用灵活、通用性强，适用于中小型企业的自动化系统。

3．组件组装式仪表

这类仪表是在单元组合仪表的基础上发展起来的一种功能分离、结构组件化的成套仪器装置。在结构上可分为控制柜和显示操作盘两大部分。这类仪表以模拟器件为主，兼用了模拟技术和数字技术，能与工控机、程控装置、屏幕显示器等新技术工具配合使用，特别适用于要求组成各种复杂控制和集中显示操作的大中型企业的过程控制系统。

随着计算机技术的发展，以模拟电路为基础的电动仪表逐渐发展为以微处理器为中心的数字仪表。这类仪表内设微处理器，控制功能丰富、操作简单，很容易实现各种复杂的控制规律，如单回路数字控制器（SLPC）、可编程数字控制器（PLC）。同时以计算机技术为基础的数字仪表还具有通信功能，能够实现不同控制仪表之间的互连，构成网络控制。这使得网络和远程控制成为控制仪表发展的重要方向。其中典型的代表是集散控制系统（DCS）和现场总线控制系统（FCS）。

集散控制系统是一种以微型计算机为核心的计算机控制装置。它是在控制技术（Control）、计算机技术（Computer）、通信技术（Communication）、屏幕显示技术（CRT）4“C”技术迅速发展的基础上研制成的一种新型控制系统。其基本特点是分散控制、集中管理。

由现场总线互连与控制室内人机界面所组成的系统就是现场总线控制系统。其基本特征是结构的网络化和全分散性、系统的开放性、现场仪表的互操作性、功能自治性及环境的适应性。现场总线控制系统在性能、功能上均比传统的控制系统更优越，随着现场总线技术的不断完善，现场总线控制系统将广泛应用于工业自动化系统，并会取代传统的控制技术。

4.2 自力式和位式控制系统

4.2.1 自力式控制系统

控制规律是控制器输出与输入偏差信号之间的关系。控制器的输入信号是变送器送来的测量信号和内部人工设定或外部输入的设定信号。偏差信号是设定值信号与测量信号的之差。

根据经典控制理论，基本控制规律有比例控制、积分控制、比例积分控制、比例微分控制、比例积分微分控制。这些控制规律为连续控制，一般简称为P调节、I调节、PI调节、PD调节、PID调节。控制器的作用就是根据需要，频繁、适度地改变其输出，以使得被调量保持在设定值。

PID调节的优点是原理简单、使用方便、适应性强、鲁棒性（健壮性）强。鲁棒性强表示调节系统的控制品质对被控对象特性变化不敏感。因此，以气动或电动仪表为代表的PID调节方式是现阶段广泛应用的控制方式。除仪表实现的PID调节以外，在工业实践中还大量采用其他的控制方式，如自力式控制和位式控制。这里将通过两个例子对自力式控制和位式控制进行说明。

如图4-1所示为水箱液位的自力式控制系统，该水箱的液位控制目标高度为h，水箱底部有水泵，其从水箱抽取液体的流量为Q_2。在水箱的上方有进水阀A，该阀门与杠杆相连，如图4-1所示。杠杆的另一头与浮球相连，同时该杠杆可以绕支点O转动。当水泵的出水量Q_2增大时，浮球就会随液位下降，带动杠杆绕支点 O 转动，使得阀门 A 的开度增大，进而导致进水量 Q_1 增大，阻止液位进一步降低。反之，当出水量 Q_2 减小时，阀门 A 会自动减小开度，使得进水量 Q_1 也减小，阻止液位上升。

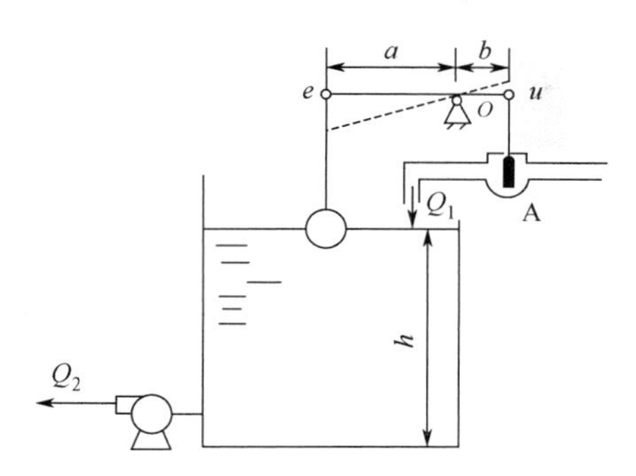

图 4-1　水箱液位的自力式控制系统

由图 4-1 可知，当杠杆围绕支点 O 旋转角度较小时，有

$$\frac{b}{a}=\frac{u}{e} \tag{4-1}$$

式中，u 表示阀门上升开度；e 表示液位变化的高度。由于 b/a 是杠杆围绕支点旋转的长度比，因此 $p=a/p$ 为常值。这意味着式(4-1)可以表示为

$$u=\frac{1}{p}e \tag{4-2}$$

由控制原理可知，该水箱液位控制系统可以表述为比例控制，也就是 PID 控制中的 P 控制。

从上面的例子可知，即使不使用专用仪表，利用机械结构同样可以构建自力式自动控制系统，实现 PID 控制。自力式控制系统在一些特殊的工业现场有着非常广泛的应用。

4.2.2　位式控制系统

与经典的 PID 控制不同，位式控制属于断续控制。位式控制中应用最多的是双位控制。所谓双位控制就是当测量值大于设定值时，控制器的输出量为最小（或最大），而当测量值小于设定值时，控制器的输出量为最大（或最小），即根据输入偏差的正负来决定控制器输出为最大或最小。相应的执行器只有开和关两个极限位置，因此又称之为开关控制。

理想的双位控制器输出 y 与输入偏差 e 之间的关系为

$$y=\begin{cases} y_{\max} & e>0(\text{或}e<0) \\ y_{\min} & e<0(\text{或}e>0) \end{cases} \tag{4-3}$$

这里 e 表示偏差。理想的双位控制特性如图 4-2 所示。

图 4-3 所示为预热炉液位控制系统示意图，该系统由加热釜、电炉、电磁阀、温度传感器及电磁阀控制器等几部分组成。工作时温度传感器将相应的温度转换为电信号传给电磁阀控制器，温度控制器会将检测到的温度值与预设温度值进行比较。如果电磁阀控制器发现加热釜内温度过低，则会按照位式控制算法推动电磁阀闭合，加热炉就会对加热釜进行加热。反之，如果发现加热釜内温度过高时，就会断开电磁阀，促使加热釜内温度冷却。

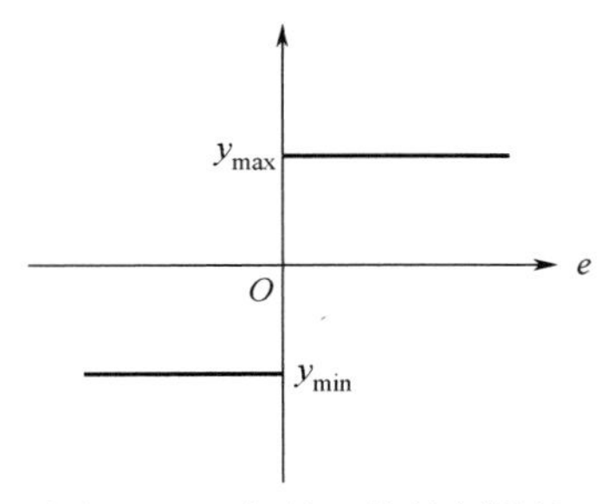

图 4-2　理想的双位控制特性

显然，如果实际应用图 4-2 所示的理想的双位控制特性来控制图 4-3 所示的预热炉，那么温度稍微偏离理想温度值，电磁阀控制器就会驱动电磁阀打开或关闭。这会导致电磁阀在工作中频繁动作，并不利于设备长期稳定工作。由于预热装置只要将温度控制在一定的范围内就可以满足生产工艺的要求，因此在实际生产中通常采用图 4-4 所示的有中间区间的双位控制特性的系统。

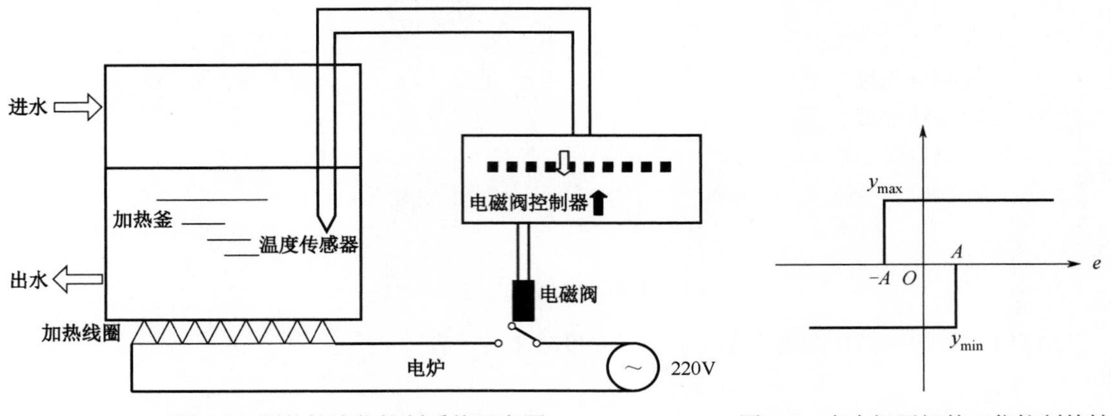

图 4-3　预热炉液位控制系统示意图　　图 4-4　有中间区间的双位控制特性

4.3　DDZ-Ⅲ型控制器的整体机构

4.3.1　DDZ-Ⅲ型控制器的特点

DDZ-Ⅲ型控制器采用了集成电路和安全火花型防爆结构，提高了其精度、可靠性和安全性，适应了大型化工厂、炼油厂的防爆要求，因此它逐渐替代了气动和 DDZ-Ⅱ型控制器。为此，这里将以 DDZ-Ⅲ型控制器为对象，介绍模拟式控制器。

DDZ-Ⅲ型控制器采用统一的信号标准。现场传输信号为 4~20mA DC，控制器联络信号为 1～5V DC，信号电流与电压的转换电阻为 250Ω。这种信号的主要优点是电气零点并非从零开始，而是从 4mA 开始，这样容易识别断电、断线等故障。因为最小信号电流不为零，所以为现场变送器实现两线制创造了条件。现场变送器与控制室仪表仅用两根导线连接，4~20mA DC 既反映了信号为现场变送器提供了能源，又避免了强电进入现场，有利于安全防爆。

广泛采用集成电路，可使仪表的电路简化、精度提高、可靠性提高、维修工作量减少。整套控制器可构成安全火花型防爆系统。DDZ-Ⅲ型控制器是按国家防爆规程进行设计的，增加了安全栅，实现了控制室与危险场所之间的能量限制与隔离，可用于危险现场。

4.3.2　DDZ-Ⅲ型控制器的操作与交互面板

DDZ-Ⅲ型控制器的基本型品种是全刻度指示 PID 控制器。为满足各种特殊控制系统的要求，还有各种特殊控制器，如前馈控制器、自整定控制器、断续控制器等。特殊控制器是在基本型控制器的基础上附加各种单元构成的。这里以全刻度指示 PID 控制器为例介绍 DDZ-Ⅲ型控制器的组成与操作。

图 4-5 所示是一种全刻度指示控制器的面板。面板正中间装有一个双针指示器（输入指示器），其中红针指示测量信号，黑针指示设（给）定信号，偏差就是两个指针之差。双针指示器的有效刻度（纵向）为 100mm，精度为 1 级。控制器输出信号大小由输出指示器 9 显示。输出指示器下

方设有一对表示阀门调节区域指示针 8，X 表示关闭，S 表示全开。面板最下方设有输入检测插孔 11 和输出信号插孔 12，当控制器发生故障时，可把操作器的输入、输出插头插入这两个插孔，用手动操作器代替控制器进行控制。

控制器面板右侧设有自动/软手操/硬手操切换键，以实现自动控制、软手动控制、硬手动控制的选择。在控制系统投运过程中，一般是先手动控制，稳定后再切向自动控制，当系统工作异常时，往往又要从自动切向手动，所以控制器一般兼有自动和手动两种控制方式。在 DDZ-Ⅲ型控制器中，手动控制分为硬手动和软手动两种状态。在软手动状态下，按软手动操作键 6，控制器输出就按一定速度增加或减少，当手离开该键时，当前信号就被保持。当切换开关处于硬手动状态时，控制器输出量大小取决于硬手动操作杆 4 的位置。

控制器的右侧面板上设有正反作用切换开关，正作用时偏差=测量值-设定值，反作用时偏差=设定值-测量值。控制器正、反作用的选择根据控制系统负反馈要求给定。控制器右侧面板上还设有 P 、T_I、T_D 参数内给定设定轮了，可以根据不同控制对象特性，分别整定 PID 参数，达到最佳控制品质。

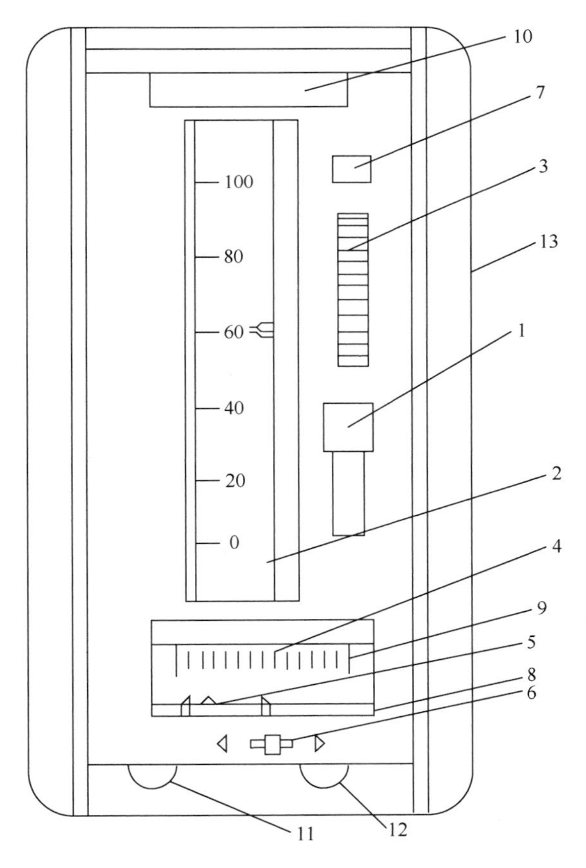

1—自动/软手操/硬手操切换键；2—输入指示器；3—内给定设定轮；4—硬手动操作杆；5—输出指针；6—软手动操杆作键；7—外给定指示灯；8—阀门调节区域指示针；9—输出指示器；10—仪表标牌；11—输入检测插孔；12—输出信号插孔；13—正反作用开关

图 4-5　全刻度指示控制器的面板

4.3.3　DDZ-Ⅲ型控制器电路结构和实例

DDZ-Ⅲ型控制器的主要功能电路有输入电路、内给定电路、运算电路、自动与手动（硬手动和软手动）电路、输出电路及指示电路，其结构框图如图 4-6 所示。DDZ-Ⅲ型控制器的原理电路如图 4-7 所示。

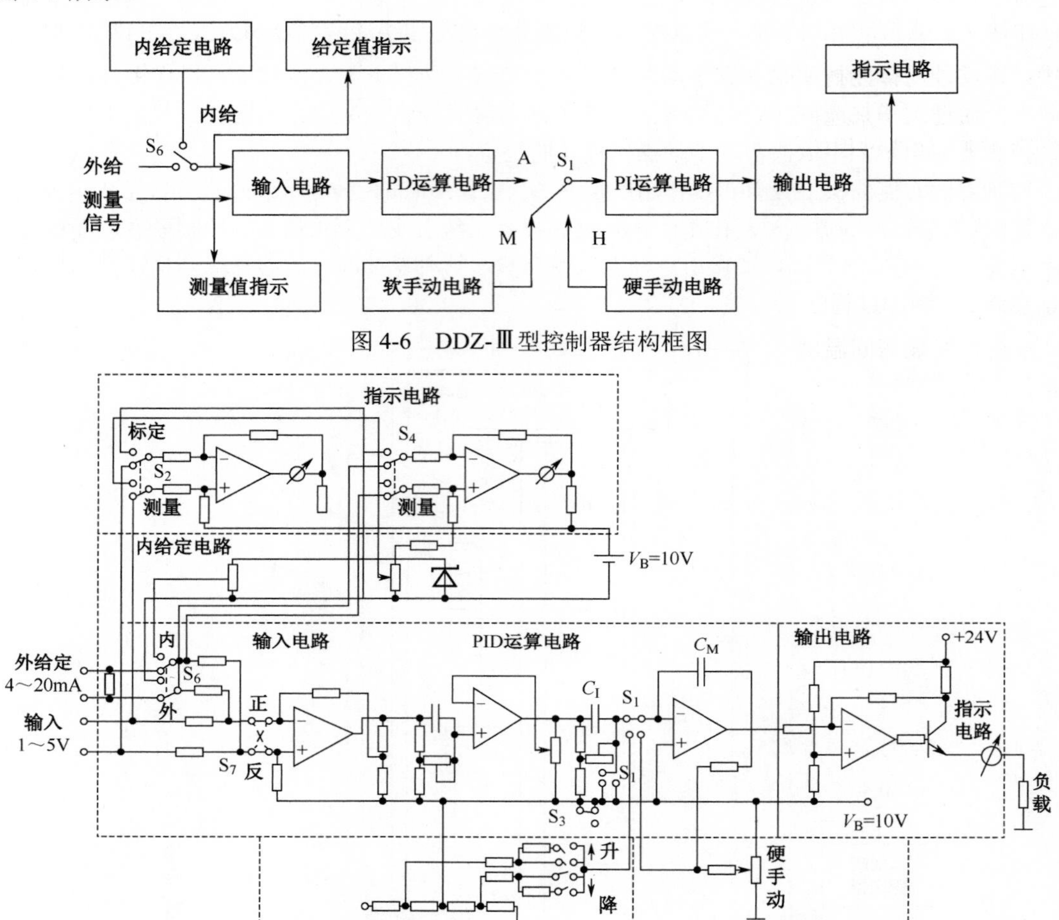

图 4-6　DDZ-Ⅲ型控制器结构框图

图 4-7　DDZ-Ⅲ型控制器的原理电路

DDZ-Ⅲ型控制器的输入信号与内给定信号都是以 0V 为基准的 1~5V DC 信号；外给定信号为 4~20mA DC 电流流过输入电路内 250Ω 精密电阻，转换成以 0V 为基准的 1~5V DC 信号。内、外给定信号由开关 S_6 选定。由开关 S_1 在 PD 和 PI 运算电路中间切入软手动、硬手动电路。

输入信号与给定信号均经过各自的指示电路，由双针指示表分别表示出来。由两者之差（偏差）可以判断系统的运行情况。为了满足过程控制工程的需求，DDZ-Ⅲ型控制器还设有正反作用切换开关 S_7。

4.4　控制器输入电路

4.4.1　输入电路与正反作用

输入电路的一个重要功能是设置控制器的正反作用。在反馈控制系统中，自动控制器和被控对象构成一个闭合回路。该闭合回路可能出现两种情况：正反馈和负反馈。正反馈的作用是加剧被控对象流入量与流出量的不平衡，从而导致控制系统不稳定；负反馈的作用则是缓解被控对象中的不平衡，正确达到自动控制的目的。PID 调节一般是一种负反馈控制。

设计单回路控制系统首先要保证负反馈。在工业中如何构成负反馈控制回路呢？工业控制器中设有正反作用开关，正作用开关是将控制器的输出信号随着被调量信号的增大而增大，控制器的增益为“+”；反作用开关是将控制器的输出信号随着被调量信号的增大而减小，控制器的增益为“−”。通过选择控制器的正反作用使系统构成负反馈。

下面通过例子来选择控制器正反作用构成负反馈。

例 4-1　加热过程的负反馈控制。利用蒸汽 u 加热某种介质，使其温度 y 自动保持在某一设定值。

分析：发现介质温度降低，希望 y 重新回到设定值，则要增加蒸汽量 u，所以控制器应采用反作用方式工作。

例 4-2　制冷过程的负反馈控制。利用制冷剂 u 调节房间的温度 y。

分析：发现房间温度高了，要使其回到设定值，则要增加房间内的制冷剂，所以控制器应采用正作用方式工作。

控制器的正反作用是由输入回路完成的。注意图 4-7 中的开关 S_7，当其接入反作用端时，输入信号就会正向接入，这时控制器工作在反作用状态。当 S_7 接入正作用端时，输入信号就会反向接入，这时控制器工作在正作用状态。

4.4.2　输入电路与信号偏差

输入电路另一个重要作用是实现测量信号与给定信号的相减，得到偏差信号。但由于 DDZ-Ⅲ型控制器电路供电电压是+24V DC，而电路中的运放是在单电源+24V DC 供电工作的，所以必须在输入电路中进行电平移动，把偏差电压的电平抬高。故采用偏差差动电平移动电路，产生与输入信号和给定信号差值成比例的偏差信号。采用差动输入方式可以消除公共地线上的电压降带来的误差，输入电路如图 4-8 所示。

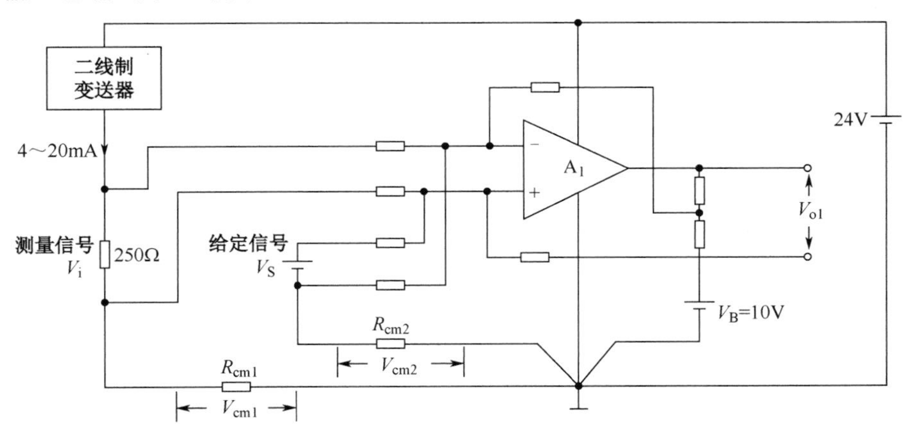

图 4-8　输入电路

其作用原理是：输入电路对测量信号 V_i 和给定信号 V_S 进行综合比较，获得偏差信号并进行放大，同时实现电平的移动，把以 0V 为基准的输入电压转换成以 10V 参考电压为基准的输出电压。

由叠加原理可写出放大器同相及反相输入端电压 V_+、V_- 的表达式

$$V_{-}=\frac{1}{3}\left(V_{\mathrm{i}}+V_{\mathrm{cm1}}+V_{\mathrm{cm2}}+V_{\mathrm{B}}+\frac{1}{2}V_{\mathrm{o1}}\right) \tag{4-4}$$

$$V_{+}=\frac{1}{3}(V_{\mathrm{S}}+V_{\mathrm{cm1}}+V_{\mathrm{cm2}}+V_{\mathrm{B}}) \tag{4-5}$$

设 A_1 为理想运放，则有 $V_{+}=V_{-}$，由上面两式可得

$$V_{\mathrm{o1}}=-2(V_{\mathrm{i}}-V_{\mathrm{S}}) \tag{4-6}$$

输入电路的特点如下。

（1）输入阻抗高：采用差动输入电路，输入阻抗很高，不从信号 V_{i}、V_{S} 取用电流，使 1～5V 的测量信号不受衰减。

（2）偏差放大：对 $V_{\mathrm{i}}-V_{\mathrm{S}}$ 进行偏差运算，为了提高控制器对偏差的灵敏度，对其后的运算有利，这部分先将偏差放大两倍。

（3）消除传输线上压降的影响：由于采用共用电源，在 V_{i} 的传输线上可能包括其他仪表的电流，导线电阻虽不大但其压降有时不可忽略。采用差动输入可以消除导线电阻的影响。

（4）电平移动：V_{i}、V_{S} 都是以地为基准的电压信号，运放 IC 器件用+24V DC 供电时，其正常输入、输出信号电压范围应为 2～19V。为使运算信号符合要求，必须将基准电压从 0V 抬高到 V_{B}=10V，即进行电平移动。使后面 PID 电路的 IC 工作于允许的电压范围之内。

4.5　PD 控制器相关特性及运算电路

DDZ-Ⅲ型控制器的运算电路由 PI 和 PD 两个电路串联而成，本节将着重介绍 PD 电路。下面首先介绍 P 调节和 PD 调节的性质，进而引入相应的 PD 电路的结构和特点。

4.5.1　比例调节（P 调节）

1．比例调节动作规律

在控制系统里，如果阀门的开度与被控变量的偏差成比例的话，就有可能获得与对象负荷相适应的调节参数，从而使被控变量趋于稳定，达到平衡状态，这种阀门开度的改变量与被控变量偏差位成比例的规律，就是比例调节动作规律。

比例调节的动作规律可以用公式表示

$$u=K_{\mathrm{c}}e \tag{4-7}$$

式中，K_{c} 表示比例增益；e 表示被控变量偏差；u 是对控制器偏置量 u_0 的增量，实际控制器的输出 $u=K_{\mathrm{c}}e+u_0$，u_0 的大小可以通过调整控制器的工作点来改变。

比例调节的动作规律也可以用含有比例带（比例度）的公式表示

$$u=\frac{1}{\delta}e \tag{4-8}$$

$$\delta=\left(\frac{e}{x_{\max}-x_{\min}}\Big/\frac{u}{u_{\max}-u_{\min}}\right)\times 100\% \tag{4-9}$$

式中，e 表示输入偏差；u 表示输出量；$x_{\max}-x_{\min}$ 表示测量输入的最大变化范围，即控制器输入量程；$u_{\max}-u_{\min}$ 表示输出的最大变化范围，即控制器输出量程。

只有当被调量处在这个范围以内时，调节阀的开度变化才与偏差成比例。超出这个“比例带”

以外，调节阀已处于全开或全关状态，（广义）控制器的输入与输出已不再保持比例关系。

实际上，控制器的比例带，习惯用其相对于被调量测量仪表的量程的百分数表示。

若测量仪表的量程是 100℃，则 δ =50%表示被调量需要改变 50℃才能使调节阀从全开到全闭。

2. 比例调节的特点

比例调节又称有差调节，即残差随干扰幅值及比例带的加大而加大。下面通过理论分析说明。比例调节控制系统结构如图 4-9 所示。

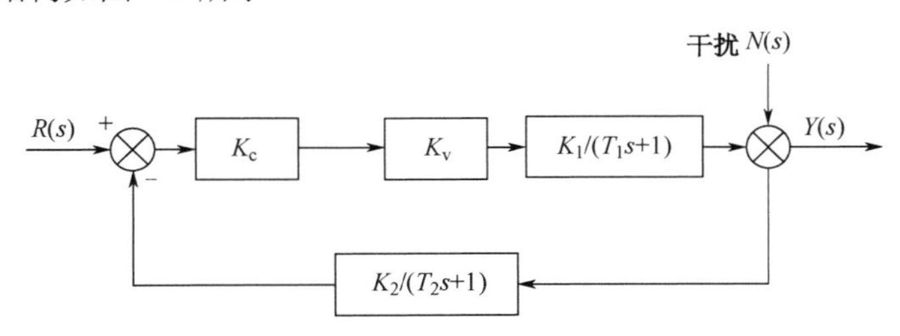

图 4-9　比例调节控制系统结构

该控制系统干扰的闭环传递函数为

$$\frac{Y(s)}{N(s)}=\frac{(T_1s+1)(T_2s+1)}{T_1T_2s^2+(T_1+T_2)s+(1+K_cK)} \tag{4-10}$$

这里 $K=K_1K_2K_v$。设 n 为阶跃干扰，幅值为 A，则

$$N(s)=A\cdot\frac{1}{s} \tag{4-11}$$

由终值定理

$$y(\infty)=\lim_{s\to 0}s\cdot Y(s)=\frac{A}{1+K_cK}=\frac{A}{1+\frac{1}{\delta}K} \tag{4-12}$$

可知有残差。δ 增大，残差增大；A 增大，残差也增大。所以控制结果存在残差是比例控制的缺点。比例控制的优点是控制快速（及时），反应灵敏，抗干扰能力较强。

3. 比例带对调节过程的影响

对系统的控制性能希望是系统稳定、无残差。控制器的比例带 δ 越小，它的比例增益就越大，偏差放大能力也变大，控制能力也变强，反之亦然。比例调节作用的强弱通过调节比例带 δ 实现。

δ 太小，导致系统激烈振荡甚至不稳定；δ 太大，会导致残差增大。所以对临界 δ 值的确定就及其重要，最常用的方法有稳定边界法、衰减曲线法、反应曲线法，经验试凑法等。

4.5.2　比例微分调节（PD 调节）

（1）微分调节控制规律就是控制器输出信号的变化与偏差信号的变化速率成正比。

$$u=S_2\frac{\mathrm{d}e}{\mathrm{d}t} \tag{4-13}$$

微分调节的特点如下。

① 根据偏差的变化速度调节有一定的预见性，能在偏差信号变得太大以前，在系统中引入一

个早期修正信号。

② 加快系统的动作速度，较少调节时间。

③ 不能单独使用，只起辅助调节作用。因为实际的控制器有一定的区域是死区，所以当被调节量以控制器察觉不到的速度缓慢变化时，调解器不会有动作，但长时间后，偏差e可累积到很大的值而得不到校正。

当输入偏差为阶跃信号时，微分输出为一冲激信号，理想微分的阶跃响应如图 4-10 所示。

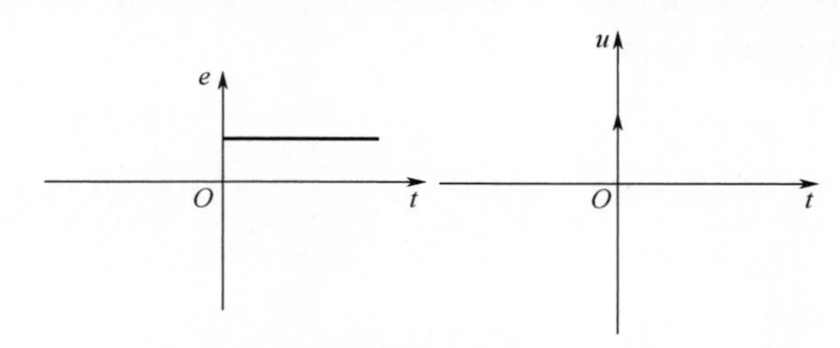

图 4-10　理想微分的阶跃响应

（2）微分的特点是能起到超前控制的作用。即能在偏差很小时提前增大控制作业，改善控制品质。但当偏差存在但不变化时，控制作用为零。因此微分作用不能单独使用，必须配合比例作用组合使用。比例微分调节规律见下式（T_D 微分时间）。

$$u=\frac{1}{\delta}\left(e+T_D\frac{\mathrm{d}e}{\mathrm{d}t}\right) \tag{4-14}$$

传递函数为

$$G_c(s)=\frac{1}{\delta}(1+T_D s) \tag{4-15}$$

对传递函数说明：微分环节的拉氏变换为s，因此理想微分环节的传递函数分子的阶次高于分母的阶次，从严格意义上讲，微分控制器在物理上是不可实现的。工业上实际采用的 PD 控制器传递函数为

$$G_c(s)=\frac{1}{\delta}\frac{T_D s+1}{T_D s/K_D+1} \tag{4-16}$$

K_D 为微分增益，一般为 5~10，K_D 数值较大，T_D/K_D 值实际很小。因此，在分析控制系统性能时，通常采用理论的传递函数式。

PD 调节为有差调节。因为稳态下 $\mathrm{d}e/\mathrm{d}t=0$，PD 控制器的微分部分输出也为零。微分动作总是力图抑制被调量的振荡，有提高系统稳定性的作用。与 P 调节相比，可以采用较小的比例带，结果不但减小了残差，也减小了最大动态偏差，提高了振荡频率。克服对象容积滞后，但对纯滞后无能为力，抗干扰能力差。只能应用于被调量变化非常平稳的过程，一般不用于流量和液位控制系统中。微分作用太强，容易导致调节阀开度饱和，因此在 PD 控制器中，P 为主、D 为辅。对于大多数系统而言，T_D 大，微分作用强，稳定性高；但它太大，反而可能导致系统不稳定。

4.5.3　PD 运算的电路实现

PD 电路的结构如图 4-11 所示。由于有电平移动措施，所以这里各信号电压都是以 V_B=10V 为基准的。PD 电路以比例放大器 A_2 为核心组件。微分作用可选择用与不用。开关 S_8 切向“断”时，构成 P 电路；开关 S_8 切向“通”时，构成 PD 电路。为使微分作用能无扰动地切换，不需要微分

时，开关 S_8 将电容 C_D 经 R_1 充电，使 C_D 的右端始终跟随 A_2 的输入端电压。这样在需要引入微分作用时，开关 S_8 可随时切向“通”位，而不会造成输出电压的跳变，因此避免了对生产过程的冲击。

进行 PD 运算时，设流过 C_D 的充电电流为 $I_D(s)$，则对于 A_2 输入端有

$$\hat{V}_+(s)=\frac{1}{n}\hat{V}_{o1}(s)+I_D(s)R_D \tag{4-17}$$

而

$$I_D(s)=\frac{\frac{n-1}{n}\hat{V}_{o1}(s)}{R_D+\frac{1}{C_Ds}}=\frac{n-1}{n}\ \frac{C_Ds}{1+R_DC_Ds}\hat{V}_{o1}(s) \tag{4-18}$$

这里 $\hat{V}_+(s)$ 和 $\hat{V}_{o1}(s)$ 分别表示 $V_+(t)$ 和 $V_{o1}(t)$ 的拉氏变换。将式(4-18)代入式(4-17)可得

$$\hat{V}_+(s)=\frac{1}{n}\ \frac{1+nR_DC_Ds}{1+R_DC_Ds}\hat{V}_{o1}(s) \tag{4-19}$$

令 $T_D=nR_DC_D$ 和 $\hat{V}_{o2}(s)$ 分别为微分时间常数和 $V_{o2}(t)$ 的拉氏变换。因为 $\hat{V}_{o2}(s)=\alpha\hat{V}_+(s)$，则 PD 电路的输入、输出关系为

$$\hat{V}_{o2}(s)=\frac{\alpha}{n}\frac{1+T_Ds}{1+\frac{T_D}{n}s}\hat{V}_{o1}(s) \tag{4-20}$$

当 V_{o1} 为阶跃信号时，V_{o2} 的时域响应为

$$V_{o2}(t)=\frac{\alpha}{n}\left[1+(n-1)e^{-\frac{n}{T_D}t}\right]V_{o1} \tag{4-21}$$

PD 电路的阶跃响应如图 4-12 所示。

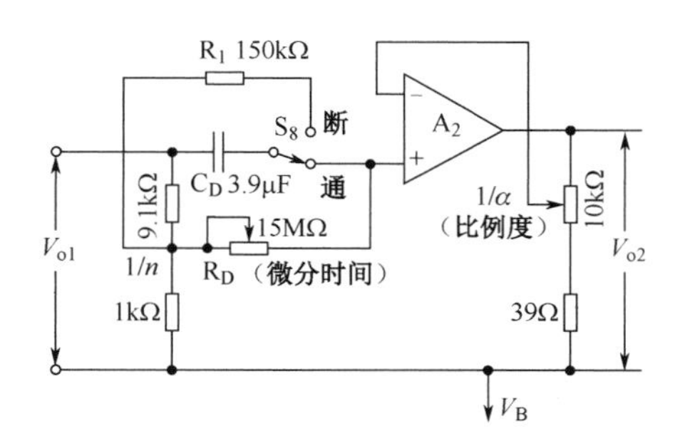

图 4-11　PD 电路的结构

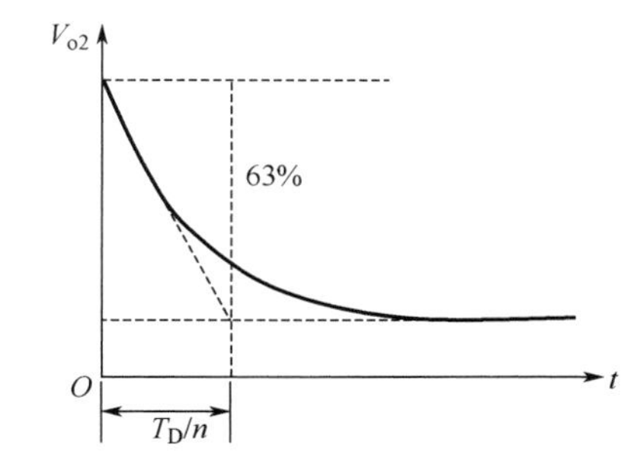

图 4-12　PD 电路的阶跃响应

4.6　PI 控制器相关特性及运算电路

4.6.1　积分调节（I 调节）

1. 积分调节动作规律

在图 4-7 所示的电路中，PI 电路的作用是对 PD 电路的输出信号 V_{o2} 进行比例积分运算，然后输出以 10V 为基准的 1～5V 的电压信号至输出电路。其中，积分调节作用的输出变化量 $u(t)$ 是输

入偏差e的积分

$$u(t)=S_0\int_0^t e\mathrm{d}t=\frac{1}{T_0}\int_0^t e\mathrm{d}t \tag{4-22}$$

式中，S_0表示积分速度；T_0表示积分时间。由式（4-22）可知控制器的输出与偏差的积分成正比，当输入偏差是幅值为某一个常数的阶跃信号时，积分控制的阶跃响应如图 4-13 所示。

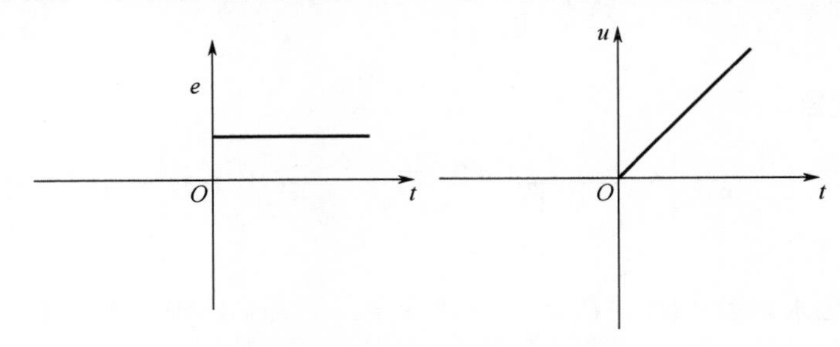

图 4-13　积分控制的阶跃响应

2．积分调节的特点

（1）无差调节。

由传递函数和终值定理可知，使用 I 调节以后，系统对阶跃响应的稳态误差为零。同时由式(4-22)可知，$\mathrm{d}u/\mathrm{d}t=S_0e$。这意味着只有当$e=0$时，$\mathrm{d}u/\mathrm{d}t=0$才成立。这说明使用 I 调节后，当输入阶跃信号时，只有当偏差完全为零时，调解器的输出才会保持不变。同时控制器的输出可以停留在任何数值上，即调节阀的开度可以停在新的负荷所要求的位置。

（2）稳定作用比 P 调节差。

对于单容积分水槽被控对象（非自衡被控对象），如果采用 P 调节，则只要加大比例带总可以使系统稳定；但若采用 I 调节则不可能得到稳定系统。

（3）系统速度比 P 调节缓慢（表现为振荡频率较低）。

3．积分速度对于调节过程的影响

增大S_0（减小T_0），降低控制系统稳定程度。其原因是系统开环增益与S_0成正比，S_0增大则开环增益增大，降低了系统的稳定程度。

T_0越小，调节阀动作越快，易引起或加剧振荡，同时振荡频率越来越高，最大动态偏差越来越小。

P 调节与 I 调节过程比较：P 调节控制及时，反应速度快，但存在余差；I 调节能消除余差，但控制动作缓慢，控制不及时。

4.6.2　比例积分调节（PI 调节）

1．PI 调节动作规律

比例调节和积分调节的组合使用，可以使控制既及时，又能消除余差。比例积分调节动作规律用下式表示，比例积分的单位阶跃响应如图 4-14 所示。

$$u=\frac{1}{\delta}\left(e+\frac{1}{T_{\mathrm{I}}}\int_0^t e\mathrm{d}t\right) \tag{4-23}$$

施加阶跃响应的瞬间，调解器立刻输出幅值为$\Delta e/\delta$的阶跃，然后以固定速度$\Delta e/\delta T_{\mathrm{I}}$变化。当$t=T_{\mathrm{I}}$时，输出的积分部分正好等于比例部分，故$T_{\mathrm{I}}$可衡量积分部分在总输出中所占的比重，$T_{\mathrm{I}}$越小，积分部分所占比重越大，积分作用越强，若积分时间无穷大，就没有积分作用，而成为纯比例控制器了。

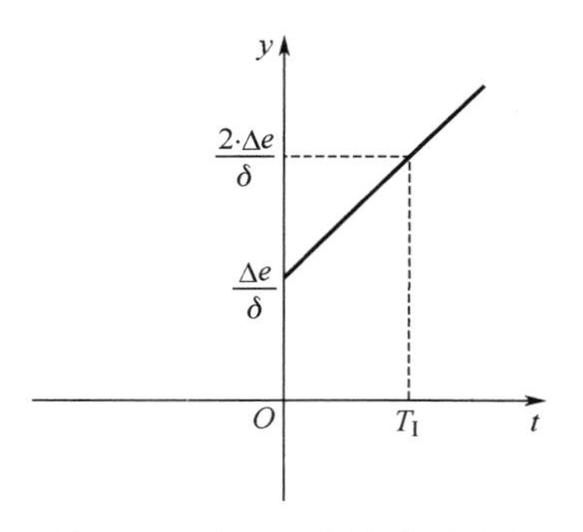

图 4-14　比例积分的阶跃响应

2. 比例积分调节过程

引入积分消除残差，但会降低原系统稳定性。若要保持原来的衰减率，必须适当加大 δ。这样可稍牺牲动态品质，以换取较好的稳态性能。

3. 积分饱和现象与抗积分饱和的措施

若系统一个方向的偏差持续存在，控制器的输出由于积分作用的不断累加而加大，使得调节阀的开度达到极限位置之后，即使控制器的输出继续增大，调节阀的开度也不再变化，此时就称控制器的输出进入饱和区。这种现象称为积分饱和现象。（有 I 作用的控制器，只要 $e \neq 0$，其输出就会不停地变化，而调节阀开度存在极限位置。）

解释不良影响：要等被调量偏差出现反向后，u 才逐渐从饱和区退出。进入饱和区越深，则退出饱和区所用时间就越长。在这段时间，执行机构仍停留在极限位置而不能随偏差反向立即做出相应变化。这时系统像失控一样，控制性能恶化，甚至会引起危险。

防止积分饱和现象有 3 种办法。

（1）对控制器的输出加以限幅，使其不超出额定的最大值或最小值。

（2）限制控制器积分部分的输出，使之不超出限值。对于气动仪表，可采用外部信号作为其积分反馈信号，使之不能形成偏差积分作用；对于电动仪表，可改进仪表内部电路。

（3）积分切除法，即在控制器的输出超过某一限值时，将控制器的调节规律由比例积分调节自动切换为纯比例调节状态。

4.6.3　PI 运算的电路实现

PI 电路的结构如图 4-15 所示。由于有电平移动措施，这里各信号电压都是以 V_B=10V 为基准的。PI 电路以放大器 A_3 为核心组件，开关 S_3 为积分时间倍乘开关。当 S_3 切向×1 挡时，1 kΩ 电阻被悬空，$1/m$ 的分压关系不存在，C_I 的充电电压为 V_{o2}；当 S_3 切向×10 挡时，1 kΩ 电阻接到基准线，C_I 的充电电压为（$1-1/m$）V_{o2}，C_I 的积分时间 T_I 增大 m 倍。即 S_3 为积分时间的换挡开关。

图 4-15 中，接在放大器 A_3 输出端的电阻（3.9 kΩ）、二极管 VD 及三极管 VT_1 构成射极跟随器，这主要是为了将 A_3 的输出进行功率放大，以满足 C_M 的充电需要，可以看作 A_3 的延伸。如果开关 S_3 置于×1 挡，则 A_3 的反向输入端的输入电流为

$$\frac{\hat{V}_{o2}(s)}{R_I}+C_I s\hat{V}_{o2}(s)+C_M s\hat{V}_{o3}(s)=0 \tag{4-24}$$

这里 $\hat{V}_{o2}(s)$ 和 $\hat{V}_{o3}(s)$ 分别为 $V_{o2}(t)$ 和 $V_{o3}(t)$ 的拉式变换。式(4-24)中忽略了分压电阻 9.1 kΩ，解得

$$\hat{V}_{o3}(s)=-\frac{C_I}{C_M}\left(1+\frac{1}{R_I C_I s}\right)\hat{V}_{o2}(s) \tag{4-25}$$

设 $T_I = R_I C_I$ 为积分时间（S_3 置于×10 挡时，$T_I = mR_I C_I$），则该比例积分电路的输入、输出关系为

$$\hat{V}_{o3}(s)=-\frac{C_I}{C_M}\left(1+\frac{1}{T_I s}\right)\hat{V}_{o2}(s) \tag{4-26}$$

当 V_{o2} 为阶跃信号时，V_{o3} 的时域响应为

$$V_{o3}(t)=-\frac{C_{I}}{C_{M}}(1+\frac{t}{T})V_{o2} \tag{4-27}$$

PI 电路的阶跃响应如图 4-16 所示。

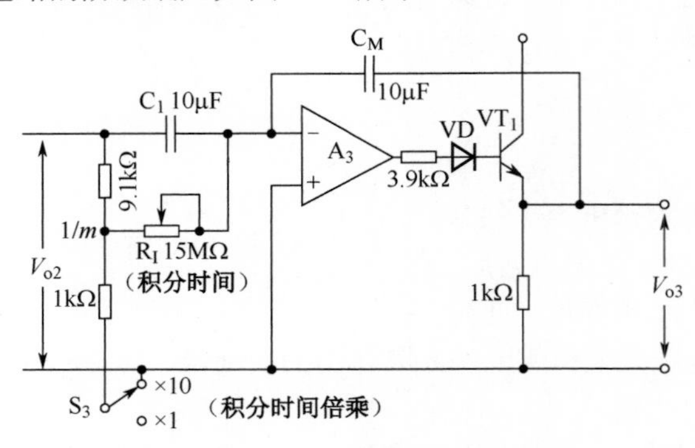

图 4-15　PI 电路的结构

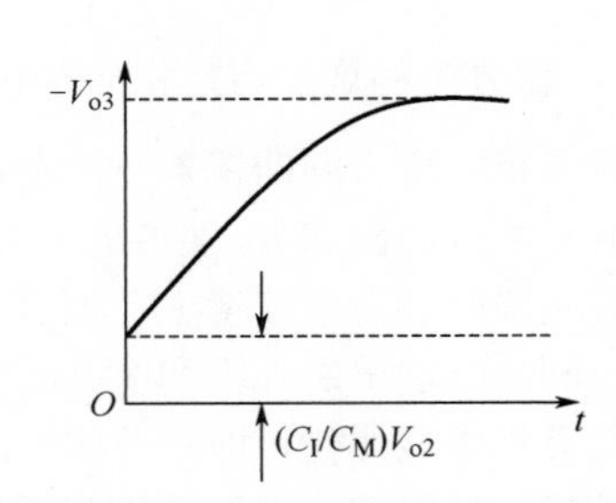

图 4-16　PI 电路的阶跃响应

4.7　PID 控制器相关特性及运算电路

4.7.1　比例积分微分调节（PID 调节）

当控制对象惯性较大且控制精度要求较高时，可将比例积分微分合用，也就是 PID 调节，PID 调节动作规律为

$$u=\frac{1}{\delta}\left(e+\frac{1}{T_{I}}\int_{0}^{t}e\mathrm{d}t+T_{D}\frac{\mathrm{d}e}{\mathrm{d}t}\right) \tag{4-28}$$

传递函数为

$$G_{c}(s)=\frac{1}{\delta}\left(1+\frac{1}{T_{I}s}+T_{D}s\right) \tag{4-29}$$

PID 的阶跃响应如图 4-17 所示。

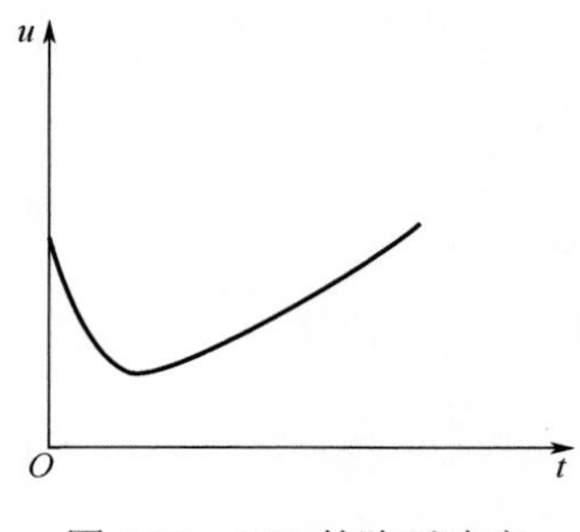

图 4-17　PID 的阶跃响应

将比例（P）、积分（I）、微分（D）三种控制规律结合在一起，三项作用的强度配合适当，既能快速调节，又能消除余差，可得到满意的控制效果。显然，PID 三项作用时效果最佳。但并不意味着，任何情况下采用三项作用控制器都是合理的，因为这需要整定三个参数，如果整定不合适，反而适得其反。

对控制器的选择极为重要，选择控制器的动作规律应根据对象特性、负荷变化、主要扰动、控制要求及经济性等要素来把握。

当广义对象控制通道的时间常数较小、负荷变化不大、允许残差时，选择 P 调节，如储罐压力、液位的控制；若要消除残差，引入 I 调节，选择 PI 调节，如管道压力、流量的控制；若时间常数较大或容积迟延较大时，再引入 D 调节，选择 PID 或 PD 调节，如温度、成分、pH 值控制等。

若对象的传递函数可近似为 $G_{p}(s)=K\mathrm{e}^{-\tau s}/(Ts+1)$ 时，可根据 τ/T 的值选择控制器，当 $\tau/T<0.2$ 时，选择 P 或 PI 调节；当 $0.2\leqslant\tau/T\leqslant1$ 时，选择 PD 或 PID 调节；当 $\tau/T>1$ 时，采

用简单控制系统往往不能满足控制要求。

4.7.2 PID 运算的电路实现

在 DDZ-Ⅲ型控制器中，当运算结构如电路 PI 和 PD 同时投入运行时，两个运算电路串联在一起，构成 PID 电路，其结构如图 4-18 所示。

由式(4-6)可得输入电路的传递函数为$V_{o1}=-2(V_i-V_S)$，同时基于式(4-20)可得 PD 电路传递函数为

$$G_{o2}(s)=\frac{\hat{V}_{o2}(s)}{\hat{V}_{o1}(s)}=\frac{\alpha}{n}\frac{1+T_D s}{1+\frac{T_D}{n}s} \tag{4-30}$$

同理由式(4-26)得 PI 电路传递函数为

$$G_{o3}(s)=\frac{\hat{V}_{o3}(s)}{\hat{V}_{o2}(s)}=-\frac{C_I}{C_M}\left(1+\frac{1}{T_I s}\right) \tag{4-31}$$

因为 PID 运算是上述三个环节串联而成的，因此将式(4-6)、式(4-30)、式(4-31)中的中间变量消去，则从输入到输出的传递函数可以表示为

$$G(s)=\frac{\hat{V}_{o3}(s)}{\hat{V}_i(s)-\hat{V}_S(s)}=\frac{2\alpha C_I}{nC_M}\frac{1+T_D/T_I+\frac{1}{T_I s}+T_D s}{1+\frac{T_D}{n}s} \tag{4-32}$$

同时令干扰系数$F=1+\frac{T_D}{T_I}$，微分增益$K_D=n$，比例度$\delta=\frac{n}{2\alpha}\frac{C_M}{C_I}$，则 PID 运算电路传递函数为

$$G(s)=\frac{\hat{V}_{o3}(s)}{\hat{V}_i(s)-\hat{V}_S(s)}=\frac{F}{\delta}\cdot\frac{1+\frac{1}{FT_I s}+\frac{T_D s}{F}}{1+\frac{T_D}{K_D}s} \tag{4-33}$$

这里的$\hat{V}_S(s)$为$V_S(t)$的拉式变换。

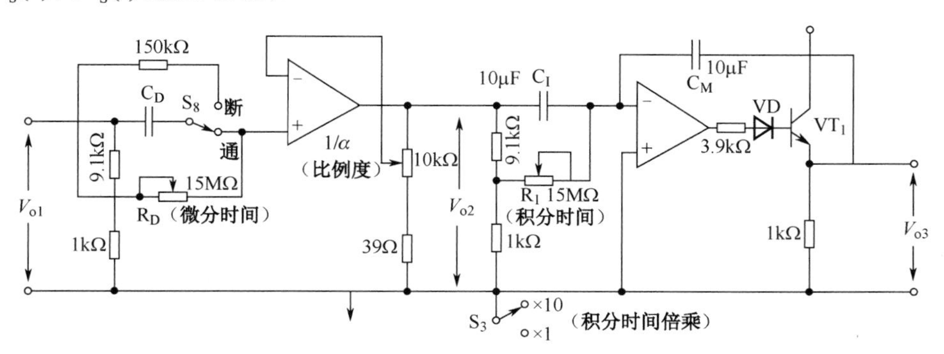

图 4-18　PID 电路的结构

若$T_D << K_D$，则上式分母实际微分项近似为 1；若$T_D << T_I$，那么

$$F=1+\frac{T_D}{T_I}\approx 1$$

则

$$G(s)=\frac{1}{\delta}\left(1+\frac{1}{T_{\mathrm{I}}s}+T_{\mathrm{D}}s\right)$$

当V_{i}为阶跃信号时，V_{o3}作为PID电路的阶跃响应如图4-19所示。F是一个大于1的数，且随着T_{I}或T_{D}的变化而变化，在传递函数中影响着δ、T_{I}、T_{D}的实际效果，称为干扰系数。由于F的存在，无论改变T_{I}或T_{D}中任一参数，都会使三个参定整数发生变化。这说明三个参数调整时互相干扰，造成控制器整定参数的刻度无法准确。例如，当$T_{\mathrm{I}}/T_{\mathrm{D}}$=4时，$F$=1.25，各参数的实际值与$F=1$时相差25%。

如果设控制器的实际比例度为$\delta^*=\delta/F$，实际微分时间为$T_{\mathrm{D}}^*=T_{\mathrm{D}}/F$，实际积分时间为$T_{\mathrm{I}}^*=F\cdot T_{\mathrm{I}}$，并忽略微分惯性项$\frac{T_{\mathrm{D}}}{n}s$，则式(4-33)为

$$\frac{V_{\mathrm{o3}}(s)}{V_{\mathrm{o1}}(s)}=-\frac{1}{\delta^*}\left(1+\frac{1}{T_{\mathrm{I}}^*s}+T_{\mathrm{D}}^*s\right)$$

这就是典型的PID控制器的传递函数。根据电路元器件的参数值可算出此控制器的参数调整范围为

δ=2%~500%

T_{I}=0.01~2.5min（×1挡）

T_{I}=0.1~25min（×10挡）

T_{D}=0.04~10min

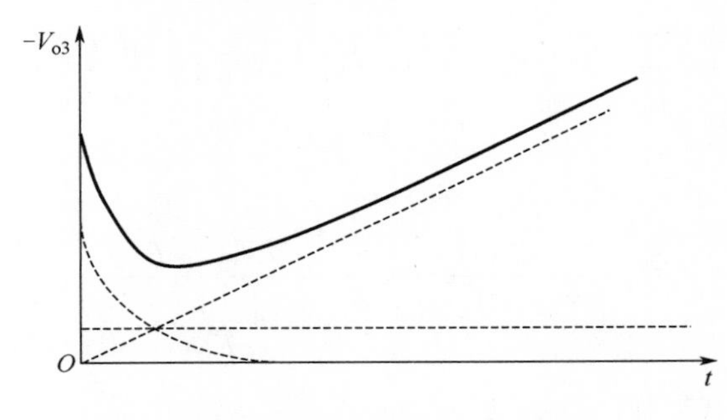

图4-19　PID电路的阶跃响应

4.8　控制器输出电路

控制器输出电路是一个具有电平移动的电压-电流转换器。以集成运算放大器A_4为核心组件，在A_4后面用VT_1、VT_2组成复合管，进行电流放大，减轻放大器的发热，提高总放大倍数，同时以强烈的电流负反馈来保证良好的恒流特性。

输出电路的任务是将PID电路输出电压V_{o3}=1～5V变换为4～20mA的电流输出，并将以V_{B}=10V为起点变化的电压转换为以0V为基准的电流输出。控制器输出电路如图4-20所示。

取电阻$R_3=R_4=10\mathrm{k\Omega}$，$R_1=R_2=4R_3$，那么

$$V_{+}=\frac{R_3}{R_2+R_3}V_{\mathrm{B}}+\frac{R_2}{R_2+R_3}\times 24=\frac{1}{5}V_{\mathrm{B}}+\frac{4}{5}\times 24 \tag{4-34}$$

$$V_{-}=\frac{R_4}{R_4+R_1}(V_{\mathrm{B}}+V_{\mathrm{o3}})+\frac{R_1}{R_4+R_1}V_{\mathrm{f}}=\frac{1}{5}(V_{\mathrm{B}}+V_{\mathrm{o3}})+\frac{4}{5}V_{\mathrm{f}} \tag{4-35}$$

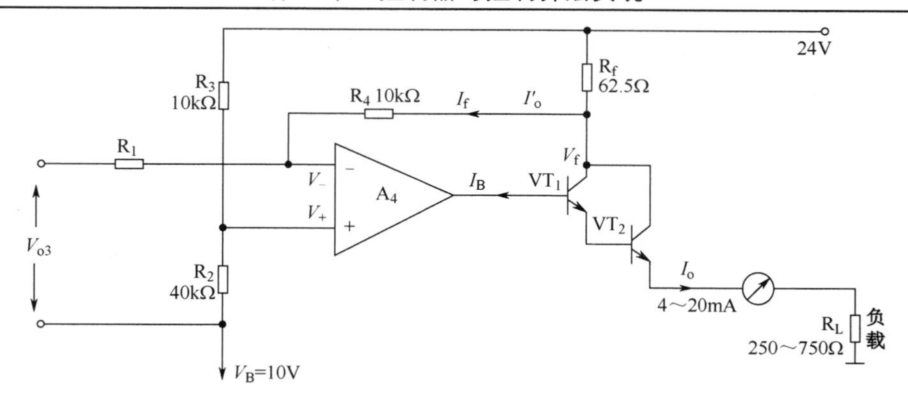

图 4-20　控制器输出电路

由 $V_+ \approx V_-$ 得 $V_f = 24 - \frac{1}{4}V_{o3} = 24 - I_o^{'}R_f$，则

$$I_o^{'} = \frac{V_{o3}}{4R_f} \tag{4-36}$$

如果认为反馈支路中的电流 I_f 和晶体管 VT_1 的基极电流 I_B 都比较小，可以忽略，则 $I_o = I_o' - I_f - I_B = I_o'$，若取 $R_f = 62.5\Omega$ 时，可以精确获得关系

$$I_o = \frac{V_{o3}}{4R_f} = \frac{1 \sim 5}{4 \times 62.5} = 4 \sim 20\text{mA} \tag{4-37}$$

即输出电路可以将 1～5V 的电压信号转换为 4～20mA 的电流标准信号。

4.9　控制器附属电路

4.9.1　手动操作切换电路

手动操作切换电路是在比例积分运算器前通过切换开关 S_1 引入的，手动操作切换电路如图 4-21 所示。

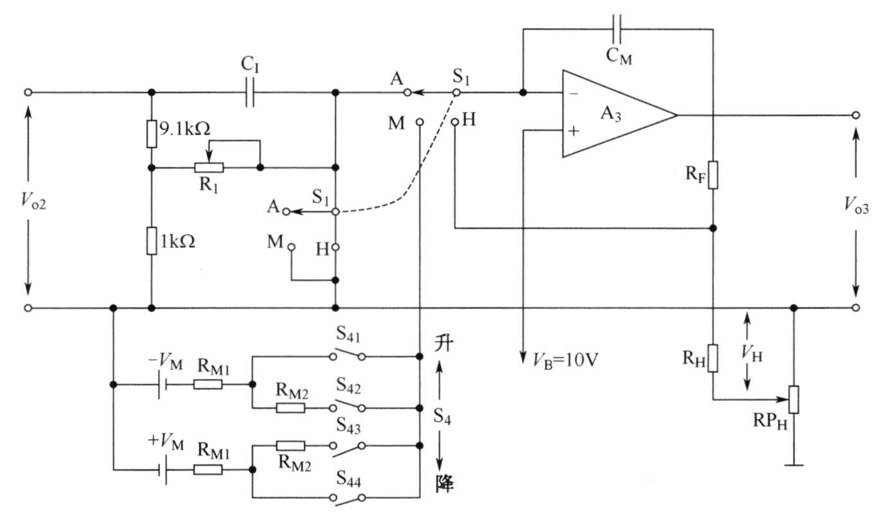

图 4-21　手动操作切换电路

通过切换开关 S_1 可以选择自动调节“A”、软手动操作“M”、硬手动操作“H”三种控制方式。在控制系统投运过程中，一般总是先手动控制，待工况正常后，再切向自动。这个过程中应该保证控制器的输出不变，这样才能保证执行器的位置在切换的过程中不发生突变，从而不会对生产过程产生扰动，这种对生产过程不产生扰动的切换称为无扰动切换。

当切换开关 S_1 置于软手动操作位置 M 时，如果扳键开关 $S_{41}\sim S_{44}$ 都不接通，那么运算放大器器 A_3 的输入信号被切断，其反相输入端处于悬空状态。若 A_3 是理想的，电容 C_I 的漏电很小，则充在 C_M 上的电荷没有放电回路，A_3 的输出电压 V_{o3} 将保持切换前的数值不变，这种状态称为“保持”状态。显然，控制器由“自动”状态切换为这种“软手动”状态是无冲击的，只是使控制器输出暂停变化而已。当使控制器由软手动状态向自动状态切换时，对调节系统也不发生扰动，在软手动状态下，用开关 S_1 的另一组接点，把输入电容 C_I 的右端接到基准电压 V_B。由于 A_3 的反相输入端电位 $V_- \approx V_+ = V_B$，故电容 C_I 的右端虽然与 A_3 的反相输入端子没有直接接通，但电位是十分接近的。因此，任何时候由软手动状态切回自动状态时，电容 C_I 的右端在同电位之间转换，不会有冲击性的充放电电流，A_3 的输出电压 V_{o3} 也不会发生跳动。

在软手动状态下，如果需要改变控制器的输出，可推动扳键开关 $S_{41}\sim S_{44}$。这组开关在自由状态下都是断开的，只有当操作人员推动时，根据推动的方向和推力的大小，其中一个或两个接通。例如，当操作者向某一方向轻推时，开关 S_{42} 或 S_{43} 中的一个接通，运算放大器 A_3 作为积分器，接受 $-V_M$ 或 $+V_M$ 的输入作用，输出随时间做等速变化。图 4-21 的电路中，这时输出以 100s 走完全量程的速度上升或下降。当操作者想使输出做快速变化时，可用力重压这一扳键，使 S_{41} 或 S_{44} 接通，这样积分输入电阻 R_{M2} 被短接，输入电压 $-V_M$ 或 $+V_M$ 只经电阻 R_{M1} 进入，于是输出以 6s 走完全程的高速升降。操作人员可根据输出电流表，看到输出变到希望的数值时松手，扳键在弹簧的作用下，自动弹回断开位置，即 $S_{41}\sim S_{44}$ 全部不通。这样，A_3 又转入“保持”状态，保持刚才变化到的新的输出值。

必须指出，上述软手动“保持”输出不变的状况是暂时的，由于运算放大器的输入级偏置电流 I_b 会对电容 C_M 做积分充电，同时，电容 C_M 也会由于漏电阻慢慢放电，使 A_3 的输出电压会随时间慢慢变化。为改善控制器在软手动下的“保持”特性，必须选用偏置电流极小的运算放大器及漏电极小的电容。

下面讨论硬手动操作的情况。当切换开关 S_1 置于硬手动操作位置 H 时，A_3 接成图 4-22 所示的硬手操作电路形式。这时，电阻 R_F 被接入反馈电路中，与电容 C_M 并联，硬手动操作电位器 RP_H 上的电压 V_H 经电阻 R_H 输入放大器。这样，放大器成为时间常数 T 的惯性环节，即

$$\frac{\hat{V}_{o3}(s)}{\hat{V}_H(s)} = -\frac{R_F}{R_H}\cdot\frac{1}{1+R_F C_M s}$$

这里 $\hat{V}_H(s)$ 表示 $V_H(t)$ 的拉式变换。由于这里时间常数 $R_F C_M = 0.3\text{s}$，故 V_H 改变时，V_{o3} 能很快地达到稳态值。实际电路中 $R_H = R_F = 30\text{k}\Omega$，这样，硬手动电路可看作传递函数为 1 的比例电路，控制器的输出完全由硬手动操作电位器 RP_H 的位置确定。只要不移动 RP_H 的位置，输出便永远保持确定的数值。

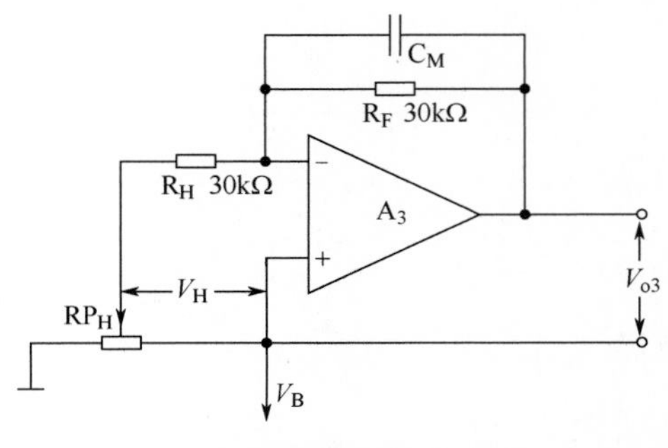

图 4-22　硬手动操作电路

最后再讨论一下由软手动操作位置 M 向硬手动操作位置 H 的切换过程。根据上面的分析，当由“M”切向“H”时，其输出将由原来的数值很快变到硬手动电位器 RP_H 所确定的数值。因此，要使这一切换是无扰动的，必须在切换前先调整手动电位器 RP_H，使其与当时

控制器的输出值一致，经过这一平衡操作后，方可保证切换时不发生扰动。

当控制器由硬手动状态 H 切向软手动状态 M 时，由于切换后放大器成为保持状态，保持切换前的硬手动输出值，所以切换总是无扰动的。

总之，DDZ-Ⅲ型控制器的切换特性如图 4-23 所示。

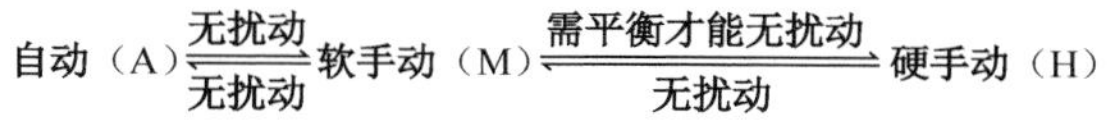

自动（A）$\underset{\text{无扰动}}{\overset{\text{无扰动}}{\rightleftharpoons}}$ 软手动（M）$\underset{\text{无扰动}}{\overset{\text{需平衡才能无扰动}}{\rightleftharpoons}}$ 硬手动（H）

图 4-23　DDZ-Ⅲ型控制器的切换特性

至此，图 4-21 所示电路已介绍完毕。最后说明一下图 4-7 中正反作用开关 S_7 的作用，它是一个改变传递函数正负符号的开关。当 S_7 置于正作用时，随着测量信号的增加，控制器的输出也增加；在当 S_7 置于反作用时，随着测量值的增加，控制器输出减少，S_7 位置的选择由执行器及调节对象的特性决定。

4.9.2　测量及给定指示电路

DDZ-Ⅲ型全刻度指示控制器的面板上有双指针指示表，测量指示针与给定指示针分别由两个相同的指示电路驱动，全量程地指示测量值与设定值。偏差的大小由两个指针间的距离反映出来，两指针重合时偏差为零。

由于使用的指示表是 5mA 满偏转驱动的电流表，故需用转换电路将 1~5V 的信号转换为 1~5mA 的电流，全刻度指示电路如图 4-24 所示。

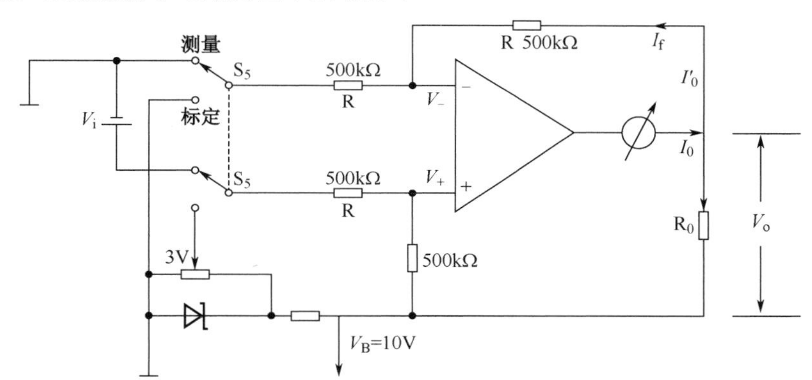

图 4-24　全刻度指示电路

当图 4-24 中运算放大器为理想的时，

$$V_+ = \frac{1}{2}(V_B + V_i)，\quad V_- = \frac{1}{2}(V_B + V_o) \tag{4-38}$$

因为 $V_+ = V_-$，所以 $V_o = V_i$。此时，如果忽略反馈支路电流 I_f，则流过表头的电流为

$$I_0 \approx I'_0 = \frac{V_0}{R_0} = \frac{V_i}{R_0} \tag{4-39}$$

若 $R_0 = 1\text{k}\Omega$，则 V_i 为 1~5V 时，I_0 即为 1~5mA。图 4-24 中设有测量/标定切换开关 S_5，当 S_5 切换到“标定”时，就有 3V 的电压输入指示电路，这时流过表头的电流应为 3mA。表头指针应指在 50%的位置上，若不准确，可以调整表头的机械零点。

以上是对 DDZ-Ⅲ型全刻度指示控制器原理电路的分析，它是模拟仪表的典型代表。除输入电路、给定电路、PID 运算电路、手自动切换电路、输出电路、指示电路外，实际电路中还有电源、补偿、滤波、保护、调整等辅助环节，这里不再赘述。

4.10　数字式 PID 控制器

随着生产规模的发展和控制要求的提高，模拟仪表的局限性越来越明显。

（1）功能单一，灵活性差。

（2）信息分散，需大量仪表，监视操作不便。

（3）接线过多，系统维护困难。

随着大规模集成电路和计算机技术的发展，测控仪表也迅速推出各种以微处理器为核心的数字式仪表。数字仪表的优点如下所述。

（1）功能丰富，更改灵活，体积小、功耗低。

（2）具有自诊断功能。

（3）具有数据通信功能，可以组成测控网络。

数字式 PID 控制器是以微处理器为基础的多功能控制仪表，可接受多路模拟控制变量及开关量输入信号，能实现复杂的运算控制，具有通信及故障诊断的功能，是自动控制、计算机及通信技术发展的产物。

数字式 PID 控制器是通过编程来设计 PID 调节功能的，又称为可编程 PID 控制器。由于微处理器强大的计算功能，用户可以编写复杂的控制程序，所以一台可编程控制器可以代替多台模拟仪表，并且可以重编程序更改功能。

可编程单回路控制器是数字控制仪表的典型代表，如西安仪表厂的 YS-80 和 YS-100，川仪 18 厂及上海控制器厂的 DIGITRONIK 系列等。下面以西安仪表厂生产的单回路可编程控制器 SLPC 为例，介绍这类仪表的工作原理及性能特点。

4.10.1　SLPC 单回路可编程控制器的电路原理

SLPC 具备了模拟控制仪表的全部功能，一台单回路控制器常常可代替多台模拟控制仪表。而各种控制规律的实现是根据过程控制需要由用户自行编制的，并可多次“擦去”、多次编制，直到满足要求为止。相比于模拟仪表，它不仅减小了硬件开销、方便了操作和维护工作，而且控制系统的可靠性和灵活性也得到了提高。

SLPC 单回路可编程序控制器特点如下。

- 可接收 5 路模拟量、6 路开关量输入/输出、2 路 1~5V DC 输出，但只有 1 路 4～20mA DC 输出，只能控制一个执行器，这就是称之为单回路仪表的原因。
- 能取代多台单元仪表，实现复杂的控制运算。外形、操作与模拟仪表相同，可与模拟仪表混用。
- 具有通信及故障诊断功能。

SLPC 是 YS-80 系列数字仪表的一种代表性机种，外形结构和操作方式与模拟控制仪表相似，SLPC 控制器的电路框图如图 4-25 所示。

仪表正面板可以显示测量值、设定值、操作值，含有自动/手动/串级切换开关和数据设定按钮；仪表侧面板有 8 位 16 段笔画显示器，可以显示各种运行参数；可通过键盘上 16 个调整键进行修改，并有编程器接口。

CPU 采用高速 8 位微处理器 8085A，时钟频率为 10MHz，可使仪表在 0.2s 的控制周期内最多运行 240 步用户程序，可根据需要，将控制周期加快到 0.1s。系统 ROM 采用 1 片 27256EPROM，可提供 32KB 的存储空间，存放系统管理程序及运算子程序；用户 ROM 采用 1 片 2716EPROM，提供 2KB 的存储空间存放用户程序；RAM 采用 2 片 μPD4464 型低功耗 CMOS 存储器，有 8KB 空间供存放设定参数及计算结果使用。仪表将系统软件及用户软件全部用 EPROM 固化，以此提高抗干扰能力。

模拟量输入端子有 5 个，同时接收 1～5V DC 信号 X1～X5；模拟量输出端子有 3 个，Y1 输出为 4~20mA 直流电流信号，用来驱动现场执行器，Y2 和 Y3 输出 1~5V 直流电压信号，为控制室其他仪表提供模拟输出。

SLPC 有 6 个开关量 DI/DO 可编程接口（输入/输出端子），与内部电路通过高频变压器隔离。

SLPC 备有通信接口，利用 8251 可编程通信接口芯片，可与上位机做双向串行通信，速率为 15.625kbit/s。

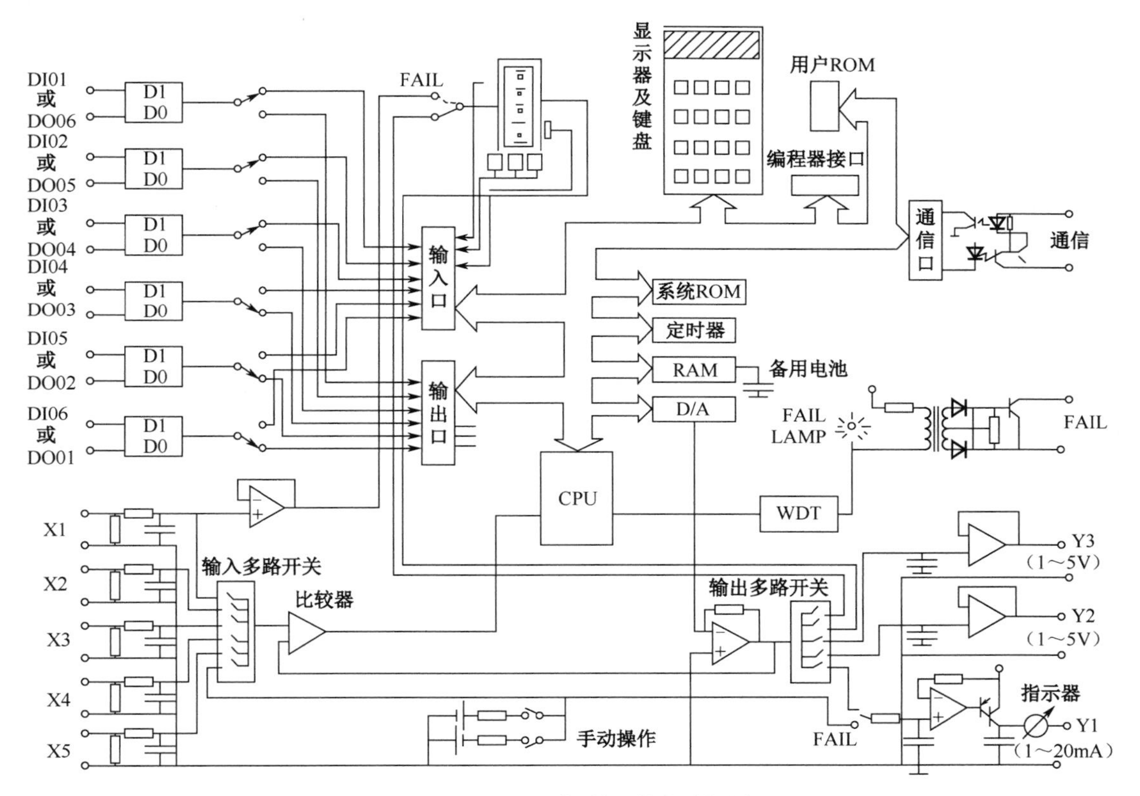

图 4-25　SLPC 控制器的电路框图

SLPC 单回路可编程控制器可分为以下几部分。

1. 主机电路

主机电路主要由 CPU、ROM、RAM、D/A 转换器和定时器组成。

2. 模拟量输入/输出电路

SLPC 的输入信号先由 RC 滤波缓冲，经多路选择开关、A/D 转换后，存入系统 RAM 中。三路模拟量输出 Y1、Y2、Y3 中只有 Y1 输出是 1～20mA 直流电流信号，可推动执行器工作。另两路输出 Y2、Y3 为 1～5V 直流电压信号。输出电流表指示 Y1 的数值。

3. 状态输入/输出电路

SLPC 的 6 个开关输入/输出端子采用脉冲变压器进行电路隔离。这 6 个输入/输出端子通过编程即程序方式定义输入、输出功能。

4. 其他电路

数字式控制器电路还有故障处理电路和报警输出电路、显示器键盘和通信接口电路、电源电路。

4.10.2 SLPC 的数字控制算法

1. 经典数字控制算法

SLPC 是用程序实现 PID 运算的，理想 PID 的连续传递函数为

$$\frac{Y(s)}{E(s)}=\frac{1}{\delta}\left(1+\frac{1}{T_{\mathrm{I}}s}+T_{\mathrm{D}}s\right) \tag{4-40}$$

式中，$Y(s)$ 为控制器输出；$E(s)$ 为输入偏差信号的拉氏变换式；δ、T_{I}、T_{D} 分别为比例度、积分时间、微分时间常数。连续 PID 调节规律的时域表达式为

$$y(t)=\frac{1}{\delta}\left[e(t)+\frac{1}{T_{\mathrm{I}}}\int e(t)\mathrm{d}t+T_{\mathrm{D}}\frac{\mathrm{d}e(t)}{\mathrm{d}t}\right] \tag{4-41}$$

式中，$y(t)$ 为控制器输出；$e(t)$ 为时域中输入偏差信号。因为数字控制器的特点是采样一次、计算一次，所以必须采用离散方程表示，将式(4-41)离散化，得到第 n 次采样后 PID 输出量为

$$y_n=\frac{1}{\delta}\left(e_n+\frac{1}{T_{\mathrm{I}}}\sum_{i=1}^{n}e_i\Delta T+T_{\mathrm{D}}\frac{e_n-e_{n-1}}{\Delta T}\right) \tag{4-42}$$

式中，e_i 是第 i 次采样的偏差信号；ΔT 是采样周期。这个公式称为位置式算式，但在实际运用中，可根据需要改写为增量型 PID 算式

$$\Delta y_n=y_n-y_{n-1}=\frac{1}{\delta}\left[\frac{\Delta T}{T_I}e_n+\left(e_n-e_{n-1}\right)+\frac{T_{\mathrm{D}}}{\Delta T}\left(e_n-2e_{n-1}+e_{n-2}\right)\right] \tag{4-43}$$

增量型 PID 算式优点如下。

（1）输出 Δy_n 仅取决于最近 3 次的采样值，所需内存不大，运算比较简单。

（2）每次输出增量值，误动作的影响小，必要时可通过逻辑判断禁止或限制本次输出，容易得到良好的调节效果。

（3）一旦控制器出现故障，停止输出，阀位能保持在故障前的状态。

为避免理想微分对高频干扰过于敏感，还可将理想微分改为实际微分，实际微分的传递函数为

$$\frac{Y(s)}{E(s)}=\frac{T_{\mathrm{D}}s}{1+\dfrac{T_{\mathrm{D}}s}{K_{\mathrm{D}}}}$$

式中，K_{D} 为微分增益。将上式反拉氏变换，改写成实际微分的差分表达式为

$$y_n = \frac{T_D}{\Delta T + \frac{T_D}{K_D}}(e_n - e_{n-1}) + \frac{\frac{T_D}{K_D}}{\Delta T + \frac{T_D}{K_D}} y_{n-1} \tag{4-44}$$

将式(4-44)代替式(4-43)中的微分部分，即得实用的 PID 运算式为

$$\Delta y_n = \frac{1}{\delta}\left[\frac{\Delta T}{T_I}e_n + (e_n - e_{n-1}) + \frac{T_D}{\Delta T + \frac{T_D}{K_D}}(e_n - e_{n-1}) + \frac{\frac{T_D}{K_D}}{\Delta T + \frac{T_D}{K_D}} y_{n-1}\right] \tag{4-45}$$

式中，K_D 为微分增益。由于输入信号的采样周期为 0.1~0.2s，比一般工业对象的时间常数小得多，因此其控制效果与模拟控制器非常接近，也称之为连续 PID 调节，这是 SLPC 的基本控制算法。为了改善操作性能和控制品质，常对基本的 PID 运算进行修改，以适应不同的工况。

2. 微分先行的 PID 算法（PI-D 算法）

在基本 PID 的控制算法中，PID 计算是对偏差进行的，而偏差是设定值和测量值的差值。在 PID 控制过程中，操作人员用键盘改变设定值时（呈阶跃变化），微分作用会使控制器输出产生剧烈的跳动，即微分冲击，影响工况的稳定。为了改善这种操作特性，可不对设定值进行微分运算，对测量值进行微分作用，称为微分先行的 PID 算法。PI-D 算法的传递函数表达式为

$$Y(s) = \frac{1}{\delta}\left[\left(\frac{1}{T_I s} + 1\right)E(s) - T_D s V_P(s)\right] \tag{4-46}$$

这种微分先行 PID 算法框图如图 4-26 所示。

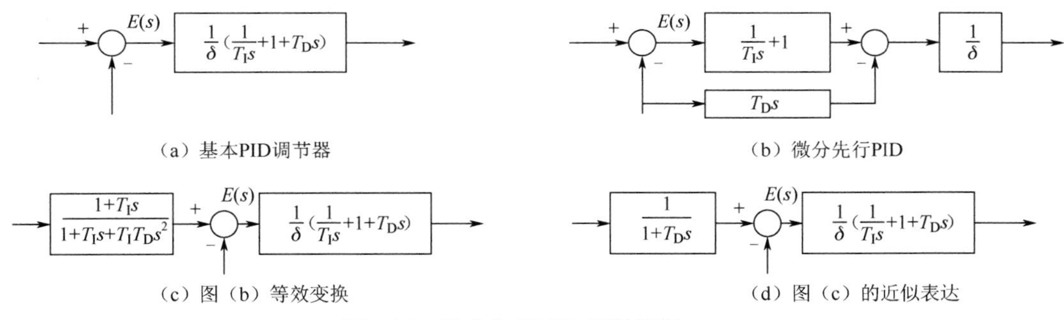

图 4-26 微分先行 PID 算法框图

可将图 4-26（b）等效变换为图 4-26（c），比较图 4-26（a）与图 4-26（c），可见 PI-D 算法，相当于在 PID 的设定值通道中，增加了一个一阶惯性滤波器，从而设定值快速变化时，对输出的冲击大为缓和。

3. 比例微分先行的 PID 算法（I-PD 算法）

比例运算也能传递阶跃扰动。由微分先行得到启示，将 PI-D 算法中比例作用也只对 V_P 进行，那么比例冲击和微分冲击都被消除，这种算法称为比例微分先行的 PID 算法，简称 I-PD 算法，传递函数表达式为

$$Y(s) = \frac{1}{\delta}\left[\frac{1}{T_I s}E(s) - (1 + T_D s)V_P(s)\right] \tag{4-47}$$

这种比例微分先行 PID 算法框图如图 4-27 所示。

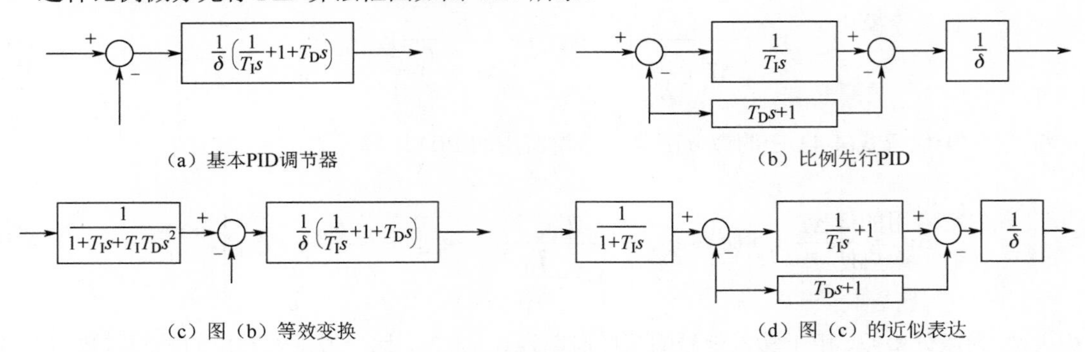

图 4-27　比例微分先行 PID 算法框图

可将图 4-27（b）等效变换为图 4-27（c），比较图 4-27（a）与图 4-27（c），可见 I-PD 算法，相当于在 PID 的设定值通道中，增加了一个二阶惯性滤波器，从而设定值快速变化时，对输出的冲击更为缓和。

4．带可变型设定值滤波器（SVF）的 PID 算法

PI-D 算法相当于在设定值输入通道上加了一个一阶滤波环节，P-ID 算法相当于在设定值输入通道上加了一个二阶滤波环节。把两者结合在一起，针对不同的对象特性和控制要求，可以进行柔性调整，实现最佳控制。带可变型设定值滤波器的 PID 算法正是根据这一思路设计而成的，带 SVF 的 PID 框图如图 4-28 所示。

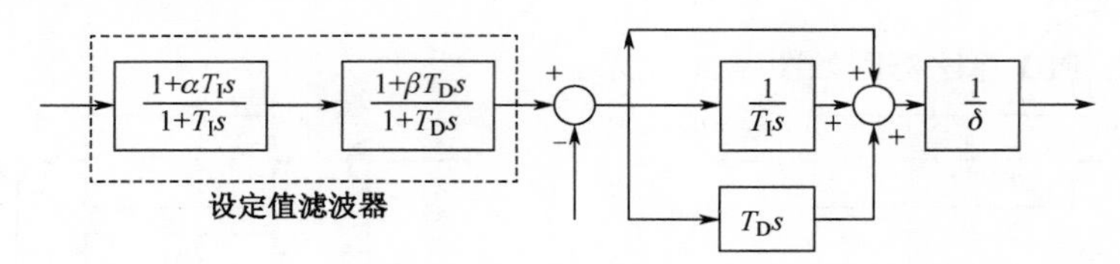

图 4-28　带 SVF 的 PID 框图

SVF 算法在设定值输入通道中设置了一个可调的滤波环节，其传递函数为

$$Y(s)=\frac{1}{\delta}\left(1+T_{\mathrm{D}}s+\frac{1}{T_{\mathrm{I}}s}\right)\left[\left(\frac{1+\alpha T_{\mathrm{I}}s}{1+T_{\mathrm{I}}s}\frac{1+\beta T_{\mathrm{D}}s}{1+T_{\mathrm{D}}s}\right)V_{\mathrm{s}}-V_{\mathrm{P}}\right] \tag{4-48}$$

式中，α、β 为控制器设定值通道整定参数，α=0～1、β=0~1。其中，当 α = 0、β = 0 时，为比例微分先行 PID；当 α =1、β = 0 时，为微分先行 PID；当 α 在 0～1 间任意取值时，可得到由 PI-D 到 I-PD 连续变化的响应变化（在设定值跳变时，带 SVF 的 PID 响应如图 4-29 所示），因此 SVF 算法有可能实现二维的最佳整定。

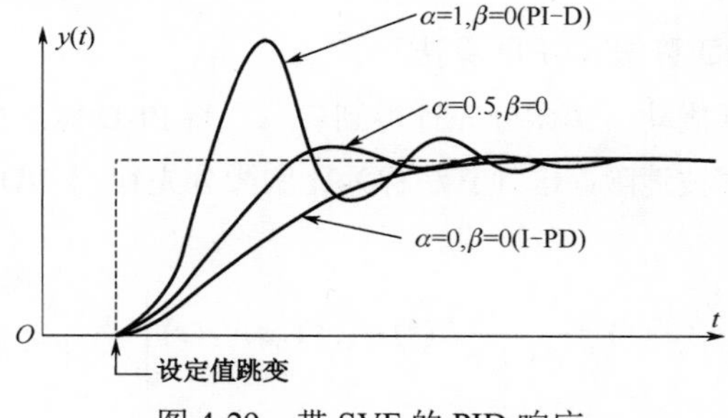

图 4-29　带 SVF 的 PID 响应

除以上这些改进 PID 算法外，还有采样 PI 算法、批量 PID 算法等。SLPC 中将上述各种控制算法编成控制程序模块，保存在系统 ROM 中，供用户调用。

4.11　SLPC 单回路可编程控制器的用户程序

为便于用户编程，SLPC 为用户提供的是采用面向问题、面向过程的“自然语言”编程平台。生产商预先将常用的运算控制功能编制成标准程序模块，每个模块相当于单元组合式仪表中的一块仪表的功能。用户使用时将所需运算模块和控制模块“组态”，实现控制功能。

SLPC 的用户基本指令共 46 种，分 3 类。

（1）数据传输类指令两种：LD、ST。

（2）结束指令：END。

（3）功能指令：43 种。

SLPC 共有 46 个功能模块，能完成复杂的函数运算和控制功能，包括数据传送模块、基本运算模块、带编号运算模块、逻辑功能模块、控制模块等。

4.11.1　控制模块

SLPC 内的控制模块有 3 种功能结构，可以用来组成不同功能的控制回路。 SLPC 的 3 种控制模块如图 4-30 所示。

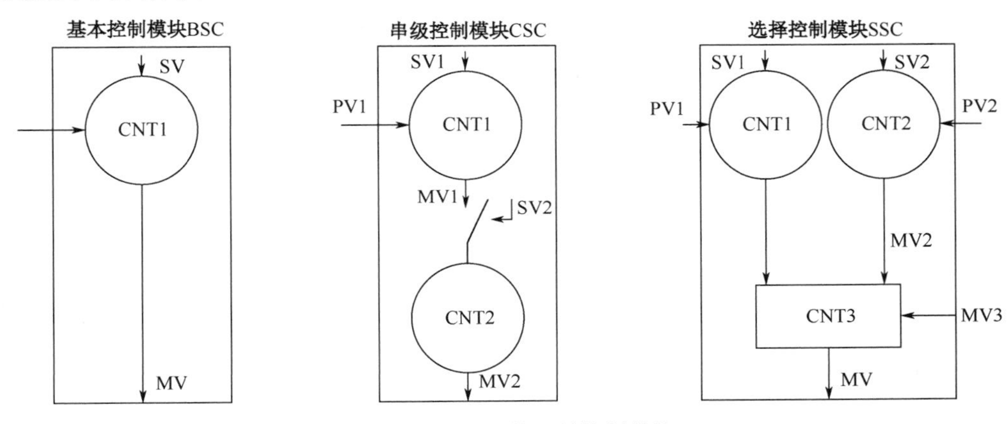

图 4-30　SLPC 的 3 种控制模块

1．基本控制模块 BSC

内含一个调节单元 CNT1，相当于模拟仪表中的 1 台 PID 控制器，可用来组成各种单回路调节系统。

2．串级控制模块 CSC

内含两个调节单元 CNT1 和 CNT2，根据串级开关状态，CNT2 可接收 CNT1 的输出作为设定信号，组成双回路串级控制系统，也可直接接收另一设定信号 SV2，实现副回路的单独控制。

3．选择控制模块 SSC

内含两个并行工作的 PID 调节单元 CNTI 和 CNT2，另有一个单刀三掷切换开关单元 CNT3。可组成选择控制系统。

调节单元的控制字功能如表 4-1 所示。

表 4-1　调节单元的控制字功能

控 制 字	功　能	设 定 内 容
CNT1	PID 调节单元	CNT1=1 为连续 PID，CNT1=2 为采样 PID，CNT1=3 为批量 PID
CNT2	PID 调节单元	CNT2=1 为连续 PID，CNT2=2 为采样 PID
CNT3	选择单元	CNT3=0 为选低值，CNT3=1 为选高值
CNT4	控制周期	CNT4=0 为 0.2s，CNT4=1 为 0.1s
CNT5	变形 PID 单元	CNT5=0 为 I-PD，CNT5=1 为 PI-D，CNT5=2 为 SVF 型 PID

SLPC 的用户编程就是按照控制方案，将所需的控制模块连接起来，编程举例如下。

例 4-3　把两个输入变量 X_1、X_2 相加后，从 Y_1 端口输出。

程序：LD X_1　　（读入 X_1 数据）
LD X_2　　（读入 X_2 数据）
+　　（对 X_1、X_2 求和）
ST Y_1　　（将结果送往 Y_1）
END　　（结束程序）

4.11.2　用户程序的写入和调试

SLPC 的用户程序用专门的编程器 SPRG 写入，编程器内部不带 CPU，使用时必须与 SLPC 连接才能工作，SPRG 相当于 CPU 的一个外设。

编程时，利用 SPRG 面板上的显示器和键盘逐句输入用户程序，暂存在 RAM 中；程序输入完毕后进行试运行调整修改，直至程序无误后，写入用户 ROM 中；最后用户 ROM 插入 SLPC 可编程序控制器，系统便可按要求的程序工作。

利用编程器逐句输入用户程序步骤：

主程序（MPR）⇒子程序（SBP）⇒指定 DI/O 功能⇒指定控制字 CNT1～CNT5⇒其他参数⇒END

程序的调试步骤：

仿真调试⇒真实对象调试⇒写入 EPROM ⇒移入 ROM 插座

4.12　可编程逻辑控制器

4.12.1　可编程逻辑控制器的优点

PLC 是一种专门用于工业控制的计算机。PLC 于 20 世纪 60 年代末在美国首先出现，目的是用来取代继电器，执行逻辑、计时、计数等顺序控制功能。它主要用于顺序控制，实现逻辑运算，因此，称为可编程逻辑控制器（Programmable Logic Controller，PLC），随着电子技术、计算机技术的迅速发展，可编程逻辑控制器的功能已远远超出了顺序控制的范围，现在它除了用于开关量逻辑控制，还配有 PID 模块，集连续控制与逻辑控制于一身，因此常把中间的“逻辑”两字去掉，但为了与 PC 混淆，英文缩写仍为 PLC。

PLC 与过去的继电器控制系统相比，它的最大特点是可编程序，通过改变软件来改变控制方式和逻辑规律。

PLC 与一般计算机系统的区别：

（1）抗干扰能力极强，具有多路、多种信号的输入、输出通道；

（2）人机界面较简单；

（3）通信接口符合厂家协议；

（4）RAM、ROM 比计算机的小。

PLC 的优点：

（1）抗干扰、可靠性高；

（2）模块化组合式结构，使用灵活方便；

（3）编程简单，便于普及；

（4）可进行在线修改；

（5）网络通信功能，便于实现分散式测控系统；

（6）与传统的控制方式相比，线路简单。

PLC 主要应用于开关逻辑控制、机器加工数字控制、闭环过程控制、组成多级控制系统。

4.12.2　PLC 的基本组成

PLC 采用了典型的计算机结构，基本组成如图 4-31 所示，主要包括中央处理单元 CPU、数据存储器、输入接口、输出接口等，内部用总线进行数据传输。

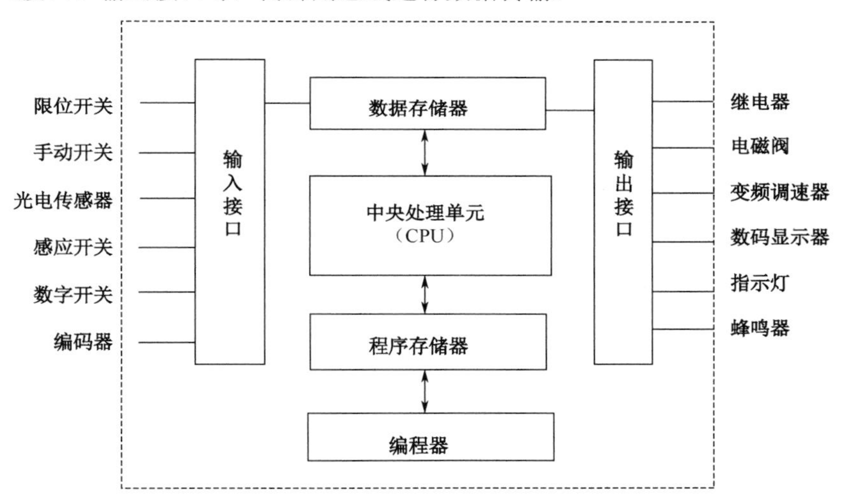

图 4-31　PLC 基本组成

各组成部分的作用如下。

（1）CPU 是 PLC 的运算控制中心，作用是：

① 将各种输入信号取入存储器；

② 编译、执行指令；

③ 把结果送到输出端；

④ 响应各种外部设备的请求。

（2）存储器是用来存储系统程序和用户程序的，作用为：

① RAM 存储器，存储各种暂存数据、中间结果、用户正在调试的程序；

② ROM 存储器，存放监控程序和用户已调试好的程序。

（3）输入接口、输出接口用来连接现场设备或其他外部设备，作用为：将外部的各种开关信号和模拟信号进行电平转换，输送到输出接口，对外部设备进行各种控制。外部设备包括信号灯、接触器、执行器、电动机等各种电磁装置。

4.12.3　PLC 等效继电器逻辑

将 PLC 看成由许多继电器组成的控制电路，这些继电器的通断是由软件控制的，因此称之为"软继电器"。任何一个继电器控制系统，都是由输入部分、逻辑部分和输出部分组成的，如图 4-32 所示。

输入部分由控制按钮、操作开关、限位开关、光电信号等组成，接收被控对象上的各种开关信息，或者操作台上的操作命令。

逻辑部分是根据被控对象的要求而设计的各种继电器控制线路，这些继电器的动作是按一定的逻辑关系进行的。

输出部分是控制结果要驱动的各种输出设备，如电磁阀的线圈、电动机的接触器、信号灯等。

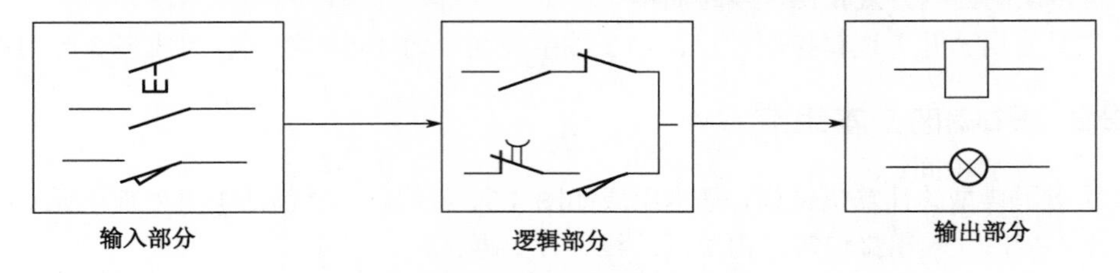

图 4-32　继电器控制框图

PLC 就是用软件代替用硬件（继电器）构成的逻辑控制电路。为便于理解逻辑关系，还将 PLC 看成由许多"软继电器"组成的控制器，其等效控制框图如图 4-33 所示。

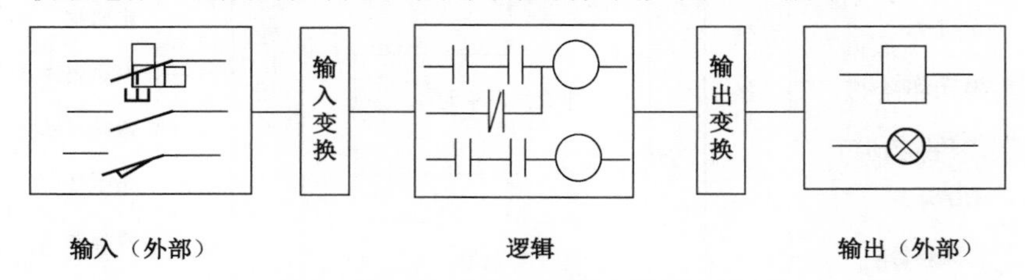

图 4-33　PLC 等效控制框图

在 PLC 内部为用户提供的等效继电器有输入继电器、输出继电器、辅助继电器、时间继电器、计数继电器等。这些等效继电器实际上是一段程序模块，用指令命名。

4.12.4　PLC 的工作方式

PLC 采用循环扫描的工作方式。这种工作方式是在系统程序的控制下顺序扫描各输入点的状态，按用户程序进行运算处理，然后按顺序向各输出点发出相应的控制信号。整个工作过程可分为输入采样、用户程序执行、输出刷新三个阶段。

这种工作方式对慢速响应系统，增强了抗干扰能力，且与继电器控制装置的处理结果一样。

1. 输入采样阶段

在输入采样阶段，PLC 以扫描方式依次读入所有输入状态和数据，并将它们存入 I/O 映像区中相应的单元内。输入采样结束后，转入用户程序执行和输出刷新阶段。在这两个阶段中，即使输入状态和数据发生变化，I/O 映像区中相应单元的状态和数据也不会改变。

2. 用户程序执行阶段

在用户程序执行阶段，PLC 总是按由上而下的顺序依次地扫描用户程序（梯形图）。在扫描每一条梯形图时，又总是先扫描梯形图左边的由各触点构成的控制线路，并按先左后右、先上后下的顺序对由触点构成的控制线路进行逻辑运算，然后根据逻辑运算的结果，刷新该逻辑运算在系统 RAM 存储区中或在 I/O 映像区中对应位的状态；或者确定是否要执行该梯形图所规定的特殊功能指令。

3．输出刷新阶段

当扫描用户程序结束后，PLC 就进入输出刷新阶段。在此期间，CPU 按照 I/O 映像区内对应的状态和数据刷新所有的输出锁存电路，再经输出电路驱动相应的外部设备。这才是 PLC 的真正输出。

PLC 的内存除存放用户和系统的程序外，还有 4 个区：I/O 区、内部辅助寄存器区、数据区、专用寄存器区，各个区的主要功能如下。

I/O 区：可直接与外部输入、输出端子传递信息。

内部辅助寄存器区：存放中间变量。

数据区：存放中间结果。

专用寄存器区：定时时钟、标志、系统内部的命令。

用户在对这 4 个区进行操作时，可以以寄存器和/或接点的方式进行。

4.12.5　PLC 的编程语言

PLC 品种繁多，有各种不同的编程语言形式，通常有指令表（助记符）语言、梯形图语言、流程图语言、布尔代数语言等，除此之外，还有配 BASIC 语言或其他高级语言的 PLC。下面对常用的梯形图语言和指令集（助记符）语言为例进行简单介绍。

1．梯形图形式的编程方式

梯形图语言是使用最多的一种编程语言，沿袭了传统的控制图。整个图形呈阶梯形，直观明了，易于掌握。

梯形图的编写规则如下。

（1）梯形图的左边为起始母线，右边为结束母线。按从左到右、从上到下的顺序书写。

（2）梯形图中的继电器是“软继电器”，每个继电器的线圈在一个程序中不能重复使用，但其触点在编程中可重复使用。

（3）梯形图中的接点（对应触头）有两种：常开和常闭。

（4）继电器线圈中的电流不是真正的电流，而是概念电流，两端的母线也不需要接电源。

（5）输出用 [ ] 表示，如 [R0]、[Y0]。一个输出变量只能输出一次。输出前面必须有接点。

（6）梯形图中的接点可串可并，但输出只能并不能串。

（7）梯形图中的线圈是广义的，可用来表示计时器、计数器、移位寄存器及各种运算结果等。

（8）程序结束时有结束符（ED）。

2．PLC 程序指令集

各个厂家生产的 PLC 产品的指令系统大同小异，编程方法也类似。下面以松下电工的 PLC 产品为例，讲述 PLC 的指令。

PLC 的指令有基本指令、数据传送指令、算术运算指令、位移指令、位操作指令、数据变换指令、转移控制指令、特殊控制指令等。

基本指令的一些指令功能定义如下。

ST（Start）：从母线开始一个新逻辑行时，或者开始一个逻辑块时，输入的第一条指令。ST

表示以常开接点开始，ST/表示以常闭接点开始。

OT（Output）：表示输出一个变量。

ED（End）：表示程序无条件结束。

CNED（Condition end）：程序有条件结束。

NOP（No-operation）：空操作指令。

在编写语句表时，要先将梯形图中的“软继电器”线圈及其触点编号，然后再用指令将顺控关系连接起来。

编程中应注意以下几个问题。

（1）用电路变换简化程序（减少指令的条数）。

（2）逻辑关系应尽量清楚（避免左轻右重）。

（3）避免出现无法编程的梯形图。

思考题与习题

4-1　什么是控制器的控制规律？控制器有哪些基本控制规律？

4-2　双位控制规律是怎样的？有何优缺点？

4-3　比例控制为什么会产生余差？

4-4　什么是积分时间？试述积分时间对控制过程的影响。

4-5　实际 PID 控制器用于自动控制系统中，调节结果能否完全消除静差？为什么？

4-6　如图 4-34 所示控制器，求其传递函数。并说明其有何种调节规律？（设 IC 为理想组件。）

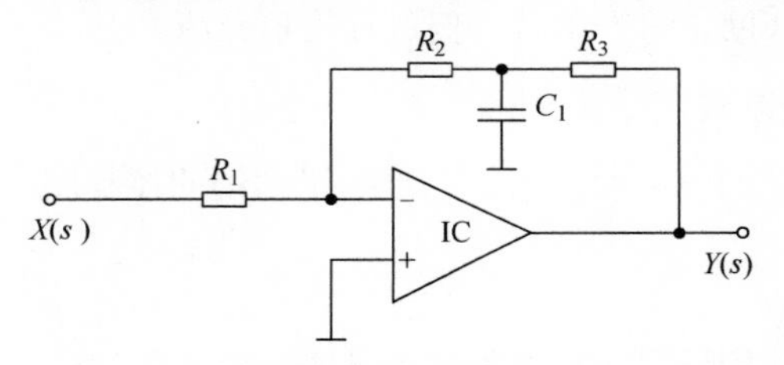

图 4-34　题 4-6 图

4-7　校验控制器微分时间时，各开关位置如下：P=100%，$T_{\mathrm{I}}=\infty$，T_{D} 置于被测挡，设定值=0，测得输入–输出关系曲线如图 4-35 所示，求此时实际的微分时间 $T_{\mathrm{D}}=?$。

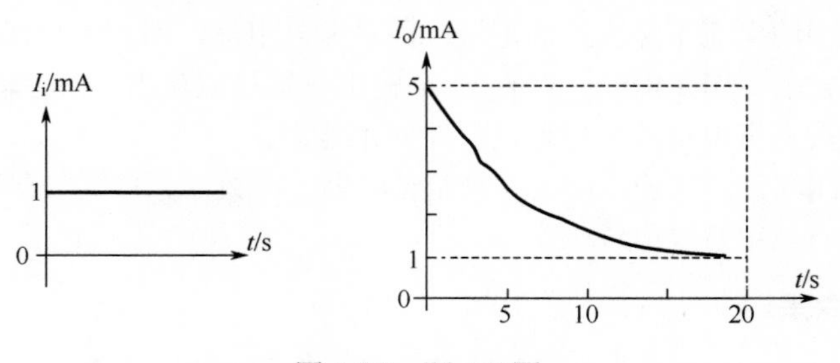

图 4-35　题 4-7 图

4-8　某比例积分控制器输入、输出范围均为 4～20mA，若将比例度设为 100%、积分时间设为 2min、稳态时输出调为 5mA，某时刻，输入阶跃增加 0.2mA，问经过 5min 后，输出将由 5mA 变化为多少？

4-9　试写出比例、积分、微分三作用控制规律的数学表达式。

4-10　试分析比例、积分、微分控制规律各自的特点。积分和微分为什么不单独使用？

4-11　DDZ-Ⅲ型控制器的软手动和硬手动有什么区别？各用在什么条件下？

4-12　为什么 DDZ-Ⅲ型控制器要用偏差差动电平移动输入电路？

4-13　什么叫控制器的无扰动切换？在 DDZ-Ⅲ型控制器中为了实现无扰动切换，在设计 PID 电路时采取了哪些措施？

4-14　DDZ-Ⅲ型控制器有哪两种手动操作电路？这两种手动操作与自动操作之间（共 6 种切换）能否实现无平衡、无扰动切换？哪些是“双无”切换？哪些不是？

4-15　PID 控制器中，比例度 P、积分时间常数 T_I、微分时间常数 T_D 分别具有什么含义？在控制器动作过程中分别产生什么影响？若将 T_I 取∞、T_D 取 0，分别代表控制器处于什么状态？

4-16　什么是控制器的正反作用？在电路中是如何实现的？

4-17　给出实用的 PID 数字表达式，数字仪表中常有哪些改进型 PID 算法？

4-18　与继电器控制相比，可编程逻辑控制器（PLC）有什么特点？

第 5 章　过程控制中的检测仪表

在工业生产中，为了有效地控制生产过程、保证生产安全、保证产品质量和提高生产效率，必须及时检测生产过程中的有关物理量，如压力、温度、湿度、成分等。用来检测这些物理量的工具称为检测仪表，其在过程控制系统的实现中，主要位于反馈通道，用以检测系统的输出，并将检测结果转为标准信号，传送给控制器，进而构成闭环回路。参数检测的基本过程如图 5-1 所示。大多数检测系统由以下几部分构成：被测对象、传感器、变送器、显示器。

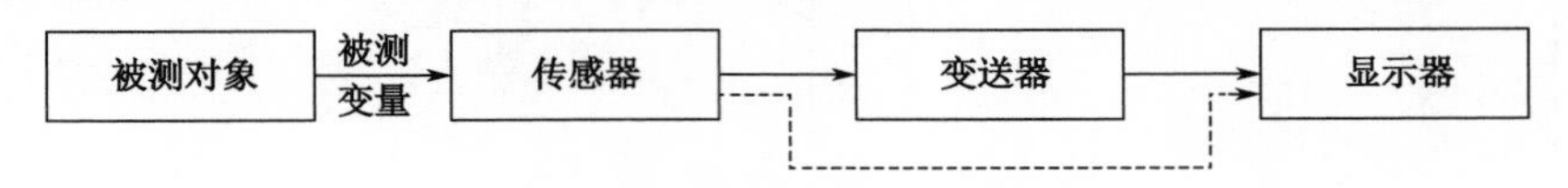

图 5-1　参数检测的基本过程

传感器又称为检测元件或敏感元件，它直接响应被测变量，通过能量转换，将被测变量变成便于传输的信号，如电压、电流、电阻、频率、位移、力等。在被测变量与信号之间建立起一一对应的关系。

仅将被测变量的变化转换成信号并不能满足现代工业生产。由于现代工业生产仪器和设备采用统一规格尺寸和信号制式，因此传感器传出的信号还必须转换为标准信号。在生产过程中，信号一般有两种传送方式，一种是电信号，另一种是气压信号。传感器将各种工艺参数，如温度、压力、流量、液位、成分等物理量转换成信号后，变送器将进一步将传感器输出的信号变换成相应的统一标准信号 4~20mA 电信号或 20~100kPa 气压信号，再传送到指示记录仪、运算器和调节器中。在很多情况下，传感器将和变送器集成在一起，共同构成测量仪表。本章将介绍生产过程中常见参数的检测方法和相应的检测仪表。

5.1　压力检测及仪表

在工业生产过程中，压力是影响产品产量和质量的重要参数之一，例如，在化工、炼油等行业中，许多生产过程都要在一定的压力条件下进行。特别是那些在高温条件下的生产过程，一旦压力失控，超过了工艺设备允许的压力承受能力，轻则发生滴漏、联锁停车、损坏设备，重则发生火灾、爆炸，造成人员伤亡事故。此外，生产过程中的其他一些参数往往要通过压力来间接测量，如温度、流量、液位等。

5.1.1　工业压力的定义

工程上的压力定义为垂直均匀地作用在单位面积上的力，即

$$P = F / S \tag{5-1}$$

式中，P 表示压力；F 表示垂直均匀作用力；S 表示受力面积。

从上述的定义可以看出，在工业上所述的压力本质上是压强。在国际单位制中，定义1N 垂直

作用于 $1m^2$ 面积上所形成的压力为 1 帕斯卡，简称帕，用符号 Pa 表示。即

$$1Pa = 1N / m^2 \tag{5-2}$$

由于帕斯卡是一个很小的单位，因此在工业生产中直接使用该单位很不方便。为此，工程上常使用兆帕（MPa）作为单位，它们之间的关系为

$$1MPa = 1 \times 10^6 Pa \tag{5-3}$$

由于压力参考点及使用场合不同，在工程上又将压力分为绝对压力、表压、压差和真空度（负压）。绝对压力是指相对于绝对真空所测得的压力。表压是指绝对压力与当地大气压力之差，即

$$P_b = P_j - P_q \tag{5-4}$$

式中，P_b 表示表压；P_j 表示绝对压力；P_q 表示大气压力。压差是指两个压力之间的相对差值。真空度是指当绝对压力小于大气压力时，大气压力与绝对压力之差，即

$$P_z = P_q - P_j \tag{5-5}$$

式中，P_z 表示真空度；P_q 表示大气压力；P_j 表示绝对压力。

5.1.2　压力常用检测方法

压力测量仪表品种很多，按照其转换原理的不同，大致可分为四大类。

1．液柱式压力计

液柱式压力计是基于流体静力学原理，将被测压力转换成液体高度来进行工作的压力计。这类仪表常见的有 U 形管压力计、单管压力计、斜管压力计等。酒精、水、四氯化碳和水银常作为测压指示液体。这类仪表结构简单，测量精确，但由于受到液体密度的限制，测压范围比较窄，在压力波动严重时，液柱不易稳定，对安装位置和姿势都有严格的要求，且压力值不易转换为电信号，因此液柱式压力计一般仅用于低压和真空度测量。

2．弹性式压力计

根据弹性元件受力变形的原理，弹性式压力计将被测压力转换成弹性元件的位移来测量压力。常见的有弹簧管压力表、波纹管压力表、膜片式压力表等。这类压力表结构简单、工作可靠、价格便宜、测量范围广，适用于低压、中压、高压多种生产场合，是工业中应用广泛的一类测压仪表，但其精确度不是很高，且多数采用机械指针输出，主要用于生产现场的就地指示，不适用于生产过程控制器设计。

3．活塞式压力计

根据流体静力学中的液压传递原理，活塞式压力计将被测压力转换为活塞上所加砝码的质量，进行压力测量。这类测压仪表精确度很高，误差为 0.02%～0.05%，但必须人工增减砝码，不能自动测量，且往往体积和质量较大，易于泄漏。一般作为标准型压力测量仪器，对其他压力表或压力传感器进行校验和标定。

4．电气式压力计

电气式压力计通过各种敏感元件，将被测压力转换成电量（电流、电压、频率等）进行测量。根据转换元件的不同，可分为电阻式、电容式、电感式、压电式等形式。这类测压仪表的输出信号易于远距离传输，可以与各种显示、记录和调节仪表配套使用，从而实现压力集中监测和控制。在生产过程自动化系统中被大量采用。

5.1.3　弹性式压力计

弹性式压力计是基于各种弹性元件，在压力作用下，产生弹性变形的原理进行工作的。弹性式压力计常用弹性元件如图 5-2 所示，包括薄膜、波纹膜、波纹管、弹簧管（单圈、多圈）。在这些弹性元件中，膜片、波纹管常被用于制作低压及微压测量仪表，而弹簧管则主要用于制造中、高压测量仪表，也可用于制成测量真空度的真空表。

弹性式压力计可以和记录、电气变换、控制元件等附加装置相连，用于实现压力的记录、远距离传输、信号报警、自动控制等，因此在工业上应用较为广泛。

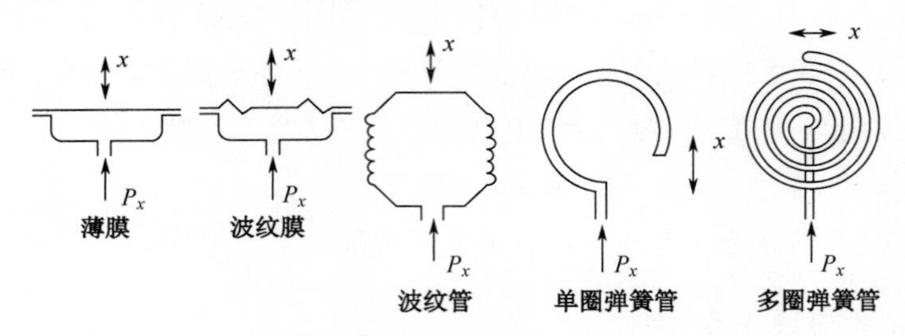

图 5-2　弹性压力计常用弹性元件

弹簧管压力表是典型的弹性式压力计，弹簧管有单圈和多圈之分。单圈弹簧管的中心角变化较小，而多圈弹簧管的中心角变化较大。下面以单圈弹簧管压力表为例，介绍其工作原理。

单圈弹簧管压力表的测量元件是一个弯成圆弧形的空心管子。单圈弹簧管压力表原理如图 5-3 所示，管子自由端封闭，作为位移输出端，其截面一般为扁圆形或椭圆形，以便当压力介质通入弹簧管后，在椭圆形的扁平方向的受力较大，使得弹簧管的自由端沿着预定方向移动，而不至于出现弯折。另一端固定，作为被测压力的输入端。当被测压力由输入端进入后，随着压力的改变，弹簧管的自由端发生位移，向外挺直扩张变形，其自由端由 B 移动到 B′，从而使压力转换为自由端的位移。压力越大，位移量越大。相应地，中心角发生变化，如图 5-3 所示。

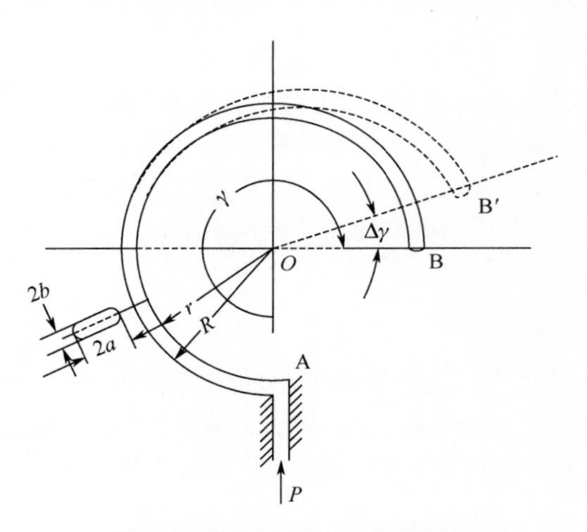

图 5-3　单圈弹簧管压力表原理

在弹簧管自由端装上指针，配上传动机构和压力刻度，就能构成就地指示弹簧管压力表，如图 5-4 所示为弹簧管压力表内部结构。弹簧管自由端 B 的位移量一般很小，直接显示有困难，所以必须通过放大装置才能指示出来。这套机械放大装置是由拉杆、扇形齿轮等器械组成的。首先当弹簧管自由端 B 位移时，会带动拉杆 2 使扇形齿轮 3 逆时针偏转，这时中心齿轮 4 通过与扇形齿轮 3 的啮合，做顺时针偏转，进而带动指针 5 在面板 6 的刻度标尺上显示出被测压力 P 的数值。由于弹簧管自由端的位移与被测压力成正比关系，因此弹簧管压力表的刻度标尺是线性的。游丝 7 用来压紧齿轮，以克服因扇形齿轮和中心齿轮间的传动间隙而产生的仪表偏差。调整螺钉 8 的位置，可以改变机械传动的放大系数，实现压力表量程的调整。

根据被测介质性质和被测压力的高低，弹簧管材料的选取有所不同。一般当 $P < 2\times10^7$ Pa 时，可采用磷铜；当 $P \geqslant 2\times10^7$ Pa 时，则采用不锈钢或铝合金。同时，必须注意被测介质的化学性质。

例如，测量氨气的压力时，不可采用铜质材料，而测量氧气的压力时，则一定严禁有油脂。

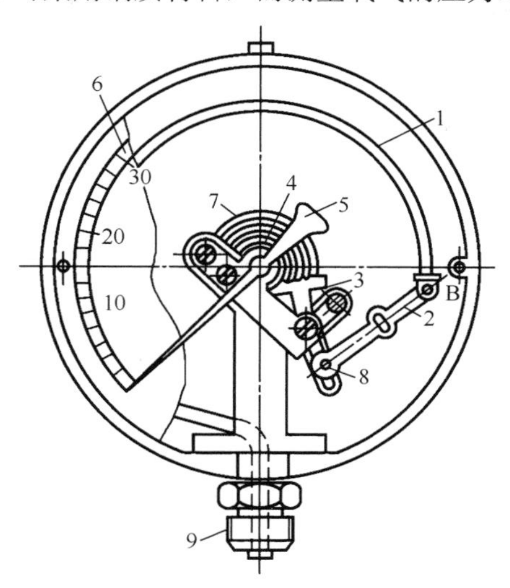

1—弹簧管；2—拉杆；3—扇形齿轮；4—中心齿轮；5—指针；6—面板；7—游丝；8—调节螺钉；9—接头

图 5-4　弹簧管压力表内部结构

为保证测量精度和弹性元件的使用寿命，弹性式压力计在使用时，被测压力的下限不得低于量程的1/3，上限不得高于量程的3/4（被测压力变化缓慢时）或2/3（被测压力变换频繁时）。

5.1.4　电气式压力计

电气式压力计泛指各种能将压力转换成电信号进行传输及显示的仪表。这类压力计适合远距离传送压力信号，因此在控制系统中得到广泛应用。电气式压力计一般由压力敏感元件、测量电路和信号处理电路组成。压力敏感元件的作用是感受被测压力，将其转换成便于检测的物理量（位移量、电阻量、电容量等），再由测量电路检测转换成电压或电流信号，经信号处理电路放大转换为标准信号输出或进行指示记录。压力敏感元件与测量电路的组合能将压力转换成常规电信号，一般称其为组合传感器。

不同的压力计主要是传感器不同，后级的信号处理电路基本相同。下面简单介绍电容式差压（压力）传感器。电容式压力传感器利用转换元件将压力变化转换为电容变化，再通过检测电容的方法测量压力。

1. 差动平板电容器的工作原理

图 5-5 所示为差动平板电容器，它共有三个极板，两端为固定极板，中间为活动极板。在初始状态时，活动极板正好位于两固定极板的中间，如图 5-5（a）所示。此时上下两个电容容量完全相同，其差值为零。每个电容的容量为

$$C_0 = \frac{\varepsilon S}{d_0}$$

式中，ε 为平行极板间介质的介电常数；d_0 为平行极板间的距离；S 为极板面积。

若在压力作用下，使中间活动极板产生一个微小的位移 Δd 后[见图 5-5（b）]，则两个电容的差值为

$$\Delta C = C_1 - C_2 = \frac{\varepsilon S}{d_0 - \Delta d} - \frac{\varepsilon S}{d_0 + \Delta d} = \frac{2\varepsilon S}{d_0^2}\frac{\Delta d}{1-\left(\frac{\Delta d}{d_0}\right)^2} \tag{5-6}$$

当$\Delta d / d_0 << 1$时，式(5-6)变为

$$\Delta C \approx \frac{2C_0}{d_0}\Delta d = K \cdot \Delta d \tag{5-7}$$

式中，$K = \frac{2C_0}{d_0}$。

由式(5-7)可知，差动平板电容器的电容变化量与活动极板的位移成正比，且当位移量远小于极板间的距离时，电容变化量与活动极板位移量近似满足线性关系。

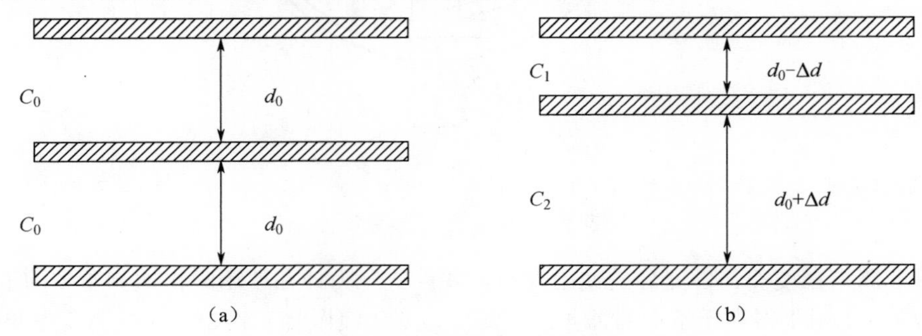

图 5-5　差动平板电容器

2. 电容式差压（压力）传感器基本原理

电容式差压（压力）传感器跟差动平板电容器具有相似的工作原理，即其将压差转换为电容量的变化，再将电容量的变化转换为标准电流输出。其结构紧凑、电路独特、测量精度高，广泛应用于工业领域。

电容式差压传感器的检测部件结构如图 5-6 所示。当压力P_1、P_2分别作用于隔离膜片时，通过硅油将其压力传递到中心的感压膜片，即活动极板。若压差$\Delta P = P_1 - P_2 \neq 0$，则活动极板将产生位移，并与正负压室两个固定弧形电极之间的距离不等，形成差动电容。如果把P_2接大气，则所测压差即为P_1的表压。

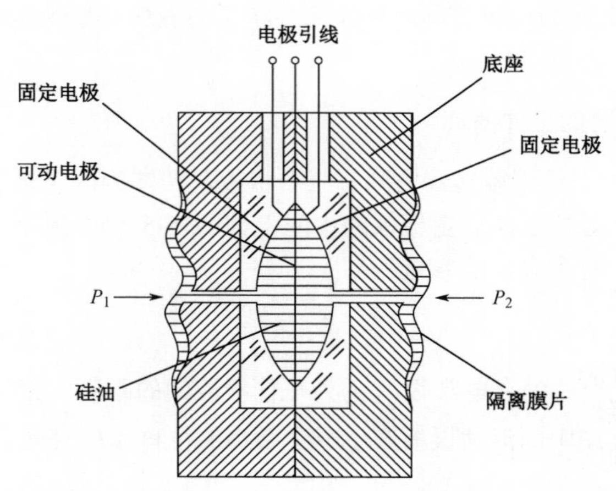

图 5-6　电容式差压传感器检测部件结构

这种结构有利于测量膜片的压力过载保护。当压差过大时，测量膜片（活动极板）自然地贴

到球形凹面上，不会过度变形，从而膜片能保持良好的恢复特性。被测介质不直接与测量膜片接触，而用隔离膜片隔离，隔离膜片与测量膜片之间充硅油以传递压力。隔离膜片是波纹状的，在过载时也紧贴在波纹状的底座上得以保护。

差动电容与被测压差之间的关系如下：设测量膜片在压差 ΔP 作用下变形，其中心移动距离为 Δd，由于位移很小，可近似认为两者呈比例关系，即

$$\Delta d = K_1\left(P_1 - P_2\right) = K_1 \cdot \Delta P \tag{5-8}$$

式中，K_1 为由测量膜片材料特性与结构参数确定的系数。

设活动极板与正负压室固定极板的距离分别为 d_1 和 d_2，形成的电容分别为 C_1、C_2。当 $P_1 = P_2$ 时，则有 $C_1 = C_2 = C_0$，$d_1 = d_2 = d_0$；当 $P_1 > P_2$ 时，则有 $d_1 = d_0 + \Delta d$，$d_2 = d_0 - \Delta d$。根据理想电容计算公式，有

$$\begin{cases} C_1 = \dfrac{\varepsilon A}{d_0 + \Delta d} \\ C_2 = \dfrac{\varepsilon A}{d_0 - \Delta d} \end{cases} \tag{5-9}$$

式中，ε 为极板间物质的介电系数；A 为极板面积。此时，两电容之差与两电容之和的比值为

$$\frac{C_2 - C_1}{C_2 + C_1} = \frac{\varepsilon A\left(\dfrac{1}{d_0 - \Delta d} - \dfrac{1}{d_0 + \Delta d}\right)}{\varepsilon A\left(\dfrac{1}{d_0 - \Delta d} + \dfrac{1}{d_0 + \Delta d}\right)} = \frac{\Delta d}{d_0} = K_2 \cdot \Delta d \tag{5-10}$$

这里 $K_2 = 1/d_0$。将式(5-8)代入式(5-10)可得

$$\frac{C_2 - C_1}{C_2 + C_1} = K_1 K_2\left(P_1 - P_2\right) = K_3 \cdot \Delta P \tag{5-11}$$

这里 $K_3 = K_1 \cdot K_2$。式(5-11)意味 ΔP 与 $(C_2 - C_1)/(C_2 + C_1)$ 成正比，因此只要能够测出 $(C_2 - C_1)/(C_2 + C_1)$，就能得到相应的 ΔP。$(C_2 - C_1)/(C_2 + C_1)$ 的检测将在 6.2.2 节中介绍。

3. 应变式压力传感器

应变式压力传感器是利用电阻应变原理构成的。电阻应变片有金属应变片和半导体应变片两种。图 5-7 所示为金属丝应变器的结构。将金属丝弯成栅状粘贴在绝缘基片上，上面再以绝缘基片覆盖。应变片阻值为

$$R = \rho\frac{L}{S} \tag{5-12}$$

式中，ρ 为电阻率；L 为电阻丝长度；S 为电阻丝截面积。当被测压力使应变片产生形变，金属丝被拉伸变形时，L 增大、S 减小，其阻值增加。金属丝被压缩变形时，L 减小、S 增大，其阻值减小；应变片阻值的变化通过桥式电路转换成相应的毫伏级电动势，再经过放大后输出。

图 5-8 所示是一种应变式压力传感器结构。应变筒 1 的上端与外壳 2 固定在一起，下端与不锈钢密封膜片 3 紧密接触，两片康铜丝应变片 r_1 和 r_2 用特殊胶合剂（如缩醛胶等）紧贴在应变筒的外壁上。r_1 沿应变筒轴向贴放，作为测量片；r_2 沿径向贴放，作为补偿片。应变片随应变筒变形并与之保持绝缘。当被测压力 p 作用于膜片而使应变筒轴向受压变形时，沿轴向贴放的应变片 r_1 也将产生轴向压缩应变 ε_1，于是 r_1 的阻值减小 Δr_1；而径向贴放的应变片 r_2 受到纵向拉伸应变 ε_2，于是 r_2 的阻值增大 Δr_2。但 ε_2 比 ε_1 小，所以 $\Delta r_1 > \Delta r_2$。

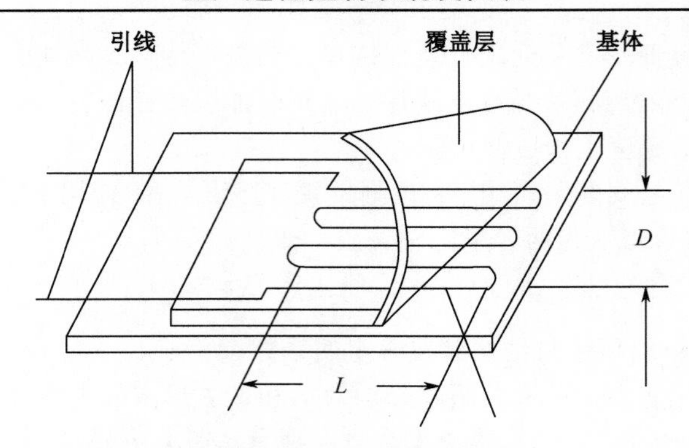

图 5-7　金属丝应变器的结构

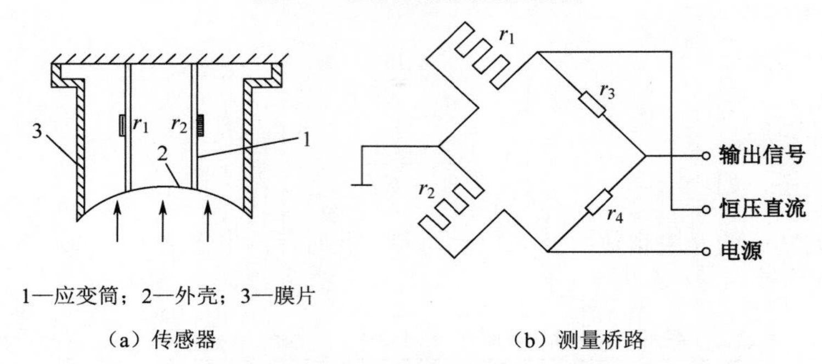

1—应变筒；2—外壳；3—膜片

（a）传感器　　（b）测量桥路

图 5-8　应变式压力传感器结构

应变片 r_1 和 r_2 与两个固定电阻 r_3 、r_4 组成测量桥路，如图 5-8（b）所示。r_1 和 r_2 为相邻臂，应变筒变形时，一个增大、一个减小，可维持桥路电流基本不变。当被测压力为零时，$r_1=r_2=r_3=r_4$，当被测压力大于零时，电桥输出的不平衡电压为

$$V \approx -\frac{E}{4r_1}\Delta r_1 \tag{5-13}$$

这种传感器的被测压力可达 25MPa。桥路供电最大为 10V DC，桥路最大输出电压为（看不到）DC。传感器的固有频率在 25 000Hz 以上，固有较好的动态性能，适用于快速变化的压力测量。

4．压阻式压力传感器

压阻式压力传感器是根据半导体材料的压阻效应测压力的。半导体材料受压时，电阻率会发生变化，导致电阻发生变化。用电桥将电阻的变换转换为电压输出，即可测得电阻。该仪表结构简单，工作可靠，频率响应宽。图 5-9 所示是一种扩散硅压力传感器部件的结构。

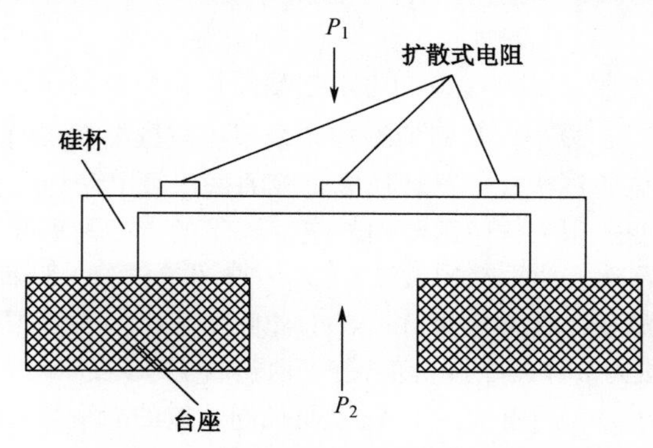

图 5-9　扩散硅压力传感器部件结构

在杯状单晶硅膜片的底面上，沿一定的晶轴方向扩散着四个等值的长条形电阻。当硅膜片受到压力作用时，扩散电阻受到应力作用，晶体处于扭曲状态，晶体之间的距离发生变化，使禁带宽度及载流子浓度和迁移率改变，导致扩散电阻的电阻率 ρ 发生强烈的变化，而使电阻发生变化，这种现象称为压阻效应。用 ΔR 表示扩散硅电阻的变化，其变化率为

$$\frac{\Delta R}{R}=\left(\frac{\Delta\rho}{\rho}\right)d\sigma=k\sigma \tag{5-14}$$

式中，d 为压阻系数；ρ 为电阻率；σ 为应力；k 为比例系数。可见半导体扩散电阻的电阻变化主要是由电阻率 ρ 的变化造成的。其灵敏度比应变片电阻高约 100 倍。在图 5-9 中，硅杯被烧结在膨胀系数和自己相同的台座上，以保证温度变化时硅片膜片不受附加应力的作用。

图 5-10 所示为硅膜片应力分布和桥式测量电路。当硅膜片受压时，不同区域受到的应力大小、方向并不相同。应力分布如图 5-10（a）所示。可见中心区与四周的应力方向是不同的。例如，当中心区受拉应力时，外围区将受压应力，离中心为半径 63% 左右的地方应力为零。为了减小半导体电阻随温度变化引起的误差和提高线性度，在膜片中心区和外围区的对称位置各扩散两个电阻，把 4 个电阻接成电桥，如图 5-10（b）所示。

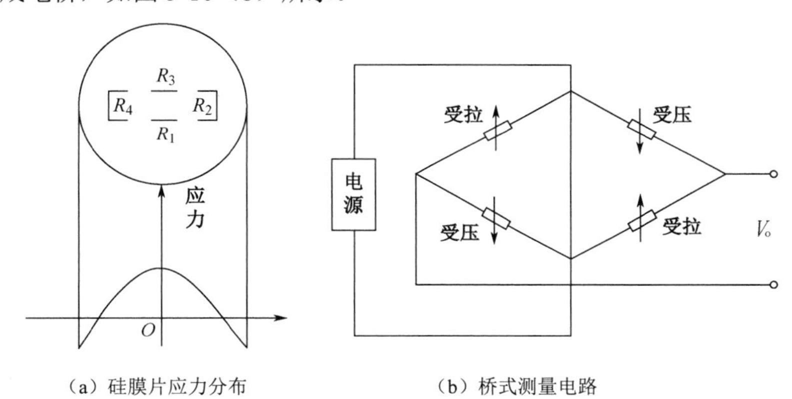

（a）硅膜片应力分布　（b）桥式测量电路

图 5-10　硅膜片应力分布和桥式测量电路

图 5-10（b）所示是桥式测量电路，除电阻温度漂移可以得到很好的补偿外，该电路输出电压的灵敏度是单臂桥的 4 倍，且线性度好。在使用几伏的电源电压时，该电路输出信号幅值可达到几百毫伏。

在工业测量中，为避免被测介质对硅膜片的腐蚀和毒害，有的传感器将硅膜片置于硅油中，用波纹膜片隔离，被测压力只能通过隔离膜片传递给硅片。

目前用这种半导体敏感元件制成的压力仪表精度可达 0.25 级或更高。其主要优点是结构简单，尺寸小，特别便于用半导体工艺大量生产，价格低，因此逐渐成为压力传感器的主流产品。

5．压电式压力传感器

压电式压力传感器利用某些材料的压电效应原理制成。具有这种效应的材料如压电陶瓷、压电晶体称为压电材料。

压电材料在一定方向受外力作用产生形变时，内部将产生极化现象，在其表面上产生电荷。当去掉外力时，又重新返回不带电的状态。这种机械能转变为电能的现象，称为压电效应。

图 5-11 所示为压电陶瓷极化方向，压电陶瓷的极化方向为 z 轴方向。如果在 z 轴方向上受外力作用，则垂直于 z 轴的 x 轴、y 轴平面上面和下面出现正负电荷。压电材料上电荷量的大小与外力的大小成正比。

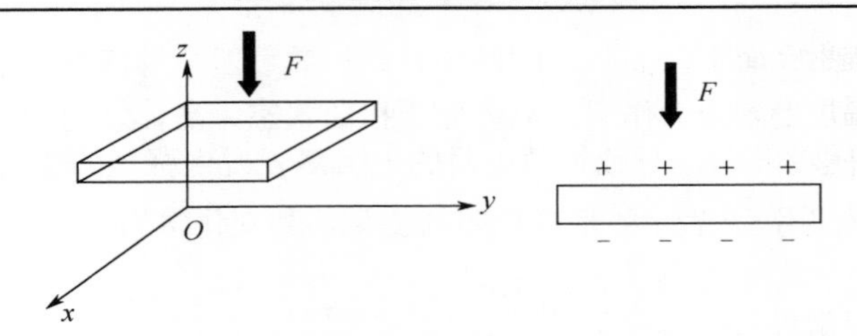

图 5-11　压电陶瓷极化方向

5.2　温度检测及仪表

5.2.1　温度检测方法

温度是工业生产中的重要物理量。在许多生产过程中，包括物理、化学和生物的变化过程，都要求在严格的温度范围内进行。对温度进行实时监测，将其控制在指标范围内具有重要意义，是保证工业生产正常进行的重要保证。为此，测温计成为工业生产中应用最广泛的仪表之一。

温度检测（测温）的方法有很多，归结起来分为接触式和非接触式两大类。接触式测温通过将传感器与被测物相接触，利用物体之间的热传递，感知被测物体的温度。非接触式测温利用相关仪器接收被测物体的热辐射来确定温度。

1．接触式测温计

（1）膨胀式温度计。

膨胀式温度计是利用物体热胀冷缩的特性来测量温度的。如水银体温计、液体室温计及双金属片温度计，主要用于生产过程的现场温度指示，通过目测方式读取温度。

（2）压力式温度计。

在气体或液体的封闭容器中，利用压力随温度变化性质构成的温度计称为压力式温度计。它主要用于易燃、易爆、振动等环境下的温度指示。

（3）热电偶温度计。

将两种不同的导体连接在一起，并构成回路。将这两种导体的连接点放在温度不同的区域，热电效应会导致两种导体回路中产生热电动势。测量这种电动势，就可以获得导体两端的温度差。基于该原理构成的温度计称为热电偶温度计。

（4）热电阻温度计。

金属或半导体在不同温度下电阻不同，利用这个原理，通过测量阻值来获得温度的温度计称为热电阻温度计。

（5）半导体温度计。

半导体 PN 结的结电压会随温度的变化发生改变，基于测量半导体（结）电压来获得温度的温度计称为半导体温度计。

上述这些接触式测温计，由于具有不同的特性，因此应用场合也不同，其中膨胀式温度计和压力式温度计，因为测量值很难转换成电信号，且精度低、信号不宜传远，因此通常不用于控制系统，主要用于现场温度观察和显示。热电偶和热电阻温度计，测量值可以表示为电信号形式，通过变送器转换为标准信号，易于远距离传输，大量用于计算机监控和过程控制。

2．非接触式测温计

（1）辐射式温度计。

通过测量物体热辐射功率来测量温度的温度计称为辐射式温度计。这类温度计有光学高温计、全辐射温度计、比色温度计等。

（2）红外式温度计。

物体温度越高，其红外波段辐射功率越高。通过测量红外波段辐射功率制成的温度计称为红外式温度计。例如，光电高温计、红外辐射温度计等。

非接触式测温计灵敏度高、不破坏温度场，温度上限可达 3000℃，但易受外界辐射干扰，测量误差较大，一般用于极高温度测量和便携式机动测量。工业装置中使用量最大的是热电偶温度计和热电阻温度计，故下面将主要介绍热电偶温度计和热电阻温度计及相应的温度变送器。

5.2.2　热电偶温度计

热电偶温度计是利用热电效应制成的测温元件，其能够将温度差转换成电势信号（mV）。通过测量放大热电动势，再配以指示仪表或变送器，即可实现现场温度指示和信号传送。热电偶温度计一般用于测量 500～1600℃之间的温度，由于其测温范围广、结构简单、体积小、响应时间短、测温准确可靠、信号便于远距离传输等特点，所以广泛应用于工业生产。

1．热电偶测温原理

热电偶电动势如图 5-12 所示，A、B 分别表示两根不同的导体或半导体，如果将它们连接成闭合回路，将两个连接点放置在温度分别为 T 和 T_0 的区域，那么在 T 和 T_0 之间会产生电动势，这种电动势称为热电动势。

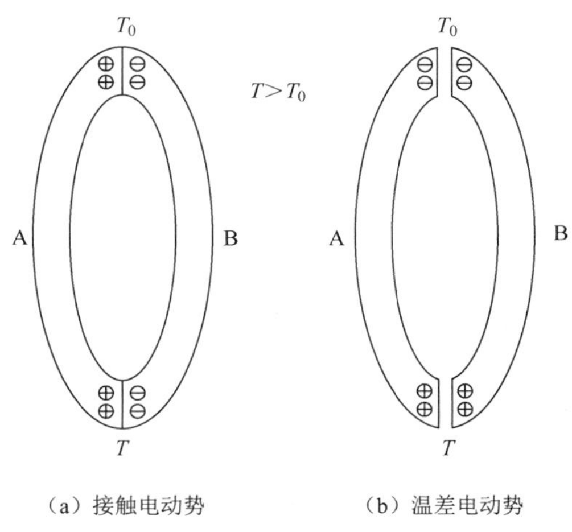

（a）接触电动势　（b）温差电动势

图 5-12　热电偶电动势

热电动势包括接触电动势和温差电动势两部分，其中接触电动势产生在导体 A、B 的接触点上。由于 A、B 的材料不同，所以它们具有不同的电子密度，这里不妨设 $N_A > N_B$， N_A 和 N_B 分别表示材料 A 和材料 B 的电子密度。当两种不同导体 A、B 接触时，两种材料的接触面处就会产生自由电子扩散现象。此时由于 $N_A > N_B$，从 A 扩散到 B 的电子数比从 B 扩散到 A 的电子数多，因此 A 因失去电子而带正电荷，B 因得到电子而带负电荷。同时由于电子移动形成电场，其阻碍电子移动，最终电场力和扩散效应达成动态平衡。扩散程度不仅与电子密度差有关，还与温度有关，温度越高扩散现象越明显。如果 A、B 处在相同温度下，两个端点扩散程度相同，则两个端点之间的电势差为零，导体整体上不存在电势差。当两个端点处于不同温度时，由于温度高端的电子扩散效应强于温度低端的，因此在导体 A、B 之间形成电势差，这种电势差称为接触电动势 $e_{AB}(T)$。接触电动势取决于两种材料的材质和接触点的温度。

相同导体两端因为温度不同而产生的电动势称为温差电动势，因此温差电动势是产生在导体A或B内部两端的电动势。设T和T_0分别为导体A两端的温度，且$T>T_0$。由于A两端的温度不同，所以导致自由电子具有不同的能量。自由电子在高温端能量大，运动剧烈，因而向低温端扩散，进而使高温端为正电，低温端为负电。这使得A两端出现从高温端到低温端的静电场，这个电场将阻碍电子从温度高端向温度低端进一步移动，进而使电子运动达到动态平衡。此时在导体A两端产生温差电动势$e_A(T,T_0)$，与此类似，在导体B两端产生温差电动势$e_B(T,T_0)$。温差电动势不仅取决于温度差，还取决于材料的性质。通常温差电动势比接触电动势小得多，因此闭合回路的热电动势主要是由接触电动势组成的。表示为

$$E_{AB}(T,T_0)=e_{AB}(T)-e_{AB}(T_0)$$

对于给定的热电偶，热电动势只与热端和冷端温度有关。当冷端温度固定时，$E_{AB}(T,T_0)$是热端温度T的单值函数，且接近线性关系。为了在工业上应用热电偶的统一性和标准性，国际电工委员会（IEC）制定了热电偶材料的取材标准。用分度号命名不同取材的热电偶，并给出了标准的热电动势的分度表。分度表是将热电偶冷端温度固定为0 ℃，测出热端温度与热电动势的关系数据表。几种常用的标准型热电偶如表5-1所示。

表5-1　几种常用的标准型热电偶

热电偶名称	分度号	热电丝材料	测温范围/℃	平均灵敏度/（V/℃）	特点
铂铑$_{30}$-铂铑$_6$	B	正极 Pt70%，Rh30% 负极 Pt94%，Rh6%	0～+1800	10	价格贵，稳定性好，精度高，可在氧化气氛中使用
铂铑$_{10}$-铂	S	正极 Pt70%，Rh10% 负极 Pt100%	0～+1600	10	同上，线性度优于B
镍铬-镍硅	K	正极 Ni90%，Cr10% 负极 Ni97%，Si2.5%，Mn0.5%	0～+1300	40	线性好，价廉，稳定，可在氧化及中性气氛中使用
镍铬-康铜	E	正极 Ni90%，Cr10% 负极 nI90%，Cu60%	−200～+900	80	灵敏度高，价廉，可在氧化及弱还原气氛中使用
铜-康铜	T	正极 Cu100% 负极 Ni60%，Cu60%	−200～+400	50	价廉，但铜易氧化，常用于150℃以下的温度测量

2．热电偶的基本定律

（1）均质导体定律。

由均质材料构成的热电偶，热电动势强度与接点两端温差及材料有关，而与热电偶的尺寸、截面、形状和端点之间的温度分布无关。热电偶必须采用两种不同材质的导体或半导体构成。如果材料不均匀，由于温度梯度的存在，将会有附加电动势产生，造成测量误差。

（2）中间导体定律。

接入第三种导体C的热电偶如图5-13所示。将导体A、B构成的热电偶T_0端断开，接入第三种导体C，只要保持第三种导体C两端温度相同，接入导体C后对回路总电动势无影响。

根据这一定律就能在热电偶回路中接入各种仪表，只要热电偶连接仪表的两个端点温度相同，则接入仪表对热电偶回路中的热电动势没有影响。图5-14所示为接入中间导体的热电偶测温回路。

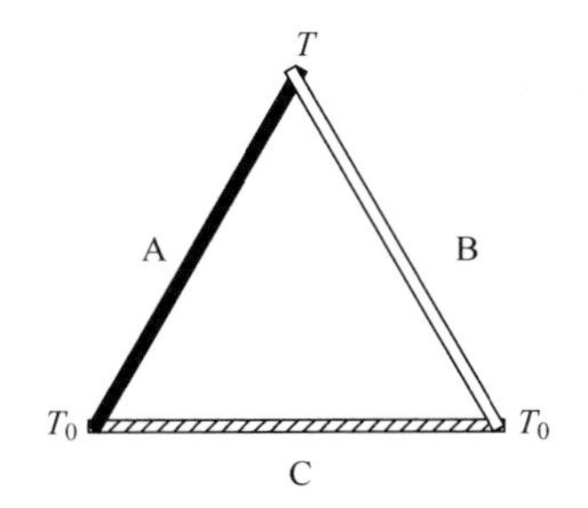

图 5-13 接入第三种导体 C 的热电偶

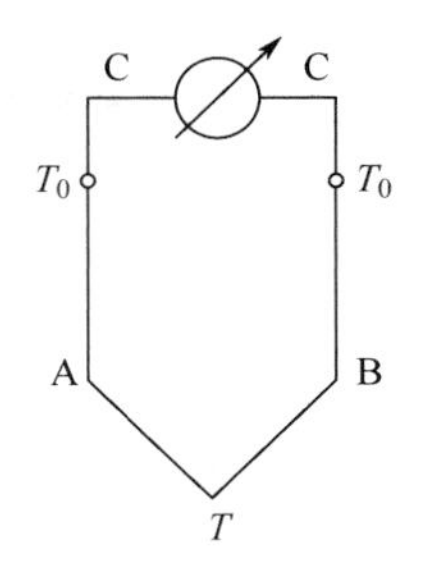

图 5-14 接入中间导体的热电偶测温回路

（3）中间温度定律。

在热电偶回路中，设 $E_{AB}(T,T_n)$ 表示连接点 (A,B) 之间温度为 (T,T_n) 时的热电动势，$E_{AB}(T_n,T_0)$ 是 (A,B) 温度为 (T_n,T_0) 时的热电动势，那么两连接点 (A,B) 的温度为 (T,T_0) 时，产生的热电动势为

$$E_{AB}(T,T_0)=E_{AB}(T,T_n)+E_{AB}(T_n,T_0)$$

该定律意味着任何热电偶，在冷端为0℃时，只要给出热电动势和温度的对应关系（分度表），就可以在冷端为任意温度 T_0 时，求出相应测量温度对应的热电动势，即

$$E_{AB}(T,T_0)=E_{AB}(T,0)-E_{AB}(T_0,0)$$

3．热电偶冷端温度补偿

对于某种热电偶，当参考端（冷端）温度恒定时，热电动势是测量端温度的单值函数。在实际应用中，这意味着冷端必须远离被测热源，否则其极易受环境温度影响，难以保持参考温度恒定（如稳定在 0℃），从而会造成测量误差。

由于热电偶的制作材料多为贵金属，因此一般热电偶长度很短。这意味如果不采取附加措施，而直接将热电偶应用于温度测量，很难保持热电偶冷端温度的恒定。为解决上述问题，可以把热电偶做得很长，使冷端远离工作端，并连同测量仪表一起放到恒温或温度波动较小的仪表控制室。然而对于许多贵金属制成的热电极，这种方法很不经济。所以在应用中，常常使用热电特性与热电偶相近的材料，制成导线与热电偶冷端相连接，这种导线称为补偿导线。补偿导线接线如图 5-15 所示。不同的热电偶配不同的补偿导线，表 5-2 所示为常用补偿导线的材料。

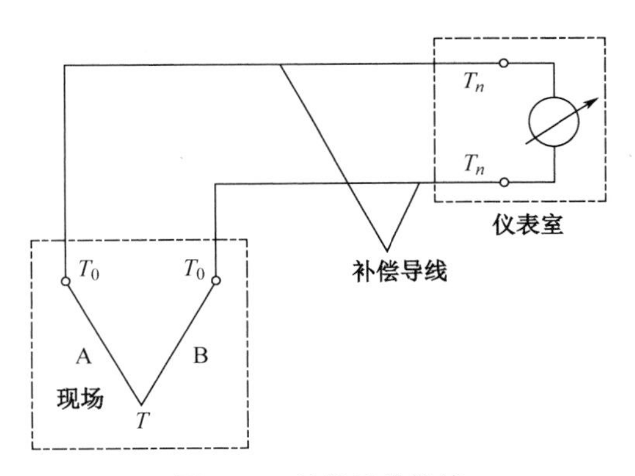

图 5-15 补偿导线接线

表 5-2 常用补偿导线的材料

补偿导线型号	配用热电偶名称	正极		负极		E（100℃，0℃）/mV
		材料	绝缘层颜色	材料	绝缘层颜色	
SC	S（铂铑 $_{10}$-铂）	铜	红	铜镍	绿	0.645±0.037
KC	K（镍铬-镍硅）	铜	红	康铜	蓝	4.095±0.105
EX	E（镍铬-康铜）	镍铬	红	铜镍	棕	6.317±0.170
TX	T（铜-康铜）	铜	红	铜镍	白	4.277±0.047

从表 5-2 中可以看出，贵金属材料热电偶的补偿导线用廉价金属制成，称为补偿型（C 型）；廉价金属材料热电偶的补偿材料用相同或相近的廉价金属制成，称为延长型（X 型）。

尽管将热电偶冷端延长至温度比较稳定的地方，但由于自然环境中冷端温度不一定为0℃，且难以保持恒定，所以补偿导线法并未完全解决冷端温度补偿问题。为此还要进一步采取补偿措施。

（1）查表法（计算法）。

用热电偶进行测量时，若其冷端温度为T_0（$T_0 \neq 0℃$），测量端温度为T，则对应的热电动势为$E_{AB}(T,T_0)$。由于热电偶分度表示冷端温度为0℃时，温度和热电动势的对应关系，因此基于中间温度定律，实测热电动势$E_{AB}(T,T_0)$，必须加上室温T_0补偿热电动势$E_{AB}(T_0,0)$，才能得到热端温度为T时，分度表对应的标准热电动势$E_{AB}(T,0)$，即

$$E_{AB}(T,0) = E_{AB}(T,T_0) + E_{AB}(T_0,0) \tag{5-15}$$

这里$E_{AB}(T_0,0)$和$E_{AB}(T,0)$分别表示冷端为 0℃时，对应于热端为T_0和T的热电动势。这样才能基于$E_{AB}(T,0)$，以及分度表获得被测温度。

所谓的查表法就是根据热电偶冷端温度，先通过查找分度表获得$E_{AB}(T_0,0)$，再基于热电偶测量获得$E_{AB}(T,T_0)$，利用式(5-15)获得$E_{AB}(T,0)$，最后基于$E_{AB}(T,0)$通过分度表查得被测温度值。由于此法需人工操作，步骤烦琐，因此仅限于临时测温。

（2）仪表零点调整法。

如果冷端温度恒定为T_0（$T_0 \neq 0℃$），且与之配套的显示仪表的机械零点容易调整，那么可将仪表的机械零点从0℃调至T_0。此时在热电偶测温过程中，相当于预先加上固定电动势$E_{AB}(T_0,0)$，仪表输出电动势如式(5-15)所示。因此，测量时仪表指示温度为热端实际温度T。当冷端温度变化时，需要重新调整仪表的零点，故此法只适合冷端温度固定的场合。

（3）冰浴法。

冰浴法冷端补偿原理如图 5-16 所示，把热电偶的冷端插入盛有绝缘油的试管中，然后将试管放入装有冰水混合物的容器中，保持冷端为 0℃。由于冰水混合物并不方便携带和保存，因此该方法多用于热电偶的检定。

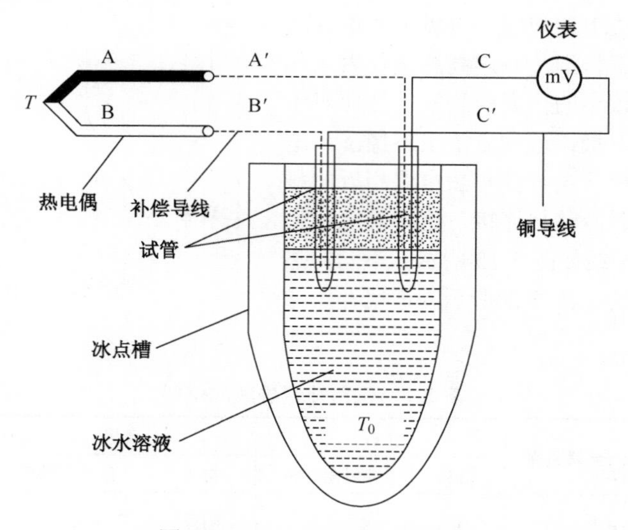

图 5-16　冰浴法冷端补偿原理

（4）补偿电桥法。

补偿电桥法的原理是利用一个不平衡电桥，其输出端与热电偶回路串联。图 5-17 所示为补偿电桥电路，由电阻R_1、R_2、R_3（均为锰铜电阻）和R_{Cu}（铜电阻）四个桥臂和限流电阻 R 组成。

R_{Cu} 与冷端处于同一温度环境，其阻值随温度变化而变化。

在 0℃时电桥处于平衡状态，电桥无输出，即 $V_{ab}=0$ 。当冷端温度发生变化时， R_{Cu} 的阻值随之改变，此时电桥失去平衡，就有不平衡电压 V_{ab} 产生。当冷端温度升高时，热电偶电动势就减小，但电桥输出 V_{ab} 会增大，若热电动势的减小量等于 V_{ab} 的增大量，则两者相互抵消，因而在冷端温度变化时，起到自动补偿的热电动势的作用。该方法广泛应用于热电偶变送电路。

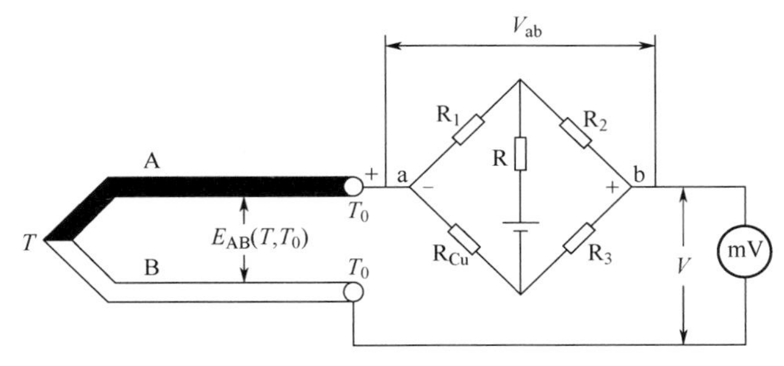

图 5-17　补偿电桥电路

（5）半导体 PN 结补偿法。

利用半导体 PN 结电压随温度升高而降低的特性可研制出多种温敏半导体器件。图 5-18 所示为用温敏晶体管作为冷端补偿元件的冷端温度自动补偿电路。

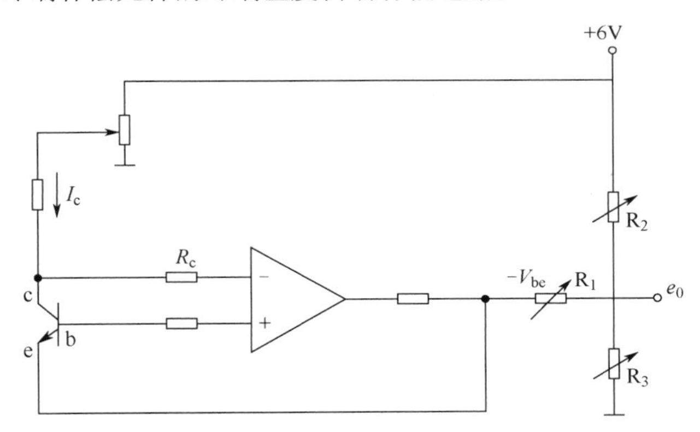

图 5-18　冷端温度自动补偿电路

半导体三极管基极与发射极间结点电压 V_{be} 随温度的升高而降低，其关系为

$$V_{be}=V_{go}-\frac{k}{q}T\ln\left(\frac{k}{I_c}T_r\right)$$

式中， V_{be} 为 PN 结电压； V_{go} 为硅的能带宽度电压（ $V_{go}=1.176V$ ）； k 为玻尔兹曼常数； q 为电子电荷量； T_r 为常数，其值为3.429； I_c 为晶体管集电极电流； T 为 PN 结所处环境绝对温度。将 V_{be} 放大后即可输出。只要集电极电流 I_c 恒定，冷端补偿电压 e_0 即与冷端温度成正比。

5.2.3　热电阻温度计

热电偶输出的电压都是毫伏级的，当温度差较小时，热电偶输出的热电动势很小，容易受到干扰而无法精确测量。因此，一般采用热电阻温度计测量 500℃以下的温度。热电阻分为金属热电阻和半导体热电阻两类。由于导体和半导体的阻值随温度变化，因此只要测量热电阻的阻值便可得到相应的温度。虽然大多数电阻的阻值会随温度发生变化，但热电阻温度计一般选用电阻温度系数大、电阻率大、化学及物理性能稳定、电阻与温度的关系接近线性的材料作为热电阻。

金属热电阻线性度好、精度高、测温范围广，在工业温度测量中得到了广泛应用。如铂电阻（Pt）、铜电阻（Cu）等。

1. 铂电阻

铂是一种贵金属，它的特点是精度高、稳定性好、性能可靠。特别是它具有很强的耐氧化性，因而其应用的测温范围（1200℃以下）很宽。同时跟普通的材料相比，它还具有较高的电阻率，因此铂是制作热电阻的较好材料。但由于铂电阻价格较高，因此其主要用于制作标准电阻温度计、校验仪表，或者温度测量精度要求比较高的场合。铂电阻的阻值与温度的关系如下。

在 −200 ~ 0℃ 范围内，铂电阻与温度关系为

$$R_t = R_0[1 + AT + BT^2 + C(T - 100)^3] \tag{5-16}$$

在 0 ~ 850℃ 范围内，铂电阻与温度的关系为

$$R_t = R_0[1 + AT + BT^2] \tag{5-17}$$

式中，R_0 为 0℃时，铂电阻的阻值；R_t 为温度为 T 时铂电阻的阻值；A、B 和 C 为常数，$A = 3.90802 \times 10^{-3}$ / ℃，$B = -5.082 \times 10^{-7}$ / ℃，$C = -4.2735 \times 10^{-12}$ / ℃。由式(5-16)和式(5-17)可知，铂电阻的缺点是其温度系数比较小，价格贵。

2. 铜电阻

铜金属温度系数大，易于加工提纯，价格便宜。在 −50 ~ +150℃ 测温范围内，铜电阻的阻值与温度的关系近似为

$$R_t = R_0[1 + \alpha T] \tag{5-18}$$

式中，R_0 为温度为 0℃时铜电阻的阻值；R_t 为温度为 T 时铜电阻的阻值；α=4.25×10^{-3} / ℃ 为铜电阻温度系数。如式(5-18)所示，其电阻变化率与温度之间线性度高，但铜在温度超过 100℃时容易被氧化，电阻率小，因此铜电阻适合测量温度低、无水分、无侵蚀性介质的温度。

3. 热电阻的三线制接法

在进行温度测量时，热电阻安装在工业现场，而检测仪表安装在控制室，热电阻和控制室之间需要引线相连。引线本身具有一定的阻值，且阻值会随环境温度发生变化，因此引线随意与热电阻串联，容易造成测量误差。

为解决该问题，必须采取相应的测量电路来改善测量准确度。热电阻测量电路大多数采用电桥电路。热电阻三线制连接法：热电阻的一端与一根引线相连，另一端同时连接两根引线。具体热电阻的三线制接法如图 5-19 所示，R_t 是热电阻，r_1、r_2、r_3 为引线电阻，一根引线连接到电源对角线上，另外两根分别接电桥两个相邻臂，选用的三根引线完全相同，所以 r_1=r_2=r_3。

当电桥平衡时，有

$$(R_t + r)R_1 = (R_3 + r)R_2 \tag{5-19}$$

于是可得

$$R_t = \frac{R_2 R_3}{R_1} + (\frac{R_2}{R_1} - 1)r \tag{5-20}$$

从式(5-20)可以看出，只要满足 $R_1 = R_2$，引线电阻 r 在测量中所带来的影响就可以消除。

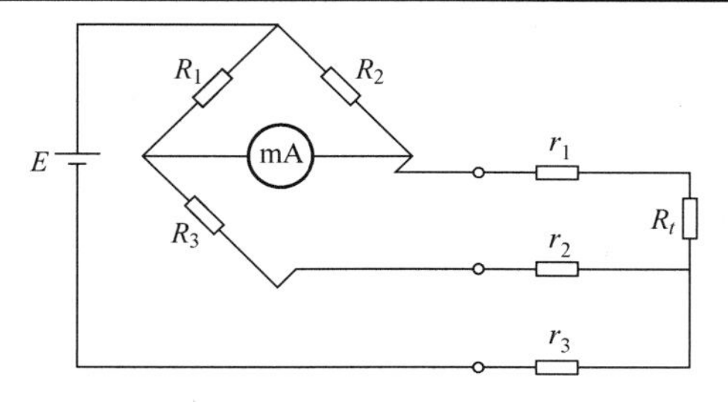

图 5-19　热电阻的三线制接法

4．热敏电阻

热敏电阻的阻值很大，灵敏度很高，其通常由锰、镍、铜、钴、铁等金属氧化物按一定比例混合烧结而成，或者由单晶体半导体制成。热敏电阻有正温度系数、负温度系数和临界温度系数三种。具有负温度系数的热敏电阻主要用于温度检测，具有正温度系数和临界温度系数的热敏电阻主要利用其阻值在特定温度下急剧变化的性质，构成的温度开关元件。

具有负温度系数的热敏电阻，热敏电阻温度特性如图 5-20 所示，其阻值随温度升高而下降。根据半导体理论，在一定的温度范围内，热敏电阻在温度 T 时的电阻为

$$R_t = R_0 e^{\beta(\frac{1}{T}-\frac{1}{T_0})}$$

式中，R_0 表示温度在 T_0 时热敏电阻的阻值，一般 T_0 取为 25℃；R_t 为温度为 T 时热敏电阻的电阻值；β 为材料的特性系数。

热敏电阻非线性较严重，可用于测温的区间为 −50~300℃，由于材料成分及结构的细微差异都会引起阻值的差异，因此热敏电阻互换性较差。由于热敏电阻电阻率很大，所以不需要拉丝绕制，而直接做成珠状、片状、杆状、薄膜状，具有结构简单、体积小，热响应快、价格便宜等特点，在汽车家电领域有广泛的应用。

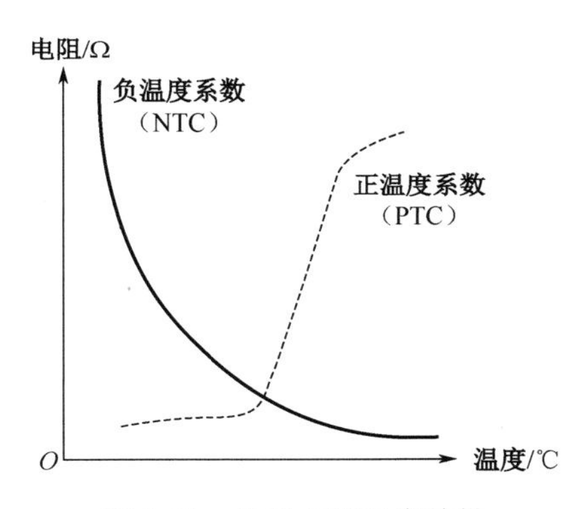

图 5-20　热敏电阻温度特性

5.2.4　集成温度传感器

集成温度传感器是利用晶体管 PN 结的电流电压特性与温度的关系，把敏感元件、放大电路和补偿电路等部分集成化，并把它们封装在一起的温度检测元件。集成温度传感器具有体积小、反应快、线性较好和廉价等优点。但其耐热特性和测温范围仍不如热电偶和导体热电阻，它的测温范围为 −50~150℃，适用于常温测量，如家用电器的热保护和温度的显示与控制。它在工业过程控制中主要用于温度补偿，不在主体传感器之列。

集成温度传感器按信号输出形式可分为模拟输出和数字输出两种类型，其中模拟输出型又分为电压输出型和电流输出型，数字输出型可分为开关输出型、并行输出型、串行输出型等几种不同的形式。电压输出型的优点是直接输出电压，且输出阻抗低，易于读取或控制电路接口。电流输出型和数字输出型的优点是输出阻抗极高，可以简单地使用双绞线进行数百米远的信号传输而不必考虑信号损失和干扰问题。

（1）电压输出型。

电压输出型集成温度传感器常见的有 LM135/LM235/LM335 系列，它们的工作温度范围分别

为–55~150℃、–405~125℃、–10~100℃。传感器外部有三个端子，一个接正电源电压，一个接负电源电压，第三个端子为调整段，用于传感器进行外部标定。

（2）电流输出型。

电流输出型集成温度传感器的典型代表是 AD590，它输出的电流值与绝对温度成比例，测温范围为–55~150℃。作为一种高阻抗电流源，AD590 具有标准化的温度特性，并具有良好的互换性。

（3）数字输出型。

典型的数字输出型集成温度传感器是 DS1820，其全部模拟电流和数字电路都集成在一起，外形像一只三极管，三个引脚分别是电源、地线和数据线。这种由单片集成电路构成的温度传感器使用方便，测温范围为–55~125℃，分辨率为 0.5℃。

5.3　流量检测及仪表

流量是过程控制中的重要参数。例如，在许多工业生产中，需测量和控制流量来确定物料的配比和消耗，以实现生成过程的自动化和最优化。在具有流动介质的工艺流程中，物料（如气体、液体或粉料）通过管道在设备间传输和配比，直接关系到生产过程的物料平衡和能量平衡。同时，为了进行经济核算，还需要知道一段时间内流过的介质总量。所以，流量检测是判断生产状况、衡量设备运行效率、评估经济效益的重要指标。

5.3.1　流量的基本概念

流量一般是指单位时间内流过管道某一截面的流体数量，即瞬时流量。流量可以用质量表示，也可以用体积表示。质量流量是指单位时间内流过管道某一截面的流体的质量（常用 Q_m 表示）；体积流量是指单位时间内流过管道某一截面的流体的体积（常用 Q_v 表示）。常用的流量计量单位有 kg/s（千克/秒）、t/h（吨/小时）、L/s（升/秒）、m^3/s（立方米/秒）。

质量流量和体积流量之间的关系为

$$Q_m = Q_v \rho \text{ 或 } Q_v = \frac{Q_m}{\rho} \tag{5-21}$$

式中，ρ 为流体密度。必须注意，密度是随温度、压力变化的，在换算时应予以考虑。

除瞬时流量外，把某一段时间内流过管道的流体流量的总和称为总量。总量与瞬时流量的关系可表示为

$$\begin{cases} Q_{m总} = \int_{t_1}^{t_2} Q_m(t)\mathrm{d}t \\ Q_{v总} = \int_{t_1}^{t_2} Q_v(t)\mathrm{d}t \end{cases}$$

流量的测量方法有很多，按原理可分为节流式、速度式、容积式、电磁式等，它们各有一定的适用场合。

5.3.2　椭圆齿轮流量计

椭圆齿轮流量计是利用两个相互啮合的椭圆形齿轮在流体的推动下，连续转动来测流量的。椭圆齿轮流量计结构如图 5-21 所示。

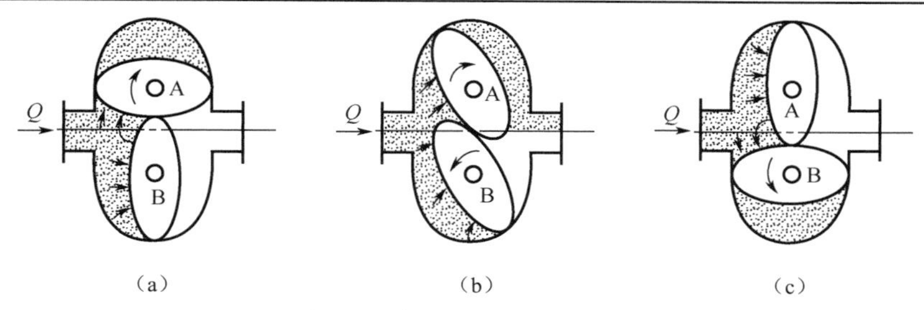

图 5-21　椭圆齿轮流量计结构

当流体要流过椭圆齿轮时，进口侧压力 p_1 大于出口侧压力 p_2，在此压力差的作用下，产生作用力矩使椭圆齿轮转动。在图 5-21（a）所示位置时，A 轮左下侧压力大，右下侧压力小，流体产生的力矩推动 A 轮做顺时针转动，并把 A 轮与壳体间半月形测量室内的液体排出，同时带动 B 轮转动；在图 5-21（b）所示位置时，A、B 轮都有转动力矩，继续转动，并逐渐将 B 轮与壳体间的半月形测量室充满流体；当到达图 5-21（c）所示位置时，A、B 轮都转动了 1/4 周期，排除了一个半月形容积的液体。此时，由于 B 轮左上侧压力大，右上侧压力小，于是又产生了上述转动过程。椭圆齿轮转动一周，便向出口排除四个半月形容积的液体。故通过椭圆齿轮流量计的流体流速为

$$Q_v = 4nV_0 \tag{5-22}$$

式中，n 为单位时间内齿轮的转动次数；V_0 为半月形测量室的液体。

由于椭圆齿轮流量计是直接按照固定的容积来计算流体流速的，所以测量精度与流体的流动状态无关。由于齿轮间隙的存在，除了半月形测量室有流体排出，齿轮间隙也会泄漏少量流体，造成测量误差。因此，被测流体的黏度越大，齿轮间隙中的泄漏量越小，测量误差越小，特别适合高黏度流体的测量。

椭圆齿轮流量计测量精度高，最高可达±0.1%，常用作标准及精密测量。但它要求使用温度不能过高，否则可能使齿轮膨胀卡死，并且被测流体中不能含有固体颗粒，否则会引起齿轮磨损以至损坏。

5.3.3　涡轮流量计

涡轮流量计是利用置于流体中涡轮的转速与流体速度成比例的关系，通过测量涡轮的转速来间接测得通过管道的体积流量。涡轮流量计结构如图 5-22 所示。

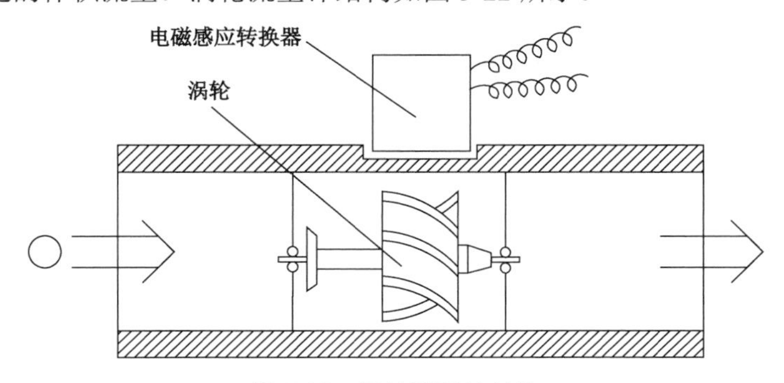

图 5-22　涡轮流量计结构

涡轮安装在非导磁材料制成的水平管道内，当涡轮受到流体冲击而旋转时，由导磁材料制成的涡轮叶片通过电磁感应转换器中的永久磁铁时，由于磁路中的磁阻发生周期性变化，从而在感

应线圈内产生脉冲电动势，经放大整形后，可获得与流量成正比的脉冲频率信号作为流量测量信息，再根据脉冲总数便可计算出流量信息。

流体流过涡轮时，涡轮转动角速度 w 与流体流速 v 的关系为

$$w = \frac{\tan\beta}{r} v \tag{5-23}$$

式中，β 为涡轮叶片对轴线的倾角；r 为叶片的平均半径。

涡轮旋转时，每当叶片经过磁铁下面就会改变磁路的磁通量，磁通量变化使感应线圈感应出电脉冲。在一定流量范围内，产生的电脉冲信号的频率为

$$f = \frac{w}{2\pi} Z \tag{5-24}$$

式中，Z 为涡轮叶片数。而管道内流体的体积流量为

$$Q_{\mathrm{v}} = Sv \tag{5-25}$$

式中，S 为涡轮处的有效流通面积。根据上述关系式可得

$$f = \frac{Z \cdot \tan\beta}{2\pi r S} Q_{\mathrm{v}} = N Q_{\mathrm{v}} \tag{5-26}$$

式（5-26）表明，在流量计中每通过单位体积的流体，便会产生 N 个电脉冲信号，N 又称为仪表常数。配以脉冲计数器便可计算出一段时间内的流体总量。

涡轮流量计线性度好，反应灵敏，测量精度高（可达 0.5 级），耐高压（静压可达 50MPa），输出信号为频率信号，不易受干扰，便于远传。但要求流体清洁，安装时，应加装过滤器，且前后要有一定的直管段（上游直管段不小于管径的 10 倍，下游直管段不小于管径的 5 倍）。

5.3.4 靶式流量计

靶式流量计是基于障碍物（靶）正面承受流体冲击力 F 来测试流量的仪表。这类仪表在测试过程中，将靶悬在管道中央。靶在流体中受到的冲击力 F，通过以硬性橡胶模为支点的连杆传出，由力变送器转换为电信号，靶式流量计结构如图 5-23 所示。

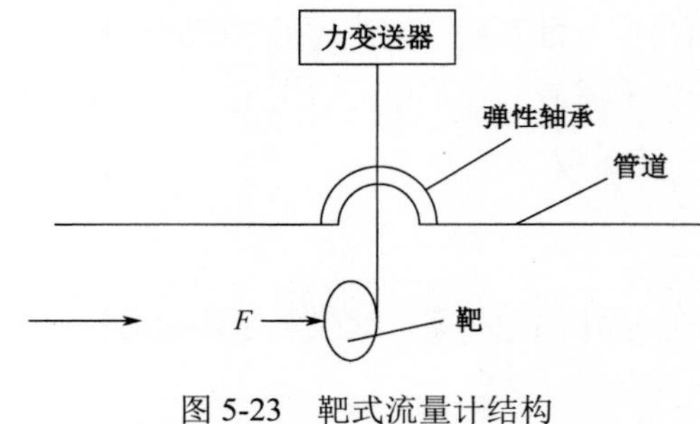

图 5-23 靶式流量计结构

经理论分析与实践，流体作用于靶上的推力 F 与流速 v 的关系为

$$F = kS_{\mathrm{d}} \frac{\gamma}{2g} v^2$$

式中，k 为靶的推力系数；S_{d} 为靶的面积；γ 为流体相对密度；g 为重力加速度；v 为靶与管壁间环隙中的平均流速。于是体积流量为

$$Q = S_0 v = S_0 \sqrt{\frac{2gF}{k\gamma S_{\mathrm{d}}}} = \alpha S_0 \sqrt{\frac{2gF}{\gamma S_{\mathrm{d}}}} \tag{5-27}$$

式中，

$$\alpha = \sqrt{\frac{1}{k}}$$

为流量系数，其大小也与很多参数有关，只有当雷诺系数大于10^4时，α 才保持不变；S_0为环形间隙的面积。

靶式流量计与差压式流量计在原理上相似，但由于结构的不同，靶式流量计能应用于高黏度流体，如重油、沥青等的流量测量。此外，由于靶悬于管道中央，污物不易聚集，不像差压式流量计容易被堵塞，因此也适用于有沉淀物、悬浮物的流体测量。靶式流量计的测量精度为2%～3%。

5.3.5　差压式流量计

差压式（也称节流式）流量计是基于流体流动的节流原理，利用流体流经节流装置时产生的压力差而实现流量测量的。它是最成熟、最常用的流量测量仪表之一。差压式流量计通常由节流装置和差压计两部分组成，其中节流装置将被测流量转换成压差信号，差压计将压差转换成电信号。

最常见的是使用孔板节流装置，孔板节流原理如图 5-24 所示。节流装置包括节流件和取压装置，节流件是使管道中流体产生局部收缩的元件，应用最广泛的是孔板，其次是长颈喷嘴、文丘里管等。下面以孔板为例说明节流现象。

只有当流体具备了一定的能量，才能在管道中流动。流动的流体有动能和静压能两种能量形式。因为流体有流动速度，从而具备动能，因为流体有压力，从而具备静压能。动能和静压能在一定条件下可以相互转化，但必须满足能量守恒定律。在流束流经孔板时，由于孔板的阻挡作用，流束开始产生收缩运动，并通过孔板。在流束截面积收缩到最小处，流速达到最大值时，根据流量守恒定律，静压能降至最小值。在水平管道上，设孔板前稳定流动段Ⅰ截面处的流体压力为P_1'、平均流速为v_1，流束收缩到最小截面Ⅱ处的压力为P_2'、平均流速为v_2，根据伯努利方程，有

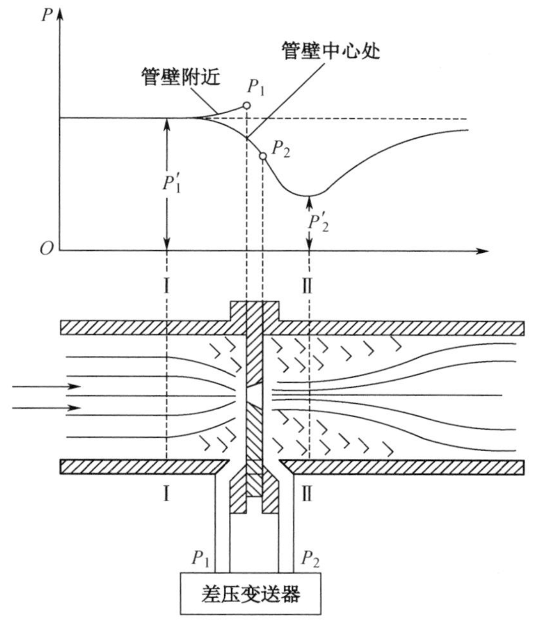

图 5-24　孔板节流原理

$$\frac{P_1'}{\rho_1 g}+\frac{v_1^2}{2g}=\frac{P_2'}{\rho_2 g}+\frac{v_2^2}{2g}+\xi\frac{v_2^2}{2g} \tag{5-28}$$

式中，ξ 表示流体在截面Ⅰ与Ⅱ间的动能损失系数；g 为重力加速度；ρ_1、ρ_2 分别表示流体在截

面Ⅰ和Ⅱ处的密度，如果流体不可压缩，则 $\rho_1=\rho_2=\rho$。

由流体流动的连续性方程可知，流过管道的流体体积流量为

$$Q_v = v_1 S_1 = v_2 S_2 \tag{5-29}$$

式中，S_1、S_2 分别为流体在截面Ⅰ和Ⅱ处的流束截面积，S_1 等于管道的截面积。

联立式(5-28)和式(5-29)可求得

$$v_2 = \frac{1}{\sqrt{1-\left(\frac{S_2}{S_1}\right)^2+\xi}}\sqrt{\frac{2}{\rho}(P_1'-P_2')} \tag{5-30}$$

由于 P_2' 和 S_2 都要在流束截面积最小的地方测量，而它的位置又随流速的不同而不同。因此，若直接按上式计算比较困难。在工程实际测量中，常取紧挨孔板前后的管壁压差（P_1-P_2）代替（$P_1'-P_2'$），它们之间的关系引用系数 φ 加以修正

$$\varphi=\frac{P_1'-P_2'}{P_1-P_2}$$

为简化算式，引入截面收缩系数 μ 和孔板口对管道的面积比系数 m

$$\mu=\frac{S_2}{S_0},\quad m=\frac{S_0}{S_1}$$

式中，S_0 表示孔板开孔的面积。将这些关系代入式(5-30)，得

$$v_2=\sqrt{\frac{\varphi}{1-\mu^2m^2+\xi}}\sqrt{\frac{2}{\rho}\left(P_1-P_2\right)}$$

代入体积流量式(5-29)中，有

$$Q_v=v_2S_2=v_2\mu S_0=\mu S_0\sqrt{\frac{\varphi}{1-\mu^2m^2+\xi}}\sqrt{\frac{2}{\rho}\left(P_1-P_2\right)} \tag{5-31}$$

令

$$\alpha=\mu\sqrt{\frac{\varphi}{1-\mu^2m^2+\xi}}$$

式中，α 为流量系数。这样

体积流量
$$Q_v=\alpha S_0\sqrt{\frac{2}{\rho}\left(P_1-P_2\right)} \tag{5-32}$$

质量流量
$$Q_m=\rho Q_v=\alpha S_0\sqrt{2\rho\left(P_1-P_2\right)} \tag{5-33}$$

由以上分析可知，在一定条件下，流体的流量与节流元件前后的压差平方根成正比。因此可用差压变送器测量这一压差，经开方运算后得到流量信号。将差压变送器和开方器结合在一起，称为差压流量变送器，可直接与节流装置配合，输入压差信号，输出流量信号。

流量系数 α 和以下多个因素有关。

（1）流量系数的大小和节流装置的形式、孔口对管道的面积比 m 及取压方式密切相关，因此节流元件和取压方式都必须标准化。

（2）流量系数的大小与管壁的粗糙度、孔板边缘的尖锐度、流体的黏度、温度及可压缩性

相关。

（3）流量系数的大小与流体流动状态有关。流体力学中常用雷诺数 Re 反映流体流动的状态。

$$Re = \frac{vD\rho}{\eta}$$

式中，v 为流速；D 为管道内径；ρ 为流体密度；η 为流体动力黏度；Re 是一个无因次量。对于一般流体（水、油等），$Re \leqslant 2320$，流动状态为层流；$R > 2320$，流动状态为湍流。只有流体达到充分湍流时，流量系数 α 才是与流动状态无关的常数。对于差压式流量计，流量系数 α 在雷诺数大于 10^5 时才保持常数。

由于流量系数与多种因素有关，所以标准节流装置有一定的使用条件：

- 流体应当清洁，充满圆管并连续稳定地流动；
- 流体的雷诺数为 104～105，不发生相变；
- 管道必须是直的圆形截面，直径大于 50mm；
- 为保证流体在节流装置前后为稳定的流动状态，在节流装置的上、下游必须配置一定长度的直管段。

5.3.6　转子流量计

在工业生产中经常遇到小流量的测量，流体的流速低，要求测量仪表有较高的灵敏度，才能保证一定的精度。差压式流量计对管径小于 50mm、低雷诺数的流体的测量精度不高。而转子流量计则特别适用于测量管径 50mm 以下管道的流量，测量的流量可小到每小时几升。

转子流量计是由一根截面积自下而上逐渐扩大的垂直锥形管和一个可以上下自由浮动的转子组成的，转子流量计结构如图 5-25 所示。当被测流体自下而上通过，流过由锥形管和转子形成的环隙时，由于转子的存在而产生节流作用，转子上下端形成静压力差，所以转子受到一个向上的力，当该力等于转子的重力时，转子便悬浮在测量管中某一位置。如果流量增加，那么流体环隙的流体平均流速会增大，转子上下端静压差增大，转子所受向上的力增大，使转子上升，导致环隙增大，即流通截面积增大，从而使流过此环隙的流速变慢，静压差减小。当作用在转子上的力重新达到平衡时，转子又稳定在新的位置上。为了使转子在锥形管中移动时不碰到管壁，通常可采用如下两种方法：一种方法是在转子侧面开几条斜形槽沟，流体流经转子时，作用在斜槽上的力使转子绕流束中心旋转，使得转子居中稳定；另一种方法是在转子中心加一个起导向作用的导向杆，使转子只能在锥形管中心线上下运动。

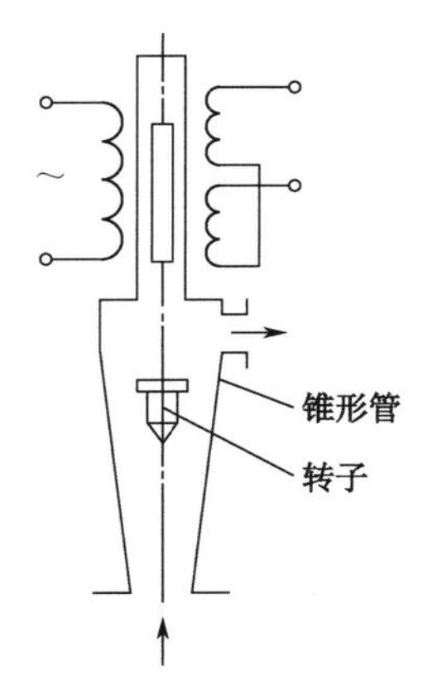

图 5-25　转子流量计结构

转子平衡条件是压差 ΔP 产生的向上的推力等于转子的重力，即

$$S \cdot \Delta P = (\rho_z - \rho_f) gV$$

式中，S 为转子的最大横截面积；ρ_z 为转子材料的密度；ρ_f 为被测流体密度；g 为重力加速度；V 为转子的体积。这些参数均为常数，故转子平衡时 ΔP 必为恒定值

$$\Delta P = \frac{(\rho_z - \rho_f) gV}{S} \tag{5-34}$$

由于转子属于节流元件，故流量的计算公式也符合流量关系式

$$Q_v = \alpha S_0 \sqrt{\frac{2}{\rho_f} \Delta P} \tag{5-35}$$

式中，S_0 为锥形管环隙的流通面积。由于锥形管自下而上逐渐扩大，因此 S_0 与转子浮起的高度 h 有关

$$S_0 = kH \tag{5-36}$$

将式(5-34)、式(5-36)代入式(5-35)中，有

$$Q_v = \alpha S_0 \sqrt{\frac{2}{\rho_f} \Delta P} = \alpha kH \sqrt{\frac{2(\rho_z - \rho_f) gV}{\rho_f S}} \tag{5-37}$$

可见流量 Q_v 与转子的高度成正比。故可从转子的平衡位置直接读出流量的数值，或者用转子带动铁芯在差动变压器中移动，差动变压器将转子位置转换为电信号，放大后输出。

5.3.7 电磁流量计

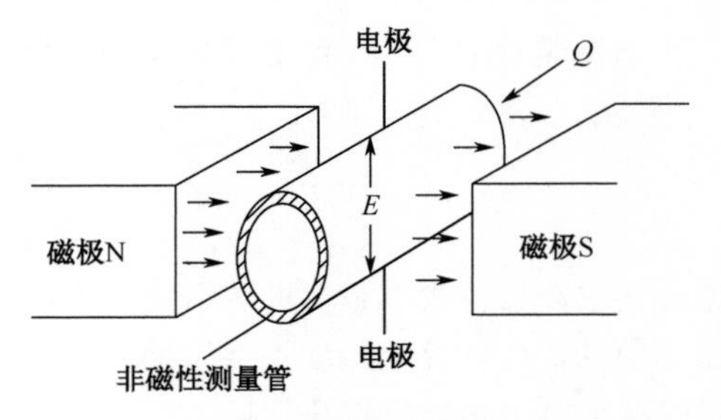

图 5-26 电磁流量计结构

电磁流量计是基于电磁感应原理工作的流量测量仪表。根据电磁感应定律，导体在磁场中做切割磁力线运动时会产生感应电动势，感应电动势方向可由右手定则确定。电磁流量计结构如图 5-26 所示，根据这一原理，电磁流量计主要由内衬绝缘材料的非磁性测量管、上下相对安装的一对电极、左右安装的磁极 N 和 S 组成。三者两两垂直，当具有一定电导率的液体在垂直于磁场的非磁性测量管内流动时，液体中会产生感应电动势 E，其值为

$$E = BDv$$

式中，B 为管道内磁感应强度；D 为管道内径，也就是切割磁力线的导线长度；v 为管道内流体的平均流速。由产生的感应电动势测得管道内液体的流速，于是体积流量为

$$Q_v = \frac{\pi D^2}{4} v = \frac{\pi D}{4B} E = kE \tag{5-38}$$

式中，k 为仪表常数。可见，流量与感应电动势的大小成正比。在实际的电磁流量计中，流量电动势很小，只有几毫伏到十几毫伏，为了避免电极在直流电流作用下发生极化作用，同时也为了避免接触电动势等直流干扰，管道内的磁铁都使用交流励磁。获得的流量电动势也是交变的，经过交流放大、转换成直流信号输出。

电磁流量计常用于测量各种导电液体的流量，如酸、碱、盐溶液等，且被测液体的电导率应不小于水的电导率（$100\mu\Omega/\text{cm}$），不能测量气体和油类介质的流量。输出信号与流量之间的关系不受流体的物理性质（如温度、压力、黏度等）变化和流动状态的影响。电磁流量计特别适合测量含有固体颗粒、悬浮物或纤维的流体，但易受外界电磁场的干扰，测量精度可达 0.5 级。

5.3.8 旋涡式流量计

旋涡式流量计又为涡街流量计，其测量方法是基于流体力学中的卡曼涡街原理。把一个旋涡发生体（如圆柱体、三角柱体等非流线型对称物体）垂直插在管道中，当流体绕过旋涡发生体时会在其左右两侧后方交替产生旋涡，形成旋涡列，且左右两侧旋涡的旋转方向相反。旋涡在行进过程中逐渐衰减直至消失。由于这两排旋涡很像街道两边的路灯，故称之为“涡街”，又因为该现

象由卡曼（Karman）发现，故也称为“卡曼涡街”。旋涡发生原理如图 5-27 所示。

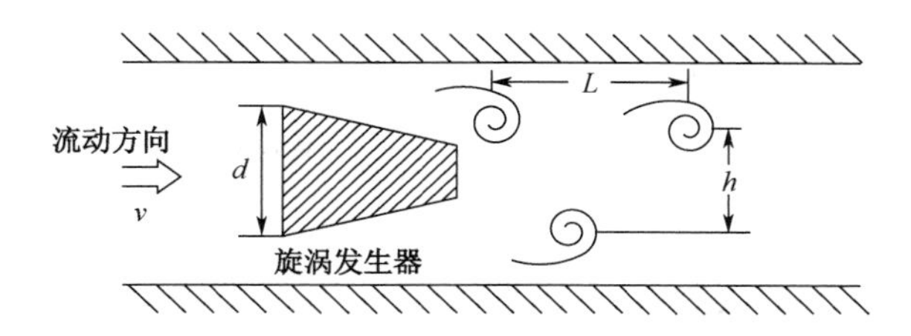

图 5-27　旋涡发生原理

由于旋涡之间相互影响，旋涡列一般不稳定。根据卡曼研究，只有当产生的旋涡排成两列，并且两列旋涡之间的宽度 h 与同列两相邻旋涡的距离 L 之间满足 $h/L=0.281$ 时，非对称旋涡列才能保持稳定。此时旋涡的频率 f 与流体的平均流速 v 和旋涡发生体的宽度 d 的关系为

$$f=S_{\mathrm{t}}\frac{v}{d}$$

式中，S_{t} 称为斯特劳哈尔（Strouhal）系数，它与旋涡发生体的形状及旋涡发生体与管道尺寸的比例有关，还与流体流动的状态有关。目前常用的旋涡发生体有圆柱体、三角柱体和方柱体。圆柱体压力损失小，但旋涡偏弱；三角柱体旋涡强烈，压力损失稍大；方柱体旋涡强烈，压力损失较大。

若管道的流通面积为 A，则体积流量为

$$Q_{\mathrm{v}}=Av=A\frac{d}{S_{\mathrm{t}}}f=kf \tag{5-39}$$

式中，k 为比例常数。可见，体积流量 Q_{v} 与旋涡频率 f 成正比，只要测出旋涡频率便可知道体积流量。

旋涡频率的检测方法有热敏式、电容式、应力式、超声式、光纤式等多种。图 5-28 所示为热敏式检测法的原理。

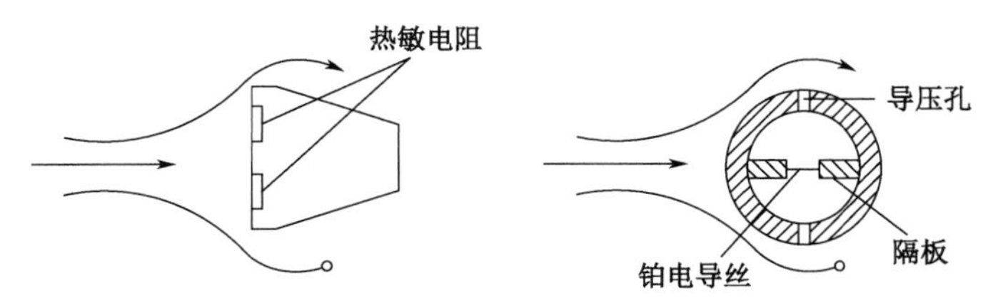

图 5-28　热敏式检测法原理

在旋涡发生体两侧交替产生旋涡时，其两侧流体的流速和压力会周期性变化。在三角柱体内腔正面两侧粘贴两个半导体热敏电阻，通以恒定电流，热敏电阻自身温度会升高，主要依靠外侧的流体降温。当某一侧产生旋涡时，流体的流速较低，使得该侧热敏电阻散热较慢，温度较高，阻值比另一侧热敏电阻阻值低。把这两个热敏电阻接成电桥的两臂，便可以由桥路获得与旋涡频率相同的脉冲信号。

同样，也可在圆柱体的内腔安置一个由铂丝烧制而成的电阻，通以恒定电流，产生的热量使圆柱体内腔的温度比腔外的温度高（一般控制在 20℃左右）。当某一侧产生旋涡时，流体的流速较低，静压比另一侧高，使一部分流体由导压孔进入内腔，向未产生旋涡的一侧流动，经过铂电阻带走热量，使铂电阻温度降低，阻值减小，随后旋涡离去，铂电阻温度又逐渐回升。这样，每

产生一个旋涡，铂电阻变小一次，把这个铂电阻接成电桥的一臂，便可由电桥产生与旋涡频率相同的脉冲信号。

因为涡街流量计测量管内无可动元件，所以其工作可靠，压力损失比较小；测量精度较高，可达 1 级；测量范围大，量程比可达 10∶1；特别适用于测量气体、液体和蒸汽介质的流量，其测量几乎不受流体参数（温度、压力、密度、黏度）变化的影响。

为保证流量测量的准确性，要求管道内流体流速分布均匀，因此要在旋涡发生体上游有管道直径 20 倍、下游有管道直径 5 倍长度的直管段。

5.3.9 超声波流量计

超声波流量测量属于非接触式测量，当超声波在流体中传播时，会载有流体流速的信息。因此，对收到的超声波信号进行分析计算，便可检测到流体的流速，进而可得流量值。根据测量物理量的不同，可以分为时差法、相差法、频差法。

1. 时差法

时差法测量原理如图 5-29 所示，声波在静止流体中的传播速度与流动流体中的传播速度不同。当声波与流体流动方向相同时，声波传播速度增大，相反时声波传播速度减小。

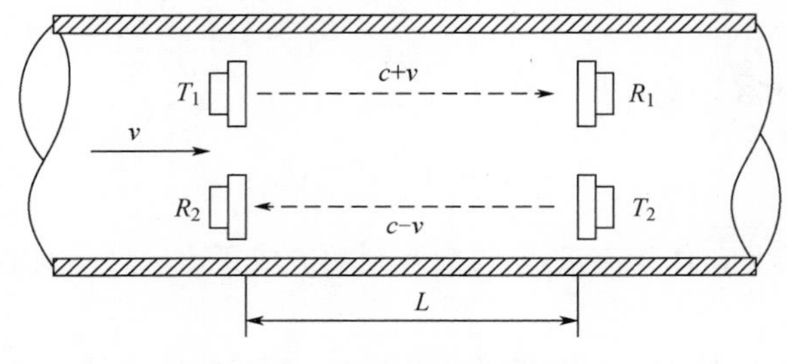

图 5-29　时差法测量原理

若在管道中安装两对声波传播方向相反的超声波换能器。当换能器发射端 T_1、T_2 发出声波时，经过 t_1、t_2 时间后，接收器 R_1、R_2 分别收到声波。它们之间的关系如下

$$t_1 = \frac{L}{c+v}$$

$$t_2 = \frac{L}{c-v}$$

两者时间差为

$$\Delta t = t_2 - t_1 = \frac{2Lv}{c^2 - v^2} \approx \frac{2Lv}{c^2}$$

由于一般工业流体的流速 v 远小于超声波在静止流体中的传播速度 c，因此上式分母中的 v^2 可以忽略。于是流体流速可近似为

$$v \approx \frac{c^2}{2L}\Delta t \tag{5-40}$$

因此，在 c、L 已知的情况下，测出时间差 Δt 便可求出流体的流速 v。

它通过发射超声波，穿过流动的流体，被接收后，经过信号处理反映出流体的流速，根据流速算出流量。超声波环能器的安装如图 5-30 所示。

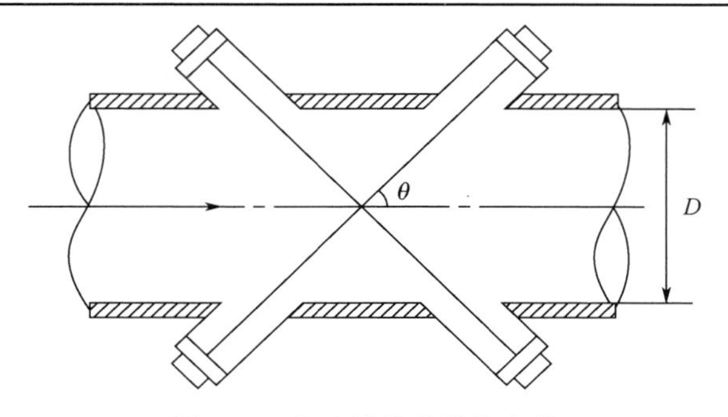

图 5-30　超声波换能器的安装

超声波在流体中的传播方向与管道轴线成θ角，管直径为D，那么式(5-40)中的L变为

$$L=\frac{D}{\tan\theta}$$

式(5-40)写为

$$v=\frac{c^2\tan\theta}{2D}\Delta t \tag{5-41}$$

测得流速，将其乘以管道截面积则可得到流量。但是，由于速度c受到温度变化而变化，且时间差Δt数值很小（$<1\mu s$），所以测量精度难以得到保证。因此，应改进测量方法，使流速计算式与速度c和时间差Δt无关。

2．相差法

相差法是通过测量超声波在顺流和逆流时传播的相位差来得到流速的。在测量时，发射端连续发出频率为f的超声波脉冲，在顺流和逆流发射时收到的信号之间存在相位差$\Delta\varphi=2\pi f\Delta t$，测出相位差便可计算出流速

$$v=\frac{c^2\tan\theta}{4\pi fD}\Delta\varphi \tag{5-42}$$

与时差法相比，相差数值比时差数值略大一些，但算式中仍有速度c，其测量精度仍然受到流体温度的影响。

3．频差法

频差法是根据顺流和逆流时超声脉冲的重复频率差去测量流速的。在一个发射脉冲被接收器接收之后，发射端立即再发送一个脉冲，这样以一定的频率重复发射，对于顺流和逆流重复发送频率为

$$f_1=\frac{c+v}{L}$$

$$f_2=\frac{c-v}{L}$$

其差值为

$$\Delta f=\frac{2v}{L}$$

则流速为

$$v = \frac{L}{2}\Delta f \tag{5-43}$$

由此可见，频差法测量流速不受速度 c 变化影响，因此频差法在流量测量中使用较多。

超声波流量计置于管道外，不与流体直接接触，不影响被测流体的流动状态，被测流体也不会磨损和腐蚀流量计，因此适用范围广。测量液体流量精度可达 0.2 级，测量气体流量精度可达 0.5 级，量程范围可达 20∶1。为避免对流速造成干扰，要求流体清洁，同时，为保证流速均匀，测量管前后也要有足够长的直管段。

5.4　物位检测及仪表

物位是工业生产中重要的参数。通过对物位的检测和控制，保证物料之间的动态平衡，保障生产的正常、安全运行。例如，蒸汽锅炉运行时，如果汽包液位过低，就会危及锅炉的安全，造成严重事故。

5.4.1　概述

物位是指存在容器中物体的高度或位置，主要包括三个方面。

- 液位——容器中液体介质液面的高度。
- 料位——容器中固体物质的堆积高度。
- 界面——两种密度不同、互不相容的液体介质的分界面的高度。

根据检测对象、检测条件和检测环境的不同，物位测量的方法有很多，物位测量可分为下列几种类型。

（1）静压式物位测量。

利用液体或物料对某定点产生的压力随液位高度而变化的原理而工作。静压式物位测量又分为压力式测量和差压式测量。

（2）浮力式物位测量。

利用浮子的高度随液面变化而改变，或者沉浸于液体中的浮筒所受浮力随液位高度而变化的原理工作。

（3）电气式物位测量。

通过将敏感元件置于被测介质中，当物位变化时，敏感元件的电气参数（如电阻、电容、磁场等）随之改变的特性测量物位。典型的检测仪表有电阻式、电容式和电感式等。

（4）核辐射式物位测量。

利用核辐射线穿透介质时，其辐射强度随介质的厚度而衰减的原理测量物位。γ 射线穿透能力强，目前应用较多。

（5）声学式物位测量。

利用超声波在一定状态的物质中传播速度一定的特性，通过测量超声波由发射到返回的时间差推算出物位的高度。

（6）光学式物位测量。

利用物位对光波的遮断和反射原理测量物位。光源有普通白炽灯或激光等。

5.4.2　差压式液位变送器

根据静力学原理，在静止的液体内某一点的静压力与该点以上的液柱高度成正比的关系，利用压力或差压变送器可以方便地测量液柱压力或压差，并将其转换成标准电信号输出。

1．测量原理

差压式液位变送器原理如图 5-31 所示。在容器底部和顶部各引出一根导压管，将差压式液位变送器（简称差压变送器）的正压室与液面底部相连，负压室与容器上方气相相连，分别引入压力 P_1 和 P_2。设容器上部分空间为干燥气体，其压力为 P_0，则

$$P_1 = H\rho g + P_0$$

$$P_2 = P_0$$

此时差压变送器感知到的压差为

$$\Delta P = P_1 - P_2 = H\rho g \tag{5-44}$$

式中，H 为底部取压点以上的液位高度；ρ 为介质密度；g 为重力加速度。

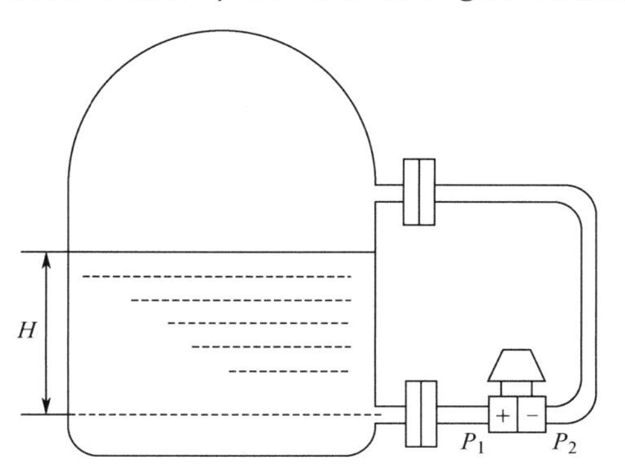

图 5-31　差压式液位变送器原理

因此，当被测介质密度已知时，测得差压变送器的压差即可计算出液位高度。如果被测容器不是密闭的，则其气相压力就等于大气压。此时，差压变送器的负压室不必接引压管，直接通大气，或者直接使用压力变送器即可。若液位信号只做现场指示，不需要远传，也可以在容器底部安装压力表，根据压力 P 与液位 H 成正比的关系，可直接在压力表上按液位进行刻度。

2．零点迁移

采用上述方法测量液位，当液位 H=0 时，变送器输入压差 ΔP=0，差压变送器的输出为零点信号 4mA；当 H 为最高液位时，差压变送器输出为 20mA。即被测参数的零点与测量仪表的输出零点是对齐的，我们称它为零点无迁移。在零点无迁移的情况下读取信号时，无须换算调整。

但在实际测量中，如果容器中的液体具有腐蚀性或有固体颗粒，为了防止变送器被腐蚀或引压管被堵塞，常在变送器正、负压室与取压点之间分别安装隔离罐，并充以隔离液。带隔离罐的液位测量如图 5-32 所示。

若被测介质密度为 ρ_1，隔离液密度为 ρ_2（通常 $\rho_1 < \rho_2$），这时正、负压室的压力分别为

$$P_+ = H\rho_1 g + h_1\rho_2 g + P_0$$

$$P_- = h_2\rho_2 g + P_0$$

差压变送器感受到的压差为

$$\Delta P = P_+ - P_- = H\rho_1 g + h_1\rho_2 g - h_2\rho_2 g = H\rho_1 g - (h_2 - h_1)\rho_2 g \tag{5-45}$$

式中，h_1 为正压室隔离罐液位与变送器的高度差；h_2 为负压室隔离罐液位与变送器的高度差。由

式(5-45)可知，当液位 H=0 时，差压变送器的输入压差信号 $\Delta P = -(h_2 - h_1)\rho_2 g$ 小于零，相应地，差压变送器的输出也小于零点信号 4mA，即液位 H 在 0 至 $(h_2 - h_1)\rho_2 g$ 的范围内都无法在测量仪表中表示。

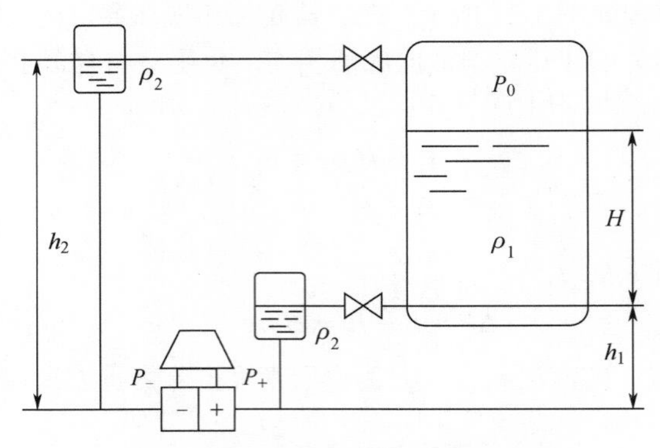

图 5-32　带隔离罐的液位测量

为了使液位的零点和满点能与差压变送器输出的上、下限值相对应，就必须设法抵消固定压差 $-(h_2 - h_1)\rho_2 g$，使得当液位 H=0 时，差压变送器的输出仍回到 4mA；当 H 达到最大高度时，差压变送器输出为 20mA。抵消固定压差实现零点对齐的措施称为零点迁移，既可以通过调整测量仪表的迁移弹簧实现，也可以通过调整仪表电路参数实现。

零点迁移相当于测量范围的平移，它不改变量程大小。根据固定压差的值为正或为负，零点迁移可分为正向迁移和负向迁移。

3．用法兰式差压变送器测量液位

在测量具有腐蚀性或含有结晶颗粒及黏度大、易凝固等液体液位时，为了防止引压管线被腐蚀或堵塞，可以使用法兰式差压变送器。

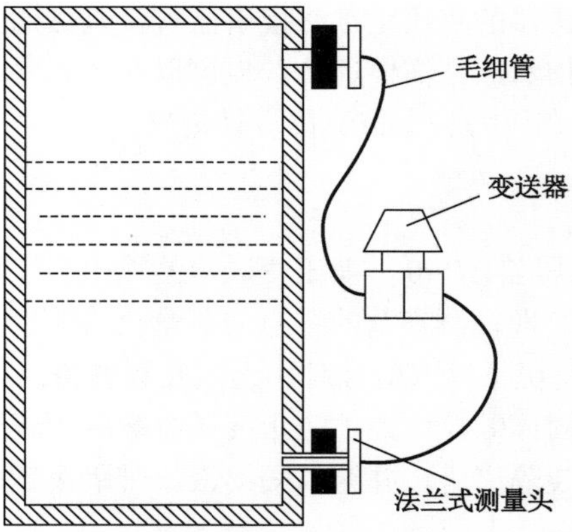

法兰式差压变送器由法兰式测量头、变送器和毛细管三部分组成，如图 5-33 所示。用金属膜片作为法兰式测量头的敏感元件。在膜片、毛细管和测量室所组成的封闭系统内充有硅油，作为传压介质。法兰式测量头安装在容器的导压口处，使被测介质不能进入毛细管与变送器，从而避免了对测量仪器的腐蚀和堵塞。法兰式差压变送器可省去隔离罐，简单易行。

图 5-33　法兰式差压变送器组成

5.4.3　电容式物位变送器

电容式物位变送器是基于圆筒电容器工作的，当电容器极板之间的介质变化时，电容量也相应改变。电容式物位变送器可以测量液位、料位及界位。

圆筒电容器的结构如图 5-34 所示。若在两个同轴圆筒间充满介电系数为 ε 的介质，则两圆筒间的电容量为

$$C = \frac{2\pi\varepsilon L}{\ln\frac{D}{d}}$$

式中，L 为两极板间相互遮盖部分的长度；D、d 分别为外电极和内电极的内径。这样，将电容传感器（探头）插到被测物料底部，由于极板间填充介质改变，所以必然会引起其电容的变化，从而可测量出物位。

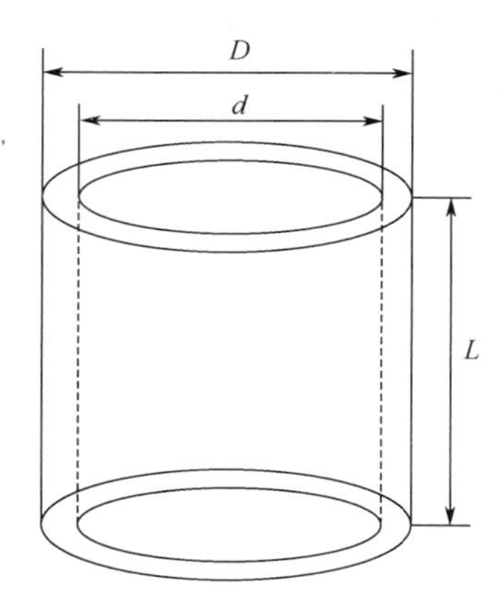

图 5-34　圆筒电容器的结构

1. 液位的检测

测量非导电介质液位的电容式液位变送器由同轴金属套筒作为内电极和外电极构成。非导电介质液位测量如图 5-35 所示，为保证介质能流进电极之间，在外电极上开很多个小孔。

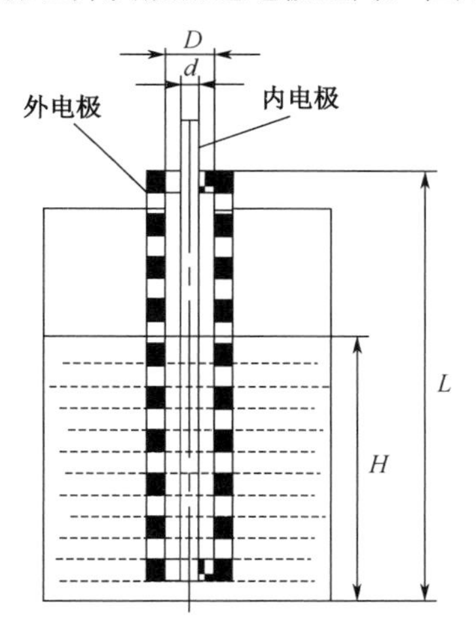

图 5-35　非导电介质液位测量

当液位为零时，两极板间的介质为空气，设其介电系数为 ε_0，此时电容为

$$C_0 = \frac{2\pi\varepsilon_0 L}{\ln\dfrac{D}{d}}$$

当液位为 H 时，电容变为介质分别是空气和待测液体的两个电容的并联。设待测液体的介电系数为 ε，则总电容为

$$C = \frac{2\pi\varepsilon_0 H}{\ln\dfrac{D}{d}} + \frac{2\pi\varepsilon_0\left(L-H\right)}{\ln\dfrac{D}{d}} = \frac{2\pi\left(\varepsilon-\varepsilon_0\right)H}{\ln\dfrac{D}{d}} + \frac{2\pi\varepsilon_0 L}{\ln\dfrac{D}{d}}$$

电容变化量为

$$\Delta C = C - C_0 = \frac{2\pi\left(\varepsilon - \varepsilon_0\right)H}{\ln\dfrac{D}{d}} = kH \tag{5-46}$$

由此可知，电容的变化与液位高度成正比，比例系数k越大，仪表越灵敏。由式(5-46)可知，被测介质介电系数越大，k值越大；电容两极板间距离越小，D与d越接近，k值越大；但由于黏滞液体对电极表面存在黏附作用，造成虚假液位，所以D与d不可太接近。

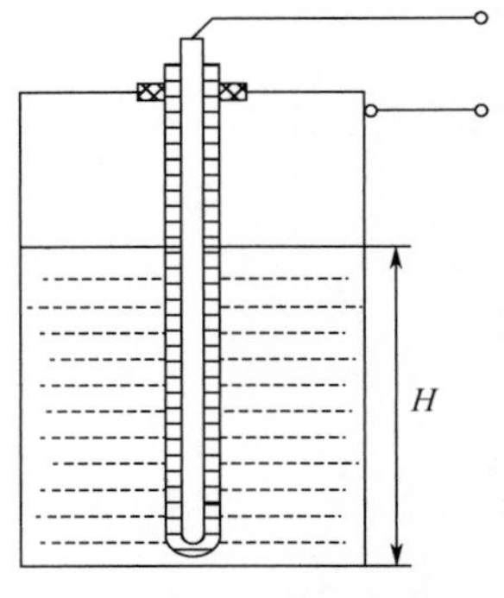

图 5-36　导电介质液位测量

测量导电液体液位时，可用铜或不锈钢料，外面套上塑料管或搪瓷绝缘层插在容器内构成内电极。若容器由金属制成，那么外壳就可作为外电极。导电介质液位测量如图 5-36 所示。

当容器内液位为零时，内外电极之间的介质由空气和棒上的绝缘层构成，所以内外电极之间的电容很小；当液位高度升到H时，其充液部分由于液体的导电作用，相当于将外电极由容器壁移到内电极的绝缘层上，电容大大增加，此时仍然可以推导出液位与电容存在比例关系。

2．料位的检测

用电容法测粉料及固体颗粒时，由于粉料及固体颗粒容易堵塞电极的流通孔，所以一般不用双电极式电极。可用电极棒及容器壁组成电容器的两极来测量非导电固体颗粒料位。

电容式物位变送器的传感部分结构简单、使用方便。电容变化量可用交流电桥测量，也可用充放电电流的方法测量。图 5-37 所示为充放电法测电容。

用振荡器给测量电容C_x加上幅值ΔE和频率f恒定的矩形波，若矩形波的周期T远大于充放电回路的时间常数，则每个周期都有电荷$q = C_x\Delta E$对其充电及放电，用二极管将充电和放电电流检波，可得到平均流速

$$I = \frac{C_x\Delta E}{T} = C_x\Delta Ef \tag{5-47}$$

于是充电或放电的平均电流与物位电容成正比，图 5-37 中微安表的读数可反映物位的高低。

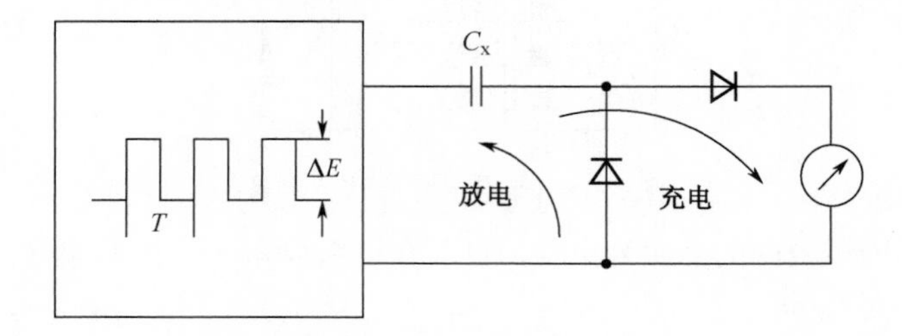

图 5-37　充放电法测电容

使用电容式物位变送器时，应注意介质浓度、温度变化，其介电系数也要发生变化这一情况，以便及时调整仪表。另外，对黏稠的液体应注意其在电极上的黏附，以免影响仪表精度。

5.4.4　超声波液位变送器

超声波在气体、液体和固体介质中以一定速度传播时存在能量的衰减，但其衰减程度不同，在气体中衰减最大，而在固体中衰减最小。当超声波穿越两种不同介质构成的分界面时会产生反

射和折射，且当两种介质的声阻抗差别较大时几乎为全反射。据此特性，超声波液位变送器利用回声测距原理，通过测量超声波遇液面后反射回来的时间来确定液面的高度。

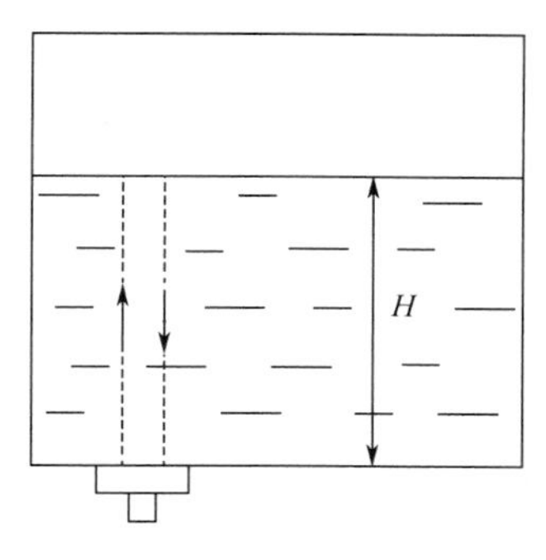

图 5-38　超声波测液位原理

图 5-38 所示为超声波测液位原理。在容器底部安装一个超声波探头，探头上装有超声波发射器和接收器。当发射器向液面发射短促的超声波时，在液体表面反射，反射的回波被接收器接收。通过计时电路测定超声波在液体中来回的时间 t ，则可知液面高度为

$$H=\frac{1}{2}vt \tag{5-48}$$

式中，v 为超声波在液体中的传播速度。

超声波液位变送器与被测介质不接触，因此可以测量强腐蚀、高压、有毒、高黏度液体等特殊液体。它无可动部件，使用寿命长。但被测介质中不能有气泡和悬浮物，液面不可有较大波浪，否则产生的超声波较混乱，容易产生误差。

声速 v 随介质温度变化而变化。常温下声速在空气中的传播速度随温度每升高 1℃增加 0.18%；在水中，常温下温度每变化 1℃，声速变化 0.3%。为提高测量精度，往往需要进行补偿。通常的做法是在超声波液位变送器附近安装一个温度传感器，根据声速和温度的关系进行自动补偿修正。

5.5　成分检测及仪表

所谓成分，是指在多种物质的混合物中某一种物质所占的比例。在工业生产中，成分的检测具有非常重要的意义。一方面，通过对成分的检测，可以了解生产过程中，原料、中间产品及最终产品的成分及其性质，从而直接判断工艺过程是否合理；另一方面，若将成分作为产品质量控制指标，要比对其他参数的控制更加直接有效。例如，对锅炉燃料系统中烟道的氧气、一氧化碳、二氧化碳等成分的检测和控制，对精馏系统中精馏塔的塔顶、塔底馏出物成分浓度的检测和控制等，都对提高产品质量、降低能耗、防止环境污染等起着直接的作用。对于易燃易爆品、会产生有毒和腐蚀性气体的生产过程，成分的检测控制更是确保了工作人员的安全健康。

成分检测项目繁杂，被检测材料千差万别，因此成分检测仪表原理各不相同，此处只介绍几种在过程控制中常用的成分检测仪表。

5.5.1　红外线气体分析仪

各种不对称结构的双原子或多原子气体分子，由于分子运动和能量跃迁，都具有吸收红外波长的特征，并有相应的吸收系数。红外线气体分析仪正是利用不同气体对不同波长的红外线具有特殊的吸收能力来实现气体成分检测的。因其使用范围宽、灵敏度高、反应快而得到了广泛的应用。

1. 工作原理

可见光是波长为 0.40～0.75μm 的电磁波，红外线是波长为 0.75～1000μm 的电磁波，因其同可见光红光波段相邻，且位于可见光之外，故称为红外线。实验表明，在大部分有机和无机气体中，除具有对称结构、无极性的双原子分子（如 O_2、Cl_2、H_2、N_2）气体和单原子分子（如 He、Ar）气体外，都有特殊的单个或多个红外波段吸收峰，如图 5-39 所示。

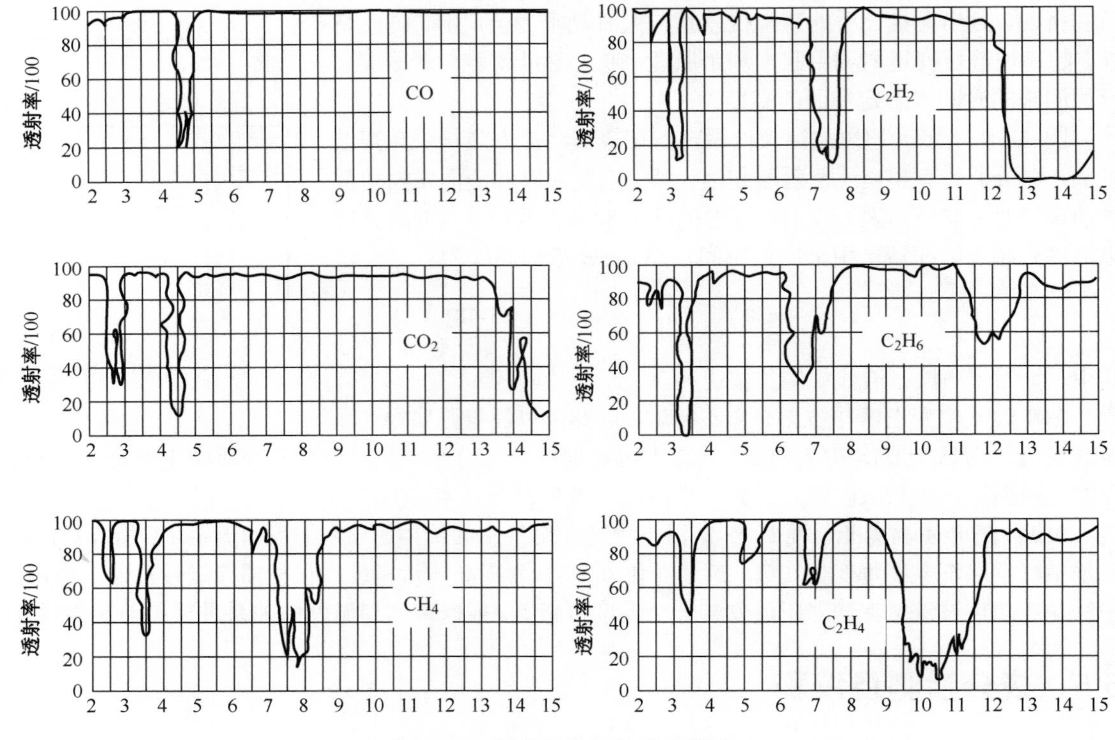

图 5-39　部分气体红外吸收特性

可见，CO 气体对波长在 4.65μm 附近的红外线具有极强的吸收能力，而 CO_2 气体则对波长在 2.78μm 和 4.26μm 两处的红外线具有较强的吸收能力，并称此波段为特征吸收波段。不同的气体具有不同的特征吸收波段。红外线被吸收的数量与吸收介质的浓度有关，当射线进入介质被吸收后，其透过的射线强度随介质的浓度和厚度按指数规律衰减，根据达朗贝尔定律有

$$I = I_0 e^{-\mu \cdot c \cdot l} \tag{5-49}$$

式中，I_0 为入射时的光强；I 为穿透介质时的光强；l 为介质的厚度；c 为吸收介质的浓度；μ 为吸收系数，其值随物质和波长的不同而不同。如果吸收介质厚度很薄、浓度很低，则 $\mu \cdot c \cdot l << 1$，于是式(5-49)可近似为

$$I = I_0 (1 - \mu \cdot c \cdot l) \tag{5-50}$$

当介质的厚度一定时，红外线的吸收衰减率与浓度近似成线性关系。这样，只需测量出以光强为 I_0 的红外线穿透被测介质后的光强 I，便可得知吸收介质的浓度。

2．仪表结构

图 5-40 所示为工业上常用的红外线气体分析仪原理图。恒定光源发出强度为 I_0 的某一特征波长的红外线，经反射镜反射成两束平行的红外线。为了得到交流检测信号，避免直流漂移，用切光片将红外线调制成几赫兹的矩形波。调制后的两束红外线分别进入参比气室和测量气室。参比气室内密封着对红外线完全不吸收的惰性气体，测量气室连续通过被测混合气体。两束红外线经过投射，分别进入薄膜电容接收器的两个接收气室。接收气室内封有高浓度的待测组分气体，能将特征波长的红外线全部吸收，并将吸收的能量转换为接收气室内温度的变化，从而导致压力变化。两接收气室间用弹性膜片隔开，在压力差的作用下膜片变形，称为动片，其和旁边的定片构成可变电容。

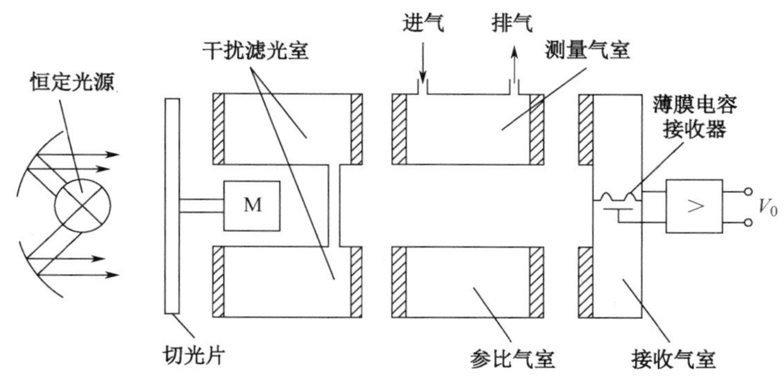

图 5-40　红外线气体分析仪原理图

当通入待测气体时，待测气体会吸收特征波长的红外线，从测量气室透出的光强比参比气室透出的弱，从而导致两个接收气室间出现压力差。动片与定片间距离的变化即为电容容量的变化，测出电容容量变化量，则可知待测组分浓度。

如果被测气体中某种组分与被测组分的红外吸收峰有重叠之处，则其浓度的变化对被测组分的测量造成干扰。为消除其干扰，可在测量气室和参比气室之前分别加设一个干扰滤光室，里面充以高浓度的干扰气体，使两束红外线中，干扰气体可能吸收的能量在这里全部被吸收，不会影响以后的测量。

使用红外线气体分析仪时，必须对待测气体的组成内容有大致的了解，才能准确测量。

5.5.2　氧化锆氧量计

氧化锆氧量计是基于氧浓差电池原理工作的，它由氧化锆探头和变送器两部分组成。氧化锆探头可直接插入管道内进行检测。它将被测气体中氧浓度转换为氧浓差电势，经变送器转换成 1 ~ 5V DC 或 4 ~ 20mA DC 统一标准信号进行显示或远传。它具有高灵敏、高稳定、快速和宽范围的特点，可直接置于恶劣环境中检测含氧量，广泛用于锅炉和窑炉的烟气含氧量的测量。

1．工作原理

氧化锆对含氧量的检测原理是基于它在 800℃以上高温时对氧离子具有良好的传导特性而导致“浓差电池”的生成过程。

图 5-41 所示为氧浓差电池原理图，氧化锆管内装有氧化锆固态电解质，该介质由氧化锆（ZrO_2）、氧化钙（CaO）及氧化钇（Y_2O_3）按一定比例混合而成。此时，四价锆的电子被二价钙或三价钇所置换，形成氧离子空穴。在氧化锆两侧各烧结一层多孔的铂电极就构成了氧浓差电池。

图 5-41 中氧化锆左侧为被测烟道气体，含氧量一般小于 10%，记其氧浓度为 D_{x1}，氧分压为 P_1；右侧为参比气体，如空气，含氧量约为 20.8%，记其氧浓度为 D_{x2}，氧分压为 P_2。当温度超过 800℃时，空穴型氧化锆便成为良好的氧离子导体。此时，氧气以离子的形式从高浓度一侧扩散至低浓度一侧。氧分子从铂电极处得到电子，成为氧离子进入氧化锆空穴，高氧侧铂电极处发生还原反应。

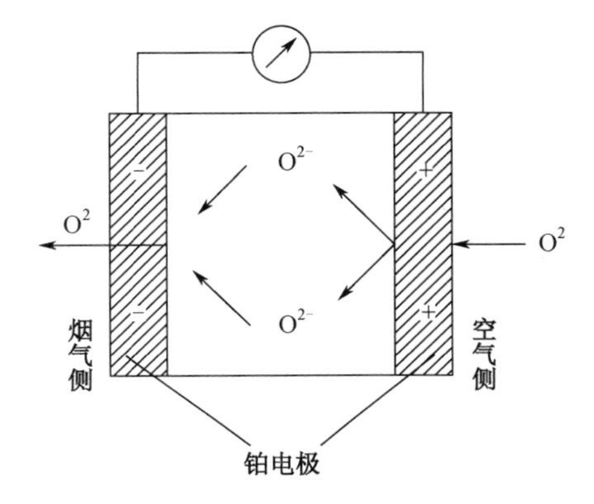

图 5-41　氧浓差电池原理图

$$O^2 + 4e \rightarrow 2O^{2-}$$

高氧侧铂电极因失去电子而带正电，而氧离子通过氧化锆达到低氧侧时，氧离子将电子还给铂电极变成氧分子进入烟气，低氧侧铂电极处发生氧化反应。

$$2O^{2-} \rightarrow O^2 + 4e$$

低氧侧铂电极因得到电子而带负电。只要两侧的氧分压存在差异，上述过程就持续下去，高氧侧铂电极和低氧侧铂电极之间有电动势输出，这就是氧浓差电动势。当温度T=850℃时，根据电化学理论中Nernst方程，氧浓差电动势E为

$$E = \frac{C_R T}{nF} \ln \frac{P_2}{P_1} \tag{5-51}$$

式中，C_R为气体常数；F为法拉第常数；n为一个氧分子携带电子数（n=4）；T为气体绝对温度。

设参比电极侧和被测气体侧的总压力均为P，由于在混合气体中，某气体组的分压力和总压力之比与容积成正比，有

$$\frac{P_1}{P} = \frac{V_1}{V} = D_{x1} \qquad \frac{P_2}{P} = \frac{V_2}{V} = D_{x2}$$

于是式(5-51)可写为

$$E = \frac{C_R T}{nF} \ln \frac{D_{x2}}{D_{x1}} \tag{5-52}$$

由此可见，当其他参数一定时，氧浓差电动势是烟气含氧量的单值函数。此关系稳定的必要条件如下。

（1）温度T恒定在850℃（氧化锆工作的最灵敏温度为850℃左右），氧化锆探头都装有温度控制装置。

（2）参比气体的含氧量恒定，在氧化锆探头安装空气泵，以保证探头内空气含氧量恒定在20.8%左右。

（3）参比气体与被测气体压力相等，这样便可用体积百分比代替氧分压，仪表就可以输出氧浓度信号。

此外，由于氧浓差电动势与烟气含氧量成非线性关系，因此必须经线性化电路处理后，才能得到与被测含氧量成正比的标准信号4～20mA DC。

2．传感器结构

氧化锆探头结构如图5-42所示。氧化锆管的内外侧均烧结一层铂电极层，通过引线与外部显示仪表或变送器相连接；同时内设热电偶与温度控制器相连接，控制加热炉丝的电流大小使探头温度恒定；被测烟气通过陶瓷过滤装置进入测量侧，空气进入参比侧。

氧化锆探头安装形式有直插式和抽吸式两种，如图5-43所示。我国目前生产的大多数产品为直插式探头，安装形式如图5-43（a）所示，将探头直接插入烟道中，其反应速度快，多用于锅炉、窑炉烟气含氧量测量。抽吸式结构如图5-43（b）所示，带有抽气和净化装置，能去除氧气中的杂质和二氧化硫等气体，有利于保护氧化锆管，测量精度高，但反应速度慢，多用于石油、化工生产中。

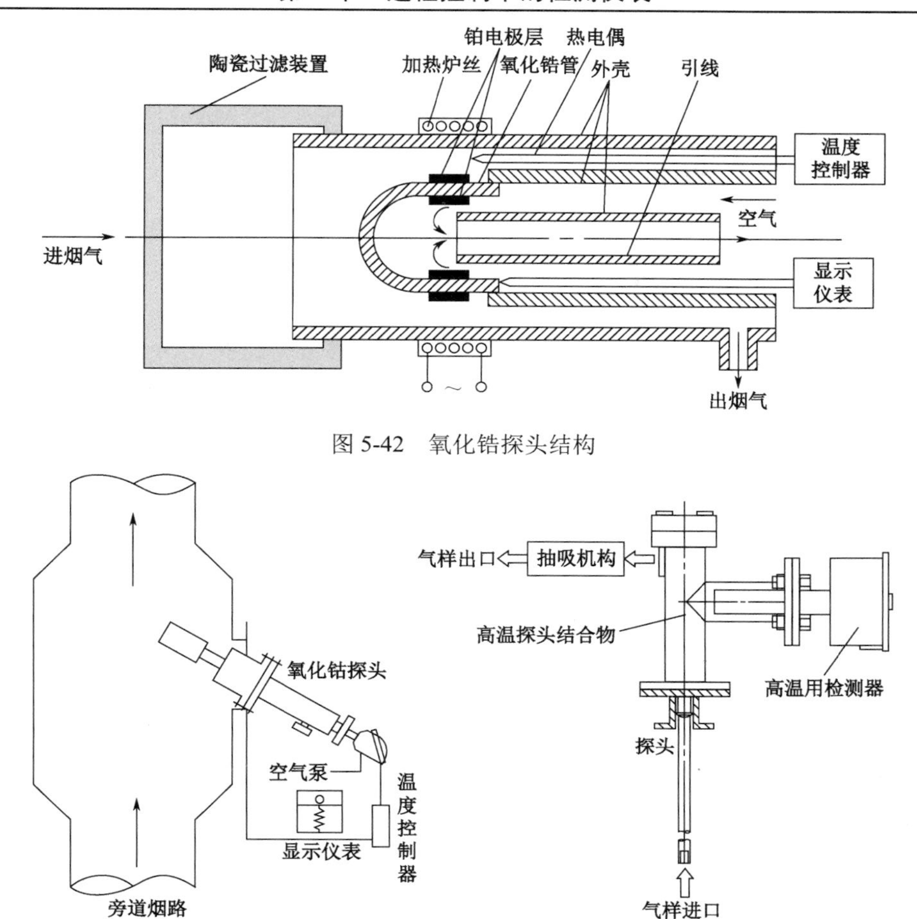

图 5-42　氧化锆探头结构

（a）直插式　　（b）抽吸式

图 5-43　氧化锆探头安装形式

5.5.3　气相色谱分析仪

色谱分析法是近年来迅速发展的一种分离分析技术，其特点是分离能力强、分析灵敏度高、速度快和样品用量少。例如，分析石油产品时，一次可分离分析一百多种组分；在分析超纯气体时，可鉴定出 1ppm（ppm 为浓度单位，表示百万分之一），甚至 0.1ppb（ppb 表示十亿分之一）的组分。因此，色谱分析法目前被广泛应用于石油、化工、电力、医药、食品等生产及科研中。

气相色谱分析仪是利用连续流动的载气（载送试样气的气体，如 H_2 、 N_2 、 Ar 、 He ），将一定量的试样送入色谱柱。由于色谱柱中的填充剂对试样中各个组分有着不同的吸附、脱附、溶解、解析能力，所以在不断流动的载气推动下，试样中各组分在流动相和固定相间进行连续分配，从而把试样中的各组分按顺序分离开来，吸附作用小的组分先被载气带出进入检测器，吸附作用大的各组分后被载气带出进入检测器。检测器将各组分的浓度信号转换为相应的电信号（即谱峰值）在显示仪上按不同的馏出时间记录下来。图 5-44 中所示为混合有 A、B、C 三种气体的混合气体在色谱柱中进行的一次完整的分离分析过程。

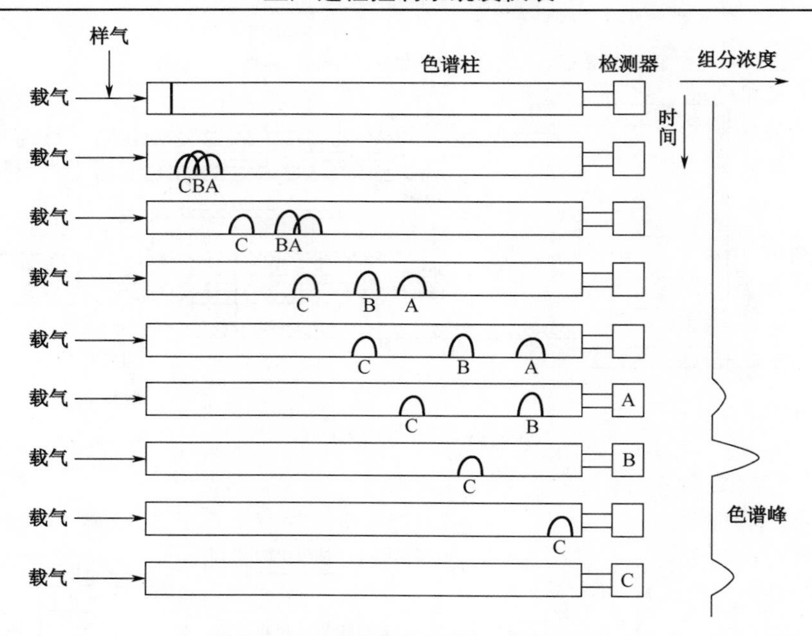

图 5-44　混合物在色谱柱中的分离

色谱柱中的吸附剂是固定不动的，称为固定相；被分析的气体流过吸附剂，称为流动相。不同的材料具有不同的吸附特性。即使同一种吸附剂，当温度、压力、载气种类及加工处理方法不同时，其吸附能力也会不同。根据分析对象的要求，适当选择色谱柱的尺寸及其吸附剂材料。

目前气相色谱分析中使用最多的是热导式检测器和氢火焰检测器。热导式检测器利用电阻丝绕制四只阻值相同的微型电阻。在参比气室和测量气室各放置两只，并接成电桥电路。参比气室的两只电阻和测量气室的两只电阻分别接在相邻桥臂上，并通以恒定电流使电阻体发热至某一温度。参比气室通以载气，测量气室通以由色谱柱分离出来的待测组分。当无待测组分时，两气室通过的均为相同的载气，电桥平衡，其输出电压为零。当有待测组分通过测量气室时，由于其导热率与载气的不同，改变了散热条件，从而其阻值变化，桥路失去平衡，输出电压不为零。经放大器放大，V/I 转换输出 1～5V DC 或 4～20mA DC 统一标准信号，或者在记录仪上记录各组分的百分含量。

氢火焰检测器是利用氢气燃烧被测组分时，被测对象会发生部分电离，进而产生正、负离子的现象，进行组分检测的装置。由于电离产生的电流与被测组分成比例，因此通过设在火焰上下的电极，收集由此产生的微弱电流，可以精确地检测被测组分的含量，这种方法多用于 ppm 级的分析。

思考题与习题

5-1　某台测温仪表测量的范围为 500～1000℃，它的最大绝对误差为±2℃，试确定该仪表的精度等级。

5-2　某一标尺为 0～1000℃的温度计出厂前经校验得到如下数据：

标准表读数/℃	0	200	400	600	800	1000
被校表读数/℃	0	202	404	607	809	1011

求：（1）该表最大绝对误差；

（2）该表精度；

（3）如果工艺允许最大测量误差为±5℃，该表是否能用？

5-3　某压力表的测量范围为 0～10MPa，精度等级为 1.0 级。问此压力表允许的最大绝对误差是多少？若用标准压力计来校验该压力表，在校验点为 5MPa 时，标准压力计上读数为 5.08MPa，问被校压力表在这一点上是否符合 1.0 级精度，为什么？

5-4　分析若选用量程很大的测量仪表来测量值很小的参数会有什么问题？

5-5　热电偶测温时为什么要进行冷端温度补偿？其补偿方法常采用哪几种？

5-6　某 DDZ-Ⅲ型温度变送器输入为 200～1000℃，输出为 4～20mA。当变送器输出电流为 10mA 时，对应的被测温度是多少？

5-7　什么是压力？表压力、绝对压力、负压力之间有何关系？

5-8　有一台 DDZ-Ⅲ型两线制差压变送器，已知其量程为 $20\sim100\text{kPa}$，当输入 40kPa 的压力时，变送器输出分别是多少？

5-9　若被测压力的变化范围为 $0.5\sim1.4\,\text{MPa}$，要求测量误差不大于压力示值的 $\pm5\%$。可供选用的压力表规格有 $0\sim1.6\,\text{MPa}$、$0\sim2.5\,\text{MPa}$、$0\sim4\,\text{MPa}$，精度等级分别为 1.0、1.5、2.5。试选用合适量程和精度的压力表。

5-10 某容器的正常工作压力为 $1.0\sim1.5\,\text{MPa}$，工艺要求就地指示压力，并要求测量误差小于被测压力的 $\pm5\%$，试选择一个合适的压力表（类型、量程、精度等级等），并说明理由。

5-11 体积流量、质量流量、瞬时流量和累计流量的含义分别是什么？

5-12 为什么说转子流量计是定压式流量计，而差压式流量计是变压降式流量计？

5-13 椭圆齿轮流量计的特点是什么？对被测介质有什么要求？

5-14 电磁流量计的工作原理是什么？它对被测介质有什么要求？

5-15 超声波流量计的特点是什么？

5-16 利用差压变送器与标准孔板配套测量管道介质流量。若差压变送器量程为 $0\sim1000\,\text{Pa}$，对应输出信号为 $4\sim20\text{mA DC}$，相应流量为 $0\sim320\text{m}^3/\text{h}$。求差压变送器输出信号为 8mA DC 时，对应的压差值和流量。

5-17 用差压变送器测量某储罐的液体，导出变送器所测出的压差值与液位高度 H 之间的关系。差压变送器的量程为 0～15kPa，$h_1 = 300\text{mm}$，$h_2 = 1200\text{mm}$。介质密度 $\rho_1 = \rho_2 = 1\text{g/cm}^3$。差压变送器零点要不要迁移？如果迁移，迁移量是多少？是正迁移还是负迁移？变送器实际量程范围为多少（设重力加速度 g=9.81m/s^2）？

5-18 用法兰式差压变送器测液位的优点是什么？

5-19 试述电容式物位变送器的工作原理。

5-20 超声波液位变送器适用于什么场合？

5-21 氧化锆氧量计在使用时应注意哪些问题？

5-22 简述气相红外线气体分析仪中滤波气室的作用。

5-23 简述气相色谱分析仪测量原理。

第 6 章　显示变送原理和安全栅

6.1　测量值显示与记录

在生产过程中，操作人员需要时时注意工艺关键参数的变化，因此在被测物理量转换成对应的电信号后，需要将这些电信号转换成操作人员能够识别和观测的指示值。在生产现场有大量仪表来指示工艺关键参数的数值，这类仪表称为显示仪表。本节将讨论显示仪表的工作机制。

6.1.1　动圈式指示仪表基本原理

动圈式指示仪表是一种指示型仪表。它广泛应用于现场设备的温度、压力、流量的指示，但不能用于远距离传输和自动控制。动圈式指示仪表可直接与热电偶、热电阻连接，显示温度，配合差压变送器可以显示压力、物位和流量，是最简单的模拟式指示仪表。动圈式指示仪表实质上是测量电流的仪表，其机构核心部件是磁电式毫安表，动圈式指示仪表结构如图 6-1 所示。动圈由铜丝绕成矩形线圈，用张丝（弹性金属丝）拉紧悬吊于永久磁铁形成的磁场中。利用通电线圈在磁场中受到力矩作用产生偏转，带动指针移动，从而指示出被测参数。

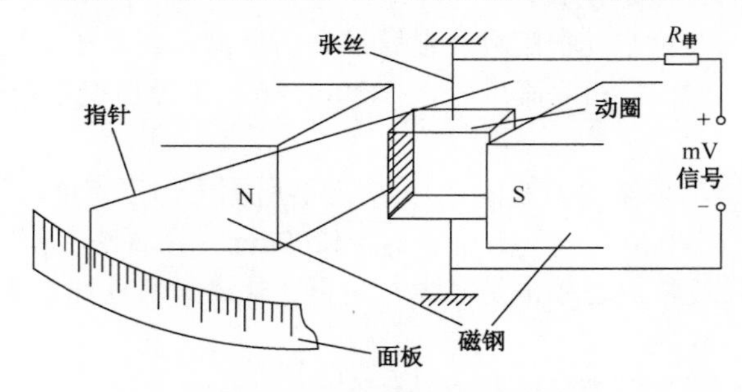

图 6-1　动圈式指示仪表结构

动圈式指示仪表线路简单，因此响应快、动态性能好。但这类仪表因为受到表头精度、环境温度和电源电压稳定度的限制，所以测量精度不高，只能达到 1.0 级。

6.1.2　数字式指示仪表

数字式指示仪表的核心部件是电压信号采集设备，如数字电压表。检测电路将被测物理量转换成电压信号后，经过补偿、放大、线性化、标度变换等环节处理后，转换成标准的直流电压，再通过模数转换成数字量，然后译码和显示。

数字式指示仪表工作原理如图 6-2 所示，它一般由测量电路、前置放大电路、线性化电路、标度变换电路、模数转换电路和显示器等部分组成。

图 6-2 中各部分的功能如下。

（1）测量电路：在温度检测中，如果以热电偶作为传感器，则测量电路包括冷端温度补偿电路、滤波网络；如果以热电阻作为传感器，则测量电路包括直流电桥，将热电阻变换为直流电压。在流量、物位和压力检测中，测量电路为差压变送器的输出电压。

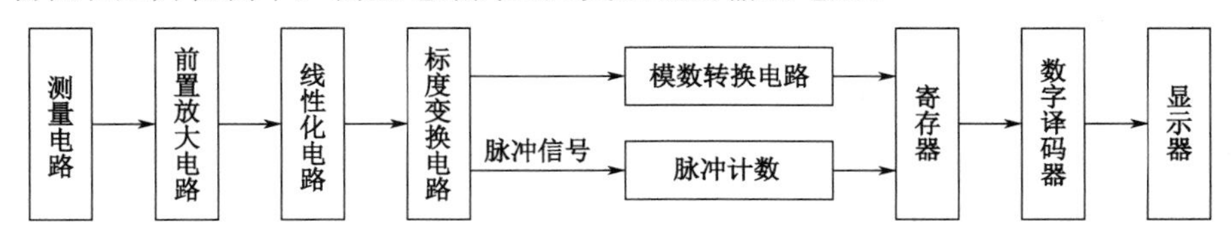

图 6-2　数字式指示仪表工作原理

（2）前置放大器是高灵敏度的测量放大电路。

（3）线性化电路是非线性补偿环节，用来校正如热电偶、热电阻温度特性、差压式流量计特性的非线性。

（4）标度变换电路：测量放大线性化以后的信号范围，它并不等于模数转换电路的输入范围，因此需要将测量信号范围通过标度变换电路将其转变为模数转换电路的输入范围。

（5）模数转换电路将模拟信号转换为数字信号。

（6）数字译码器和显示器将数字信号译成能驱动显示电路的电平信号，并在显示器（数码管液晶显示器或发光二极管）上显示出被测量值。

6.1.3　自动记录原理

自动记录仪能实时记录被测参数。记录的方式分为有纸记录和无纸记录。有纸记录仪是模拟式仪表，如自动平衡电桥式记录仪和自动电位差计式记录仪；无纸记录仪以 CPU 为核心进行数据处理和储存，采用液晶显示或阴极射线管（Cathode-Ray Tube，CRT）显示。

1. 自动平衡电桥式记录仪

此种记录仪采用电桥平衡动作进行测量记录，可以跟热电阻、应变式压力传感器、压阻式压力传感器组成温度、压力、流量、物位测量系统。自动平衡电桥工作原理如图 6-3 所示，它主要由测量电桥、运算放大器、可逆电动机、走纸同步电动机和记录机构等组成。在测量电桥中，可变电阻（如热电阻、应变式电阻或扩散硅电阻）作为电桥的一个臂，参与电桥的平衡。当被测温度在起点值时，测量电桥处于平衡状态，电桥输出 V_{ab} 为零。当可变电阻 R_t 随被测温度、压力、流量、物位改变时，电桥不再保持平衡，输出不平衡电压 V_{ab}。电压 V_{ab} 经过放大电路后，带动可逆电动机转动，调节电位器 RP 上触点的位置，直至电桥趋于平衡，使得 V_{ab} 为零；同时带动指示、记录部件，将记录笔固定在触点上随之移动，同时走纸同步电动机带动记录纸均匀移动，作为实时记录的时间坐标，这样就将测量结果记录保存下来。由上述分析可知，RP 电阻的每个位置，都对应着某个被测温度值。因为这种机构通过自动完成电桥平衡来指示和记录测量结果，所以称为自动平衡电桥。

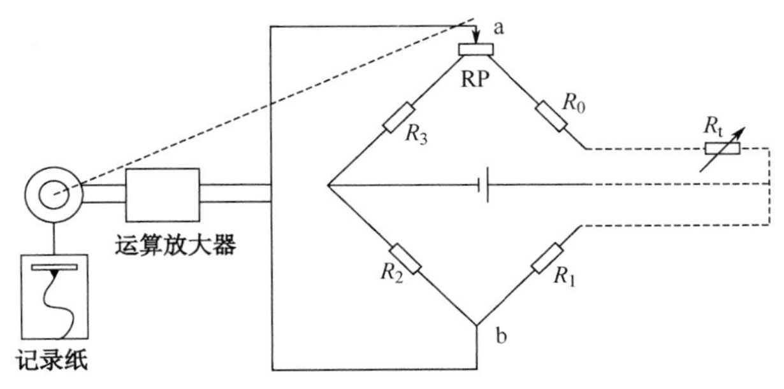

图 6-3　自动平衡电桥工作原理

2. 自动电位差计式记录仪

自动电位差计式记录仪可显示、记录电压信号，可以与热电偶、电容式或压电式压力传感器搭配，组成温度、压力、流量、物位测量系统。与自动平衡电桥式记录仪相比，两者除测量部分不同外，其余部分都相同。自动电位差计式测量电路原理如图 6-4 所示。该测量电路由电桥构成。传感器输出电信号和电桥串联，用电桥输出的不平衡电压 V_{ab} 和传感器输出电动势 V_t 相比较。两者不相等时，其电势差形成信号，驱动电动机转动，从而带动触点在电阻 RP 上移动，使电桥输出电压 V_{ab} 逐渐趋近于传感器输出电动势 V_t，直到两者相等。此时电动机停转，滑动触点在 RP 上的位置，表示被测量的大小。应特别指出，当 $V_{ab}=V_t$ 时，测量回路无电流，连接导线上无压降损失，因此测量精度较高。

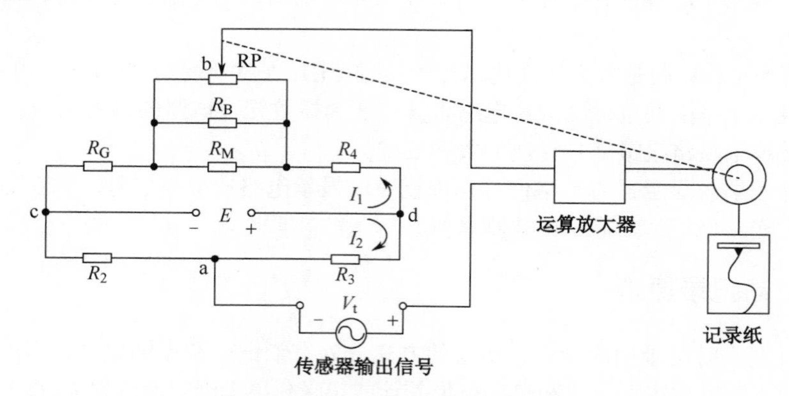

图 6-4　自动电位差计测量电路原理

6.2　电容变送器基本原理

上面介绍的显示与记录仪，通常只能指示、记录和保存测量结果，而很难将测量结果实时转换成标准的电信号，因此很难应用于工业系统的过程控制。传感器可以将需要检测的温度、流量、压力等被测量转换成为相应的电信号变化。传感器对被测量的检测通常有两种表现形式：一种是直接将被测量的变化转换成电压或电流信号，如热电偶测试温度、流量测试等；另一种是将被测量的变化转成电阻或电容等间接物理量的变化，如压力、物位测试。由于这些电信号和间接物理量不是标准信号，因此它们并不能直接用于生产设备的控制或生产过程的监测。变送器的作用就在于将检测到的电信号转换成标准信号或便于观察的显示信息。对于间接物理量的测试，本节重点介绍对电容变化的变送原理。

6.2.1　交流电桥变送原理

在压力、物位的测试过程中，被测量的变化常常会转换成电容的变化，因此如何测量电容，进而将电容变化量转换成为电信号，是生产过程控制中的重要问题。通常利用交流电桥对被测电容进行充放电，通过测量充放电电流或电压来计算电容是较为常用的一种电容测量方法。

图 6-5 所示为充放电法测电容的原理。在该电容测试电路中，用振荡器产生幅值为 ΔV 和频率为 f 的矩形波，并将该矩形波加到测量电容 C_x 两端，其中矩形波的周期 T 远大于充放电回路的时间常数，若每个周期都有电荷 $q=C_x\cdot\Delta V$ 对电容 C_x 充电及放电，则用二极管将充电和放电电流检波，可得到平均流速

$$I = \frac{C_x \cdot \Delta V}{T} = C_x \cdot \Delta V \cdot f \tag{6-1}$$

于是充电或放电的平均电流与电容大小成正比，然后，应用微安表读取电流的大小，即可检测电容的大小，进而获得被测量的数值。

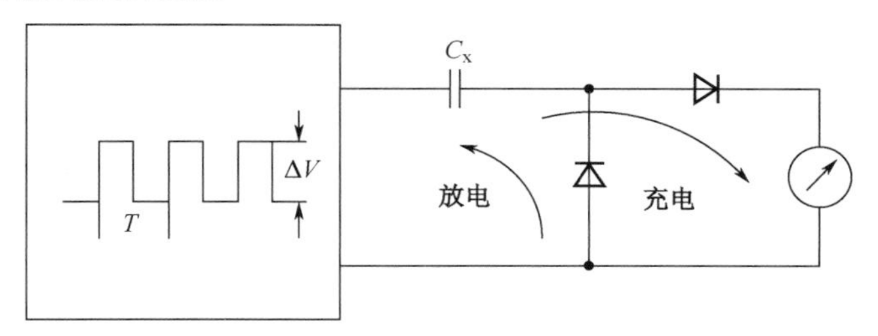

图 6-5　充放电法测电容的原理

当使用电容变化原理进行测量时，应注意介质浓度、温度变化导致的介电系数变化对测量结果的影响，以便及时调整仪表。另外，在测量黏稠液体的过程中，应注意电容电极上黏附的颗粒和液体，以免影响仪表精度。

6.2.2　电容差变送原理

利用电容原理进行相关测试，就是在测试电容和被测量之间建立相应的映射关系。在仪表的设计过程中，为了增加仪表的灵敏度，常常建立的并不是单个电容和被测量之间的映射关系，而是通过一组电容之间变化的差值来反映被测量的改变。在这种情况下，虽然可以利用交流电桥的测量原理，通过测量每一个电容的大小，然后通过减法运算，获得两个电容变化的差值，但是这种方法往往电路复杂，成本高昂，且电容的测量精度不高。

因此，本小节将以第 5 章中电容式差压变送器为例，介绍电容差的变送原理。电容差的变送器测量电路如图 6-6 所示，其主要任务是通过测量充放电产生的电流，将 $(C_2 - C_1)$ 对 $(C_2 + C_1)$ 的比值转换为电压或电流信号。

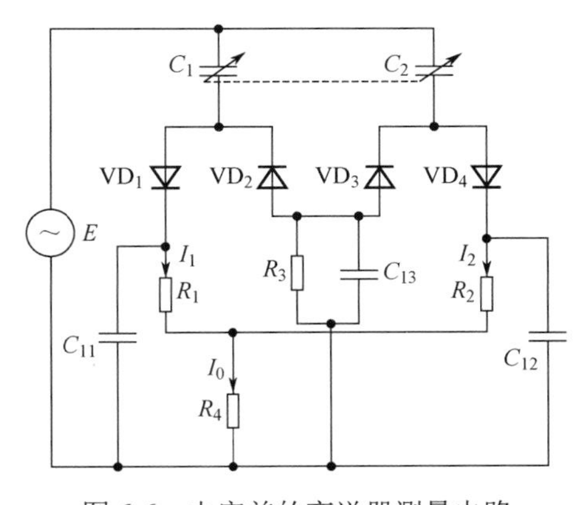

图 6-6　电容差的变送器测量电路

正弦波电压 E 加于差动电容 C_1、C_2 上，若回路阻抗 $R_1 \sim R_4$ 都比电容 C_1、C_2 的阻抗小得多，则由图 6-6 可写出

$$I_2 = \frac{I_0}{C_1\left(\dfrac{1}{C_1} + \dfrac{1}{C_2}\right)} = I_0 \frac{C_2}{C_1 + C_2} \tag{6-2}$$

$$I_1 = \frac{I_0}{C_2\left(\frac{1}{C_1}+\frac{1}{C_2}\right)} = I_0\frac{C_1}{C_1+C_2} \tag{6-3}$$

以及

$$I_0 = I_1 + I_2 \tag{6-4}$$

式中，I_0、I_1 、I_2 均为经二极管半波整流后的电流平均值。

令 V_1、V_2、V_4 分别表示电阻 R_1、R_2、R_4 上的压降，即 $V_1 = I_1R_1$，$V_2 = I_2R_2$，$V_4 = I_0R_4$，则可得

$$\frac{V_2 - V_1}{V_4} = \frac{C_2R_2 - C_1R_1}{(C_1+C_2)R_4}$$

若取 $R_1 = R_2 = R_4$，则上式可简化为

$$\frac{V_2 - V_1}{V_4} = \frac{C_2 - C_1}{C_2 + C_1} \tag{6-5}$$

由式(6-5)可知，若 V_4 保持不变，只要测出 $(V_2 - V_1)$ 就可计算出 $(C_2 - C_1)/(C_2 + C_1)$，进而计算出式(5-11)中差压 ΔP 的大小。实际的电容差压变送器的电路如图 6-7 所示。在电路中，用负反馈自动改变测量电路激励电压 E_1 的幅值，使 C_1、C_2 变化时，流过它们的半波电流 I_1、I_2 之和 I_0 恒定，即保持 V_4 恒定。这样测出电阻 R_1、R_4 上的电位差，便可知道 $(C_2 - C_1)/(C_2 + C_1)$ 的大小。

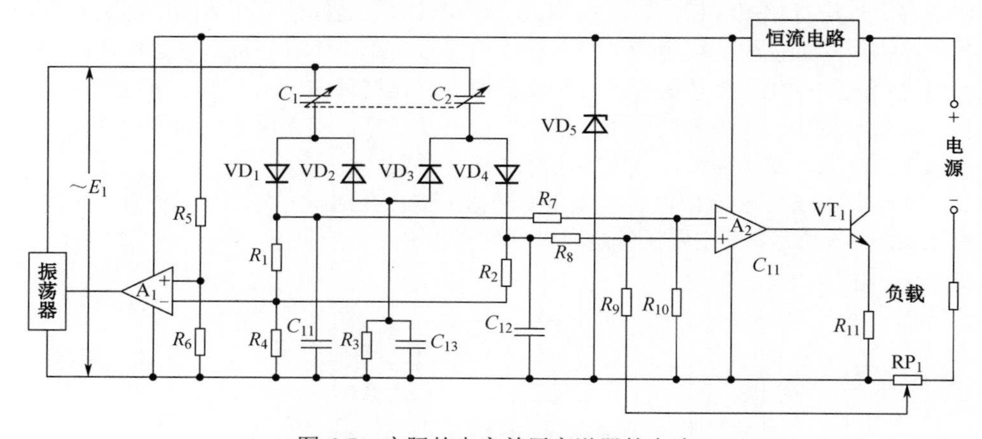

图 6-7　实际的电容差压变送器的电路

在图 6-7 中，运算放大器 A_1 作为振荡器的电源供给者，可用来调节振荡器输出电压 E_1 的幅值，通过负反馈，保证电阻 R_4 两端的电压恒定。放大器 A_2 的输入端分别引入电阻 R_1、R_2 上的电位，实现 $(V_2 - V_1)$，并通过电位器 RP_1 引入输出电流的负反馈，调节 RP_1 可改变变送器的量程。此变送器是两线制变送器，晶体管 VT_1 之前的电路工作电流由恒流电路供给，维持变送器工作的基本消耗电流约为4mA，而晶体管 VT_1 的电流则随被测差压的大小进行线性变换，使输出电流随被测差压的大小在 4～20mA 内变化。

6.3　传感器电信号变送原理

由于在实践应用中，大多数传感器建立的都是被测量和电信号之间的联系，如热电偶（温度和电动势）、压电式压力传感器（压力和电动势）、电磁式流量传感器（流量和电动势），因此，除了对间接测量信号（电阻和电容）的变送外，更多的变送器主要用于将传感器输出的非标准信号

转换成控制和执行仪表可以接收的标准信号转换成统一的标准电信号（4~20mA DC 或 1～5V DC），用于远传显示或控制系统，以实现自动显示和调节。这类仪表称为电信号变送器。

按信号制式划分，电信号变送器可分为模拟式和数字式两类。模拟式变送器由模拟器件构成电路，输出模拟信号；数字式变送器以 CPU 为核心，具有信号转换、补偿、计算等多种功能，输出数字信号，并能诊断故障、与上位机通信，又称之为智能变送器。

6.3.1　模拟式变送器

模拟式变送器的品种、规格繁多，但它们的基本结构相同。由图 6-8 所示的变送器原理框图可知，它们通常由输入电路、放大电路和反馈电路三部分组成。下面以 DDZ-Ⅲ型电压变送器为例，具体分析各个环节的工作原理。

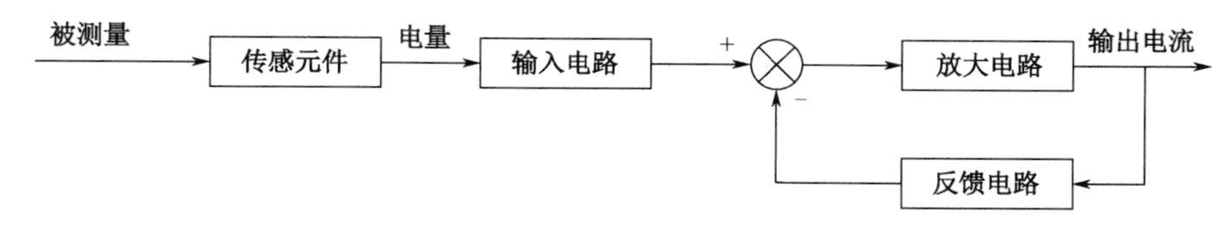

图 6-8　变送器原理框图

1．输入电路

图 6-9 所示为变送器输入电路，其主要是在传感器输出端串接电桥电路。电桥电路的功能是实现补偿和测量零点的调整。

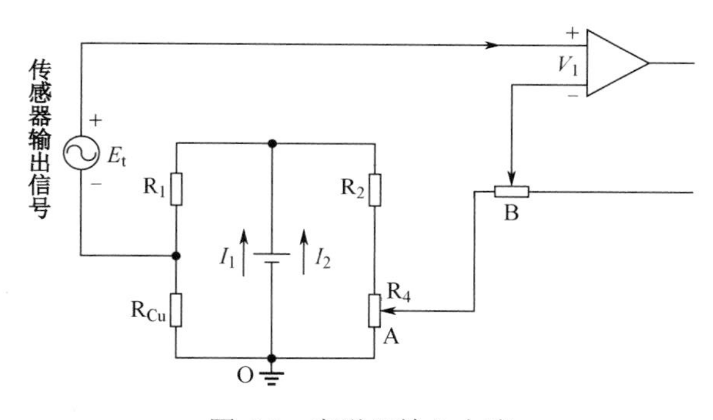

图 6-9　变送器输入电路

图 6-9 中，R_{Cu} 为铜丝绕制的电阻，该电阻起温度补偿作用，和传感器同处于一个环境温度中；电阻 R_4 起零点调整（又称零点迁移）的作用。以 O 点作为参考节点电位，并且为便于分析，假设忽略支路 AB 上的电流，则输入电路的输出电压 V_1 为

$$V_1 = E_t + V_{Cu} - V_{R_4} \tag{6-6}$$

式中，V_{Cu} 为 R_{Cu} 上的电压降。

由于 DDZ-Ⅲ型电压变速器输出电流起始点为 4mA，因此这时应调整电阻 R_4 的阻值，使 $V_1 = V_{Cu_0} - V_{R_4}$ 经放大后，恰好变送器的输出电流为起点 4mA。如果被测量物理量的起点对应的输出电流不为 4mA，则也需要调整电阻 R_4 的阻值，使 V_1 经放大后，恰好变送器的输出电流为起点 4mA。这种大幅值的零点调整称为零点迁移。

下面以温度变送器为例，说明零点迁移。有些生产装置的参数变化范围较小。例如，某设备的温度仅在 500～1000℃之间变化，希望对 500℃以下和 1000℃以上的温度区域不予指示，从而给工作区域以较高的检测灵敏度。此时可通过零点迁移，配合量程调整，使仪表的测量范围仅为

500～1000℃，以便提高测量灵敏度。

温度变送器的零点迁移和量程调整如图 6-10 所示。图 6-10（a）所示为零点未迁移的情况，温度测量范围为0～1000℃。图 6-10（b）所示为零点正向迁移，当温度超过500℃时，温度变送器才有输出。由于灵敏度未变，所以输入/输出特性只是向右平移，其输出电流4～20mA所对应的温度范围仍为1000℃。图 6-10（c）所示为在零点迁移500℃以后又进行量程调整，把灵敏度提高一倍，这样变送器不仅测量的起始温度变了，而且量程范围也变小为500～1000℃，这样温度变送器可得到较高的灵敏度。

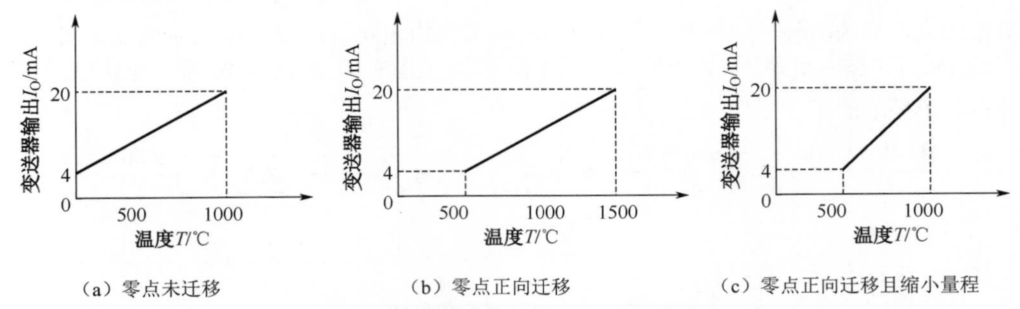

（a）零点未迁移　　（b）零点正向迁移　　（c）零点正向迁移且缩小量程

图 6-10　温度变送器的零点迁移和量程调整

2．放大电路

由于传感器产生的多为毫安级信号，因此必须应用高增益、低漂移的放大电路对信号进行放大。另外，现场干扰很容易通过测量元件和连接导线进入放大电路，这使得放大电路在放大信号的同时，放大干扰，因此需要对放大电路采取抗干扰措施。例如，用热电偶仪表测量温度时，加热电炉的热电丝会产生大量的高频辐射，如图 6-11 所示。此时热电偶安装在电炉中，这些高频辐射会穿过耐火砖和热电偶绝缘套管，通过热电偶进入电路系统，形成高频共模干扰，并会因放大器两个输入端阻抗的不平衡而转化为差模干扰。

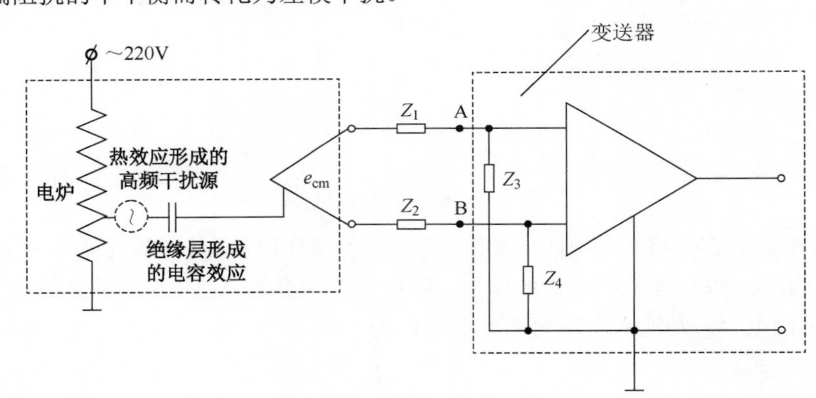

图 6-11　电热丝造成的共模干扰

设热电偶受到的共模干扰电压为e_{cm}，转化为差模干扰e_{AB}，则有

$$e_{AB}=e_{cm}\left[Z_3/(Z_1+Z_3)-Z_4/(Z_2+Z_4)\right]$$

可见，只有当$Z_1/Z_3=Z_2/Z_4$时，$e_{AB}=0$。但实际电路很难满足此平衡条件，差模干扰很难消除。比较彻底的办法是把电路浮空，也就是测量电路采用独立的接地点。为防止和变送器相接的后续仪表接地，破坏变送器对地浮空状态，变送器电路对外的联系包括信号输出和供电电源都要通过变压器隔离。

3. 反馈电路

反馈电路具有两个功能：量程调整和非线性校正。实现量程调整主要依赖于调节反馈回路上的电阻，以及改变放大电路的闭环放大倍数。由于很多传感器的输出信号具有非线性，因此反馈电路的另一个功能是调整信号非线性，该功能主要通过非线性校正网络来实现。变送器线性化原理如图6-12所示，该校正通常接在反馈通道上，它与传感器具有相同的非线性特性，使得变送器输出与被测量成线性关系。

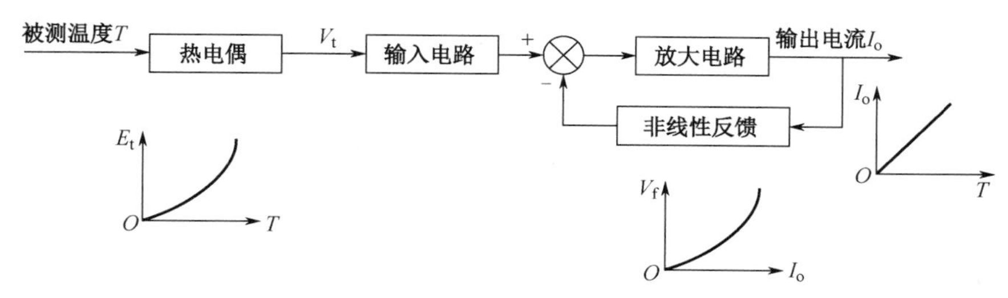

图6-12 变送器线性化原理

6.3.2 DDZ-Ⅲ型变送器实际线路举例

DDZ-Ⅲ型热电偶温度变送器的简化线路如所图6-13所示。该变送器由输入电路、放大电路和反馈电路组成。由VD_{i1}、VD_{i2}、R_{i1}、R_{i2}及R_{Cu}等元器件组成的电桥构成变送器输入电路。在该电桥中铜电阻R_{Cu}产生冷端温度补偿电动势，它与热电动势E_t相加后送入运算放大器IC_2的正端。IC_2的负端跟变阻器RP_1和RP_2相连，其中RP_2处在电路系统的反馈回路上，改变RP_2的值可以调整电路的闭环放大倍数，进而调整变送器量程，RP_1连接在接地点和RP_2之间，改变RP_1的值可改变反馈电压V_f的分压比，继而实现零点迁移的目的。值得注意的是，改变RP_1和RP_2的值都会同时牵连零点迁移和放大倍数，因此操作时必须反复调整才能到位。

放大电路是一个低漂移高增益运算放大器IC_2，当热电动势E_t增大时IC_2输出正电压。由于IC_2直接输出的信号带负载能力较弱，因此在IC_2输出端接有VT_{a1}和VT_{a2}构成复合管电流放大电路。T_0为隔离变压器，T_0及其附属电感同时构成自激振荡器，产生正弦波为VT_{a1}和VT_{a2}供电，使得VT_{a1}和VT_{a2}输出的信号经过调制滞后，通过一次绕组，在二次绕组中感应出与之大小成正比的交变电流。此电流经二极管桥式整流电路A滤波，输出直流信号I_o，该电流即为变送器输出电流信号。

该类型变送器输出信号I_o相当于电流源，由于电流源不允许输出端断路，因此在输出端接稳压管VS_0，其作用是当变送器电流输出端开路时，充当电流源负载，保证电压输出端不受影响。

隔离变压器T_f、整流滤波电路B及非线性校正电路构成反馈电路，其中非线性校正电路由非线性函数电路和运算放大器IC_1构成。由于变压器T_0的二次电流是正负对称的交变电流，串入一个隔离变压器T_f，并通过耦合引出信号，便可实现隔离反馈。隔离变压器T_f通过耦合引出的电流，经桥式电路B检波、滤波，在R_f和C_f上可得到与输出电流I_o成正比的直流反馈电压V_f'，该电压经由IC_1和非线性反馈电路构成校正电路后，转换为电压V_f。其中非线性反馈电路由多段二极管折线逼近构成。非线性校正电路的输出反馈到运算放大器IC_2的负端，实现对热电偶特性的线性化校正。

为了提高变送器的抗共模干扰能力和有利于安全防爆，变送器的电源也需要隔离。为此，+24V直流电源不能直接与放大电路相连，先用振荡器把直流电源变为交流电源，这里VT_{S1}和VT_{S2}与附属线圈够成自激振荡电路。然后通过变压器T_s，以交变磁通将能量传递给二次绕组。最后，将二次绕组上将交流电压，通过桥式整流电路 C 整流、滤波、稳压，获得±9V 的直流电压供给运算放大器。这样通过直流-交流-直流变换实现变压器隔离。

如图 6-13 所示，限压二极管 VD_{i1}、VD_{i2} 及限流电阻 R_{i1}、R_{i2} 与热电偶相连，构成现场端的安全防爆设施，以防止危险信号利用仪表线路进入生产现场。同时，为了防止危险信号利用电源线或输出信号线进入仪表，放大电路的供电及输出端口都经变压器隔离，且各变压器的一次、二次绕组间都设有接地的隔离层。此外，在输出端及电源端还装有大功率二极管 $VD_{S1} \sim VD_{S6}$ 及熔丝 F_0、F_S，当过高的正向电压或交流电压加到变送器输出端或电源两端时，将在二极管电路中产生大电流，烧毁熔丝，切断电源，使危险的电压不能加到变送器上。由于这些措施，DDZ-Ⅲ型热电偶温度变送器属于安全火花型防爆仪表。

DDZ-Ⅲ型温度变送器除上述热电偶温度变送器外，还有热电阻和直流毫伏变送器。它们的放大电路完全相同，指示输入和反馈部分略有差别。

近年来，出现了一种小型固态化温度变送器，其电路高度集成化。它与热电偶或热电阻安装在一起，自带冷端补偿功能，能用 24V DC 供电，又称一体化温度变送器，非常小巧。

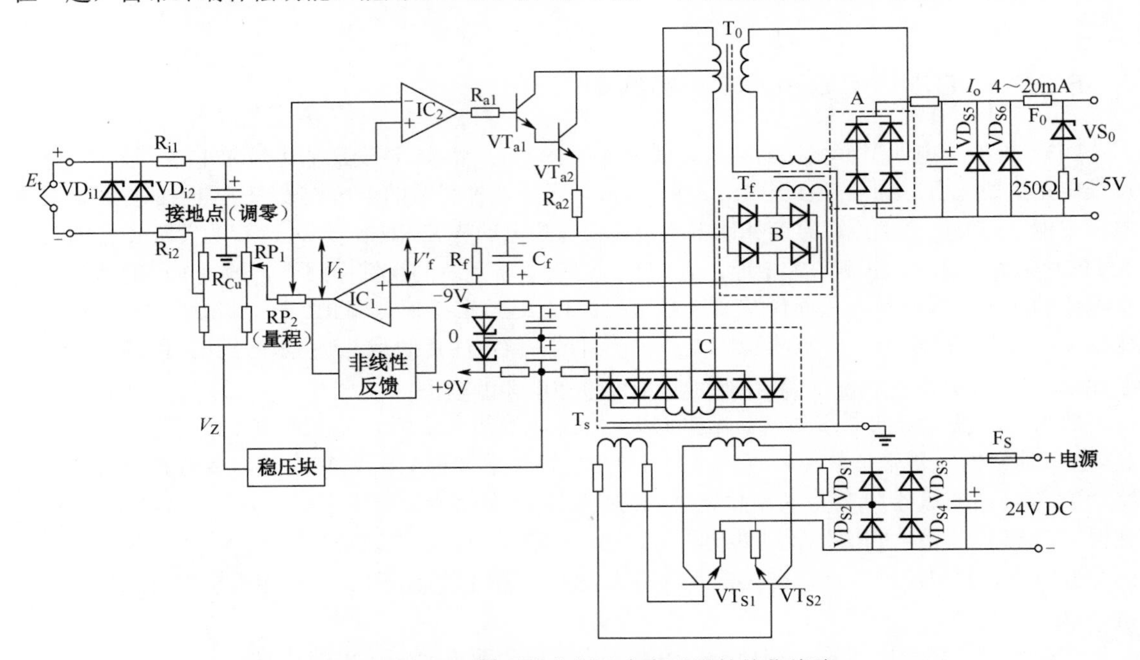

图 6-13　DDZ-Ⅲ型热电偶温度变送器的简化线路

6.4　智能变送器

智能变送器是采用微处理器技术的新型现场变送类仪表，其精度、功能、可靠性均比模拟变送器优越。它可输出模拟、数字混合信号或全数字信号，而且可通过现场总线通信网络与上位计算机连接，构成集散控制系统和现场总线控制系统。

1. 霍尼韦尔的 ST3000 变送器

霍尼韦尔的 ST3000 变送器包含了差压（STG3000），温度（STT3000），流量（STD3000）和液位变送器一系列完整的产品。

ST3000 变送器是一种智能型两线制变送仪表。它将输入信号线性地转换成 4~20mA 的直流电流输出，同时也可输出符合 HART 协议的数字信号。该变送器输入毫伏信号，仪表基本误差为±0.1%。

图 6-14 所示为 ST3000 变送器原理图，变送器的数字电路部分由输入和输出微处理器、输入和输出放大器、A/D、D/A 等部件组成。来自传感器的毫伏信号经输入处理、放大和 A/D 转换后，送入输入及输出微处理器，分别进行线性化运算和量程变换，并生成符合 HART 协议的数字信号。同时通过 D/A 转换和放大后输出 4~20mA 的直流电流，数字信号则叠加在电流信号线上输出。

CJC 为温度补偿电路，PSU 为电源部件，端子⑤、⑥的作用是：若将两端子短接，则出现故障时，模拟输出端输出至上限值（20mA）；若将两端子断开，则出现故障时，模拟输出端输出至下限值（4mA）。由于变送器内存储了测量元件的特性曲线，可由微处理器对元件的非线性进行校正，而且电路的输入、输出部分用光电耦合器隔离，因此保证了仪表的精度和运行可靠性。

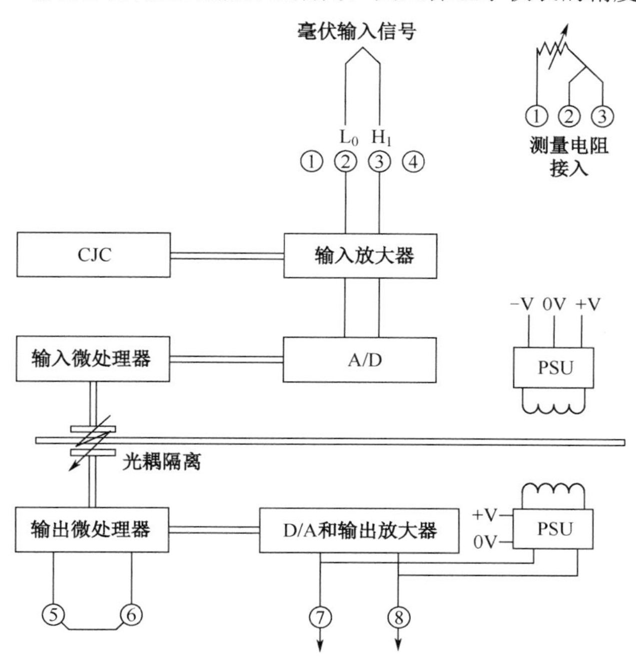

图 6-14　ST3000 变送器原理图

该变送器在现场使用时，若需要修改参数或检查工作状态，只要将数据设定器跨接到变送器的输出信号线上，便可进行人机通信，完成对变送器的组态、诊断和校验。组态内容包括仪表编号、测量元件输入类型、输出形式、阻尼时间、测量范围的上下限值、工程单位的选择等。在数据设定器上可显示被测值和其他变量，校验变送器的零点和量程。若变送器或通信过程出现故障，则会给出关于故障情况的详细信息。

2．罗斯蒙特变送器

罗斯蒙特变送器的种类有压力变送器、温度变送器、液位变送器，其中最为常见的是压力变送器，压力变送器又分绝压变送器、表压变送器、差压变送器。这里以 Fisher-Rosemount 公司的 3244MVF 温度变送器为例，说明其基本工作原理。3244MVF 温度变送器是一种智能型两线制变送仪表，它输出符合基金会现场总线 FF 协议的数字信号。该变送器也可配接多种热电偶（B、S、K、E、J、N、R、T 型）、热电阻（Pt100、Pt200、Pt500、Pt1000、Cu10、Ni20 等）及输入各种毫伏或电阻信号。仪表精度为 0.1 级。

3244MVF 温度变送器的电路结构与上述变送器类似，电路部分包括微处理器、放大器、高精度 A/D、专用集成电路等。罗斯蒙特变送器的功能如图 6-15 所示。来自传感器的信号经放大和 A/D 转换后，由微处理器完成线性化、热电偶冷端温度补偿、数字通信、自诊断等功能。它输出的数字信号中包括了传感器 1、2 的温度、温差及平均值。该变送器内置瞬态保护器，以防回路引入的瞬变电流损坏仪表。当电路板产生故障或传感器的漂移超过允许值时，均能输出报警信号。该变送器还具有热备份功能，当主传感器故障时，将自动切换到备份传感器，以保证仪表的可靠运行。

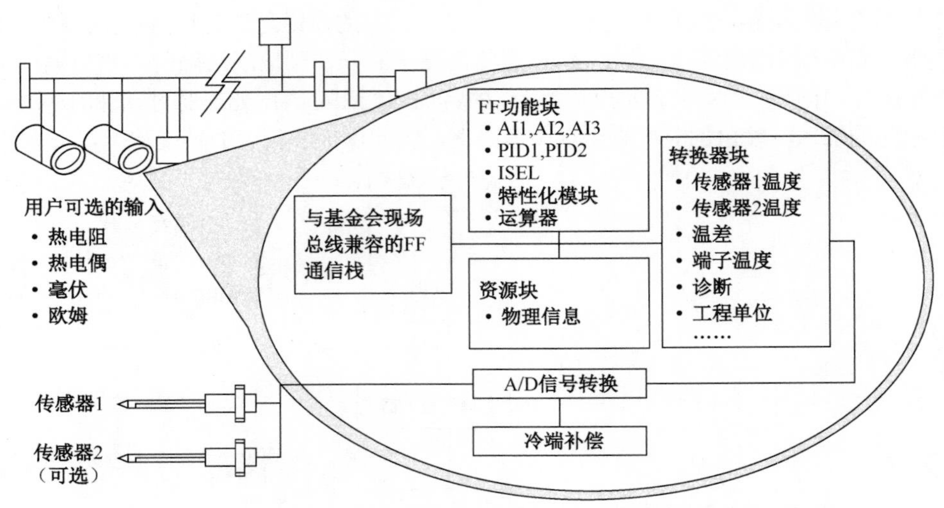

图 6-15　罗斯蒙特变送器的功能

其软件功能块包括转换器块、资源块、FF 功能块和 FF 通信栈。转换器块包含实际的温度测量数据：传感器 1、2 的温度、温差和端子温度。它还包括传感器类型、工程单位、线性化、阻尼时间、温度校正、诊断等方面的信息。

资源块包含变送器的物理信息：制造商标识、设备类型和软件工位号等。

FF 功能块由模拟输入（AI）模块、输入选择器（ISEL）、PID、特性化模块和运算器组成。AI 模块进行滤波、报警和工程单位的转换，并将测量值提供给其他功能模块。ISEL 模块用于对温度测量信号的最高、最低、中值或平均值做出选择，也可以选择热备份。PID 模块提高标准 PID 算法，它由两个 PID 模块构成串级控制回路。运算器可对测量值进行基本的算术运算。特性化模块用于改变输入信号的特性，例如，将温度转换为湿度值，把毫伏转换为温度值等。

FF 通信栈完成基金会现场总线通信协议中数据链路层和应用层的功能。

6.5　安全栅

安全栅又称防爆栅，是防止危险电能从控制系统信号线进入现场仪表的安全保护器。由于在控制系统中，一些仪表安装在生产现场，如果现场存在易燃易爆气体、液体或粉尘，则一旦产生危险火花就可能引起火灾或爆炸事故。因此，在危险区域使用的电气仪表必须是安全防爆的。

6.5.1　安全防爆的基本概念

我国 1987 年公布的《中华人民共和国爆炸危险场所电气安全规程（试行）》中规定了爆炸危险场所和电气安全标准。

在大气条件下，气体蒸汽、薄雾、粉尘或纤维状的易燃物质与空气混合，点燃后燃烧将在整个范围内传播的混合物，称为爆炸性混合物。含有爆炸性混合物的环境称为爆炸性环境。在含有一定量爆炸性混合物的场所称为爆炸危险场所。危险场所又分为气体爆炸危险场所和粉尘爆炸危险场所。按爆炸性混合物出现的频度、持续时间和危险程度，又可以将危险场所划分为不同级别的危险区。不同的爆炸性混合物及不同的危险等级对电气设备的防爆要求不同，煤矿井下用电气设备属Ⅰ类设备；有爆炸性气体的工厂用电气设备属Ⅱ类设备；有爆炸性粉尘的工厂用电气设备属Ⅲ类设备。

对于Ⅱ类电气装置仪表，安全防爆的重要措施就是限制和隔离仪表电路产生火花的能量。安全火花的能量限制根据爆炸性物质的不同及它与空气的混合比不同而不同，这种能量主要取决于仪表电路中电压和电流的数值。例如，对于纯电阻电路，当电路的电压限制在直流 30V 时，几种爆炸性气体混合物在其最易燃浓度下的最小引爆电流如表 6-1 所示。

表 6-1　最小引爆电流

级别	最小引爆电流/mA	爆炸性气体混合物种类
ⅡA	$i > 120$	乙烷、丙烷、汽油、甲醇、乙醇、丙酮、氨、一氧化碳等
ⅡB	$70 < i < 120$	乙烯、乙醚、丙烯腈等
ⅡC	$i \leqslant 70$	氢、乙炔、二硫化碳、水煤气、焦炉煤气等

爆炸性气体混合物的最小引爆电流分为三级，爆炸性最高的级别是Ⅲ级爆炸性气体。例如，在氢气混合物中工作的电路，电压为 30V、电流超过 70mA，产生爆炸的可能性比较大；电流低于 70mA，即使在氢气中产生了火花也不会发生爆炸。在乙烷混合物中工作的电路，电压为 30V、电流超过 120mA，产生爆炸的可能性就较大。

在电路中，一般都有电容、电感等储能元件。为防止电路短路或断路时能量释放引起打火能量过大，应当在电容、电感上加设续流二极管为释能提供通道，或者加设钳位二极管保证电容储能不至于过高。如果可能，还可以在放电的通道上设置限流电阻。

6.5.2　安全火花防爆系统

从本质上讲，气动、液动仪表属于安全仪表，故又称为本安仪表，而电动仪表存在电路打火的可能。对于安全火花防爆电动仪表的设计思想，传统方法是从结构上防爆，即把可能产生危险火花的电路从结构上与爆炸性气体隔离，有充油型、充气型、隔爆型等；而新型防爆思想是安全火花防爆，即从电路设计开始就考虑防爆，把电路在短路、断路及误操作等各种状态下可能产生的火花都限制在爆炸性气体点火能量之下，从而消除了爆炸发生的根本原因。

相比结构防爆仪表，安全火花防爆仪表的防爆性能更好，可用于氢气、乙炔等最危险的场合。另外，安全火花防爆仪表还可用安全火花型测试仪器在危险现场进行带电测试和检修，因此被广泛应用于石油、化工等危险生产现场。

如果在危险现场使用的仪表是安全火花防爆仪表，并且危险现场仪表和非危险场所（如控制室）仪表的电路连线之间设置了安全栅，则这样的控制系统称为安全火花防爆系统。

必须注意，安全火花防爆系统和安全火花防爆仪表是两个不同的概念。不要错误地认为只要在现场全部选用安全火花防爆仪表，就组成了安全火花防爆系统。因为对于一台安全火花防爆仪表来说，它只能保证自己内部不发生危险火花，对控制室引来的电源线是否安全是无法保证的。如果从控制室引来的电源线没有采取限压限流措施，那么在变送器接线端子上或传输途中发生短路、断路时，都有可能在现场产生危险火花，引起燃烧或爆炸事故。当然，也不要误以为只要有了安全栅，系统就一定是安全火花防爆系统。因为安全栅只能限制进入现场的瞬时功率，如果现场仪表不是安全火花防爆仪表，其中有较大的电感或电容储能元件，那么当仪表内部发生短路、断路等故障时，储能元件长期积累的电磁能量完全可能造成危险火花，引起爆炸。因此，安全火花防爆仪表和安全栅是构成安全火花防爆系统的两要素，缺一不可。图 6-16 所示是安全火花防爆系统的基本结构图。

图中变送器和执行器都是安全火花防爆仪表，现场仪表与控制室之间通过安全栅相连。安全栅对送往现场的电压和电流进行严格的限制，可保证进入现场的电能在安全的范围内。

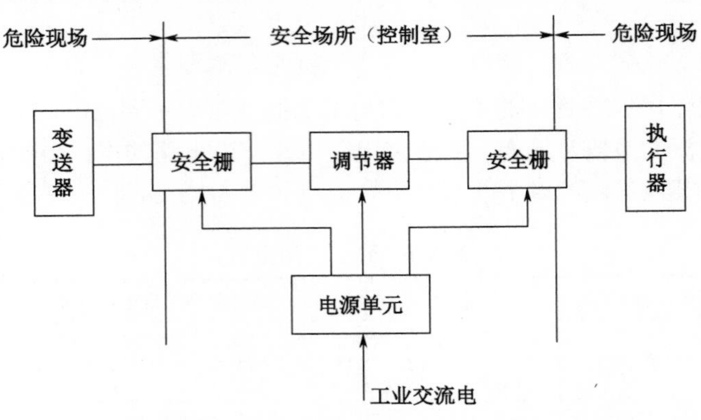

图 6-16　安全火花防爆系统的基本结构图

6.5.3　安全栅的工作原理

仅在具有爆炸危险的区域安装安全火花防爆仪表并不能保证整个系统的安全防爆性能，因为安全区域非防爆型仪表在故障的情况下，可能将高能量通过与现场仪表连接的信号线或电源线传入危险区域。所以为了保证非防爆性仪表部分的危险能量不传入危险区域，一般在安全区控制室与现场仪表间安装防爆安全栅，简称安全栅。

在正常情况下，安全栅只传输信号。同时，它将流入危险场所的能量控制在爆炸性气体或混合物的点火能量以下，以确保现场设备、人员和生产的安全。根据不同的原理，安全栅可分为电阻式、光电隔离式、齐纳式、变压器隔离式。

1．电阻式安全栅

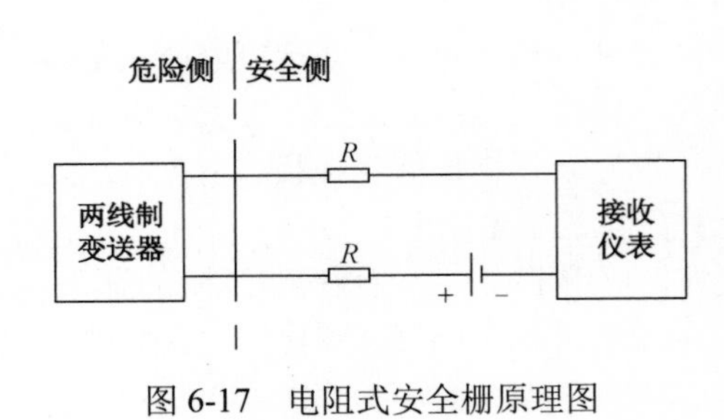

图 6-17　电阻式安全栅原理图

电阻式安全栅利用电阻的限流作用，把流入危险场所的能量限制在临界点以下，从而达到防爆的目的。其优点是精确、可靠、小型和价格便宜等。缺点是防爆额定电压低，每个安全栅的限流阻值要逐个计算，数值太大会影响回路原有性能，数值太小又不能达到防爆要求。电阻式安全栅原理图如图 6-17 所示。

2．光电隔离式安全栅

光电隔离式安全栅采用光电耦合元件作为隔离元件，隔离电压可达 5kV 以上。这种安全栅由光电耦合器、*I*/*f* 转换器（电流/频率转换器）、*f*/*I* 转换器（频率/电流转换器）和限流限压等部分组成，光电隔离式安全栅原理图如图 6-18 所示。

首先，将变送器输出的 4~20mA 电流信号，经 *I*/*f* 转换器转换成 1~5kHz 频率信号，再由光电耦合器传至安全栅，然后经 *f*/*I* 转换器还原成原电流信号。光电隔离式安全栅结构复杂，但隔离电压高、线性度好、精度高、抗干扰能力强。

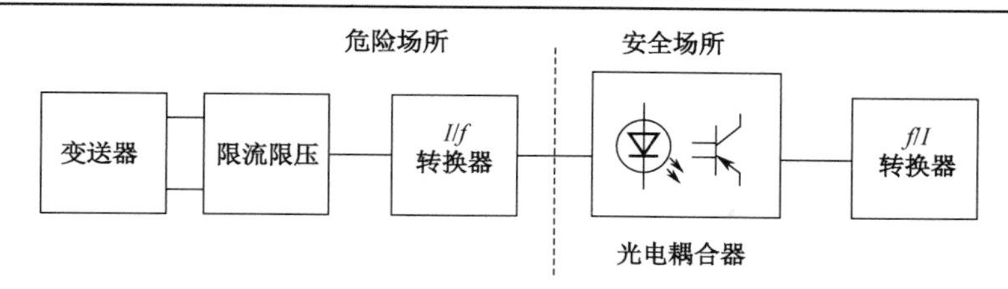

图 6-18　光电隔离式安全栅原理图

3．齐纳式安全栅

齐纳式安全栅是通过快速熔断和限流限压电路实现能量限制作用，使得在本安防爆系统中，无论本安仪表发生何种故障，都能保证传输到现场的能量处于临界点以下，从而保证现场安全。齐纳式安全栅主要包括三部分。

（1）限流回路。它能在危险区或本安侧接地、短路，或者在一般元件损坏等故障的情况下，把输出电流限制在安全值内。

（2）限压回路。由齐纳二极管组成，当安全区或非本安区侧电压超过额定工作电压时，齐纳二极管导通，使快速熔断器熔断，起限压作用。

（3）快速熔断器。用来保护齐纳管不被损坏，因此要求快速熔断器的熔断时间快于齐纳二极管的短路时间十倍以上，快于齐纳二极管开路时间千倍以上。图 6-19 所示为齐纳式安全栅原理图。

一般来讲，齐纳式安全栅结构简单、价格便宜，对原系统结构要求改动的地方比较少。在正常工作时，齐纳式安全栅相当于两个电阻接入电路，因此系统结构无须改动。另外，由于齐纳式安全栅对信号无转变，所以对原信号精度也没有影响。但其过载能力低，对熔丝的熔断时间和可靠性要求非常高，要求特殊的快速熔丝，且熔丝一旦熔断，必须更换后安全栅才能重新工作。

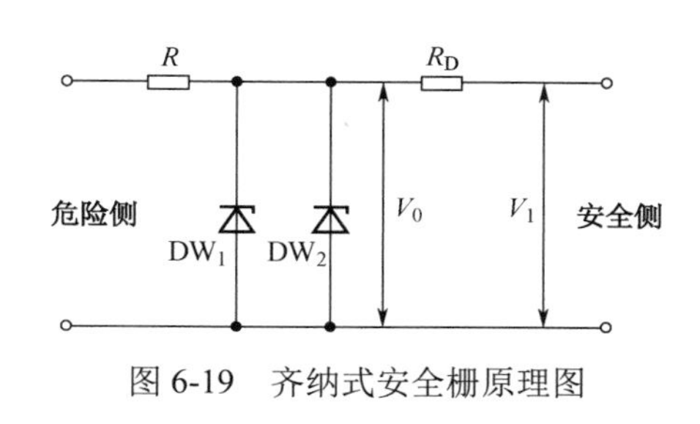

图 6-19　齐纳式安全栅原理图

4．变压器隔离式安全栅

变压器隔离式安全栅以变压器作为隔离元件，分别将输入、输出和电源电路进行隔离，以防止危险能量直接进入现场。它可分为输入式安全栅和输出式安全栅两种。

（1）输入式安全栅。

输入式安全栅又称为检测端安全栅，它被安装于危险场所到安全场所控制室之间，是检测变送电流信号到达控制室的安全检查关卡。图 6-20 所示为输入式安全栅的组成框图。

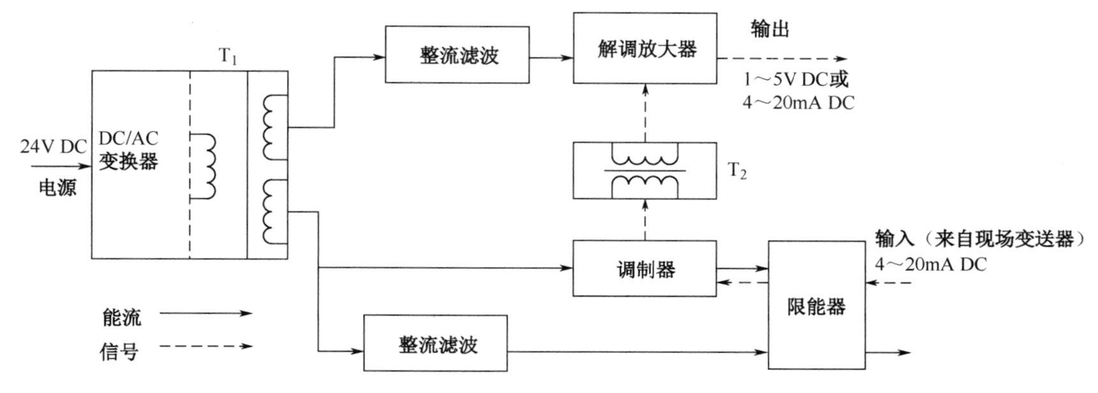

图 6-20　输入式安全栅的组成框图

输入式安全栅一方面为危险侧的二线制变送器提供 24V DC 电源；另一方面把变送器输出的 4~20mA DC 信号成比例地转换成 4~20mA DC 和 1~5V DC 的信号输出，并将输入与输出信号隔离和限制流入危险侧的火花能量。

安全侧的 24V DC 电源首先由 DC/AC 变换器转换成 8kHz 左右的方波信号，经变压器 T_1 耦合至二次侧，一方面作为调制器的开关信号，另一方面经整流滤波后作为限能器和现场变送器的电源。现场变送器输出的 4~20mA DC 电流经限能器后由调制器调制成交流信号，由 1∶1 电流互感器隔离耦合至解调放大器进行调节，转换成 4~20mA DC 和 1~5V DC 送到安全侧仪表，如调节器、显示记录仪等。变压器 T_1 二次侧另一绕组的交流电压经整流滤波后作为解调放大器的电源。

由此可见，变压器 T_1 和电流互感器 T_2 完成危险侧与安全侧的电气隔离和信号的线性传递；而危险侧的限能器限制了打火能量，从而达到了安全火花防爆的目的。为了安全可靠，安全栅可以设置两套完全相同的限能器，若其中一套故障，另一套仍能保证安全栅安全性能。

（2）输出式安全栅。

输出式安全栅也称执行端安全栅，它置于控制室中的控制器到现场执行器之间，是控制器输出电流信号 4~20mA DC 的安全检查通道。输出式安全栅的组成框图如图 6-21 所示。

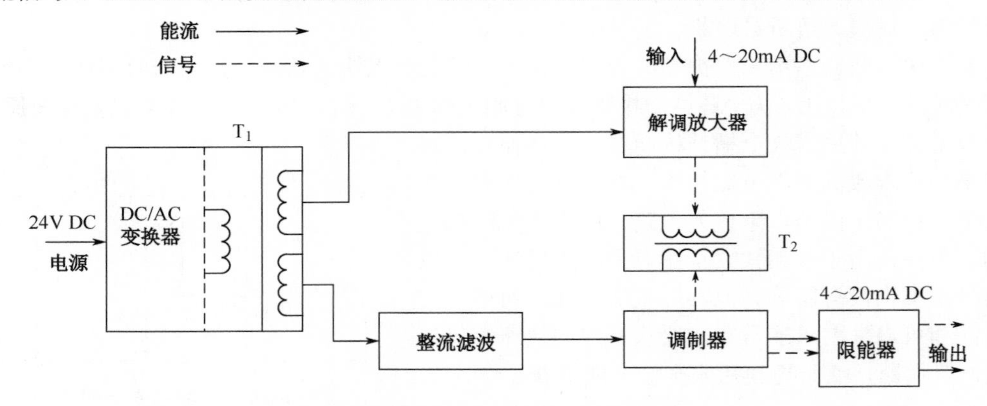

图 6-21　输出式安全栅的组成框图

DC/AC 变换器将安全侧的 24V DC 变换成 8kHz 的方波电压，由变压器耦合至二次绕组。其中一个二次绕组的电压作为调制器的开关电压，调制器将来自安全侧仪表输出的 4~20mA DC 电流调制成 8kHz 的交流，由 1∶1 的电流互感器耦合输出到解调放大器。另一个二次绕组的电压经整流滤波后，一方面作为解调放大器的电源，另一方面通过限能器向危险侧仪表提供 24V DC 电源，解调放大器将电流互感器的输出交流解调成 4~20mA DC，经限能器后输出到危险侧仪表。

隔离式安全栅线路复杂、体积大、成本较高，但不要求特殊元件，便于生产，工作可靠，防爆定额较高，可达到 220V DC，精度可达到 0.2 级，故得到广泛应用。

思考题与习题

6-1　简述自动平衡电桥式记录仪工作原理。

6-2　数字式指示仪表由哪些部分组成？各自的作用是什么？

6-3　电容差压变送器的工作原理时什么？有何特点？

6-4　模拟式变送器由哪几部分组成？简述各部分工作原理。

6-5　用差压变送器测量某储液罐的液位，差压变送器的安装位置如图 6-22 所示。请导出该变送器所测差压 ΔP 与液位 H 的关系。该变送器零点需不需要迁移？为什么？

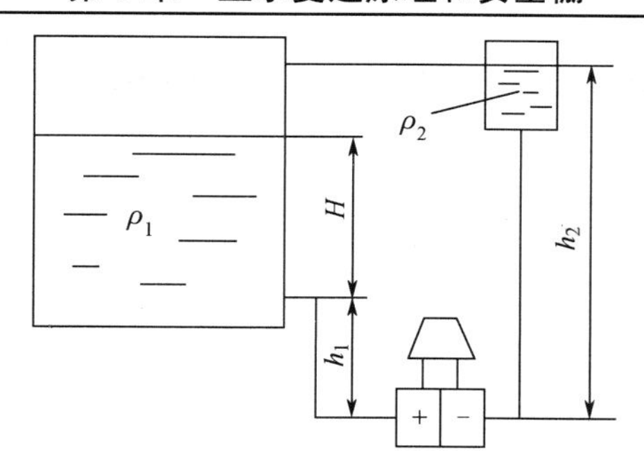

图 6-22　差压变送器的安装位置

6-6　某 DDZ-Ⅲ型温度变送器输入为 200～1000℃，输出为 4～20mA 。当该变送器电流为 10mA 时，对应的被测温度是多少？

6-7　电动仪表怎样才能用于易燃易爆场所？安全火花是什么意思？

6-8　采用安全火花防爆仪表，是否还需要安全栅？谈谈理由。

6-9　齐纳式安全栅是怎样限压、限流的？

第 7 章　简单控制系统设计

7.1　简单控制系统整体框架

过程控制的对象复杂多样，因此控制方案和系统结构种类繁多。然而这些复杂的控制系统往往可以分解为几个简单控制系统。所谓简单控制系统，就是指由单个测量元件或变送器、控制（调节）器、执行机构和被控过程（调节对象）组成，并只对单个被控变量进行控制的单闭环反馈控制系统。

由于简单控制系统结构简单，投资少，易于调整，操作维护方便，因此在生产过程中得到广泛应用，它是生产过程控制系统的基本组成单元。与此同时，简单控制系统的分析、设计方法还是各种复杂控制系统分析、设计的基础。掌握了简单控制系统，将会给复杂控制系统的分析提供极大的方便。因此，掌握简单控制系统的分析、设计对于过程控制的学习，具有十分重要的意义。

本章将围绕简单控制系统，介绍过程控制系统设计的方法与基本原则；重点讨论被控变量及控制变量的选择、调节控制规律的选择及调节控制器参数的工程整定。下面以水箱液位控制系统为例，介绍简单控制系统的结构和组成。

1．控制系统中使用的仪表符号

水箱液位控制系统是生产过程中常见的简单控制系统，如图 7-1 所示。由于现代工业产品大多数采用流水线的方式进行生产，因此一个工艺环节的输出，往往是下一个工艺环节的输入。然而由于产品产量和原材料品质的波动，在生产过程中不可能保证每个时刻上一步生产环节的输出恰好等于下一步生产环节的输入，这时往往会设置如图 7-1 所示的系统，来缓冲两个生产环节之间输入和输出的波动，以达到协调控制的目的。这类水箱通常会设有两个阀门，一个阀门控制上一个生产环节中间产品的流出量，另一个阀门则控制通往下一个生产环节的流入量。

图中(LT)和(LC)为仪表符号，这里它们分别表示液位变送器和液位控制器。国家标准规定，在工程施工图中，使用直径 12mm 或 10mm 的细实线圆圈表示检测和控制仪表，圆圈上半部的字母代号（一般用英文单词的缩写）表示仪表的类型，其中第 1 位表示被测变量，后续字母表示仪表的功能；下半部的数字为仪表位号（一般用阿拉伯数字和英文字母表示），第 1（或 2）位数字表示工段号，后续 2~3 位数字表示仪表序号。仪表的图形符号如图 7-2 所示，如果符号表示的是控制室仪表，则需要在上半部和下半部之间添加分割直线。如果是现场仪表，则中间就不需要添加该直线了。

在常见的生产过程控制中，第 1 位字母使用的符号有：温度 T 、温差 Td 、压力 P 、差压 Pd 、流量 F、流量比率 Ff 、液位或物位 L 等，而第 2 位字母使用的符号包括检测元件 E、变送 T 、指示 I、控制或调节 C、报警 A、开关 S 等。在本书中由于图中仪表数量少，为了简便，只标注表示仪表的类型字母代号，而省略仪表位号，例如，(TT)表示温度变送器，(TC)表示温度控制，(PT)表示压力变送，(PC)表示压力控制等。如果需要图形符号字母及其他装置（如执行器）表示符号的详细情况，可查阅国家有关标准。

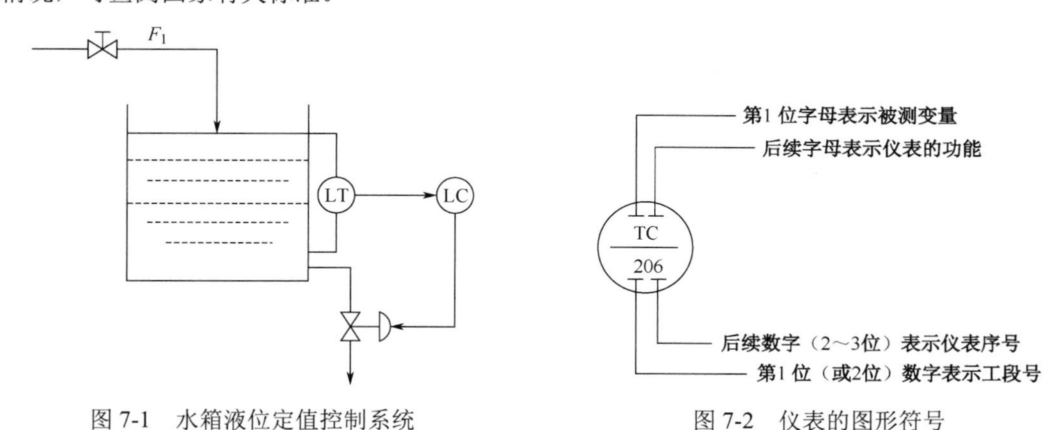

图 7-1　水箱液位定值控制系统　　　图 7-2　仪表的图形符号

2．简单控制系统的组成

为保证生产过程的连续性，假设图 7-1 所示的水箱液位采用定值控制，即工艺上要求保持容器内液体的液位不变。这时水箱液位控制系统的框图可以表述为图 7-3 所示的单回路控制系统（简单控制系统）。由图 7-1 可知，液位是要控制的变量，因此称之为被控变量。该控制系统通过调整出口阀门的开度来控制出口流量，以保持液位不变，故出口流量称为操纵变量。变送器自动检测液位的变化情况，转换成标准信号（使用 DDZ-Ⅲ仪表时，为 4~20mA 或 1~5V 的直流信号），送往控制器。控制器则根据检测信号与设定信号之间的偏差，按照预定的控制规律，发出控制信号，调节控制阀的开度，改变出口流量，以维持液位的恒定。

因此，通过上面的分析可以归纳出简单控制系统主要由以下几部分组成。

（1）被控对象 $G_o(s)$。本例中主要指由水箱、管道等实际设备构成的系统。

（2）测量变送装置 $G_m(s)$。本例中由液位传感器构成。

（3）控制器 $G_c(s)$。本例中由液位控制仪表构成。

（4）执行器 $G_v(s)$。本例中由控制水箱出水量的阀门构成。

如图 7-3 所示，在单回路控制系统中，被控对象的输出 $Y(s)$ 是系统的主要控制变量，因此称之为被控变量。测量变送器主要位于简单控制系统的反馈环节，它的输入为被控变量 $Y(s)$，输出 $Y_m(s)$ 为被控变量的测量电信号。该信号作为系统的反馈送入控制器 $G_c(s)$ 后，与设定的系统控制期望值进行比较，得到偏差 $E(s)$。控制器根据偏差 $E(s)$ 的大小，计算获得控制信号 $\hat{u}(s)$。执行器 $G_v(s)$ 根据控制信号 $\hat{u}(s)$，输出信号 $\hat{\mu}(s)$ 来调整被控对象的输出 $Y(s)$，以克服经由干扰通道 $G_f(s)$ 进入控制通道的干扰 $N(s)$ 对系统的影响。上述单回路控制系统的组成及其基本工作原理，将成为本书讨论简单控制设计的重要依据。

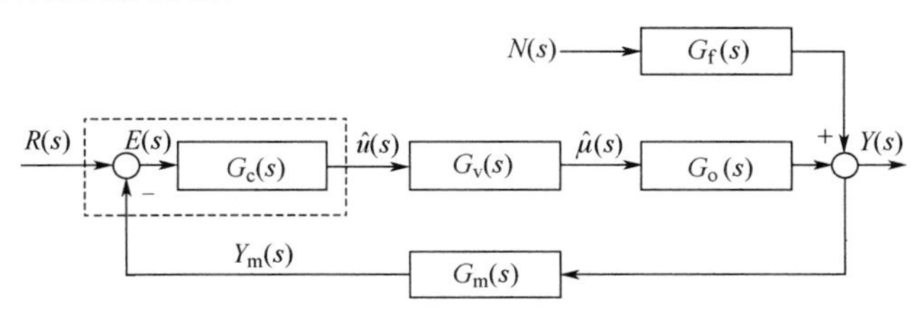

图 7-3　单回路控制系统

7.2 过程控制系统设计相关问题

7.2.1 过程控制系统设计的衡量标准

生产过程对过程控制系统的要求是多种多样的，可简要归纳为安全性、稳定性和经济性三个方面。

安全性是指在整个生产过程中，过程控制系统能够确保人员与设备的安全（并兼顾环境卫生、生态平衡等社会安全性要求），这是对过程控制系统最重要也是最基本的要求，通常采用参数越限报警、事故报警、联锁保护等措施加以保证。

稳定性是过程控制系统保证生产过程正常工作的必要条件。稳定性是指存在一定扰动的情况下，过程控制系统将工艺参数控制在规定的范围内，维持设备和系统长期稳定运行，使生产过程平稳、持续地进行。由自动控制理论的知识可知，过程控制系统除要满足绝对稳定性（并具有适当的稳定裕量）的要求外，同时要求系统具有良好的动态响应特性（过渡过程时间段，动态、稳态误差小等）。

经济性是指过程控制系统在提高产品质量、产量的同时，节省原材料，降低能源消耗，提高经济效益与社会效益。采用有效的控制手段对生产过程进行优化控制是满足工业生产对经济性要求不断提高的重要途径。

在实际工程中，对过程控制系统的各种要求往往存在矛盾，因此在设计过程控制系统时，应根据实际需要，分清主次，首先保证满足最重要的质量、指标要求并留有适当裕量；同时协调、兼顾其他指标要求。

7.2.2 过程控制系统的主要设计工作

过程控制系统设计包括控制方案设计、工程设计、工程安装、系统参数调试四个主要内容。

控制方案设计是过程控制系统设计的核心。如果控制方案不合理，无论选用多么先进的过程控制仪表、设备或系统，施工质量多么好，用什么样的方法整定控制参数，都不可能使过程控制系统及生产过程很好地工作，甚至该系统不能正常运行、生产过程无法进行。控制方案的优劣对于过程控制系统设计的成功与否至关重要。

在完成控制方案设计后，就需要依据设计方案进行工程设计了。工程设计就是依据控制方案的理论设计，研究如何利用市场上可以获得的设备和仪表，实现控制系统。其主要内容包括仪表选型、确定仪表与设备的安装位置，此外还需要设计操作台、仪表盘、供电与供气，以及联锁保护等系统。

完成工程设计后，下一个步骤就是实施和构建控制系统，即根据工程设计方案进行工程安装。工程安装完成后，还需要对各个子系统，如仪表、设备（计算机系统的每个环节）逐个进行校正和调试，保证过程控制系统的每个子环节能够正常运行，为整个系统的联调做好准备。

在完成控制方案设计、工程设计和工程安装后，最后进行系统联调，即进行系统参数调试。在通常情况下，参数调试是整个控制系统设计和实施过程中最为关键和重要的环节，这是因为在前三步中存在的不合理设计和施工问题，都会集中体现在参数调试过程中，一旦出现问题，就需要对前三个步骤中不合理的设计和施工进行调整和修正，因此它是系统运行在最佳状态的重要步骤，是过程控制系统设计的重要环节之一。

7.2.3 过程控制系统设计的流程

过程控制系统设计，从设计任务提出到系统投入运行，是一个从理论设计到实践，再从实践到理论设计多次反复的过程。过程控制系统设计大致可分为以下几个步骤。

（1）熟悉过程控制系统应用的对象。

在进行过程控制系统设计之前，需要深入了解被控对象，对其工艺要求和生产过程的机理有一定的认识，同时还需要结合生产过程设计制造单位或用户提出的要求，综合分析技术要求与性能指标。由于技术要求与性能指标是过程控制系统设计的基本依据，因此设计者在确定技术指标之前，必须全面、深入地了解与掌握被控对象的工作原理和工艺要求，以便提出的技术要求与性能指标科学合理、切合实际。

（2）建立被控过程的数学模型。

被控过程的数学模型是控制系统分析与设计的基础。这是因为当前大多数过程控制系统设计方法，都以数学模型为基础，因此要设计出合理的控制方案，建立满足设计要求的被控对象模型尤为重要。这意味着在建立被控对象数学模型的过程中，必须深入了解被控对象的工艺过程，以及生产中的物理和化学过程，以便于建模的数学模型能够准确刻画被控对象的静态和动态过程。

（3）设计控制方案。

控制方案包括控制方式选定和系统组成结构的确定，是过程控制系统设计的关键步骤。控制方案的确定既要考虑被控过程的工艺特点、动态特性、技术要求与性能指标，还要考虑控制方案的安全性、经济性和技术实施的可行性、使用与维护的简单性等因素，进行反复比较与综合评价，最终确定合理的控制方案。必要时，可在初步控制方案确定之后，应用系统仿真等方法进行系统静态、动态特性分析计算，验证控制系统的稳定性、过渡过程等特性是否满足工艺要求，对控制方案进行修正、完善与优化。

（4）控制设备选型。

根据控制方案和过程特性、工艺要求，设定过程控制系统的各项指标，然后根据设定的指标，选择合适的传感器、变送器、控制器与执行器等。

（5）实验（或仿真）验证。

实验（或仿真）验证是检验系统设计正确与否的重要手段。有些在系统设计过程中难以确定和考虑的因素，可以在实验（或仿真）中引入，并通过实验检验系统设计的正确性，以及系统的性能指标是否满足要求。若系统性能指标与功能不能满足要求，则必须进行重新设计。

7.3 被控变量与控制方案设计

1. 基于生产工艺特点的直接选择

在生产过程中，过程控制系统作用的目标物理量（期望该物理量保持恒定值或按一定规律变化）称为被控变量，也称为被控参数。由于被控变量选择是过程控制系统设计后续工作开展的前提，因此如果被控变量选择不当，即使采用先进的控制理论和检测控制设备，也很难达到预期的控制效果。实践证明，被控变量的选择对过程控制系统的稳定操作、产量增加、质量提高、节能降耗、改善劳动条件、保证生产安全等具有决定性意义，并且关系到控制方案的成败，因此选择被控变量是控制系统设计的首要问题和关键环节之一。

被控变量选择取决于生产工艺。影响生产过程的因素有很多，但生产过程中既无必要，也无可能控制所有的相关因素。这就要从生产工艺的角度出发，选择最有效的相关因素作为被控变量。

为此，在选择被控变量时，首先需要基于安全生产、经济运行、环境保护、节能降耗，以及产量和质量等问题，深入分析影响工艺要求和生产过程的各相关物理量，找出其中能较好反映生产过程状态的变量作为被控变量。

根据被控变量与生产过程的关系，直接选择生产工艺中期望被控制的物理量作为被控变量，这种方法称为直接变量法。例如，可选水位作为蒸汽锅炉水位控制系统的直接变量，因为水位过高或过低均会造成严重生产事故，直接与锅炉安全运行有关。

2. 基于物理关系的间接选择法

相对于直接变量法，间接选择法是另一种被控变量选择方法。从理论上说，直接变量法选定的被控变量，能够较好地反映产品质量的变化，因此从控制和生产指标的角度来说，理应以工艺期望控制的变量作为被控变量。但是，有时由于缺乏相应的检测手段，很难实时获得工艺控制变量，如在检测工艺要求控制变量时，遇到检测过程烦琐、检测信号微弱或滞后大等问题，可以选择与工艺控制变量存在一一映射关系，且易于检测的变量，作为被控变量，间接反映生产过程的实际情况。

下面以图 7-4 所示的苯和甲苯精馏工艺为例说明上述被控变量间接选择问题。精馏是利用不同物质组分挥发度不同，而设计的成分分离工艺。为便于分析，这里以塔顶纯度作为工艺要求控制物理量，即馏出物的浓度直接反映产品质量，那么从直接参数法的角度出发，浓度理应作为被控变量。但浓度的检测比较困难，这时可以找出与浓度相关联的变量作为被控变量，实现对工艺要求物理量的间接控制。

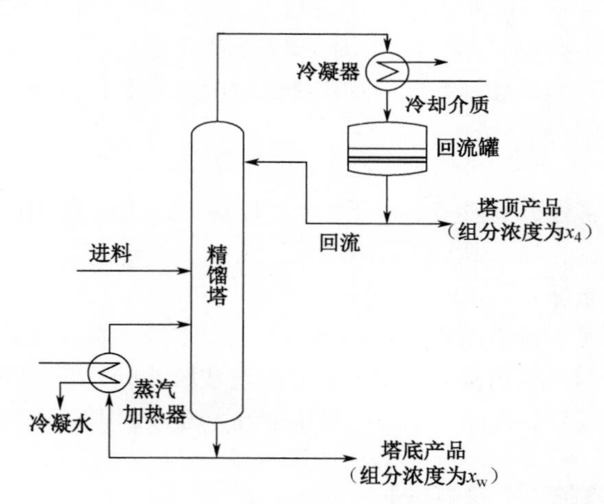

图 7-4 苯和甲苯精馏工艺

以系统的精馏过程为例（见图 7-4），工艺生产过程要求塔顶馏出物的浓度 D_x 达到规定的值。在气液两相并存的情况下，塔顶馏出物的浓度 D_x 与塔温 T_W 和塔压 P 三者之间的关系为

$$D_x = f(T_W, P) \tag{7-1}$$

显然式(7-1)为二元函数关系，即 D_x 与 T_W 和 P 都有关。这意味着当 P (T_W)恒定时，D_x 是 T_W (P) 的单值函数，即当塔压 P 一定时，有

$$D_x = f_1(T_W) \tag{7-2}$$

当塔温 T_W 一定时，有

$$D_x = f_2(P) \tag{7-3}$$

图 7-5 中的曲线表示在塔压一定时，浓度 D_x 与温度 T_W 之间的单值对应关系。可见，浓度越低，与之对应的温度越高；反之，浓度越高对应的温度越低。图 7-6 中的曲线表示在塔温恒定时，浓度 D_x 与塔压 P 之间的单值对应关系。可见，浓度越低，与之对应的压力就越低；反之，浓度越高，则对应的压力也越高，所以温度 T_W 和塔压 P 都可以选作被控变量，以控制浓度 D_x 。

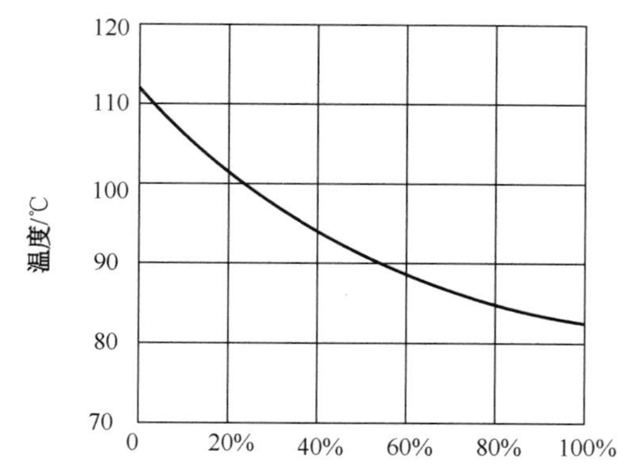

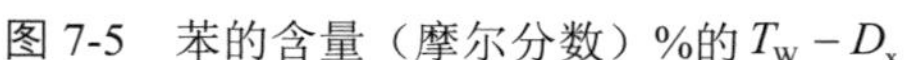
图 7-5　苯的含量（摩尔分数）%的 $T_W - D_x$

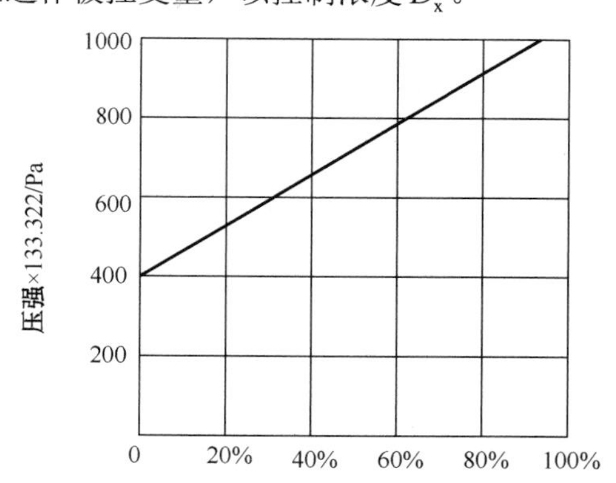

图 7-6　苯的含量（摩尔分数）%的 $P - D_x$

虽然从控制塔顶馏出物浓度 D_x 的角度来看，温度 T_W 和塔压 P 都可以选作被控变量，但是在实际生产中常常选用温度 T_W 。这是因为塔压波动，会破坏原来的气液平衡，影响相对挥发度；从而降低分离纯度、物料利用率和经济性。另外，塔压变化还会导致进料量和出料量大幅波动，使原先的物料平衡遭到破坏。可见，从工艺的角度来看，选用塔压 P 作为被控变量缺少合理性，因此在本例中，温度是较为合理的被控变量。但要注意的是，将温度 T_W 作为被控变量，需要设计合适的测温点，使得在浓度 D_x 发生变化时，温度 T_W 的变化灵敏，且有足够大的变化量，否则是无法实现高质量控制的。

7.4　控制变量与控制品质

7.4.1　控制变量和干扰的相互关系

所谓控制变量就是能够被工作人员有效控制，且能够对被控变量产生明显作用的物理量。如图 7-3 所示，控制变量在系统框图中，事实上是执行器的输出 $\hat{\mu}(s)$ 。当被控变量选定之后，下一步就要考虑选择哪个参数作为控制变量，去克服干扰对被控变量的影响。

图 7-7 所示为广义对象输入与输出的关系。其中 $\hat{u}(s)$ 表示控制变量， $N_i(s)$ 表示第 i 条通道上的干扰($i=1,\cdots,n$)， $G_o(s)$ 表示控制变量与被控变量之间的传递函数， $G_{fi}(s)$ 表示干扰通道的传递函数，这里 $i=1,\cdots,n$ 。根据线性系统的齐次性和可叠加性，广义对象输入与输出的数学关系可以表示为

$$\begin{aligned} Y(s) = {} & G_o(s)\hat{u}(s) + G_{f1}(s)N_1(s) + \\ & G_{f2}(s)N_2(s) + \cdots + G_{fn}(s)N_n(s) \end{aligned} \tag{7-4}$$

由式(7-4)可知，控制变量 $\hat{u}(s)$ 和干扰 $\{N_n(s)\}_{n\in\mathbb{Z}}$ 都是系统的输入。这意味着控制变量和干扰的关系是相对的，即在很多情况下控制变量和干扰的角色具有互换性。换句话说，在一个控制系统的输入量中，哪些属于干扰，哪些属于控制变量，很大程度上是人为选择的结果。在控制系统设计中，当其中一个输入变量被选为控制变量时，其他输入量即被当作干扰。如在图 7-4 所示的二元蒸馏系统中，如果塔顶分馏物的温度 T_W 作为被控变量，那么塔顶产品的回流量和塔底加热釜内

的蒸汽流量都会对 T_W 产生影响。因此，到底选择回流量，还是蒸汽流量作为控制变量，需要在控制方案的设计时经过仔细的分析和权衡。

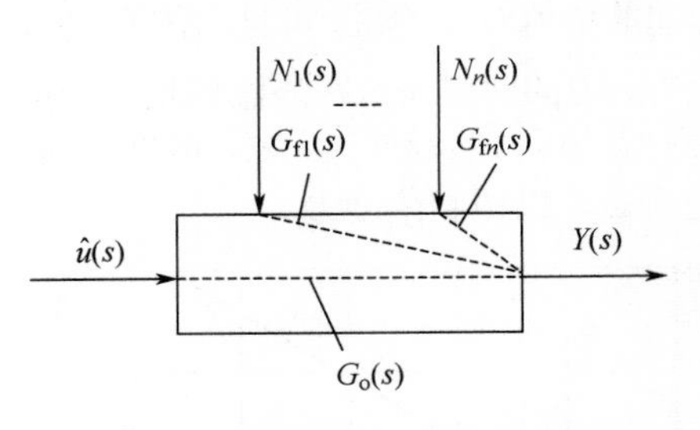

图 7-7　广义对象输入与输出的关系

但无论是哪个输入量被选定为控制变量，那么剩余的输入量在控制器的设计中就被当作干扰。从控制系统的设计角度来看，干扰是影响控制系统正常平稳运行的破坏性因素，它使被控变量偏离设定值，而控制变量则是可以抑制干扰的影响，把已经变化了的被控变量拉回到设定值，使控制系统重新稳定运行的因素。

为了正确选择控制变量，必须深入研究被控对象的特性，研究其存在的各种输入对被控变量的影响。控制变量的选择对于控制系统设计，同样具有极其重要的意义。

7.4.2　干扰通道特性与控制变量选择

选择不同的控制变量，控制系统就会具有不同的控制通道（控制作用到被控变量的信号通道）和干扰通道（干扰作用到被控变量的信号通道）。通常控制变量的选择，需要仔细分析在不同选择情况下控制通道和干扰通道的特性。

为便于讨论，这里假设系统仅受单路干扰的影响，且系统中干扰通道和被控对象传递函数均表示成带滞后的一阶惯性环节的形式，即

$$\begin{cases} G_f(s)=\dfrac{K_f}{1+T_f s}e^{-\tau_f s} \\ G_o(s)=\dfrac{K_o}{1+T_o s}e^{-\tau_o s} \end{cases} \tag{7-5}$$

而执行器和测量变送器均表示为比例环节

$$\begin{cases} G_v(s)=K_v \\ G_m(s)=K_m \end{cases} \tag{7-6}$$

下面分析式(7-5)和式(7-6)中各参数对控制变量选择的影响。

（1）时间常数 T_f 的影响。

从图 7-3 中可以看出，干扰通道传递函数 $G_f(s)$ 中的一阶惯性环节 $1/(1+T_f s)$，相当于串接在干扰和输出之间的低通滤波器。一阶惯性环节幅值波特图如图 7-8 所示，当 T_f 增大时，一阶惯性环节 $1/(1+T_f s)$ 的 0.707 带宽向低频段移动。这意味着干扰通道的惯性常数 T_f 越大，那么一阶惯性环节 $1/(1+T_f s)$ 的通频带越低，因此对高频成分的滤除效果越好。

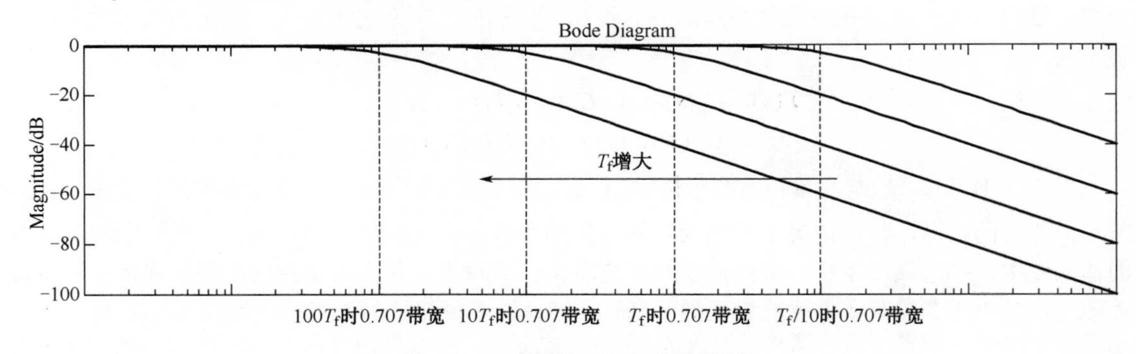

图 7-8　一阶惯性环节幅值波特图

当干扰 $N(s)$ 是单位阶跃信号时，干扰通道的输出不会突变，而是随时间的推移缓慢增大，并且 T_{f} 越大，干扰通道的输出越缓慢，干扰通道的阶跃响应曲线如图 7-9 所示。干扰通道惯性常数大，使得控制系统能够更好地克服干扰对系统的影响。

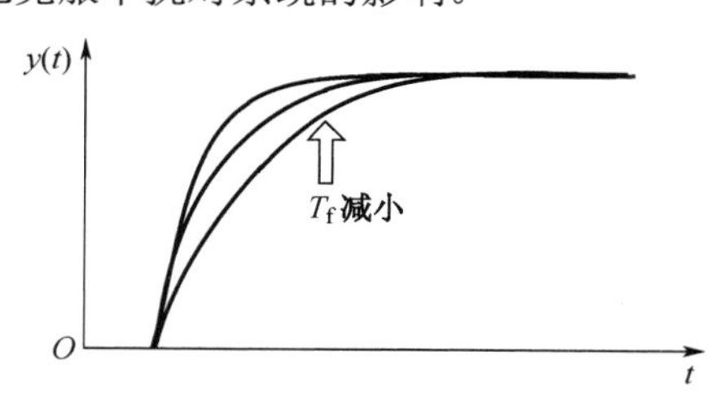

图 7-9　干扰通道的阶跃响应曲线

（2）干扰通道传递函数阶次的影响。

以干扰通道传递函数分别为

$$G_{\mathrm{f}}(s)=\frac{1}{1+T_{\mathrm{f1}}s} \tag{7-7}$$

和

$$G_{\mathrm{f}}(s)=\frac{1}{(1+T_{\mathrm{f1}}s)(1+T_{\mathrm{f2}}\,\mathrm{s})} \tag{7-8}$$

时的情况，来说明上述问题。

从图 7-10 所示的二阶环节和一阶环节滤波特性差异可知，当干扰通道的传递函数为式(7-7)时，在 $[1/T_{\mathrm{f_1}},+\infty)$ 区间上传递函数以每十倍程 20dB 的斜率衰减；而对于二阶传递函数式(7-8)，由于其还含有惯性环节 $(1+T_{\mathrm{f2}}s)^{-1}$，它在该区域以近似每十倍程 40dB 的斜率衰减。这意味着具有二阶惯性环节的干扰通道比具有一阶惯性环节的干扰通道，对于高频干扰具有更强的滤除和克服能力。换句话说，如果干扰通道的阶数增加，那么干扰对被控变量的影响速度将进一步减慢。这使得在同样控制作用下，系统的控制品质可以进一步得到提高。

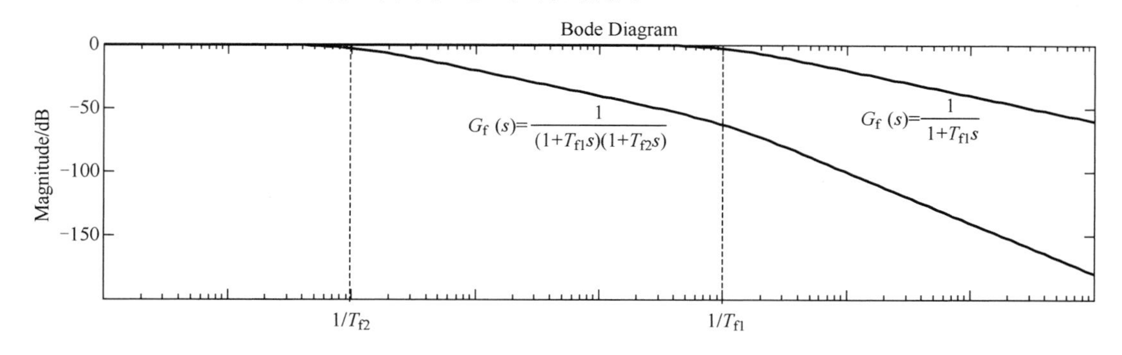

图 7-10　二阶环节和一阶环节滤波特性差异

（3）干扰进入位置对控制品质的影响。

干扰进入控制系统的位置不同，会对控制品质造成完全不同的影响，因此在选择控制变量时，需要充分考虑干扰的位置，以保证系统的控制品质。为说明上述问题，这里以图 7-11 为例阐述干扰从不同位置进入系统时对控制的影响。假设被控对象由三个相互独立的一阶滞后环节串联而成，每个环节的放大系数都为 1，干扰分别从三个不同的位置进入控制系统。

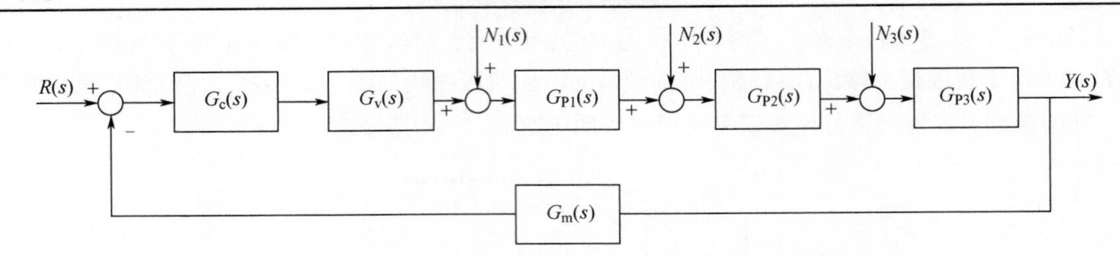

图 7-11　干扰从不同位置进入系统时对控制影响

图 7-12 所示是干扰进入系统位置不同时的过渡过程曲线，其中曲线 a 表示干扰阶跃变化时所引起的被控变量的响应，曲线 b 表示控制器产生的校正作用，曲线 c 表示被控变量在控制作用下的响应。从图 7-12 中可以看出，$N_1(s)$ 对被控变量的影响最小，而 $N_3(s)$ 对被控变量的影响最大。

干扰从图 7-11 所示的三个不同的位置进入控制系统，能够对控制系统产生不同的影响，可以通过对图 7-11 进行等效变换的方式进行分析和解释。对图 7-11 所示系统进行等效变换后可得到图 7-13 所示的等价系统。从图 7-13 中可以看出，由于 $N_1(s)$ 离输出 $Y(s)$ 的距离最远，因此在进行等价变换后，相当于在 $N_1(s)$ 和 $Y(s)$ 之间的干扰通道上，串接了 $G_{P1}(s)$、$G_{P2}(s)$ 和 $G_{P3}(s)$ 三个一阶惯性环节，而对于 $N_2(s)$ 来说，仅相当于在干扰通道上串接了 $G_{P2}(s)$ 和 $G_{P3}(s)$，由于 $N_3(s)$ 距离输出 $Y(s)$ 最近，因此只相当于串接了 $G_{P3}(s)$ 环节。

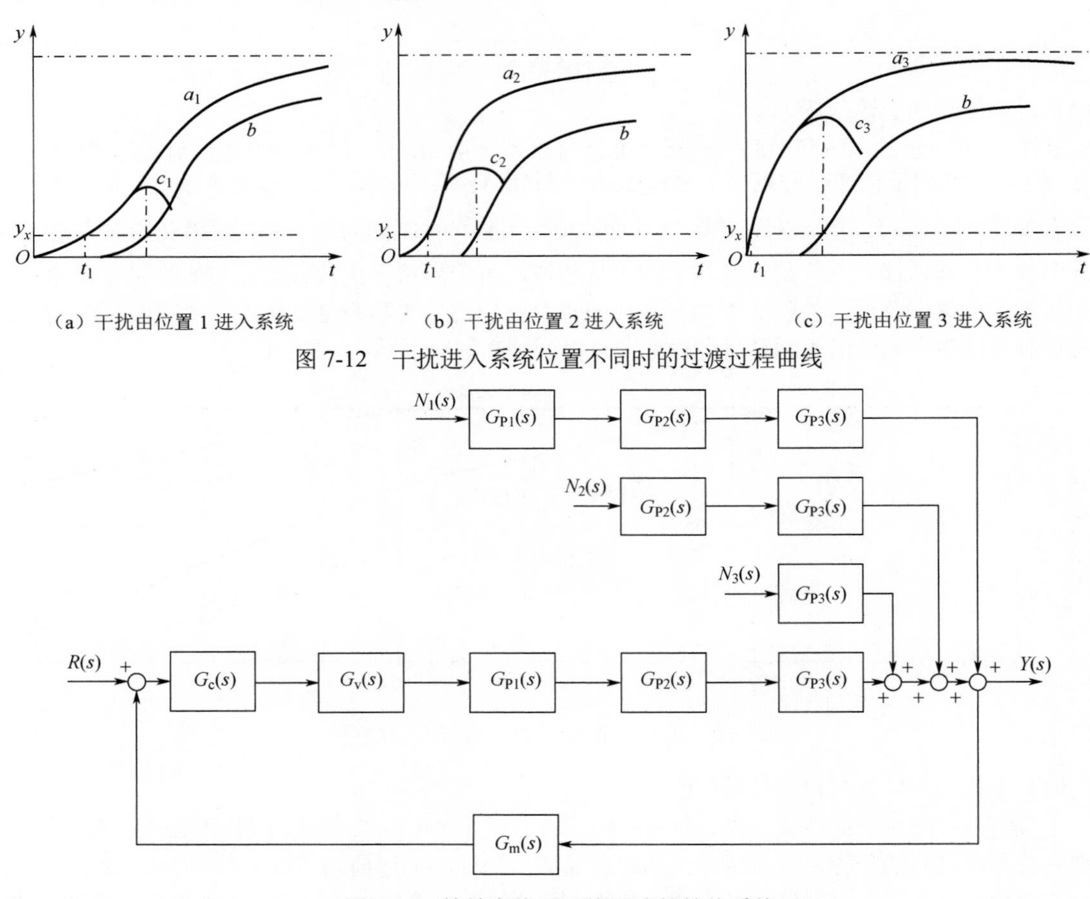

（a）干扰由位置 1 进入系统　（b）干扰由位置 2 进入系统　（c）干扰由位置 3 进入系统

图 7-12　干扰进入系统位置不同时的过渡过程曲线

图 7-13　等效变换后干扰影响的等价系统

从上面的分析可以看出，对于干扰 $N_1(s)$，干扰通道相当于串接了三阶惯性环节，$N_2(s)$ 只串接了二阶惯性环节，而 $N_3(s)$ 只相当于串接了一阶惯性环节。从前面的分析可知，干扰通道的阶数越高，则干扰对控制的影响越小，因此在选择控制变量时，要尽量使系统的主要干扰远离输出。

（4）放大系数 K_f 的影响

假定在图 7-3 中，输入 $R(s)=0$，并假设控制器采用比例控制，即 $G_c(s)=K_c$，那么在不考虑纯滞后的情况下，从干扰 $N(s)$ 到输出 $Y(s)$ 的传递函数可以表示为

$$Y(s)=\frac{G_f(s)}{1+G_c(s)G_o(s)G_v(s)G_m(s)}N(s)=\frac{\dfrac{K_f}{1+T_f s}}{1+K_v K_m K_c\dfrac{K_o}{1+T_o s}}N(s) \tag{7-9}$$

当干扰为单位阶跃信号（$N(s)=1/s$）时，运用终值定理可求得干扰到系统输出的稳态值为

$$y(\infty)=\lim_{s\to 0} sY(s)=\frac{K_f}{1+K_v K_m K_c K_o} \tag{7-10}$$

由于对于给定的被控变量，以及选定的传感器和执行器，在控制系统工作过程中 K_v、K_m 和 K_o 为常数，因此式(7-10)意味着在控制作用 K_c 相同的情况下，干扰通道的放大系数 K_f 越大，控制系数的余差也越大，控制品质就越差。

（5）干扰通道纯滞后环节对控制的影响。

纯滞后是生产过程的常见环节。如果考虑干扰通道中具有纯滞后环节，那么干扰通道的传递函数应写成 $G_f(s)e^{-\tau_f s}$（$G_f(s)$ 是干扰通道传递函数中除滞后环节外的部分）。因此，在有纯滞后的情况下，有

$$Y(s)=\frac{G_f(s)e^{-\tau_f s}}{1+G_c(s)G_o(s)}N(s)=\frac{G_f(s)N(s)}{1+G_c(s)G_o(s)}e^{-\tau_f s}=Y'(s)e^{-\tau_f s} \tag{7-11}$$

式中，$Y'(s)$ 为干扰通道中无滞后环节时，被控对象的拉式变换。

令 $y'(t)$ 为 $Y'(s)$ 对应的时域表达。对式(7-11)进行反拉式变换，可得

$$y(t)=y'(t-\tau_f) \tag{7-12}$$

即干扰通道中有纯滞后环节时，干扰对被控变量的影响，将比无纯滞后环节时推迟 τ_f 时间，而两者的控制品质是相同的。有纯滞后与无纯滞后的过渡过程如图 7-14 所示。

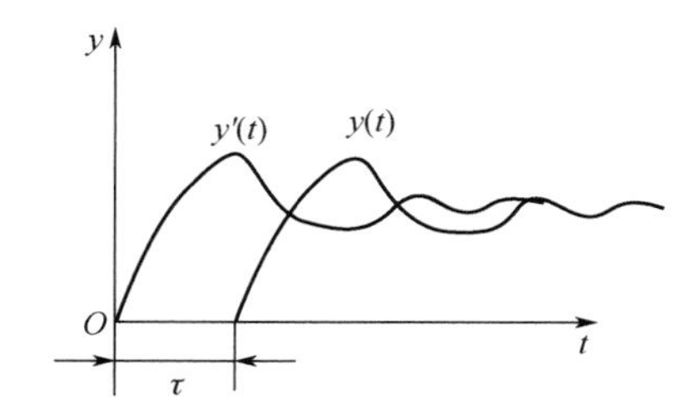

图 7-14　有纯滞后与无纯滞后的过渡过程

7.4.3　控制通道特性与控制变量选择

控制品质不仅与干扰通道特性相关，而且与控制通道特性的关系更为密切。这里将着重分析控制通道特性与控制品质的相互关系，进而引出控制通道特性与控制变量选择的关系。

1．时间常数 T_o 的影响

控制通道中时间常数 T_o 的大小，表征控制通道动态响应的快慢。从系统的特征方程中可以看出它对过渡过程的影响。对于简单控制系统，其特征方程为

$$1+G_c(s)G_o(s)=0 \tag{7-13}$$

式中，$G_c(s)G_o(s)$ 是系统的开环传递函数。下面首先分析当

$$\begin{cases} G_o(s)=\dfrac{K_o}{1+T_o s} \\ G_c(s)=K_c \end{cases} \tag{7-14}$$

的情况，此时开环传递函数 $G_o(s)$ 的波特图幅值特性如图 7-15 所示。

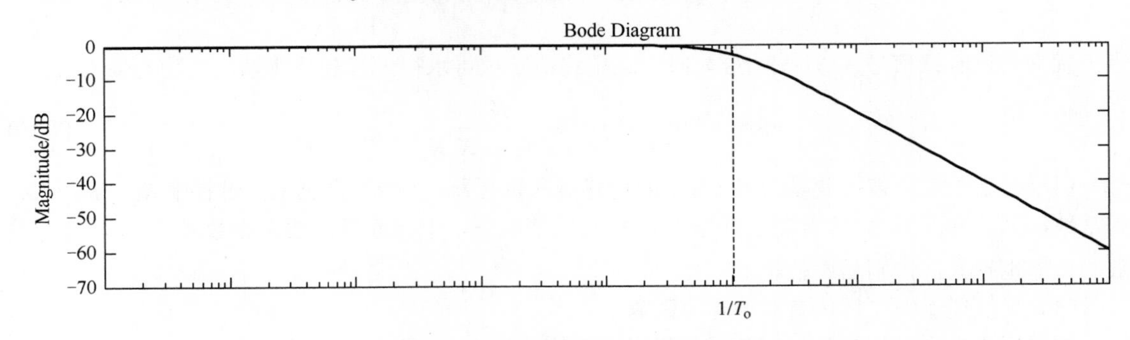

图 7-15　$G_o(s)$ 的波特图幅值特性

从图 7-15 中可以看出，当惯性时间常数 T_o 增大时，系统幅值特性的转折频率 $1/T_o$ 就会向低频段移动。这意味着前向通道传递函数 $G_c(s)G_o(s)$ 的带宽向低频段变窄。在控制过程中，这会导致控制信号中更多的高频成分被滤除，从而使得控制信号的变化速度变慢，对干扰的克服能力变弱。因此，如果控制通道时间常数 T_o 太大，则控制变量的控制影响缓慢，对被控变量的偏差校正不及时，进而导致动态偏差增大，系统过渡时间拉长，控制品质下降。

2．控制通道阶次的影响

下面分析控制通道传递函数阶数对控制品质的影响。假定

$$\begin{cases} G_o(s)=\dfrac{K_o}{(1+T_{o1}s)(1+T_{o2}s)} \\ G_c(s)=K_c \end{cases}$$

代入式(7-13)，则有

$$1+\frac{K_c K_o}{(1+T_{o1}s)(1+T_{o2}s)}=0 \tag{7-15}$$

可见系统有两个开环极点：$-1/T_{o1}$ 和 $-1/T_{o2}$。控制通道阶次增加波特图幅值特性的变化如图 7-16 所示。

由图 7-16 可知，一阶惯性环节 $1/(1+T_{o1}s)$，为在转折频率 $1/T_{o1}$ 后，以每十倍程 20dB 衰减的折线，而对于二阶惯性环节 $1/(1+T_{o1}s)(1+T_{o2}s)$，则是在 $1/T_{o1}$ 和 $1/T_{o2}$ 之间以每十倍程 20dB 衰减，但是在 $1/T_{o2}$ 之后以每十倍程 40dB 衰减的折线。这说明对于二阶惯性系统，其相对于一阶惯性系统，对高频具有更强的衰减性。因此，在惯性常数相同时，控制通道的容量数越多，则系统输出对控制信号的响应速度越慢，控制信号对干扰的克服能力越弱，因而干扰对控制系统的影响越大，控制的效果越差。

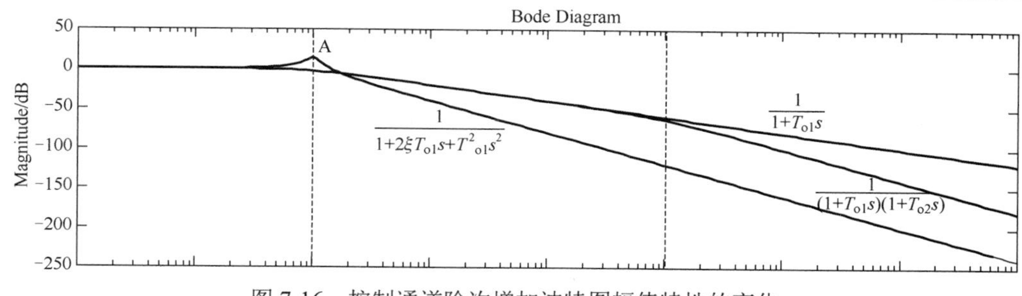

图 7-16　控制通道阶次增加波特图幅值特性的变化

此外，当式(7-15)中的时间常数 T_{o1} 和 T_{o2} 比较接近时，在实际的生产过程中，两个惯性环节之间还容易产生耦合，这时闭环传递函数可以表述为

$$G_o(s)=\frac{1}{1+2\xi T_{o1}s+T_{o1}^2s^2} \tag{7-16}$$

的形式。如图 7-16 所示，当式(7-16)中的二阶系统如果阻尼系数小于 1，那么其相应波特图的幅值特性，就会在转折频率处产生尖峰。这说明当在实际系统中，如果两个一阶惯性系统的时间常数过于接近，导致产生耦合时，则系统的阶跃响应极易产生大的超调，使得系统的稳定度下降。

从上面的分析可以看出，在设计控制系统时，应尽量选择离输出较近，控制通道时间常数小，阶数低的信号作为控制变量，以提高系统的相应速度和控制品质。

3．放大系数 K_o 的影响

放大系数 K_o 表征控制通道的静态特性，K_o 越大表示控制变量对被控变量的影响越大，越容易通过控制变量去克服干扰的影响。通常，为使系统具有一定的稳定性，其开环放大系数 K_cK_o 应为一个常数。因此，K_o 大了，控制器的比例增益 K_c 就可以小一些，或者说比例度 δ 就可以放大一些，而比例度大则容易调整控制系统，使其稳定。

4．纯滞后时间 τ_o 的影响

对于既有纯滞后 τ_o，又有容量滞后 τ_c 的控制过程，它的总滞后 τ 应包含两部分，即 $\tau=\tau_c+\tau_o$。它们对系统的控制品质都有不利的影响，两者比较，纯滞后 τ_o 对控制系统的影响比容量滞后 τ_c 更为不利。

控制通道中的纯滞后对控制的影响如图 7-17 所示。这里将用该图来定性说明纯滞后时间 τ_o 对控制品质的影响。图中曲线 C 表示没有控制作用时，被控变量在干扰作用下的输出。

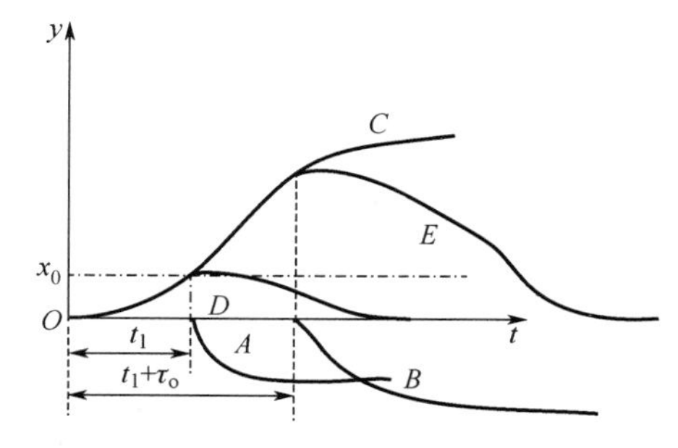

图 7-17　控制通道中的纯滞后对控制的影响

如果 x_0 是变送器的灵敏度，那么当控制通道中没有纯滞后时，控制器在 t_1 时间开始有输出信号，控制作用将沿着曲线 A 发生，被控变量则沿着曲线 D 变化。

当控制通道中存在纯滞后时间 τ_o 时，控制器在 $t_1+\tau_o$ 时间才开始有输出信号，控制作用将沿着曲线 B 发生，被控变量沿曲线 E 变化。可见，纯滞后的存在使过渡的超调量增加，控制品质恶化，而且随着 τ_o 的增加，恶化的程度会加重。

另外，纯滞后对控制的不利影响，也可以从开环传递函数的频率特性分析得出相应结论。以图 7-18 所示的单回路控制系统为例。如果过程对象的传递函数为

$$G_o(s)=\frac{K_o}{T_os+1}\mathrm{e}^{-\tau_os} \tag{7-17}$$

若采用比例控制，设比例控制器为

$$G_c(s)=K_c \tag{7-18}$$

则开环传递函数为

$$G_k(s)=G_o(s)G_c(s)=\frac{K_oK_c}{T_os+1}\mathrm{e}^{-\tau_o s} \tag{7-19}$$

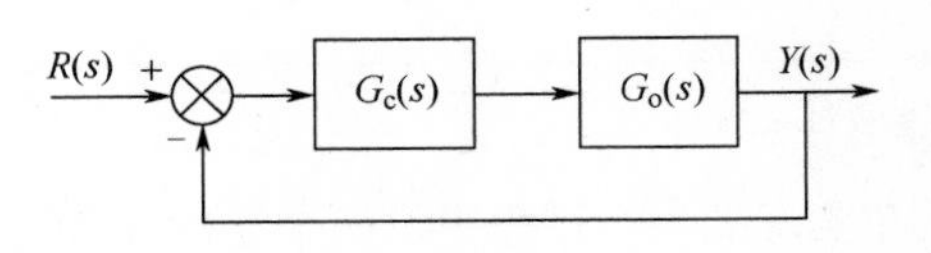

图 7-18　单回路控制系统

带纯滞后开环传递函数波特图对比如图 7-19 所示。当式(7-19)中的滞后参数 $\tau_c=0$ 时，开环传递函数 $G_k(s)$ 的波特图如图 7-19（a）所示。可知，通常的一阶系统都具有正的幅值和相角裕量 φ，因此系统都是稳定的。但是对于带纯滞后环节的一阶系统，情况则完全不同。如图 7-19（b）所示，虽然带纯滞后环节的一阶系统与不带纯滞后环节的一阶系统具有相同的幅值特性，但纯滞后环节的相角会随着频率的增大而急剧减小，因此纯滞后环节会使原来一阶环节的相角裕量 φ 随着频率快速减少，而变成负值，进而导致系统不稳定。因此纯滞后环节的存在很容易导致系统的控制品质下降。

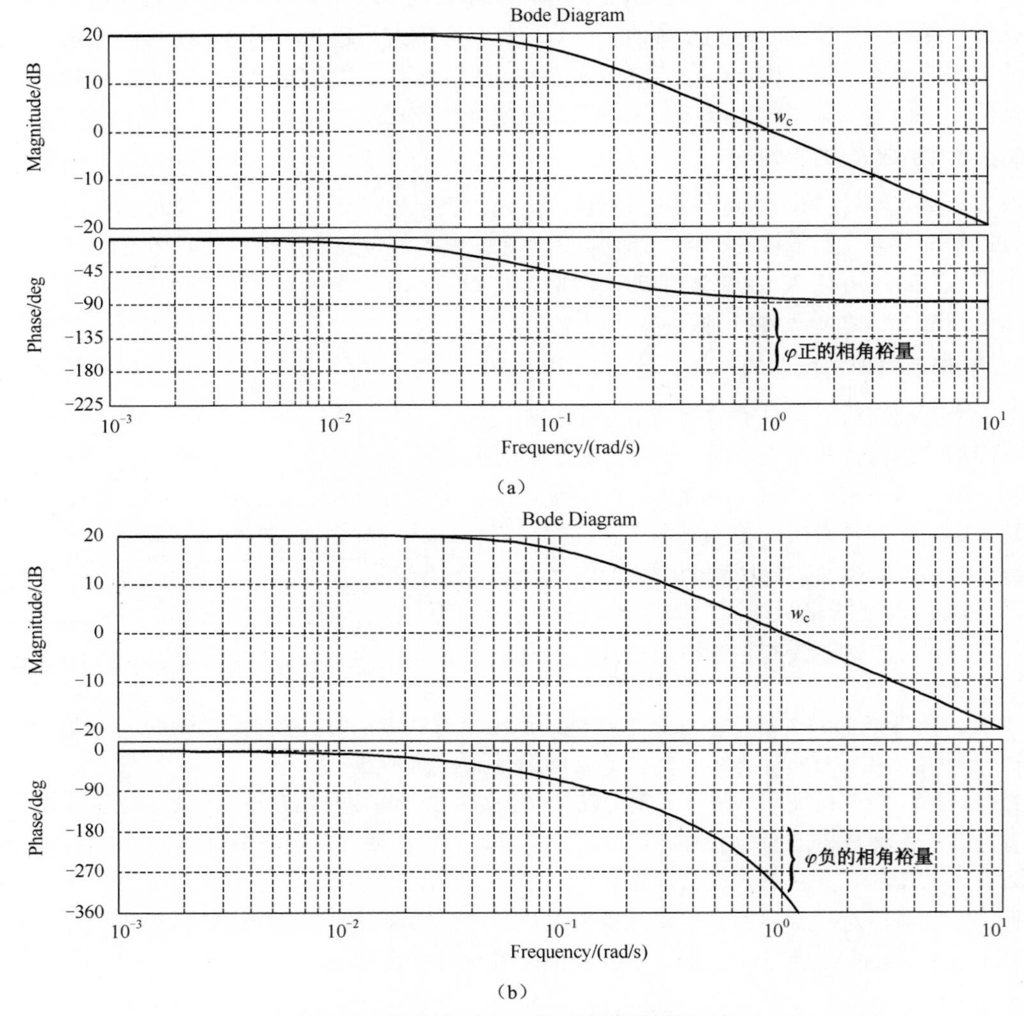

图 7-19　带纯滞后开环传递函数波特图对比

7.4.4　控制变量选择的一般原则

通过上述分析，设计单回路控制系统时，选择控制变量的原则可归纳为以下几条。

（1）控制变量应是可控的，即工艺上允许调节的变量。一般来说，生产负荷直接关系到产品的质量，不宜经常变动，故在不是十分必要的情况下，不选择生产负荷作为控制变量。

（2）控制变量一般应比其他干扰对被控变量的影响灵敏。为此，应通过合理选择控制变量，使控制通道的放大系数 K_o 大、时间常数 T_o 小、纯滞后时间 τ_o 越小越好。

（3）为使干扰对被控变量的影响小，应使干扰通道的放大系数 K_f 尽可能小、时间常数 T_f 尽可能大。扰动引入系统（控制通道）的位置要远离被控变量，尽可能靠近调节阀（控制器）。

（4）被控过程存在多个时间常数，在选择设备及控制参数时，应尽量使时间常数错开，使其中一个时间常数比其他时间常数大很多，同时注意减小其他时间常数。这一原则同样适用于控制器、调节阀和测量变送器时间常数的选择。控制器、调节阀和测量变送器（三者均为系统控制通道中的环节）的时间常数应远小于被控过程中最大的时间常数（这个时间常数一般难以改变）。

（5）在选择控制变量时，除从提高控制品质的角度考虑外，还要考虑工艺的合理性与生产效率及生产过程的经济性。从经济性考虑，应尽可能地降低物料与能量的消耗。

7.5　简单控制系统的设备选择

7.5.1　执行器与控制品质

过程控制使用最多的是由执行机构和调节阀组成的执行器。对执行器的工作原理、基本结构及特性已进行了分析讨论，这里仅从提高系统控制品质、增强生产系统及设备安全性的角度，对控制系统设计中有关执行器——调节阀和执行机构选型需要关注的问题进行简单说明。

1．调节阀工作区间的选择

在过程控制系统设计中，确定控制阀的口径尺寸是选择控制阀的重要内容之一，在正常工况下，要求调节阀的开度为 15%～85%。如果调节阀口径尺寸选得过小，当系统受到较大的扰动时，调节阀工作在全开或全关的饱和状态，使系统暂时处于失控工况，这对扰动偏差的消除不利；同样，调节阀口径尺寸选得过大，阀门长时间处于小开度工作状态，（单座阀）阀门的不平衡力较大，阀门调节灵敏度低，工作特性差，甚至会产生振荡或调节失灵的情况。因此，调节阀口径尺寸选择一定要合适。

2．调节阀的流量特性选择

调节阀的流量特性选择一般分两步进行。首先要根据生产过程的工艺参数和对控制系统的工艺要求，确定工作流量特性，然后根据工作流量特性相对于理想流量特性的畸变关系，求出对应的理想流量特性，确定调节阀的选型。具体的分析与计算方法见执行器相关内容。

3．调节阀的气开、气关作用方式选择

调节阀开、关作用方式的选择主要以不同生产工艺条件下，人员安全、生产安全、系统及设备安全的需要为首要依据。由于工业生产过程的调节阀绝大部分为气动的，所以这里主要讨论气动调节阀气开、气关作用方式选择。电动调节阀和液压调节阀在过程控制系统中也有一定的应用，它们的开、关作用方式选择方法与此相同。

气开式调节阀随着控制信号的增加而开度加大，当无压力控制信号时，阀门处于全关闭状态；

与之相反，气关式调节阀随着信号压力的增加，阀门逐渐关小，当无信号时，阀门处于全开状态。控制系统选择调节阀气开或气关作用方式完全由生产过程的工艺特点和安全要求决定。一般来说，要根据以下几条原则进行选择。

（1）人身安全、系统与设备安全原则。当控制系统发生故障（如电源或气源中断、控制器出现故障而无输出信号、执行机构的膜片破裂等使调节阀失去驱动无法工作）时，失控调节阀所处的状态应能确保人身、系统设备的安全，不致发生安全事故。例如，锅炉给水调节阀一般采用气关式，一旦发生事故，系统失控，供水调节阀处于全开位置，使锅炉不致因给水中断而被烧坏，避免爆炸等事故的发生。再如，加热炉（燃料油或燃料气）调节阀应选择气开式，一旦发生事故，系统失控，燃料调节阀处于全关位置，切断加热炉的燃料供应，避免炉温继续升高，损坏设备。

（2）保证产品质量原则。当系统发生故障使调节阀不能工作时，失控状态的调节阀状态所处的位置不应造成产品质量下降。如精馏塔回流量控制系统常选用气关阀。一旦发生故障，阀门全开，使生产处于全回流状态，防止不合格产品输出，以保证产品的质量。

（3）减少原料和动力浪费的经济原则。如控制精馏塔进料调节阀常采用气开式，一旦出现故障，系统失控时调节阀处于全关位置，停止进料，减少原料浪费。

（4）基于介质特点的工艺设备安全原则。对于有易结晶、易聚合、易凝固物料输送或储存装置的生产系统，相应装置的输出调节阀应选用气关式（输入调节阀应选用气开式），一旦发生事故，失控状态的输出调节阀状态处于全开位置（输入调节阀处于全关位置），将物料全部放空，避免因物料结晶、聚合或凝固造成设备堵塞，给系统重新恢复运行造成麻烦及损坏设备的情况发生。

最后要再一次强调，保证人身安全、系统与设备安全是调节阀开、关作用方式选择的首要原则。

7.5.2 传感器特性与控制方案设计

在过程控制系统中，传感器和变送器用于获取工艺过程中的物理量信息，因此传感器和变送器常常处于控制通道的反馈环节。在简单控制系统中，传感器对被控变量的测量信号被传送至控制器。控制器基于传感器反馈回来的信号进行相应的计算，输出控制信号，因此传感器的反馈信号是实现高性能控制的重要条件。正因为如此，传感器、变送器的选择是过程控制系统设计中重要的一环。

传感器与变送设备的选择与使用，主要根据被检测参数的性质，以及控制系统设计的总体功能要求，例如，被控变量的物理性质、控制精度、响应速度、超调量等控制指标，都影响传感器、变送器的选择和使用。在系统设计时，要从工艺的合理性、经济性、可替换性等方面加以综合考虑。

在前面章节中已经介绍了过程参数检测中常用的一些传感器、变送器的工作原理。下面结合过程控制系统的设计，简要讨论传感器、变送器选择的原则及使用注意事项。

1. 传感器测量范围与精度等级的选择

事实上，传感器对控制精度和动态特性的影响很大。以图 7-3 为例，其闭环传递函数可以表述为

$$Y(s)=\frac{G_{\mathrm{c}}(s)G_{\mathrm{v}}(s)G_{\mathrm{o}}(s)}{1+G_{\mathrm{c}}(s)G_{\mathrm{v}}(s)G_{\mathrm{o}}(s)G_{\mathrm{m}}(s)}R(s) \tag{7-20}$$

由于在实际应用系统中，频段较低的区域，前向通道的传递函数的增益$|G_{\mathrm{c}}(s)G_{\mathrm{v}}(s)G_{\mathrm{o}}(s)|\gg 1$，因此式(7-20)转换为

$$Y(s) \approx \frac{G_c(s)G_v(s)G_o(s)}{G_c(s)G_v(s)G_o(s)G_m(s)}R(s)=\frac{1}{G_m(s)}R(s) \tag{7-21}$$

式(7-21)表示在频段较低的区域或是前向通道增益较大的区域，系统闭环传递函数的特性主要取决于反馈通道传感器的传递函数特性，因此传感器测量范围和精度等级选择对控制器设计具有极为重要的意义。为此，在设计控制系统时，要根据工艺要求和控制性能指标，明确检测变量的测量精度，以及有关变量的波动范围，并以此为基础，确定传感器与变送器合适的测量范围（量程）与精度等级。

2．尽可能选择时间常数小的传感器、变送器

传感器、变送器都有相应的响应时间。特别是测温原件，由于存在热阻和热容，所以本身具有一定的时间常数 T_m。时间常数和纯滞后必然造成测量滞后。对于气动仪表，在现场传感器与控制室仪表之间，主要通过管道构建信号传递通道，因此在很多时候，还必须计算传送滞后。测量环节在很多情况下可以近似为一阶惯性环节，传感器对测量信号的响应曲线如图 7-20 所示。

由图 7-20（a）可知，被测变量 $x(t)$ 进行阶跃变化时，测量值 $y(t)$ 慢慢靠近 $x(t)$。显然，刚开始两者有较大的差距，但其最终能够跟随输入曲线变化。这意味着对于变化速度较慢的被测变量，即使惯性常数 T_m 较大，传感器也能够完成检测任务。

但是对于变化速度较快的被测变量，如 $x(t)$ 进行等速变化，$y(t)$ 一直跟不上 $x(t)$，总存在着测量偏差，如图 7-20（b）所示。这意味着检测结果与实际物理量之间总存在偏差，且测量元件的时间常数 T_m 越大，$x(t)$ 与 $y(t)$ 的差异越显著。此时，控制器接收的是一个失真信号。显然在这种情况下，控制器不能及时、正确地发挥控制作用，控制品质无法达到要求。

因此，控制系统中测量环节的常数 T_m 不能太大，即要选用惰性小的测量仪表。同时，如果在反馈通道传入微分环节，那么反馈通道传递函数 $G_m(s)$ 就转变为 $sG_m(s)$。此时由式(7-21)可知，在前向通道增益较大的频域部分，有下式成立

$$Y(s) \approx \frac{1}{sG_m(s)}R(s) \tag{7-22}$$

式(7-22)意味着在测量单元后面，增加微分环节，相当于提高控制系统的型别，由经典控制理论可知，这有利于减小静态误差。因此，在测量单元后面，增加微分环节，可以有效补偿测量动态误差。

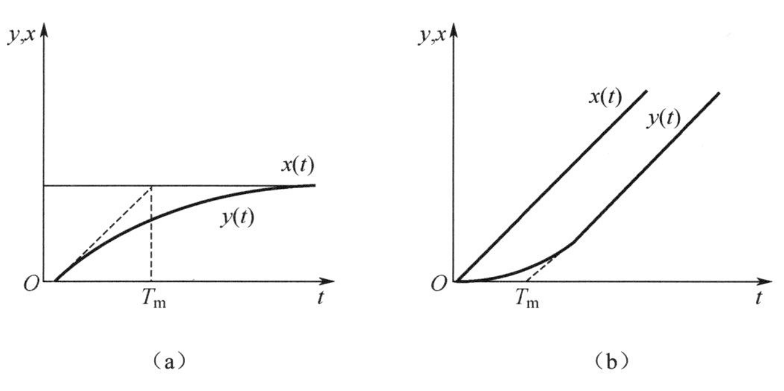

（a）　　（b）

图 7-20　传感器对测量信号的响应曲线

对于气动信号，为克服传送滞后，传送信号的气压管路一般不能超过 300m，直径要大于 6mm，并且需要用气动放大器和阀门定位器增大开环传递函数增益，以减小传送滞后。在距离较长的区域，应尽量采用气-电转换器，将气信号转换为电信号，使用电信号传递。

3. 合理选择检测点，减小测量纯滞后 τ_o

由式(7-20)可知，检测环节 $G_m(s)$ 中的纯滞后，将出现在控制系统的开环传递函数中，因此其对控制品质带来的不利影响，等同于前向通道中的 $G_o(s)$ 含有的滞后环节。为此，在选择测量信号的检测点时，应极力避免由于传感器安装位置不合适引起的纯滞后。

例如，在图 7-21 所示的 pH 值控制系统中，如果被控变量是中和槽出口溶液的 pH 值，则测量传感器却安装在远离中和槽的出口管道处。这样一来，传感器测得的信号与中和槽内溶液的 pH 值在时间上就延迟了一段时间 τ_o，其大小为

$$\tau_o = \frac{l_o}{v}$$

式中，l_o 为传感器到中和槽的管道长度；v 为管道内液体的流速。

这一纯滞后使测量信号值不能及时反映中和槽 pH 值的变化，从而使控制品质降低，所以在选定测量传感器的安装位置时，一定要注意尽量减小纯滞后。引入微分作用对纯滞后没有改善。

另外，检测位置的选择还要使检测参数能够真实反映生产过程的状态，因此，尽量将传感器安装在能够直接代表生产过程状态的位置。

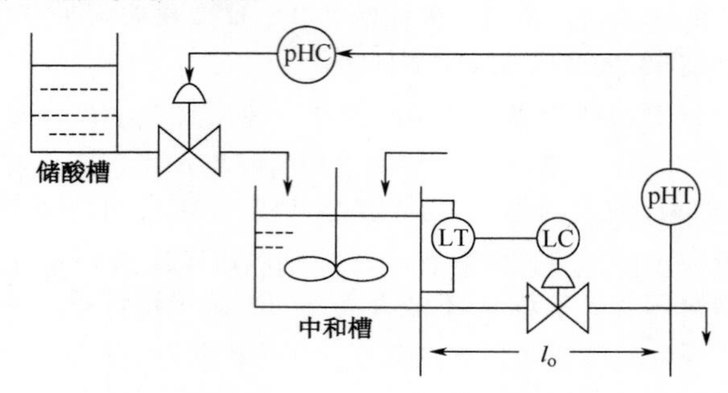

图 7-21　pH 值控制系统

4. 测量信号的处理

（1）测量信号校正与补偿。

测量某些参数时，测量值要受到其他参数的影响，为了保证测量精度，需要进行校正与补偿处理。例如，在用节流元件测量气体流量时，流量与差压之间的关系要受到气体温度的影响，必须对测量信号进行温度补偿与校正以保证测量精度。

（2）测量噪声的抑制。

在测量某些过程参数时，由于其本身特点和环境干扰的存在，测量信号中含有干扰噪声，如果不采取措施，将会影响系统的控制品质。例如，在流量测量时，常伴有高频噪声，通过引入阻尼器进行噪声抑制可取得理想的效果。

（3）测量信号的线性化处理。

一些检测传感器的非线性，使传感器的检测信号与被测参数间成非线性关系。例如，热电偶测温时，热电动势与被测温度之间有一定的非线性。DDZ-Ⅲ型温度变送器对检测元件输入信号进行线性化处理，其输出电流信号与温度成线性关系；而 DDZ-Ⅱ型温度变送器则不进行线性化处理。因此，在系统设计时，应根据具体情况确定是否进行线性化处理。

7.5.3　调节器正、反作用的选择

调节器的选型与调节规律的选择对过程控制系统的控制品质有重要的影响，也是过程控制系统设计的核心内容之一。调节器的输出取决于被控变量的测量值与设定值之差，被控变量的测量

值与设定值变化，对输出的作用方向是相反的。对于调节器的正、反作用的定义为：当设定值不变时，随着测量值的增加，调节器的输出也增加，称为“正作用”方式，同样，当测量值不变，设定值减小时，调节器输出增加，称为“正作用”方式；反之，如果测量值增加或设定值减小时，调节器输出减小，则称为“反作用”方式。

调节器正、反作用方式的选择是在调节阀气开、气关方式确定之后进行的，其确定原则是使整个单回路构成负反馈系统。

下面通过两个例子说明调节器正、反作用方式的选择方法。图 7-22 所示是加热炉温度控制系统。在这个系统中，加热炉是被控对象（过程），被加热物料出口温度是被控变量，燃料流量是控制变量。当控制变量——燃料流量增加时，被控变量（物料出口温度）升高；随着温度（被控变量）升高，温度传感器输出信号增大。从安全角度出发，为避免系统发生故障时，燃料调节阀（失控）开启烧杯加热炉，应选择气开（失控时关闭）式调节阀。为了确保由被控对象、执行器及调节器所组成的系统是负反馈，调节器就应该选为“反作用”方式。这样才能在炉温升高、被控变量出现偏差时，测量变送器输出信号增大，调节器 TC（“反作用”）输出减小，燃料调节阀关小（当输入信号减小时，气开调节阀开度减小），使炉温下降。

图 7-23 所示是液位控制系统，执行器选用气开式调节阀，一旦系统故障或气源断气时，调节阀自动关闭，以免物料全部流走。当储液槽物料液位上升、被控变量出现偏差时，应增加调节阀开度使液位下降，调节器 LC 应为“正作用”方式，这样才能在储液槽液位升高时，调节器 LC 输出信号增大，调节阀开度增大，物料流出量增加，液位下降。

如果图 7-23 所示液位控制系统的安全条件改变为物料不能溢出储液槽，则执行器应选用气关式调节阀。显然，这种条件下的调节器 LC 必须为“反作用”方式。

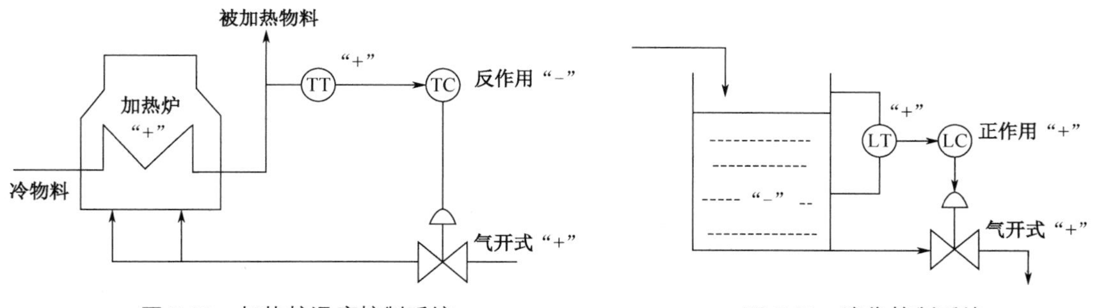

图 7-22　加热炉温度控制系统　　图 7-23　液位控制系统

若对控制系统中各个环节按照其工作特性，定义一个表示其性质的正（+）、负（-）符号，则可根据组成控制系统各个环节的正（+）、负（-）符号及回路构成负反馈的根本要求，得出调节器“正”“反”作用的选择公式。

控制系统中各环节的正、负符号做如下规定。

调节阀：气开式取“+”，气关式取“-”。

被控对象：若控制变量（通过调节阀的物料或能量）增加时，被控变量随之增加取“+”；反之取“-”。

变送器：输出信号随被测变量增加而增大，取“+”；反之取“-”。

调节器：测量输入增加，调节器输出增大（正作用）时取“+”；测量输入增加，调节器输出减小（反作用）时取“-”。

符号的乘法运算规则与代数运算中符号的运算规则相同。在传感器、被控过程、执行器（调节阀）的符号已确定的条件下，为了保证单回路控制系统构成负反馈系统，调节器的符号（“正”“反”作用）选择应满足单回路各环节符号的乘积必须为“-”，即调节器符号（“+”或“-”）×执行器符号（“+”或“-”）×变送器符号（“+”或“-”）× 被控过程符号（“+”或“-”）=“-”

若执行器符号（“+”或“-”）、变送器符号（“+”或“-”）、被控过程符号（“+”或“-”）已知，则可根据上式求出调节器的符号。根据所求得的调节器的符号可确定其“正”“反”作用形式。

一般情况下，过程控制系统中变送器的符号都认为是“+”（变送器的输出信号随被测量的增加而增大），则上式可简化为

调节器符号（“+”或“-”）×执行器符号（“+”或“-”）×被控过程符号（“+”或“-”）=“-”

调节器符号为被控过程的符号与执行器（调节阀）符号乘积的相反值。由此可知，当控制阀与被控过程符号相同时，控制器应选择反作用方式；反之，则选择正作用方式。例如，图 7-22 所示的加热炉温度控制系统，由于被控过程的符号为“+”——控制变量（燃料流量）增大，被控变量（被加热物料出口温度）增大；执行器（调节阀）符号也为“+”（气开式调节阀），按照上面的公式可知调节器应选反作用。对于图 7-23 所示的液位控制系统，由于被控过程的符号为“-”——控制变量（流出物料流量）增大，被控变量（储液槽液位）降低；执行器（调节阀）符号也为“+”（气开式调节阀），可知调节器应选正作用。用判别公式得出的结论与前面通过分析得出的结论完全一致。

这一判别式虽然是针对简单控制系统调节器正、反作用的选择提出来的，但它也适用于复杂控制系统中子回路（如串级系统中的副回路）调节器正、反作用方式的选择。

7.6 调节器参数的工程整定方法

众所周知，在工程实践中，简单控制系统主要由被控对象、控制仪表、执行器及测量变送单元等几部分组成。由于在控制系统的设定过程中，执行器和测量变送单元的传递函数通常都可以近似表述为比例环节，而被控对象的传递函数主要取决于工艺要求，因此对于简单控制系统，其控制品质的好坏主要取决于控制仪表中 PID 参数的设定。这意味当控制方案确定以后，如何设置控制仪表中的比例度δ、积分时间T_I和微分时间T_D将是简单控制系统设计的关键。

调节器参数整定方法可简单归结为两大类，即理论参数整定和工程整定。所谓理论参数整定方法就是利用求解微分方程、根轨迹及奈奎斯特定律等自动控制原理来确定比例度δ、积分时间T_I和微分时间T_D的具体参数。然而在实践中，人们往往很难得到被控对象的精确模型，且大多数的实际被控对象都存在非线性和分布式参数等特征。而另一方面，经典控制理论的参数确定方法主要针对线性系统，且往往依赖于精确的数学模型，因此理论参数整定方法经常难以获得较好的效果。

工程整定方法是一种结合前人工作经验总结出来的系统参数确定方法，它具有方法简单、操作方便、容易掌握等特点，且不需要被控对象的精确数学模型，因此在实践中得到了广泛的应用。

由于参数整定就是根据系统性能指标，确定控制器的参数，所以使得被控系统满足工艺设计的动态和静态指标。然而由于实际系统千差万别，因此系统的指标也存在差异。为了设计具有通用性的控制系统调整方法，对于单回路控制系统，制定了较为通用的标准，即“典型最佳调节过程”。在该标准条件下，控制系统在阶跃扰动的作用下，被控变量的过渡过程为 4∶1（或 10∶1）的衰减振荡过程时，认为是最佳过渡过程。下面介绍的调节器参数的工程整定方法就是以典型最佳调节过程作为系统的调节目标的。

7.6.1 稳定边界法

稳定边界法又称临界比例度法，即在生产工艺容许的情况下，用试验方法找出。当一个比例

调节系统的被调量做等幅振荡（即达到了稳定边界时的临界比例度 δ_m ）时，按经验公式求出调节器的整定参数。

采用本方法时，不需要单独对调节对象做动态特性实验，即可把调节器投入运行。在利用这种方法进行参数整定时，首先只将比例调节投入系统，即在控制环节投入运行后，将积分时间放到最大，微分时间放到最小，然后把比例度 δ 放在较大值上（增益较小），然后逐步减小比例度 δ 值。每次减小 δ 值后，在系统上加上一定的扰动，观察记录下的过渡过程，看其衰减程度如何。由于在系统调节开始阶段，设定的 δ 值较大，这时通常系统的稳定性较好，因此在调试的开始阶段，系统通常处于稳定状态。这时，当加入扰动，系统输出再次平稳后，再酌量减小 δ 值。这时系统随着 δ 值的减小，增益变大，系统逐渐由稳定状态向非稳定状态过渡。

当输出出现等幅振荡时，停止减小比例度，并记下此时的比例度 δ_m 。由系统的稳定性理论可知，当比例度减小、增益增大时，系统的响应速度会加快，而稳定性下降。因此，当系统输出为等幅振荡时，再减小比例度，增大增益，就意味着系统会出现不稳定的情况，这时的比例度也称为临界比例度 δ_m ，而相应的此时等幅振荡的周期称为临界振荡周期 T_m 。

显然临界比例度 δ_m 并不能直接用于系统的控制，但是参数 δ_m 和 T_m 能够较好地反映系统的稳定性和频域特点，因此在稳定边界法中，主要利用这两个参数来设定系统的 PID 参数，如表 7-1 所示。

首先，当实际系统采用单纯的比例控制时，通常会把 $2\delta_m$ 作为实际的控制率。这是因为由经典控制理论可知，当系统的增益较大时，系统的响应速度快，但稳定性较差，且常常超调量较大。将系统的比例度取为 $2\delta_m$ 时，系统的增益恰好是系统稳定临界增益的一半，可以较好地兼顾系统响应速度和稳定性要求。

由于实际系统对象差异较大，因此即使在采用单纯比例的情况下，按表 7-1 选取比例度，也不能保证系统一定能够具有良好的控制品质。这时可以适当地再次加入扰动，观测输出曲线的衰减率 ψ ，如果衰减率 ψ=0.75 ，即衰减比 D_b 为 4∶1 的典型最佳调节过程，则说明设定的比例度满足系统要求，否则可再次增加或减小衰减比例度，直至满足系统调试要求为止。同时，也可以根据实际系统的参数调节要求来微调比例度 δ ，以满足控制要求。

表 7-1　稳定边界法的调节器整定参数

调节规律	比例度 δ / %	积分时间 T_I / min	微分时间 T_D / min
P	$2\delta_m$	—	—
PI	$2.2\delta_m$	$0.85T_m$	—
PID	$1.7\delta_m$	$0.5T_m$	$0.13T_m$

当采用 PI 控制时，需要在采用纯比例控制的基础上进一步增大比例度 δ ，如表 7-1 所示，通常情况此时比例度 δ 取为 $2.2\delta_m$ ，而积分常数 T_I 的取值则以临界振荡周期 T_m 为参考，取作 $0.85T_m$ 。这是因为当引入积分环节后，由奈奎斯特定律可知，校正环节会引入负相角，这势必会造成系统稳定性下降，因此为弥补系统的稳定性，相比于纯比例控制的条件下，需要适当地增大比例度，即减小增益，进而降低系统的剪切频率，提高系统的相角裕度，以达到保证稳定的目的。

与此类似，当采用 PID 控制时，由于 D 环节的加入，会引入正的相角裕度，在某种程度上改善了系统的稳定性，这时为了改善系统的静态性能指标，可适当地减小比例度，取比例度 δ 为 $1.7\delta_m$ ，取积分时间 T_I 为 $0.5T_m$ ，而微分时间 T_D 为 $0.13T_m$ ，如表 7-1 所示。

与采用纯比例控制的调试相同，当采用 PI 和 PID 控制时，按照表 7-1 设定完参数后，也需要加入一定的干扰，以测试控制系统的性能，如果系统的输出满足设计要求，则说明参数设定满足要求。如果不满足要求，则需要对设定的 PID 参数做出适当微调。

稳定边界法在下面两种情况下不宜采用：（1）临界比例度过小时，调节阀很易游移于全开或全关位置，对生产工艺不利或不容许，例如，对一个用燃料加热的炉子，如果阀门发生在全关状态就要熄火；（2）工艺上的约束条件严格时，等幅振荡将影响生产的安全。

对有些控制过程，稳定边界法整定的调节器参数不一定都能获得满意的效果。实践证明，无自衡特性的对象，按此法确定调节器参数在实际运行中往往会使系统响应的衰减率偏大（$\psi > 0.75$）；而对于有自衡特性的高阶多容对象，此法确定的调节器参数在实际运行中大多数会使衰减率偏小（$\psi < 0.75$）。

7.6.2　响应曲线法

响应曲线法是由 Ziegler 和 Nicholas 在 1942 年首先提出的一种开环的整定方法，其主要是根据广义对象的时间特性，通过经验公式来求取控制器最佳整定参数。

响应曲线法整定系统框图如图 7-24 所示。在该参数调整方法中，首先使系统开环，并使其处于稳定的情况下，再使用控制器的手操器，让其输出产生一个阶跃变化 Δu 。记录被控变量的测试值随时间变化的曲线。如果该广义对象具有高阶特性，则阶跃扰动下无超调高阶系统的输出曲线如图 7-25 所示。

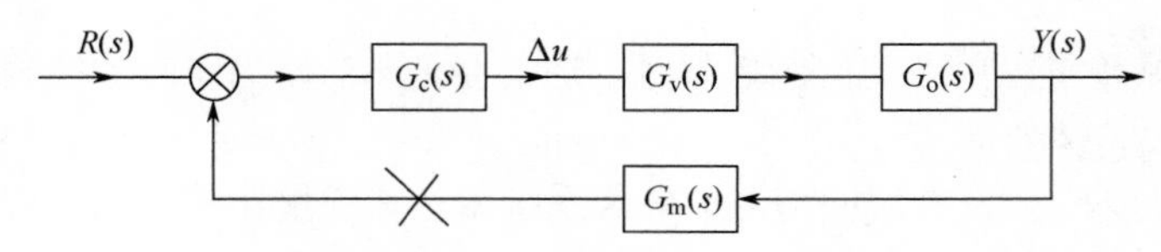

图 7-24　响应曲线法整定系统框图

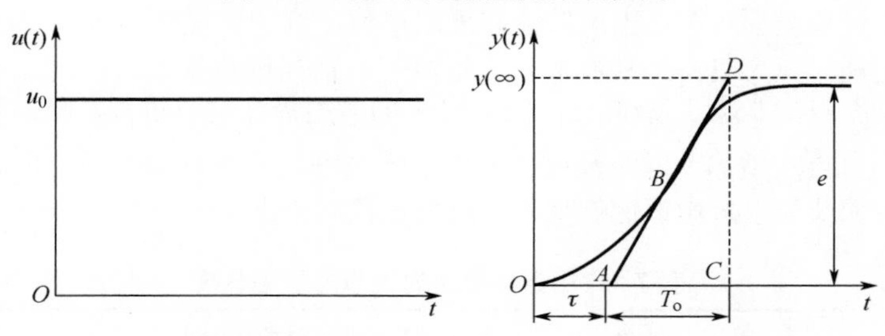

图 7-25　阶跃扰动下无超调高阶系统的输出曲线

通过对图 7-25 所示曲线上升速度最快的地方（即响应曲线的拐点 B 处）处作切线，并使其与横轴交于 A 点，且与最终稳态值的水平线交于 D 点。再在 D 点处作一垂线，与横轴交于 C 点。这样，就可以将广义对象用一阶惯性环节，结合纯滞后环节来近似，即

$$G_o(s) = \frac{K_o}{T_o s + 1} e^{-\tau s} \tag{7-23}$$

式(7-23)放大倍数 K_o 为

$$K_o = \frac{\Delta y / (y_{max} - y_{min})}{\Delta u / (u_{max} - u_{min})} \tag{7-24}$$

有了 τ 、T_o 和 K_o 三个数据，就可以根据表 7-2 中的经验公式，计算出满足 4∶1 衰减振荡的控制器整定参数。

表 7-2　响应曲线法控制器参数计算（4∶1 衰减比）

调节规律	比例度 δ / %	积分时间 T_{I} / min	微分时间 T_{D} / min
P	$K_{\mathrm{o}}(\tau/T_{\mathrm{o}})$	—	—
PI	$1.1K_{\mathrm{o}}(\tau/T_{\mathrm{o}})$	3.3τ	—
PID	$0.85K_{\mathrm{o}}(\tau/T_{\mathrm{o}})$	2.2τ	0.5τ

近年来，随着仿真技术的发展，又提出了对上述广义对象按误差积分性能指标加以整定的公式，以满足不同的整定要求。当控制器的控制规律为 $u(t)=K_{\mathrm{c}}(1+1/T_{\mathrm{I}}s+T_{\mathrm{D}}s)e(t)$ 时，对于定值系统，整定公式为

$$K_{\mathrm{c}}K_{\mathrm{o}}=A(\tau/T_{\mathrm{o}})^{-B} \tag{7-25}$$

$$T_{\mathrm{I}}/T_{\mathrm{o}}=C(\tau/T_{\mathrm{o}})^{-D} \tag{7-26}$$

$$T_{\mathrm{D}}/T_{\mathrm{o}}=E(\tau/T_{\mathrm{o}})^{F} \tag{7-27}$$

表 7-3 中列出了定值系统按误差积分性能指标的整定参数。

对于随动系统，整定公式为

$$\begin{aligned}&K_{\mathrm{c}}K_{\mathrm{o}}=A(\tau/T_{\mathrm{o}})^{-B}\\&T_{\mathrm{o}}/T_{\mathrm{I}}=C-D(\tau/T_{\mathrm{o}})\\&T_{\mathrm{D}}/T_{\mathrm{o}}=E(\tau/T_{\mathrm{o}})^{F}\end{aligned} \tag{7-28}$$

表 7-3　定值系统按误差积分性能指标的整定参数

性能指标	控制规律	A	B	C	D	E	F
E_{IA}	P	0.902	0.985	—	—	—	—
E_{IS}		0.411	0.917	—	—	—	—
E_{ITA}		0.904	1.084	—	—	—	—
E_{IA}	PI	0.984	0.986	0.608	0.707	—	—
E_{IS}		1.305	0.959	0.492	0.739	—	—
E_{ITA}		0.859	0.977	0.674	0.680	—	—
E_{IA}	PID	1.435	0.921	0.878	0.749	0.482	1.137
E_{IS}		1.495	0.945	1.101	0.771	0.560	1.006
E_{ITA}		1.357	0.947	0.842	0.738	0.381	0.905

表 7-4 中列出了随动系统按误差积分性能指标的整定参数。

表 7-4　随动系统按误差积分性能指标的整定参数

性能指标	控制规律	A	B	C	D	E	F
E_{IA}	PI	0.758	0.861	1.02	0.323	—	—
E_{ITA}		0.586	0.916	1.03	0.165	—	—
E_{IA}	PID	1.086	0.869	0.740	0.130	0.348	0.914
E_{ITA}		0.965	0.855	0.796	0.147	0.308	0.920

7.6.3　衰减曲线法

衰减曲线法是在总结“稳定边界法”和其他一些方法的基础上，经过反复实验得出来的。这种方法不需要得到临界振荡过程即可求得比例度，步骤简单，比较安全。

高阶系统的衰减振荡过渡过程如图 7-26 所示。假定整定要求是达到衰减率 $\psi = 0.75$（衰减比 4∶1）的过程，即 $D_b = y_1 : y_3 = 4 : 1$。先把调节器改成比例作用（$T_I = \infty$，$T_D = 0$），放在某一比例度，由手动投入自动，在达到稳定情况后，适当改变设定值（通常以 5%左右为宜），观察调节过程的衰减比，如果达不到衰减比 4∶1，则相应改变比例度，直到达到规定衰减比为止。记下此时的比例度 δ_s 及周期 T_s，然后按照表 7-5 求得其他调节规律中的整定参数。在采用 PID 调节规律时，为了避免在切换时由微分作用引起初始振荡，可先将比例度放在稍大的数值，然后放上积分时间，再慢慢放上微分时间，最后再把比例度减小到计算值。

表 7-5　衰减比为 4∶1 时的整定参数

调节规律	δ / %	积分时间 T_I / min	微分时间 T_D / min
P	δ_s	—	—
PI	$1.2\delta_s$	$0.5T_s$	—
PID	$0.8\delta_s$	$0.3T_s$	$0.1T_s$

表 7-5 中的数据适用于多数对象。如果按上述数据得出的调节过程不够理想，则可按曲线形状再适当调整整定参数。有些对象的调节过程较快（如响应较快的流量、管道压力和小容量液面调节），要从记录曲线看出衰减比比较困难。在这种情况下，往往只能定性地识别，可以近似地以波动次数为准。如果调节器输出的电流或电压来回摆动两次就达到稳定状态，则可以认为是 4∶1 衰减比的过程，波动一次的时间为 T_s。

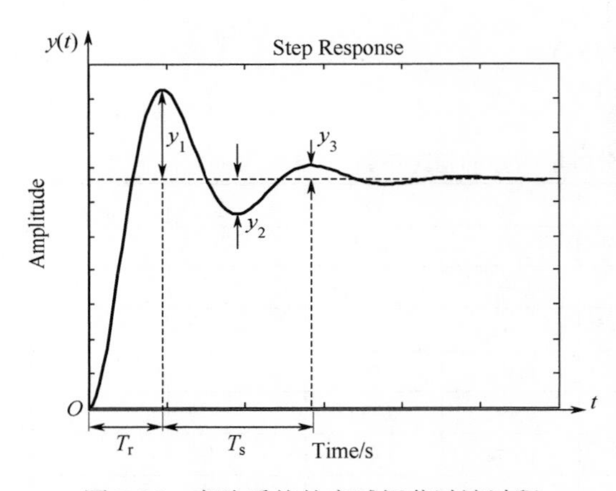

图 7-26　高阶系统的衰减振荡过渡过程

此外，在有些过程中，如热电厂锅炉的燃烧系统，对采用的 4∶1 的衰减比做试验仍过强。这时可采用其他指标，如 10∶1 的衰减比。在类似情况下，图 7-26 中要准确测量 y_3 的时间不容易。因此只要求做到过渡过程曲线上，只看到一个波峰 y_1，而看不出来 y_3 就可以了。达到 10∶1 的衰减比时，调节器的比例度为 δ_s'，而被调量的上升时间为 T_r（见图 7-26），那么调节器的最佳整定参数按表 7-6 选取。

表 7-6　衰减比为 10∶1 时的整定参数

调节规律	δ / %	积分时间 T_I / min	微分时间 T_D / min
P	δ_s'	—	—
PI	$1.2\delta_s'$	$2T_r$	—
PID	$0.8\delta_s'$	$1.2T_r$	$0.4T_s$

7.6.4　经验法

经验法实质上是一种经验试凑法，它不需要进行试验和计算，而是根据运行经验和先验知识，先确定一组调节参数，然后人为加入阶跃扰动，观察被控变量的响应曲线，并按照调节器各参数对调节过程的影响，逐次改变相应的整定参数值，一般按先比例度 δ，再积分时间 T_I、微分时间 T_D 的顺序逐一进行整定，直到获得满意的控制品质为止。

表 7-7 给出了不同被控对象，调节器整定参数的经验取值范围；表 7-8 给出了在设定值阶跃变

化时，调节器整定参数变化对调节系统动态过程的影响。

表 7-7　调节器整定参数的经验取值范围

被控变量	过程特点及常用调节规律	比例度 δ/%	积分时间 T_I/min	微分时间 T_D/min
液位（P 调节）	过程时间常数较大，一般不用微分，精度要求不高时选择 P 调节；δ 可在一定范围内选择	20～80	—	—
流量（PI 调节）	过程时间常数小，被控变量有波动，一般选择 PI 调节；δ 要大一些，T_I 要短；不用微分	40～100	0.1～1	—
压力（PI 调节）	过程有容量滞后，不大，一般选择 PI 调节；不用微分	30～70	0.4～3	—
温度（PID 调节）	过程容量滞后较大，被控变量受扰后变换迟缓，需加微分，一般选择 PID 调节；δ 应小，T_I 要长	20～60	3～10	0.5～3

经验法整定参数的步骤有以下两种。

整定步骤 1：比例调节是基本的控制作用，应首先把比例度整定好，待过渡过程基本稳定后，再加积分作用以消除余差，最后加入微分作用以进一步提高控制品质。其具体步骤如下。

（1）对于 P 调节器（$T_I=\infty$、$T_D=0$），将比例度 δ 放在较大经验数值上，然后逐步减小 δ，观察被控变量的过渡过程曲线，直到曲线满意为止。

（2）对于 PI 调节器（$T_D=0$），先置 $T_I=\infty$，按比例调节整定比例度 δ，使过渡过程达到 4∶1 衰减比；然后，将 δ 放大 10%～20%，将积分时间由大至小逐步增加，直至获得衰减比为 4∶1 过渡过程。

（3）对于 PID 调节器，先置 $T_D=0$，按步骤（2）整定好 PI 控制参数整定步骤，整定好 δ、T_I 参数；然后将 δ 减小 10%～20%，T_I 适当缩短后，再把 T_D 由短至长地逐步加入，观察过渡过程曲线，直到获得满意的过渡过程为止。

整定步骤 2：先按表 7-7 中给出的范围把 T_I 定下来；若要引入微分作用，可取 $T_D=(1/3-1/4)T_I$；然后从大到小调整 δ，直到得到满意的结果为止。

一般来说，这样可较快地找到合适的整定参数值。但如果开始 T_I 和 T_D 设置得不合适，则可能得不到希望的响应曲线。这时应将 T_I 和 T_D 进行适当调整，重新试验，直至记录曲线合乎要求为止。

如果比例度 δ 过小、积分时间 T_I 过短或微分时间 T_D 过长，都会产生周期性的激烈振荡。在用经验法整定参数过程中，要注意区分几种相似振荡产生的不同原因，正确调整相应的参数。一般情况下，T_I 过短引起的振荡周期较长；δ 过小引起的振荡周期较短；T_D 过长引起的振荡周期最短。可通过区分振荡周期大小判断引起振荡的原因，以便进行准确的参数调整。

表 7-8　调节器整定参数变化对调节过程的影响

性能指标	比例度 δ/% ↓	积分时间 T_I/min ↓	微分时间 T_D/min ↓
最大动态偏差	↑	↑	↓
静差（残差）	↓	—	—
衰减率	↓	↓	↑
振荡频率	↑	↑	↓

如果比例度 δ 过大或积分时间 T_I 过长，都会使过渡过程变化缓慢。一般比例度过大，响应曲线振荡较剧烈、不规则、较大幅度地偏离设定值；积分时间 T_I 过长时，则响应曲线在设定值一方振荡，且慢慢地回到设定值。通过调整响应参数可使这种情况得到改善。

7.6.5　几种工程整定方法的比较

前面介绍了常用的四种整定方法，它们都是以4∶1衰减比作为整定指标的。对于多数调节系统来说，这样的整定结果是令人满意的。在实际工作中究竟采用哪一种方法呢？这里需要根据生产的具体情况，并了解这几种方法的优缺点及适用条件。下面就几种方法进行比较。

响应曲线法首先需要获得对象的飞升特性曲线，从原理上说实验是很简单的，但实际上不太容易做到，这是因为对于某些工艺对象，约束条件严格，测试有困难。而对另一些工艺对象，干扰因素多，且较频繁，测试不易准确。为了保证具有一定的准确度，要求加入足够大的扰动量，以便使被调量的变化足够大，这样往往使生产受到影响。一般来说，在实际生产中做飞升曲线实验，往往不太容易，这是响应曲线法的缺点。这个方法适用于被调量允许变化较大的对象。此外，该法是利用滞后时间τ来定取T_I和T_D的。而测量滞后时间比较容易，它就是被调量在平稳状态下，从调节器输出电流或电压有了变化时起，到测量指针发生明显变化所需时间。不必专门为此进行测试，只要多观察一些调节过程就可以得到。总的来说，该方法的优点是进行飞升特性实验比其他两种方法的实验容易掌握，做实验所需时间比其他方法短。

稳定边界法在做实验时，调节器是投入运行的，调节对象处在调节器的控制之下，因此被调量一般会保持在允许的范围内。在稳定边界的条件下，调节器的比例度δ较小，动作较快，结果被调量的波动幅值很小，一般生产过程是允许的，这是该方法的优点，它适用于一般的流量、压力、液面和温度调节系统。但对于比例度特别小的系统和调节对象τ/T很大、时间常数T也很大的系统不适用。因为比例度很小的系统调节器动作速度一定很快，一下子超过最大范围，使调节阀全开或全关，所以影响生产的正常操作。对于τ/T和T都很大的调节对象，调节过程一定很慢，被调量波动一次需要很长时间，每进行一次实验，必须观察若干个完整周期，因而整个实验过程很费时间。实验时如果不注意，比例度太小使得调节过程超出稳定边界，变成了波动幅值越来越大的发散过程，这是不允许的。另一方面，如果调节对象是单容的或双容的（此时τ/T的值很小），那么，从理论上说，无论比例度多么小，调节过程都是稳定的。因为这样达不到稳定边界，所以不能用此法。

衰减曲线法也是在调节器投入闭环运行状态下运行的。被调量偏离工作点不大，也不需要把调节系统推进到稳定的边界，因而比较安全，而且容易掌握，能适用于各种类型的调节系统。响应时间比较长的温度调节系统，由于过渡过程波动周期很长，所以要多次实验才逼近$\zeta=1/4$。与稳定边界法一样，整个实验很费时间，这是它的缺点。

经验法的优点是不需要进行专门的实验、对生产过程影响小；缺点是没有相应的计算公式可借鉴，初始参数的选择完全依赖经验，有一定的盲目性。

7.7　简单控制系统设计实例

本节以喷雾式乳液干燥系统为例，简要讨论简单控制系统的分析、设计过程。

7.7.1　生产过程概述

图7-27所示是喷雾式乳液干燥过程示意图，通过空气干燥器将浓缩乳液干燥成乳液。已浓缩的乳液由高位储槽流下，经过滤器（浓缩乳液容易堵塞过滤器，两台过滤器轮换使用，以保证连续生产）去掉凝结块，然后从干燥器顶部喷嘴喷出。干燥空气经热交换器（蒸汽）加热、混合后，通过风管进入干燥器与乳液充分接触，使乳液中的水分蒸发成为乳粉。成品乳粉与空气一起送出进行分离。干燥后成品质量要求高，含水量不能有大的波动。

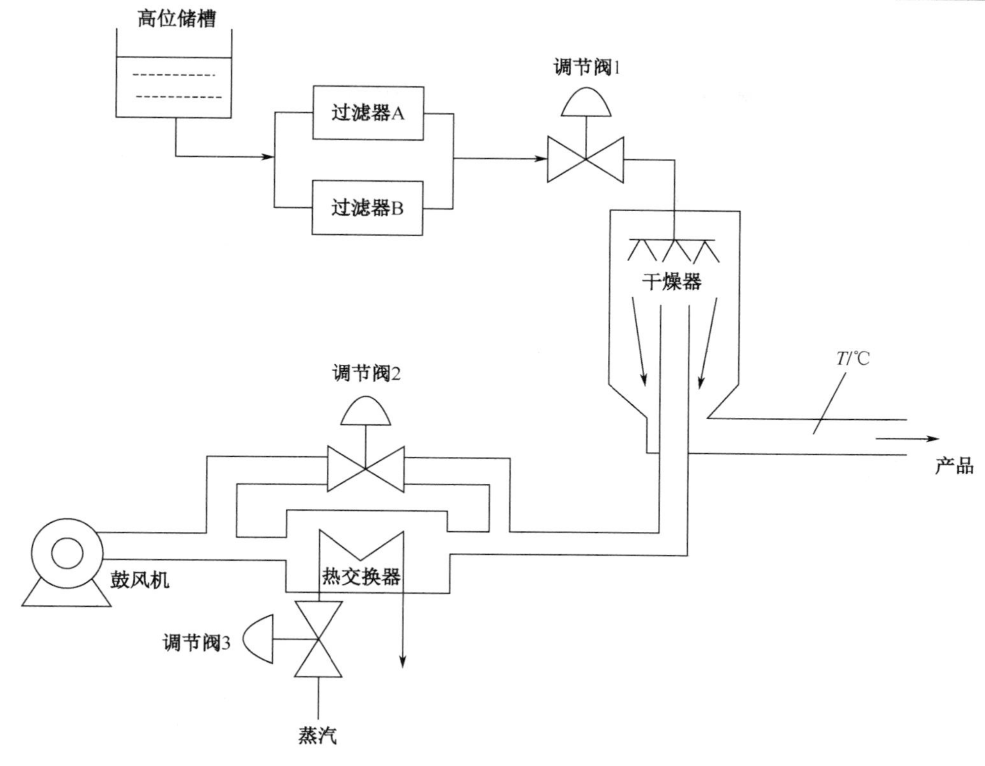

图 7-27　喷雾式乳液干燥过程示意图

7.7.2　被控变量选择

按照生产工艺的要求，产品质量取决于乳粉的水分含量。湿度传感器测量精度低、滞后大，要精确、快速测量乳粉的水分含量十分困难。而乳粉的水分含量与干燥器出口温度关系密切，并且为单值对应关系。试验表明，干燥器出口温度偏差小于±2℃时，乳粉质量符合要求，因而可选择干燥器出口温度为（间接）被控变量，通过干燥器出口温度控制实现产品质量控制。

7.7.3　控制变量选择

影响干燥器出口温度的变量有乳液流量[记为 $Q_1(t)$]、旁路空气流量[记为 $Q_2(t)$]、加热蒸汽流量[记为 $Q_3(t)$]三个因素，并通过图 7-27 中的调节阀 1、调节阀 2、调节阀 3 对这三个变量进行控制。选择其中的任意一个作为控制变量，都可实现干燥器出口温度（被控变量）的控制，分别以这三个变量作为控制变量，可得到如下三种不同的控制方案。

方案 1：以乳液容量 $Q_1(t)$ 为控制变量（由调节阀 1 进行控制），对干燥器出口温度（被控变量）进行控制。

方案 2：以旁通冷风流量 $Q_2(t)$ 为控制变量（由调节阀 2 进行控制），对干燥器出口温度进行控制。

方案 3：以加热蒸汽流量 $Q_3(t)$ 为控制变量（由调节阀 3 进行控制），对干燥器出口温度进行控制。

乳液干燥过程三种控制方案的框图如图 7-28 所示（每个方案只有一个控制变量，其他变量均视为干扰）。

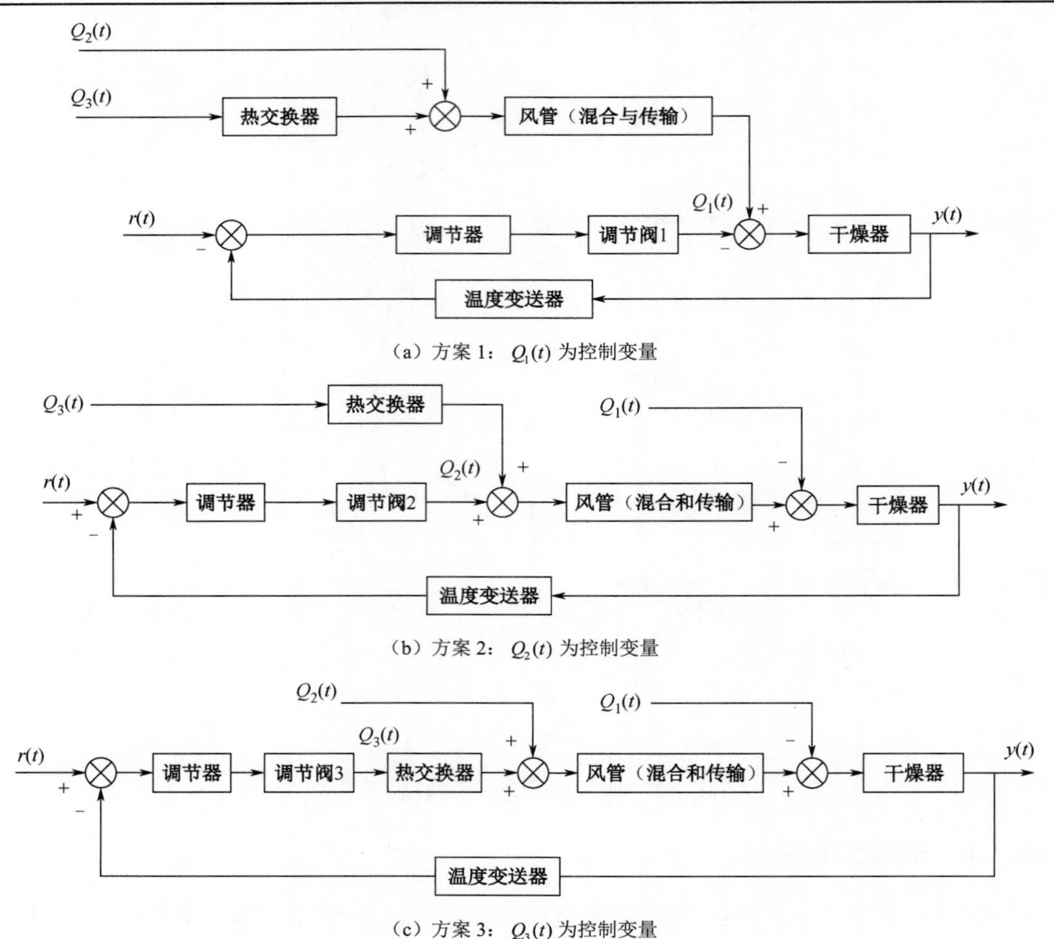

（a）方案 1：$Q_1(t)$ 为控制变量

（b）方案 2：$Q_2(t)$ 为控制变量

（c）方案 3：$Q_3(t)$ 为控制变量

图 7-28　乳液干燥过程三种控制方案的框图

在分析、比较三个方案之前，先对影响各个方案通道特性的主要环节进行定性分析。

（1）蒸汽加热流过热交换器中的冷空气，蒸汽对被加热空气温度的影响为一个双容过程，其传递函数可近似为

$$G_{\mathrm{h}}(s)=\frac{K_{\mathrm{h}}}{(T_{\mathrm{h}_1}s+1)(T_{\mathrm{h}_2}s+1)}$$

式中，时间常数 T_{h_1}、T_{h_2} 都比较大。

（2）冷、热空气混合后，通过一段风管后到达干燥器，旁通冷风流量对进入干燥器空气流量的影响可用一阶惯性环节加纯滞后近似

$$G_{\mathrm{m}}(s)=\frac{K_{\mathrm{m}}}{T_{\mathrm{m}}s+1}\mathrm{e}^{-\tau s}$$

式中，时间常数 T_{m} 比较小。

（3）调节阀 1 到干燥器、调节阀 2 到混合环节、调节阀 3 到热交换器的滞后时间较小，可忽略不计。

（4）三个方案控制通道都包含调节器、调节阀、温度变送器，它们的特性不影响比较结果；干燥器给空气流量、空气温度、乳液流量的特性差异对三个方案影响不大，可暂不考虑。

在以上定性结论的基础上，对三个可选方案进行分析、比较，从中选出合理的控制方案及对

应的控制变量。

方案 1：从其对应的控制方案图 7-28（a）可以看出，由调节阀 1 控制的乳液流量 $Q_1(t)$ 直接进入干燥器，控制通道短、滞后小，控制变量对干燥器出口温度控制灵敏；干扰进入控制通道的位置与调节阀输入干燥器的控制变量 $Q_1(t)$ 重合，干扰引起的动差小，控制品质好。从干扰通道来看，$Q_2(t)$ 经过一个有纯滞后的一阶惯性环节 $G_m(s)$ 后进入控制通道，而 $Q_3(t)$ 经过一个时间常数较大的双容环节 $G_h(s)$ 和一个有纯滞后的一阶惯性环节 $G_m(s)$ 后进入控制通道，由于 $G_m(s)$ 和 $G_h(s)$ 的滤波作用，干扰信号 $Q_2(t)$、尤其是 $Q_3(t)$ 对被控变量 $y(t)$（干燥器出口温度）的影响很平缓。

方案 2：从其对应的控制方案图 7-28（b）可以看出，由调节阀 2 控制的旁通冷风流量 $Q_1(t)$ 经过混合和滞后[传递函数为 $G_m(s)$]之后进入干燥器。由于一阶惯性环节 $G_m(s)$ 时间常数 T_m 和 τ 纯滞后的滞后因素，控制通道（相对于方案 1）有一定的滞后，控制变量对干燥器出口温度的控制不够灵敏。干扰 $Q_1(t)$ 进入控制通道的位置距调节阀 2 较远，干扰通道环节少，故其引起的动差较大；干扰 $Q_3(t)$ 进入控制通道的位置距调节阀 2 很近，干扰通道环节多，故引起的动差小而且平缓。总的来说，方案 2 相对于方案 1 的控制品质有所下降。T_m 和 τ 不是很大，品质下降有限。

方案 3：从其对应的控制方案图 7-28（c）可以看出，由调节阀 3 控制的蒸汽流量 $Q_3(t)$ 对流过热交换器的空气加热[传递函数为 $G_h(s)$]，热空气经过混合和滞后[传递函数为 $G_m(s)$]之后进入干燥器。由于有 $G_h(s)$ 两个时间常数 T_{h1} 和 T_{h2}、$G_m(s)$ 的时间常数 T_m、风管纯滞后 τ 多种因素共同影响，控制通道（相对于方案 1 和方案 2）的时间滞后很大，控制变量 $Q_3(t)$ 对干燥器出口温度的控制作用很小；干扰 $Q_2(t)$ 进入控制通道的位置距调节阀 3 较远，干扰 $Q_1(t)$ 进入控制通道的位置距调节阀 3 很远，两者干扰通道环节（相对于控制通道）少，引起的动差大。方案 3 的控制品质相对于方案 1 和方案 2 来说有很大下降。

通过上面的分析可知，从控制品质角度来看，方案 1 最优，方案 2 次之，方案 3 最差。但从生产工艺和经济效益角度来考虑，方案 1 并不是最有利的。这是因为若以乳液流量作为控制变量，乳液流量就不可能始终稳定在最大值，限制了该系统的生产能力，对提高生产效率不利。另外，在乳液管道上安装调节阀，容易使浓缩乳液结块，甚至堵塞管道，会降低产量和质量，甚至造成停产。进行综合分析比较，选择方案 2 比较好，通过调节阀 2 控制旁通冷风流量 $Q_1(t)$，实现干燥器出口温度控制。

7.7.4　检测仪表、调节阀及调节器调节规律选择

根据生产工艺要求，可选用电动单元组合（DDZ-Ⅱ或 DDZ-Ⅲ）仪表，也可根据仪表技术的发展水平选用其他仪表或系统。

（1）温度传感器及变送器。被控温度在 600℃以下，可选用热电阻（铂电阻）温度传感器。为了减少测量滞后，温度传感器应安装在干燥器出口附近。

（2）调节阀。根据生产安全原则、工艺特点及介质性质，选择气关型调节风阀。根据管路特性、生产规模及工艺要求，选定调节风阀的流量特性。

（3）调节器。根据工艺特点和控制精度要求（偏差≤±2℃），调节器应采用 PI 或 PID 调节规律；根据构成控制系统负反馈的原则，结合干燥器、气关型调节风阀及测温装置的特性，调节器应采用正作用方式。

7.7.5　绘制控制系统图

喷雾式乳液干燥过程控制系统示意图如图 7-29 所示。

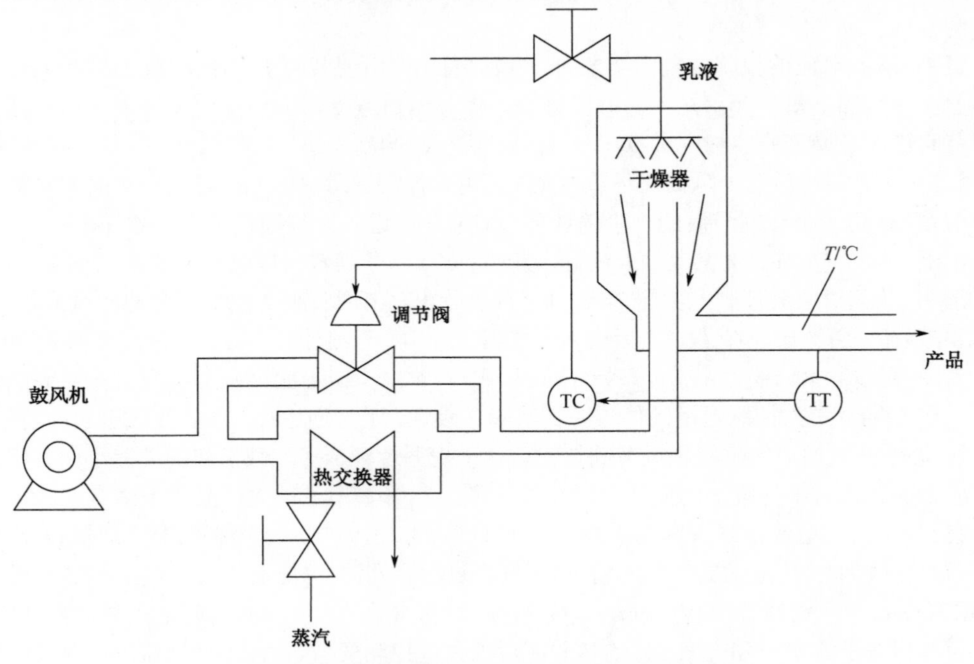

图 7-29　喷雾式乳液干燥过程控制系统示意图

7.7.6　调节器参数整定

可根据生产过程的工艺特点和现场条件，选择前面已讨论过的任意一种工程整定方法进行调节器的参数整定。

思考题与习题

7-1　简单控制系统由哪些环节组成？

7-2　简单控制系统设计的基本要求？

7-3　简单控制系统设计的主要内容？

7-4　简单控制系统设计包括哪些步骤？

7-5　选择被控变量应遵循哪些基本原则？什么是直接参数？什么是间接参数？两者有何关系？

7-6　选择控制变量时，为什么要分析被控过程的特性？为什么希望控制通道放大系数 K_o 大、时间常数 T_o 小、纯滞后时间 τ_o 越小越好？而干扰通道的放大系数 K_f 尽可能小、时间常数 T_f 尽可能大？

7-7　当被控过程存在多个时间常数时，为什么应尽量使时间常数错开？

7-8　选择检测变送装置时要注意哪些问题？怎样克服或减小纯滞后？

7-9　调节阀口径尺寸选择不当，过大或过小会带来什么问题？在正常工况下，调节阀的开度在什么范围比较合适？

7-10 调节器正、反作用方式的选择依据是什么？

7-11 在蒸汽锅炉运行过程中，必须满足汽-水平衡关系，汽包液位是一个十分重要的指标。当液位过低时，汽包中的水易被烧干引发生产事故，甚至会发生爆炸，为此设计如图 7-30 所示的汽包液位控制系统。试确定调节阀的气开、气关方式和调节阀 LC 正、反作用；画出该控制系统的框图。

7-12 在某个化工过程中，化学反应为吸热反应。为使化学反应持续进行，必须用热水通过加热套加热反应物料，以保证化学反应在规定的温度下进行。如果温度太低，不但会导致反应停止，还会使物料产生聚合凝固导致设备堵塞，为生产过程再次运行造成麻烦甚至损坏设备。为此设计如图 7-31 所示的温度控制系统。试确定调节阀的气开、气关方式和调节阀的 TC 正、反作用；画出该控制系统的框图。

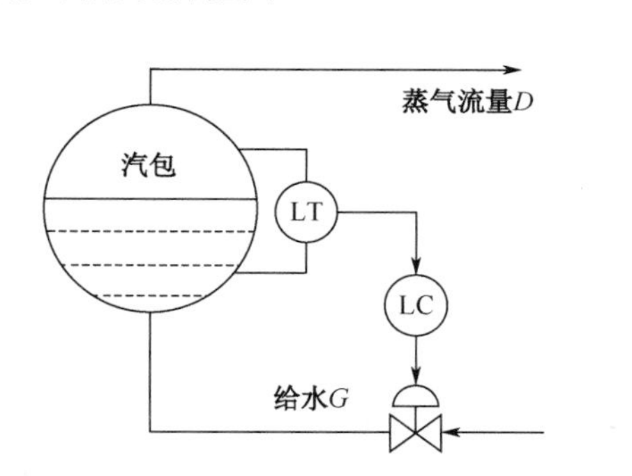

图 7-30　汽包液位控制系统

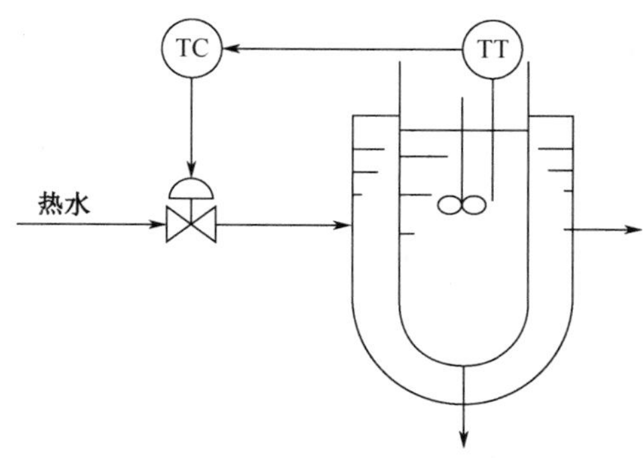

图 7-31　温度控制系统

7-13 简述比例、积分、微分控制规律各自的特点。

7-14 已知被控系统传递函数 $G(s)=\dfrac{10}{(5s+1)(s+2)(2s+1)}$，试用临界比例度法整定 PI 调节器参数。

7-15 对某对象采用衰减曲线法进行试验时测得 $P_s=50\,\%$，$T_s=10\text{s}$。试用衰减曲线法按衰减比 $n=4:1$ 确定 PID 调节器的整定参数。

7-16 已知被控过程传递函数 $G(s)=\dfrac{8\mathrm{e}^{-\tau_0 s}}{(T_0 s+1)}$，$T_0$=6s，$\tau_0$=3s，试用响应曲线法整定 PI、PID 调节器的参数。再用临界比例度法确定 PI 调节器参数，并与响应曲线法整定的 PI 调节器的参数进行比较。

7-17 试比较临界比例度法、衰减曲线法、响应曲线法及经验法的特点。

7-18 如图 7-32 所示的热交换器，将进入其中的冷物料加热到设定温度。工艺要求热物料温度的偏差 ΔT 不超过±1℃，而且不能发生过热情况，以免造成生产事故。试设计一个简单控制系统，实现热物料的温度控制，并确定调节阀的气开、气关方式，调节器的正、反作用方式，以及调节器的调节规律。

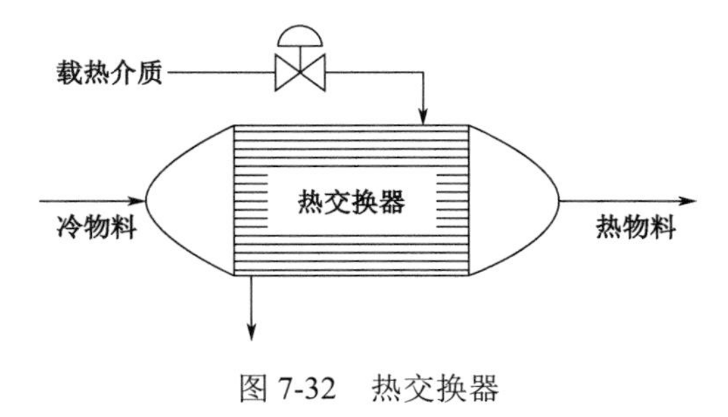

图 7-32　热交换器

第 8 章　复杂控制系统

简单控制系统的设计安装涉及的设备少，在应用过程中投产、运行、整定、维护相对简单，因此可以满足大多数实际应用的基本需求。据有关部门统计，简单控制系统约占全部自动控制系统的 80%。

然而，随着现代工业的快速发展，特别是计算机和网络技术在工业生产流水线上的广泛应用，使得工业生产规模日益扩大。这导致工业控制系统不仅需要满足单部设备的控制需求，更需要满足不同生产环节之间的配合与协同。这意味着过程控制系统需要拥有更强的功能、更高的精度，以满足对工艺过程和参数的控制，以便在产量、质量、节能及环保等方面，取得更好的效果。

在这种背景下，简单控制系统显然难以满足生产过程中的全部控制要求。特别是，当控制要求高、被控对象滞后大、干扰强时，简单控制系统往往很难取得理想的控制效果。

此外，生产过程中还存在着一些特殊的控制过程，这些控制过程虽然本身的物理和数学特性并不复杂，但是生产流程和工艺控制要求比较特殊，如物料配比、安全保护、生产工艺协调等环节，这时应用简单控制系统同样难以实现良好的控制。

为解决上述问题，在简单控制系统的基础上，人们设计、开发出许多性能强大、功能多样的控制方案和设备，以满足复杂过程的控制需要，这些控制系统称为复杂（非简单）控制系统。

复杂控制系统种类繁多，常见的有前馈控制、大滞后预估控制、串级控制、比值控制、均匀控制、分程控制、选择性控制等。其中前馈控制用于解决控制中遇到的强干扰问题；串级控制、大滞后预估控制则针对控制中遇到的滞后问题。比值控制、均匀控制、分程控制、选择性控制主要以解决特殊控制要求为目的。

8.1　克服强干扰与前馈控制系统

在控制系统中，引入反馈的主要目的是克服干扰。另外，由简单控制系统的论述可知，当被控参数（变量）和控制变量选定以后，控制系统中其他对被控变量产生影响的因素，都会被处理为干扰。由于有些生产工艺的特殊性，这些干扰有时会对被控变量产生很强烈的作用，这些干扰称为强干扰。在强干扰的作用下，仅使用反馈控制方案，常常很难取得好的效果。

显然克服干扰的方法并不仅局限于反馈，如采用相应方法阻断干扰传输的通道，同样可以起到克服干扰的效果。下面介绍的前馈和解耦控制就是基于这样的理念提出的控制方案。

8.1.1　前馈控制系统的基本构成

在前面讨论的控制系统中，控制器都是按被控变量或其反馈值与设定值的偏差大小来进行控制的，这种控制系统称为反馈控制系统。对于反馈控制系统，无论是什么干扰引起被控变量的变化，控制器均可根据偏差进行调节，这是其优点；但从干扰产生到被控变量发生变化，偏差产生到控制作用产生，以及控制变量改变到被控变量发生变化，都需要一定的时间。所以控制总是落后于干扰作用的。由于反馈控制的作用机理决定了无法将干扰克服在被控变量偏离设定值之前，因此对一些滞后较大的对象来说，控制作用总是不及时的，从而限制了被控质量的提高。

从某种角度上说，控制就是克服干扰的过程。显然反馈并不是克服干扰的唯一手段，但是针对某些特定干扰的屏蔽同样可以有效克服干扰。前馈控制就是一种通过切断干扰传输通道来进行控制的方法。它可以根据扰动直接进行控制，即当扰动一出现，控制器就直接按扰动的性质和大小，以一定规律进行控制。这可以使被控变量还未变化之前，就克服了干扰对系统的影响，从而使控制作用提前和控制精度进一步提高。

现以图 8-1 所示的热交换器出口温度控制为例，进一步说明控制的作用。在该加热系统中，以物料的出口温度作为控制目标。该加热系统中物料从左侧进入热交换器，然后将蒸汽通入热交换器，蒸汽通过热交换器中的排管，把热量传给排管内的被加热物料，进而提高冷物料的温度。控制系统通过改变蒸汽流量的大小来改变出口温度的大小。

显然在生产工艺中，物料的进口流量是影响物料出口温度的主要干扰之一，但由于物料的进口流量不仅取决于生产设备的稳定性，而且取决于生产指标，即市场对产品的需求量，因此在实际的生产过程中物料流量的波动会非常大。在这种情况下，如果依然只采用反馈控制，那么当物料的流量波动很大时，会引起输出物料温度的巨大误差。

因此，采用前馈控制是解决上述问题的有效手段。如果设物料的出口温度为 T_W，被加热物料的流量为 Q，那么当采用前馈控制时，其相应的工艺流程如图 8-1 所示。从该示意图中可以看到，为了克服流量对出口温度的影响，在前馈控制中会用一个流量监测变送器获取扰动量，即被加热物料流量 Q，并将信号送到前馈控制器 FB。前馈控制经过一定的运算去调节控制阀，以改变蒸汽流量来补偿进料流量 Q 变化对被控变量 T_W 的影响。只要蒸汽量改变的幅值和动态过程适当，就可以显著地减小或完全补偿由于物料流量波动所引起的出口温度的变化。

假如进料扰动量为阶跃变化，前馈控制系统的动态补偿过程如图 8-2 所示。图中曲线 a 为不加控制时的温度阶跃响应，曲线 b 是前馈控制作用引起的出口温度变化曲线。若曲线 b 与曲线 a 大小相同，方向相反，则可以实现扰动量的完全补偿，从而使被控变量 T_W 与扰动量 Q 完全无关。

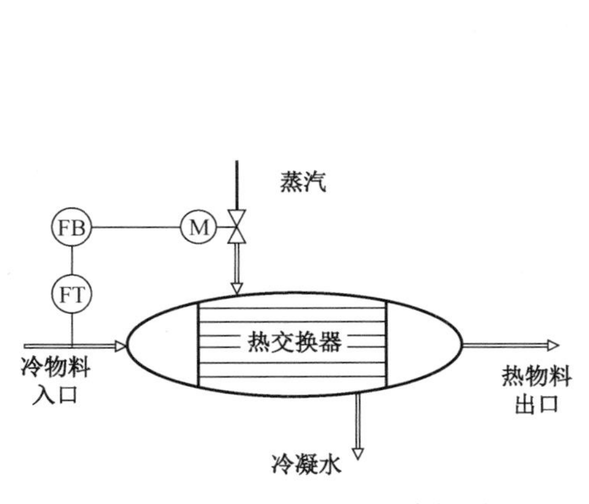

图 8-1　热交换器出口温度控制

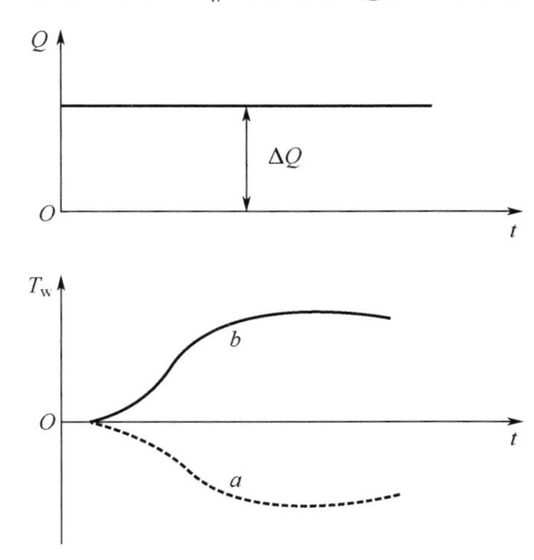

图 8-2　前馈控制系统的动态补偿过程

从上面的分析可知，假设流量变送器传递函数为 $G_{ft}(s)$，前馈控制器的传递函数为 $G_b(s)$，蒸汽阀门的传递函数为 $G_v(s)$，被控对象的传递函数为 $G_o(s)$，干扰通道的传递函数为 $G_f(s)$，那么前馈控制系统温度补偿工艺流程图如图 8-3（a）所示。当干扰 $N(s)$ 沿干扰通道的作用与沿控制通道的作用大小相等且方向相反时，控制系统就完全可以阻断干扰对输出的影响。这就是前馈控制

的基本思想，其传递函数关系可以表示为

$$N(s)G_{\mathrm{ft}}(s)G_{\mathrm{b}}(s)G_{\mathrm{v}}(s)G_{\mathrm{o}}(s)-N(s)G_{\mathrm{f}}(s)=0 \tag{8-1}$$

此时图 8-3（a）所示的前馈控制系统温度补偿工艺流程图所对应的系统框图如图 8-3（b）所示。显然对于给定的控制系统，在式(8-1)中的 $G_{\mathrm{ft}}(s)$、$G_{\mathrm{v}}(s)$、$G_{\mathrm{o}}(s)$、$G_{\mathrm{f}}(s)$ 都为确定的函数。因此，如果选取前馈控制器的传递函数

$$G_{\mathrm{b}}(s)=\frac{G_{\mathrm{f}}(s)}{G_{\mathrm{ft}}(s)G_{\mathrm{v}}(s)G_{\mathrm{o}}(s)} \tag{8-2}$$

那么式(8-1)总能够成立，所以干扰也可以被有效克服。

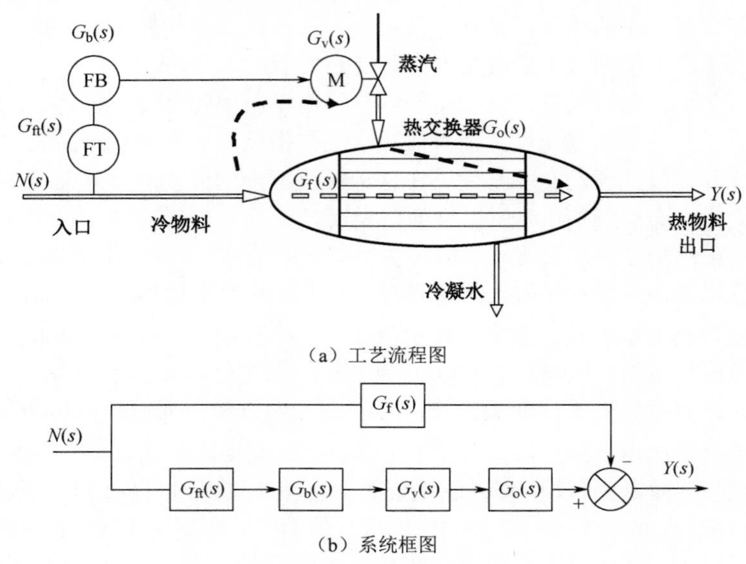

（a）工艺流程图

（b）系统框图

图 8-3　前馈控制系统温度补偿

8.1.2　前馈控制系统的典型形式

1．静态前馈控制系统

根据对干扰补偿的特点，前馈控制系统可分为静态前馈控制系统和动态前馈控制系统。从对式(8-1)的分析可以知道，如果前馈控制系统要完全克服干扰，那么 $G_{\mathrm{b}}(s)$ 需要使式(8-2)严格成立。然而在式(8-2)中，$G_{\mathrm{ft}}(s)$ 和 $G_{\mathrm{v}}(s)$ 分别是流量变送器和蒸汽阀门的传递函数，因此它们的解析表达式较容易得到。但是 $G_{\mathrm{f}}(s)$ 和 $G_{\mathrm{o}}(s)$ 分别代表的是干扰通道和被控对象的传递函数，由于大多数实际的工业系统都是非线性系统，且具有分布参数特性，因此 $G_{\mathrm{f}}(s)$ 和 $G_{\mathrm{o}}(s)$ 往往只是在实际系统的静态工作点附近才近似。这导致 $G_{\mathrm{f}}(s)$ 和 $G_{\mathrm{o}}(s)$ 的解析表达式实际上并不准确，且容易随工况和时间的变化而发生变化。在这种情况下，如果依然利用式(8-2)来设计前馈控制器，那么很难使得式(8-1)严格成立，而且很有可能不但不能克服干扰，还会引入更强的干扰。另外，实际工业对象的数学模型往往比较复杂，这导致 $G_{\mathrm{f}}(s)$ 和 $G_{\mathrm{o}}(s)$ 具有高阶特性。这意味基于式(8-2)设计前馈控制，需要构建高阶的控制器，代价高昂。

所谓静态前馈控制系统是指前馈控制器的输出仅是输入的函数，而与时间因子无关。由终值定理和图 8-3 可知

$$\lim_{t\to\infty} y_N(t)=\lim_{s\to 0}[G_{\mathrm{ft}}(s)G_{\mathrm{b}}(s)G_{\mathrm{v}}(s)G_{\mathrm{o}}(s)-G_{\mathrm{f}}(s)]N(s) \tag{8-3}$$

如果 $G_{v}(s)=K_{v}$，$G_{ft}(s)=K_{ft}$，而

$$G_{o}(s)=\frac{a_{n}s^{n}+a_{n-1}s^{n-1}+\cdots+a_{0}}{b_{m}s^{m}+b_{m-1}s^{m-1}+\cdots+b_{0}},\quad G_{f}(s)=\frac{c_{n}s^{n}+c_{n-1}s^{n-1}+\cdots+c_{0}}{d_{m}s^{m}+d_{m-1}s^{m-1}+\cdots+d_{0}}$$

那么式(8-3)则可以表述为

$$\lim_{t\to\infty}y_{N}(t)=(K_{ft}K_{v}K_{o}G_{b}(0)-K_{f})N(0) \tag{8-4}$$

这里 $K_{o}=a_{0}/b_{0}$，而 $K_{f}=c_{0}/d_{0}$。式(8-4)意味着如果我们选用比例环节作为前馈控制器的控制规律，并使

$$G_{b}(s)=\frac{K_{f}}{K_{ft}K_{v}K_{o}} \tag{8-5}$$

那么系统在稳定状态下，干扰对于输出的影响为零。

显然，当系统受到扰动，从一个稳定状态向另一个稳定状态过渡时，式(8-5)所示的前馈控制器，并不能有效弥补过渡过程中的动态误差，当系统稳定时，可以消除干扰引起的静态误差，因此这种前馈控制器又称为静态前馈控制系统。

由于在实际应用系统的静态增益 K_{o} 和 K_{f} 较易获得，且使用比例环节就可以实现，因此具有成本低、构建控制系统效率高和鲁棒性较好等特点。这使得此类前馈控制器得到了广泛的应用。

2. 动态前馈控制系统

与静态前馈控制系统相对应的是动态前馈控制系统。静态前馈控制的作用不能保证在干扰作用下，被控变量的动态偏差等于或接近于零。对于动态偏差要求严格的场合，可以采用动态前馈控制，其作用是力求在任何时刻均实现对干扰的补偿。动态前馈控制系统的表达式见式(8-2)。通过选择合适的控制规律使干扰经过前馈控制器至被控变量这一通道的动态特性与干扰的动态特性完全一致，并使它们的符号相反，这样便可以达到控制作用完全补偿干扰对被控变量的影响。

8.1.3　前馈控制系统的优缺点

从上面的讨论可知，前馈控制作用很及时，当扰动发生以后，不必等到被控变量出现偏差就产生控制作用，理论上可以实现对干扰的完全补偿。但是，在一个对象中被控变量的干扰是多种多样的，如果对所有的干扰都进行前馈补偿，则是不经济的，而且有许多干扰根本无法确定，所以单纯采用前馈控制方式是有局限性的。

图 8-4 所示为前馈控制与反馈控制比较示意图，可以看出，前馈控制与反馈控制有如下区别。

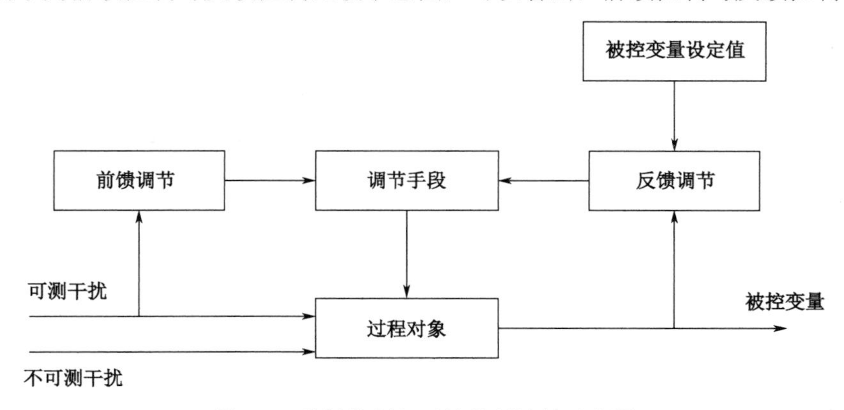

图 8-4　前馈控制与反馈控制比较示意图

（1）系统检测信号不同。反馈控制检测的信号是被控变量，前馈控制检测的信号是扰动信号。

（2）系统控制的依据不同。反馈控制基于偏差值的大小，前馈控制基于扰动量的大小。

（3）产生控制作用的及时性。反馈控制作用是在被控变量反映干扰影响而偏离设定值后才开始调节的，前馈控制作用发生在被控变量偏离设定值之前。

（4）控制方式不同。反馈控制是闭环控制，而前馈控制是一种开环控制。前馈控制器在扰动量产生控制作用后，对被控变量的影响并不反馈回来影响控制器的输入量，因此是开环的。

前馈控制系统的功能如图 8-5 所示。从图中可知，扰动作用 $N(s)$ 到被控变量 $Y(s)$ 之间有两个通道：一个是从扰动 $N(s)$ 通过对象的扰动通道 $G_{\mathrm{f}}(s)$ 去影响 $Y(s)$；另一个是从扰动 $N(s)$ 通过前馈控制器 $G_{\mathrm{b}}(s)$ 与对象的控制通道 $G_{\mathrm{o}}(s)G_{\mathrm{v}}(s)$ 去影响被控变量 $Y(s)$，不存在反馈通道。

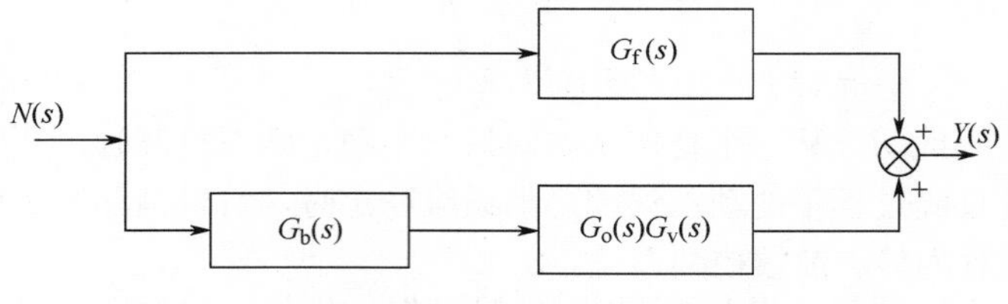

图 8-5　前馈控制系统的功能

由于前馈控制的效果不通过反馈加以校验，所以一个合适的开环控制作用，要求对被控对象的特性比较清楚。

（5）控制规律和控制品质不同。一般的反馈控制系统均采用通用类型的 PID 控制器，反馈控制不能使被控变量始终保持在设定值上。而前馈控制是根据对象的特性设计的，对象的特性不同，前馈控制的规律也不同，所以它是一种专用控制器。前馈控制在理论上可实现最完善的控制，使被控变量维持在设定值上。

（6）实现的经济性与可能性。反馈控制只要一个控制回路就可以控制各种干扰对被控变量的影响，而前馈控制是开环控制方式，根据一种干扰设计的前馈控制器只能克服这一种干扰。要克服所有干扰被控变量的影响，需要对所有干扰都独立形成一个控制，因此不经济，也不可能。与此同时，前馈控制要求干扰必须是可以测量的，对于不可测量的干扰就不能进行前馈控制。

通过以上比较可知，前馈控制和反馈控制各有优缺点。因此，可以取长补短组合起来构成一个控制系统，即“前馈-反馈”控制系统。在两种控制过程中，选择被控对象中的主要干扰，用前馈控制加以补偿，而对其他引起被控变量变化的各种干扰，采用反馈控制加以克服，从而充分利用这两种控制的特点使控制品质进一步提高。这种按扰动的前馈控制与按偏差的反馈控制结合起来的系统，称为复合控制系统。这种系统既有利于克服系统主要干扰的影响，又可以借反馈来消除其他干扰的影响。当前馈控制效果不够理想时，反馈控制还可以帮助削弱主要干扰对被控变量的影响。

8.1.4　前馈-反馈控制系统

复合控制系统的结构形式有很多，下面介绍典型的结构形式：前馈-反馈控制。在生产过程中，单纯使用前馈控制是很难满足工艺要求的。从前面的讨论可知，前馈控制的局限性主要表现在以下两点。①实际生产过程中存在各种干扰，对每种干扰都设计前馈控制是不现实的，而且有些干扰难以测量，无法实现前馈控侧。②前馈控制的规律与对象的特性有关。对象特性要受负荷和工况等因素的影响而产生漂移，这将导致前馈控制的精度下降。前馈控制又是一个开环控制，没有反馈信号做进一步的修正。前馈控制的这些弱点，正好可由反馈控制来弥补。为了充分发挥前馈控制与反馈控制的优点，将两者结合起来，构成了前馈-反馈控制系统。前馈-反馈控制系统综合了单纯前馈控制和反馈控制两者的优点，将反馈控制不易克服的主要干扰进行前馈控制，而对其他干扰进行反馈控制，这样既发挥了前馈控制及时的特点，又保持了反馈控制能克服各种干扰，并对被控变量始终进行检测的优点。因此，目前工程上使用的前馈控制系统，大多数属于前馈-反馈控制类型。

仍以热交换器对象为例，当主要干扰为物料流量时，相应的热交换器前馈-反馈控制系统工艺流程图及系统框图如图 8-6 所示，热交换器前馈-反馈控制系统结构如图 8-7 所示。

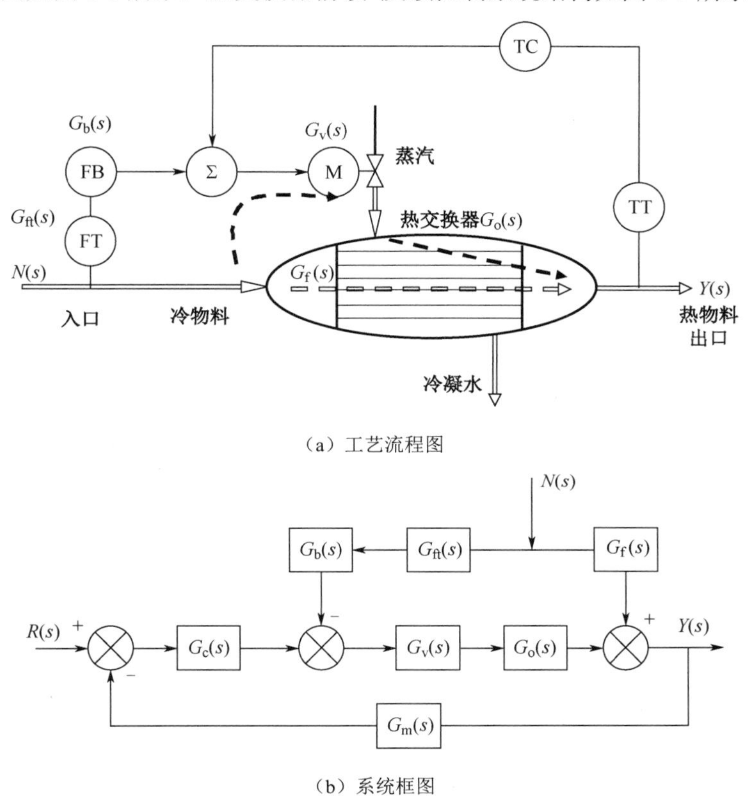

（a）工艺流程图

（b）系统框图

图 8-6 热交换器前馈-反馈控制系统

由图 8-6 和图 8-7 可以看出，当热交换器负荷 $N(s)$ 发生变化时，前馈控制器首先获得此信息，并立即按一定的控制作用改变加热蒸汽量 $Q(s)$ 以补偿 $N(s)$ 对被控变量 $Y(s)$ 的影响。同时，对于前馈未能完全消除的偏差，以及未引入前馈的其他干扰，如物料进口温度、蒸汽压力等波动引起的 $Y(s)$ 变化，在温度控制器获得 $Y(s)$ 的偏差信息后，按 PID 作用对蒸汽量 $Q(s)$ 产生控制作用。这样一个通道按干扰控制，另一个通道按偏差控制，两种控制作用叠加，将使 $Y(s)$ 尽快地回到设定值。

事实上，前馈-反馈控制系统之所以能够取得比单纯的前馈控制系统或反馈控制系统更好的控制效果，还可以通过对图 8-7（a）的系统框图等效变换得到相应的解释。变换以后的系统框图如图 8-7（b）所示。图中 $G_K(s)=G_{ff}(s)G_b(s)G_v(s)G_o(s)$，如果不考虑 $G_K(s)$ 的作用，则可以看出图 8-7（b）所示的就是简单闭环反馈系统。由于 $N(s)$ 的作用较强，因此如果只是简单地采用反馈控制系统，则很难获得好的控制效果。由式(8-1)，加入 $G_K(s)$ 相当于单独阻止干扰 $N(s)$ 进入信号通道，这个作用和信号处理中的屏蔽作用相似。因此，我们可以认为前馈-反馈控制就是针对信号通道中的几个主要的强干扰，采取了屏蔽措施，然后再采用反馈控制克服其他次要干扰的控制。

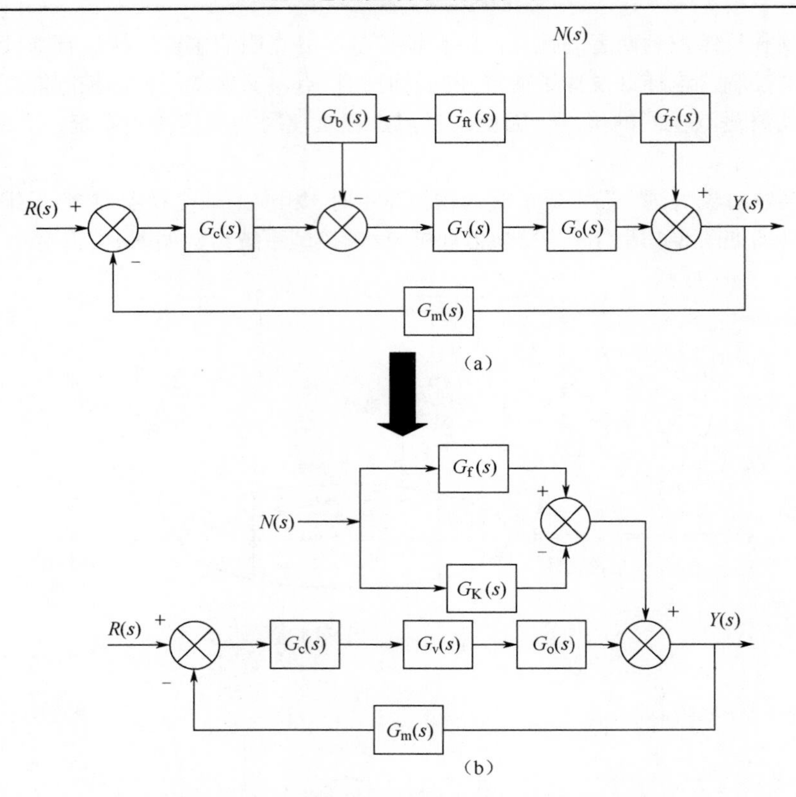

图 8-7　热交换器前馈-反馈控制系统结构

基于图 8-7，可以得到前馈-反馈控制系统的传递函数为

$$\begin{aligned} Y(s) &= \frac{G_c(s)G_v(s)G_o(s)}{1+G_c(s)G_v(s)G_o(s)G_m(s)}R(s) + \frac{G_f(s)-G_{ft}(s)G_b(s)G_v(s)G_o(s)}{1+G_c(s)G_v(s)G_o(s)G_m(s)}N(s) \\ &= G_S(s)+G_N(s) \end{aligned} \tag{8-6}$$

这里

$$G_S(s) = \frac{G_c(s)G_v(s)G_o(s)}{1+G_c(s)G_v(s)G_o(s)G_m(s)}R(s)$$

以及

$$G_N(s) = \frac{G_f(s)-G_{ft}(s)G_b(s)G_v(s)G_o(s)}{1+G_c(s)G_v(s)G_o(s)G_m(s)}N(s)$$

分析式(8-6)，可以得出前馈-反馈控制具有以下特点。

（1）前馈补偿对于系统的稳定性没有影响。

分析 $G_S(s)$ 和 $G_N(s)$ 表达式可知，$G_S(s)$ 是单独使用反馈时，前向通道的传递函数，而 $G_N(s)$ 是引入前馈控制后，增加的传递函数。对比 $G_S(s)$ 和 $G_N(s)$ 可以发现，它们具有相同的特征多项式。这意味着引入前馈控制并不会改变原系统的稳定性。该性质也可以从图 8-7（b）中分析得出。加入前馈控制的作用仅是屏蔽控制过程中的主要干扰项，而没有引入新的反馈控制环节，因此也就不会引起稳定性问题。众所周知，在反馈控制系统中控制精度与稳定性是矛盾的。因而往往为保证控制系统的稳定性而无法进一步提高系统的控制精度。而前馈-反馈控制系统则具有控制精度高、稳定速度快的特点，所以在一定程度上解决了稳定性与控制精度间的矛盾。

（2）引入反馈控制后，前馈控制中的完全补偿条件不变。

分析式(8-6)可知，对干扰 $N(s)$ 的完全补偿，在于使得 $G_{\mathrm{N}}(s)=0$。这等价于式(8-1)成立。因此，在前馈控制中是否加入反馈控制，并不影响前馈控制完全补偿干扰的条件。

（3）反馈控制依然对前馈控制通道的干扰具有克服作用。

分析表达式 $G_{\mathrm{N}}(s)$ 可知，即使在前馈补偿不能够完全克服 $N(s)$，即式(8-1)不能够严格成立，那么进入信号通道的噪声幅值也会降为原幅值的 $1/[1+G_{\mathrm{c}}(s)G_{\mathrm{v}}(s)G_{\mathrm{o}}(s)]$。由于在波特图的低频段上，通常 $|G_{\mathrm{c}}(s)G_{\mathrm{v}}(s)G_{\mathrm{o}}(s)| \gg 1$，因此将大大压制进入信号的残余干扰。这说明在前馈控制的条件下，反馈控制作用依然对前馈控制通道的干扰具有克服作用。

例　热交换器前馈-反馈控制系统如图 8-6 所示，要求出口液体的温度 $Y(s)$ 保持不变，采用复合控制系统，如图 8-7（a）所示，其各部分的传递函数如下。

对象控制通道传递函数

$$G_{\mathrm{o}}(s)=\frac{K_{\mathrm{o}}\mathrm{e}^{-\tau s}}{(T_{\mathrm{o1}}s+1)(T_{\mathrm{o2}}s+1)}$$

扰动 $N(s)$ 的对象扰动通道传递函数

$$G_{\mathrm{f}}(s)=\frac{K_{\mathrm{f}}\mathrm{e}^{-\tau s}}{(T_{\mathrm{f1}}s+1)(T_{\mathrm{f2}}s+1)}$$

蒸汽阀门的传递函数 $G_{\mathrm{v}}(s)=K_{\mathrm{v}}$，流量变送器传递函数 $G_{\mathrm{ft}}(s)=K_{\mathrm{ft}}$，温度变送器传递函数 $G_{\mathrm{m}}(s)=K_{\mathrm{m}}$。

图中 $G_{\mathrm{c}}(s)$ 为反馈控制器传递函数，$G_{\mathrm{b}}(s)$ 为前馈控制器传递函数。根据不变性条件得

$$G_{\mathrm{b}}(s)=\frac{G_{\mathrm{f}}(s)}{G_{\mathrm{ft}}(s)G_{\mathrm{v}}(s)G_{\mathrm{o}}(s)}=\frac{K_{\mathrm{f}}}{K_{\mathrm{o}}K_{\mathrm{v}}K_{\mathrm{ft}}} \tag{8-7}$$

由式(8-7)可知，前馈控制器 $G_{\mathrm{b}}(s)$ 为一个 P 控制器。比例度为

$$\delta=\frac{K_{\mathrm{o}}K_{\mathrm{v}}K_{\mathrm{ft}}}{K_{\mathrm{f}}}$$

从上面的分析可以得出，前馈-反馈控制系统具有以下优点。

① 在反馈控制的基础上，针对主要干扰进行前馈补偿。这样既提高了控制速度，又保证了控制精度。

② 反馈控制回路的存在，降低了对前馈控制器的精度要求，有利于简化前馈控制器的设计和实现。

③ 在单纯的反馈控制系统中，提高控制精度与系统稳定性是一对矛盾体，往往为保证系统的稳定性而无法实现高精度的控制。而前馈-反馈控制系统既可实现高精度控制，又能保证系统稳定运行。

8.1.5　工业实践中前馈控制规律通用表达形式

通过对式(8-2)的讨论可知，对于简单前馈控制系统，前馈控制器的传递函数 $G_{\mathrm{b}}(s)$ 取决于干扰通道传递函数 $G_{\mathrm{f}}(s)$、控制对象传递函数 $G_{\mathrm{o}}(s)$，以及流量变送器传递函数 $G_{\mathrm{ft}}(s)$ 和执行器传递函数 $G_{\mathrm{v}}(s)$。其中，$G_{\mathrm{ft}}(s)$ 和 $G_{\mathrm{v}}(s)$ 取决于仪表的特性，因此较为清晰，通常可以近似为比例环节，但是 $G_{\mathrm{f}}(s)$ 和 $G_{\mathrm{o}}(s)$ 的表达式和实际系统相关。由于实际的工业对象千差万别，因此要实现干扰的完全补偿，需要极其复杂的前馈控制规律。这对于前馈控制的实现，以及系统设备的维护极为不

利。另外，如果在实际的应用中仅采用静态前馈控制规律，又很难满足实际系统对于动态误差的要求。

从工业应用的观点看，尤其是采用常规仪表的控制系统，为了设计、运行和维护的便利，总是力求控制仪表的模式具有一定的通用性。实践表明，相当数量的工业过程具有非周期性与过阻尼特性，因此可以经常用一个一阶和二阶容量滞后近似表示，必要时再串联一个纯滞后来近似描述。所以在一定的条件下，控制对象的传递函数和干扰通道的传递函数可以近似表示为

$$G_{\mathrm{o}}(s)=\frac{K_{\mathrm{o}}}{T_{\mathrm{o}}s+1}\mathrm{e}^{-\tau_{\mathrm{o}}s} \tag{8-8}$$

和

$$G_{\mathrm{f}}(s)=\frac{K_{\mathrm{f}}}{T_{\mathrm{f}}s+1}\mathrm{e}^{-\tau_{\mathrm{f}}s} \tag{8-9}$$

同时，设 $G_{\mathrm{v}}(s)=K_{\mathrm{v}}$ 及 $G_{\mathrm{ft}}(s)=K_{\mathrm{ft}}$，则式(8-2)变为

$$G_{\mathrm{b}}(s)=\frac{\dfrac{K_{\mathrm{f}}}{T_{\mathrm{f}}s+1}\mathrm{e}^{-\tau_{\mathrm{f}}s}}{K_{\mathrm{v}}K_{\mathrm{ft}}\dfrac{K_{\mathrm{o}}}{T_{\mathrm{o}}s+1}\mathrm{e}^{-\tau_{\mathrm{o}}s}}=\frac{K_{\mathrm{f}}}{K_{\mathrm{v}}K_{\mathrm{ft}}K_{\mathrm{o}}}\frac{T_{\mathrm{o}}s+1}{T_{\mathrm{f}}s+1}\mathrm{e}^{-(\tau_{\mathrm{f}}-\tau_{\mathrm{o}})s} \tag{8-10}$$

如果令 $K_{\mathrm{b}}=\dfrac{K_{\mathrm{f}}}{K_{\mathrm{v}}K_{\mathrm{ft}}K_{\mathrm{o}}}$，$\tau_{\mathrm{b}}=\tau_{\mathrm{f}}-\tau_{\mathrm{o}}$，则式(8-10)可以表述为

$$G_{\mathrm{b}}(s)=K_{\mathrm{b}}\frac{T_{\mathrm{o}}s+1}{T_{\mathrm{f}}s+1}\mathrm{e}^{-\tau_{\mathrm{b}}s} \tag{8-11}$$

显然，在使用过程中，如果将 T_{o}、T_{f} 和 τ_{b} 等参数设置为零，则式(8-11)就能够实现一个静态前馈控制器。K_{b} 的大小根据对象干扰通道和控制通道的静态放大系数来决定。这种前馈控制模式具有比例特性，比较容易实施，用比例控制器或比值器等常规仪表就可以实现。

如果在实施过程中，只是将 τ_{b} 设置为零，则式(8-11)所示的前馈控制器变为一阶超前-滞后环节，其传递函数变为 $G_{\mathrm{b}}(s)=K_{\mathrm{b}}(T_{\mathrm{o}}s+1)/(T_{\mathrm{f}}s+1)$，它可以有效实现一阶惯性系统的前馈控制。这是因为这种模型中具有时间因素，可以实现动态补偿作用。

对于高阶系统，由前面系统模型的讨论可知，它们通常可以用带有滞后环节的超前-滞后环节表示。因此在这种情况下，前馈控制器可以表示为式(8-11)的完整形式。

8.1.6　前馈控制系统的参数整定

前馈控制系统的参数整定取决于对象的特性，并在建立系统时已经确定了，但由于特性的测试精度、测试工况与在线运行工况的差异，以及前馈装置的制作精度等影响，使得控制效果不会那么理想。因此必须对前馈模型参数进行在线整定。

一般在实际应用中，用得较广泛的是前馈-反馈控制形式，由于有反馈控制来保证被控变量，最终等于设定值，因此可以降低对前馈控制的要求，使前馈控制器可以选择比较简单的结构形式和动态特性。同时又由于采用前馈控制来抵消某些主要扰动，减轻了反馈控制的负担，使被控变量不会出现过大的动态偏差。

在整定前馈-反馈控制系统时，反馈回路和前馈控制要分别整定，一般先反馈后前馈。在整定时，两者基本独立，即整定反馈回路时，按反馈控制系统的原则进行。而整定前馈控制器参数时，只考虑利用前馈来直接抵消干扰对被控变量的影响。

这里以最常用的前馈控制模型 $K_b(T_o s+1)(T_f s+1)^{-1}$ 为例，讨论静态参数 K_b 及动态参数 T_o、T_f 的整定方法。

1．K_b 的整定

静态参数 K_b 是前馈模型中最基本的参数，其整定是很重要的。在工程实际整定中，对 K_b 一般有开环整定法及闭环整定法之分。

（1）开环整定法。开环整定法是在前馈-反馈控制系统中将反馈回路断开，使系统处于单纯前馈状态下施加干扰，将 K_b 值由小逐步增大，直到被控变量回到设定值，即到完全补偿为止。此时，所对应的 K_b 值便视为最佳整定值。为了 K_b 值整定结果准确，在进行整定时，应力求工况稳定，减少其他干扰量对被控变量的影响。由于这种整定方法进行时，被控变量失去反馈控制，容易影响生产甚至发生事故，因此在实际生产中应用较少。

（2）闭环整定法。闭环整定法也分为两种。可以分别在前馈-反馈运行状态下或反馈运行状态下，整定 K_b 值。参数 K_b 闭环整定法系统框图如图 8-8 所示。

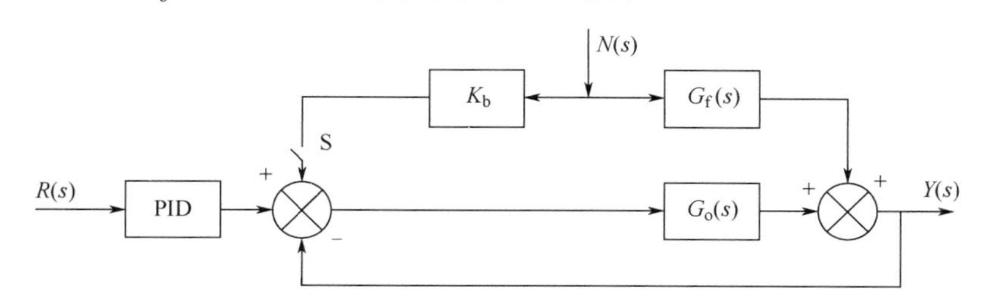

图 8-8　参数 K_b 闭环整定法系统框图

① 前馈-反馈运行状态整定 K_b。

在反馈回路整定完成的基础上，将图 8-8 中的开关 S 闭合，使系统处于前馈-反馈运行状态，施加干扰作用量，由小到大逐步改变 K_b 的值，直到获得满意的补偿过程为止。K_b 对控制过程的影响如图 8-9 所示。图 8-9（a）所示为无前馈控制作用，图 8-9（c）所示为补偿合适，即 K_b 适当。如果整定值比此时的 K_b 小，则造成欠补偿，如图 8-9（b）所示。若 K_b 值过大则造成过补偿，如图 8-9（d）所示。在本方法中，由于系统含有反馈回路，在整定过程中很少影响生产过程的正常运行，所以是一种较好的整定方法。

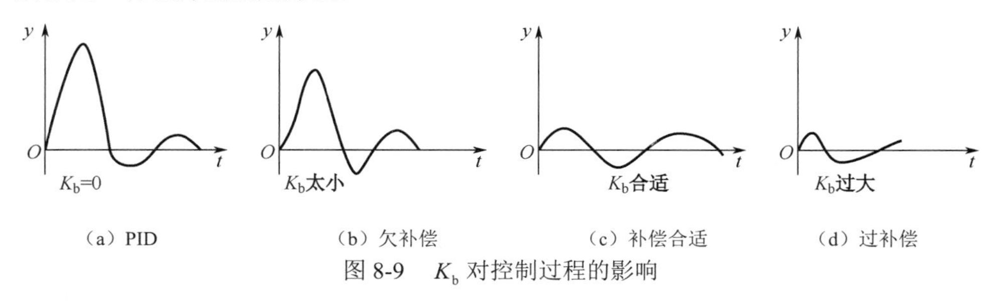

图 8-9　K_b 对控制过程的影响

② 反馈运行状态整定 K_b。

该方法整定步骤如下。

第一步，打开图 8-8 中的开关 S，使得系统处于反馈运行状态。待系统运行稳定后，记下干扰量变送器的输出 U_{d0} 和反馈控制器的输出稳定值 Z_{c0}。

第二步，对干扰 $N(s)$ 施加一个增量 Δd，等待反馈系统在 Δd 的作用下，被控变量重新回到设定值时，再记下干扰变送器的输出 U_d 及反馈控制器的输出 Z_c。

第三步，计算前馈控制器的静态放大系数 K_b 为

$$K_b = \frac{Z_c - Z_{c0}}{U_d - U_{d0}} = \frac{\Delta Z_c}{\Delta U_d} \tag{8-12}$$

第四步，将 K_b 的计算值设置在前馈控制器，合上开关 S，在前馈-反馈控制系统中，施加扰动 $N(s)$，观察系统响应过程。若不够理想，则适当调整 K_b 值，直至响应曲线符合要求为止。

式(8-12)的物理意义是很明显的，当干扰量为 Δd 时，干扰量变送器产生 ΔU_d 的变化，则反馈控制器产生的校正作用需改变 ΔZ_c 才能使被控变量回到设定值。如果干扰通道 $G_f(s)$ 的静态放大系数为 K_f，控制通道 $G_o(s)$ 的静态放大系数为 K_o，则应满足下式

$$\Delta Z_c K_o - \Delta U_d K_f = 0$$

$$\frac{\Delta Z_c}{\Delta U_d} = \frac{K_f}{K_o} = K_b$$

因此式(8-12)可以用于计算前馈静态放大系数。这说明在干扰作用时，若没有反馈控制作用，而依靠前馈控制器来校正，那么 K_b 值也必须满足这一关系式。

使用这种整定方法需要注意两点：一是反馈控制器应具有积分作用，否则在干扰作用下，无法消除被控变量的静差；二是要求系统工况尽可能稳定，以消除其他干扰的影响。

2. T_o 和 T_f 的整定

前馈控制器的动态参数整定比静态参数整定要复杂得多，至今还没有总结出完整的工程方法，主要还是经验地或定性地分析，然后通过在线运行曲线来判断与整定 T_o、T_f 值。

动态参数 T_o、T_f 决定动态补偿的手段。当 $T_o > T_f$ 时，前馈控制在动态补偿过程中起超前作用；当 $T_o < T_f$ 时，起滞后作用；当 $T_o = T_f$ 时，不起作用。通常将 T_o 称为超前时间，T_f 称为滞后时间。当 T_o 过大或 T_f 过小时，会产生过补偿现象，所得到的控制过程甚至比单纯反馈控制的品质还差。当 T_o、T_f 分别接近或等于对象控制通道和干扰通道的时间参数时，过程的控制品质最佳，此时补偿合适。

下面介绍一种“看曲线，调参数”的经验法。在动态参数整定时，从欠补偿开始，逐步强化前馈作用，增大 T_o 或减小 T_f，直到出现过补偿的趋势，再略减弱前馈作用，便可获得合适的控制过程。

经验法要反复进行试错，需花费一定的整定时间。下面再介绍一种整定的方法。

首先，大致确定 T_o 与 T_f 参数值的大小。可以在静态参数 K_b 整定后，将系统分别在反馈控制下和静态前馈-反馈控制下运行。通过施加前馈扰动，由被控变量的控制过程来判断 T_o、T_f 的大小。图 8-10 所示为判定 T_o 与 T_f 的对比曲线。单纯反馈控制曲线为 a，静态前馈-反馈控制曲线为 b 和 c（b 为超调同向曲线，c 为超调反向曲线）。当静态前馈-反馈控制过程与反馈控制的超调方向相同时（曲线 a 与 b），表明干扰通道的滞后时间小于控制通道的滞后时间，则前馈动态参数 T_o 应大于 T_f。反之，当静态前馈-反馈控制过程与反馈控制的超调量相反时（曲线 a 与 c 曲线），表明干扰通道的滞后大于控制通道，故前馈动态参数 T_o 应小于 T_f。

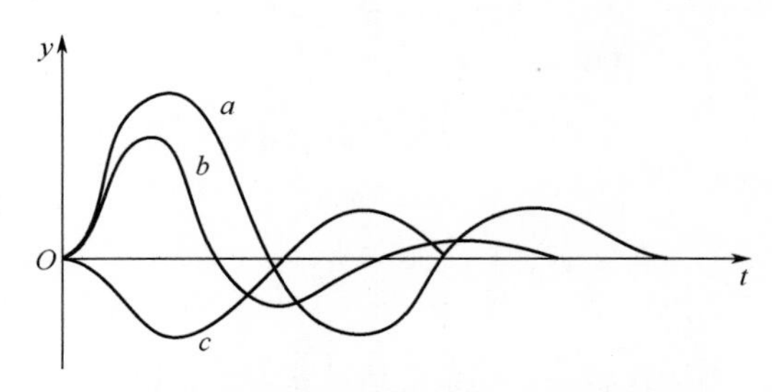

图 8-10　判定 T_o 和 T_f 的对比曲线

然后，在初次整定时，如果 $T_o > T_f$，可取 $T_o / T_f = 2$（超前）；如果 $T_o < T_f$，则取 $T_o / T_f = 0.5$（滞

后)。在此初选数值下，系统置于单纯前馈控制下运行，施加干扰，观察被控变量的响应过程。先调整 T_o 或 T_f 的值使补偿过程曲线达到上、下偏差面积相等。之后保持 T_o 与 T_f 的差值不变，再调整 T_o 与 T_f 的值，直到获得比较平坦的响应过程曲线为止。

现以图 8-11 所示前馈控制器动态参数的整定曲线说明在初步选定 T_o、T_f 后，如何按动态的响应曲线进行 T_o、T_f 的再调整。

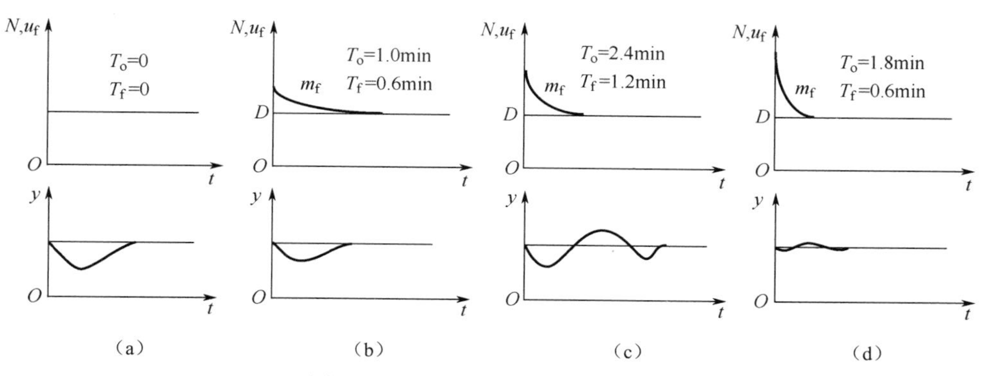

图 8-11 调整动态参数的整定曲线

在图 8-11 中，N 为干扰量（对应幅值为 D），u_f 为前馈控制器输出（对应曲线为 m_f），图 8-11（a）中的曲线未加动态补偿。图 8-11（b）中的曲线是在一组初定的 T_o、T_f 值下得到的响应，但是面积补偿得不够充分，可拉开 T_o 与 T_f 之间的差值，增强补偿作用，使被控变量响应曲线的上、下偏差面积趋于相等。图 8-11（c）中的曲线说明在偏差面积上得到合适的补偿，因为它在设定值两侧的分布大致相等。此时，T_o 与 T_f 的差值是正确的，但是 T_o 和 T_f 各自的值不正确。当在面积上达到正确的补偿后，对 T_o 和 T_f 就应在同方向上一起调整，以保持它们的差值不变。图 8-11（c）中的 T_o 和 T_f 都应减小，使它们的比值增加，补偿作用进一步加强。当调整到 $T_o = 1.8\ \text{min}$、$T_f = 0.6\ \text{min}$ 时，可获得较为平坦的响应曲线，如图 8-11（d）所示，这时补偿恰到好处，整定完成。

8.1.7 前馈控制系统的选用原则

当对系统的控制精度要求较高，而反馈控制又不能满足要求时，可以考虑选用前馈控制系统，选用原则如下。

（1）可测不可控、变化频繁、幅值大、对被控变量影响显著、反馈回路难以克服的主要干扰，可以通过引入前馈补偿，改善系统的品质。

所谓可测是指干扰可以用检测变送装置在线转化为标准的电（或气）信号。所谓不可控是指干扰难以通过控制系统来稳定。例如，在锅炉汽包液位控制系统中，由于蒸汽流量的大小完全取决于用户的需要，所以蒸汽流量是一个可测而不可控的扰动。通常以蒸汽量为前馈信号与液位和给水量构成前馈-反馈控制系统，保证汽包液位的变化控制在工艺要求的范围内。

（2）当系统控制通道的滞后或纯滞后较大，反馈控制又难以满足工艺的要求时，可以采用前馈控制，把主要的干扰引入前馈控制，构成前馈-反馈控制系统。

（3）当已知过程的数学模型后，可通过分析过程控制通道和扰动通道数学模型的特性参数，即 T_1 与 T_2 和 τ_1 与 τ_2 的大小来合理选择。

① 当 $T_1 << T_2$ 时，由于控制通道很灵敏，克服扰动的能力强，所以一般只要采用反馈控制就可以达到控制质量的要求，而不必采用前馈控制。

② 当 $T_1 = T_2$ 时，只要采用静态前馈-反馈控制，就可以较好地改善控制品质。

③ 当 $T_1 > T_2$ 时，可采用动态前馈-反锁控制来改善控制品质。

④ 当$\tau_1<\tau_2$时，可采用具有纯滞后的动态前馈-反馈控制来改善控制质量。

⑤ 当$\tau_1>\tau_2$时，则前馈控制器含有纯超前环节$e^{-(\tau_2-\tau_1)}$，这是无法实现的，因此不能采用前馈补偿。

控制系统也遵循经济性原则：当反馈控制可以满足品质要求时，就不用前馈-反馈控制。当静态前馈补偿能满足要求时，就不要选用动态前馈补偿。

8.2 容量滞后与串级控制系统

8.2.1 串级控制系统的原理和结构

在工业应用中，容量滞后和纯滞后都会导致系统响应速度缓慢，其系统输出现象相似，但在控制理论中它们属于截然不同的问题。容量滞后通常是由于系统的体积或质量巨大，使得系统时间常数或惯性系数过大造成的，串级控制方案是工业实践中解决容量滞后最常用和最有效的手段之一。下面将就串级控制系统的基本原理展开讨论。

串级控制系统由双反馈闭环组成，具有两个控制器，控制器间串接，一个控制器的输出作为另一个控制器的设定值的系统。为更好地说明串级控制系统的结构和特点，这里以图 8-12 所示的管式加热炉出料温度控制系统为例，对这类控制系统进行说明。

在工业生产过程中，往往需要对进入高温炉进行蒸馏、燃烧、加热的物料进行预热，如进入热电站汽包的水、进入蒸馏塔之前的原料油等。管式加热炉就是一种对物料进行预热的工业设备。如图 8-12 所示，在管式加热炉工作的过程中，原料从左侧的管道进入，然后进入管式加热炉的炉膛。此时，用于加热原料的燃料，从右侧的管道进入炉膛，燃烧后对管道中的原料进行加热。由于管式加热炉原料的出口温度会对下个工艺环节产生重要影响，因此管式加热炉的原料出口温度是该系统的主要控制对象。

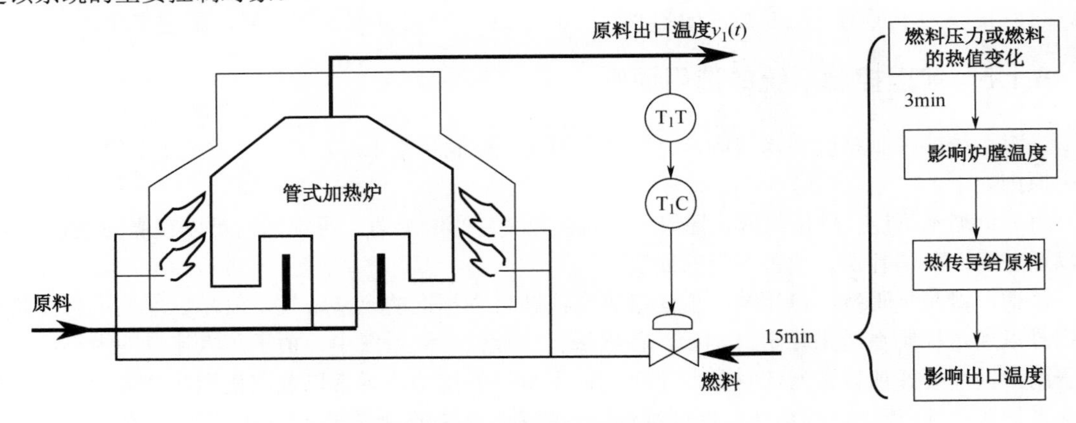

图 8-12　管式加热炉出料温度控制系统

从图 8-12 中可以看出，在该控制系统中，出口温度主要受四个因素影响。

1. 被加热原料的进料量 n_1

被加热原料的进料量会随着产量需求的不同而发生波动，当进料量增加时，出口温度会下降，当进料量减小时，出口温度会上升，因此它是影响出口温度的重要因素。

2. 被加热原料的温度 n_2

进入加热炉之前的被加热原料温度，显然也是影响出口温度的重要因素，由于运输、保存环境温度的变化，被加热原料的入口温度同样也不是一个稳定的变量，因此它也是影响加热炉出口温度的重要因素。

3．燃料的压力 n_3

在有些场合，燃料上游压力会有波动，即使阀门开度不变，仍将影响流量，从而逐渐影响出料温度。

4．燃料热值 n_4

由于加热炉使用的天然气属于矿石燃料，因此其热值并不是一个稳定的常数，会随着燃气品质的变化而发生变化，进而影响原料的出口温度。

由于管式加热炉在工作的过程中，首先需要利用燃气燃烧产生的热量加热炉壁，提高管壁和炉膛内的温度，然后再经管道将热量传递给原料，最终提高原料的温度，因此原料温度的上升或下降都需要大量的时间。这个通道时间大约需要 15min，反应缓慢。这意味从控制学理论的角度看，管式加热炉相当于一个惯性常数非常大的系统。

这时如果采用图 8-12 所示的简单控制系统，仅检测原料的出口温度，进而根据出口温度的变化，通过调节燃气阀的开度来控制温度，很难获得好的控制效果。采用简单控制系统时，管式加热炉的简单控制系统框图可以表示为图 8-13 所示的形式。

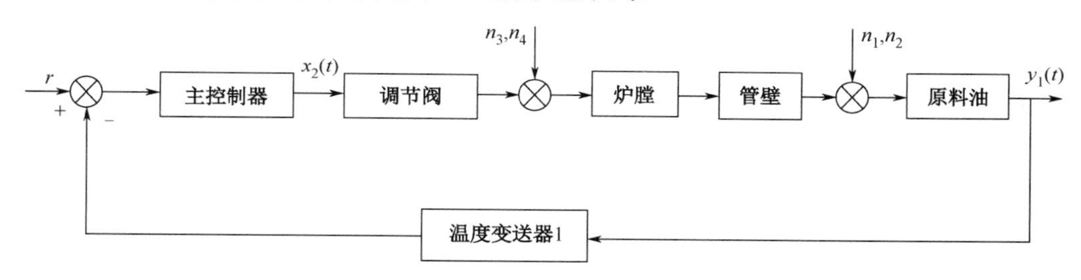

图 8-13　管式加热炉的简单控制系统框图

为便于分析，这里假设炉膛被加热原料传递函数为

$$G_{o1}(s)=\frac{K_{o1}}{T_{o1}s+1} \tag{8-13}$$

管壁传递函数为

$$G_{o2}(s)=\frac{K_{o2}}{T_{o1}s+1} \tag{8-14}$$

控制器采用比例控制，其增益为 K_c，温度传感器和执行器的传递函数均为 K_m 和 K_v。

由于系统惯性常数 T_{o1} 和 T_{o2} 很大，因此系统的剪切频率 w_c 很低。增益较小时的简单控制系统波特图和单位阶跃输入条件下的响应曲线如图 8-14 所示。这时系统的响应速度很慢，静态误差很大，所以很难达到好的控制效果。然而要减小静态误差，提高系统的响应速度，就需要增加控制器的增益 K_c。增益较大时的简单控制系统波特图和单位阶跃输入条件下的响应曲线如图 8-15 所示，这时虽然可以调高系统的剪切频率，进而提高系统的响应速度，减小静态误差，但是系统的相角裕量 β 急剧减小。这导致系统的稳定性变差，超调量增大，过渡时间变长。由于实际系统并不是一阶惯性环节的简单组合，因此在这种情况下，实际系统往往会出现不稳定的情况。

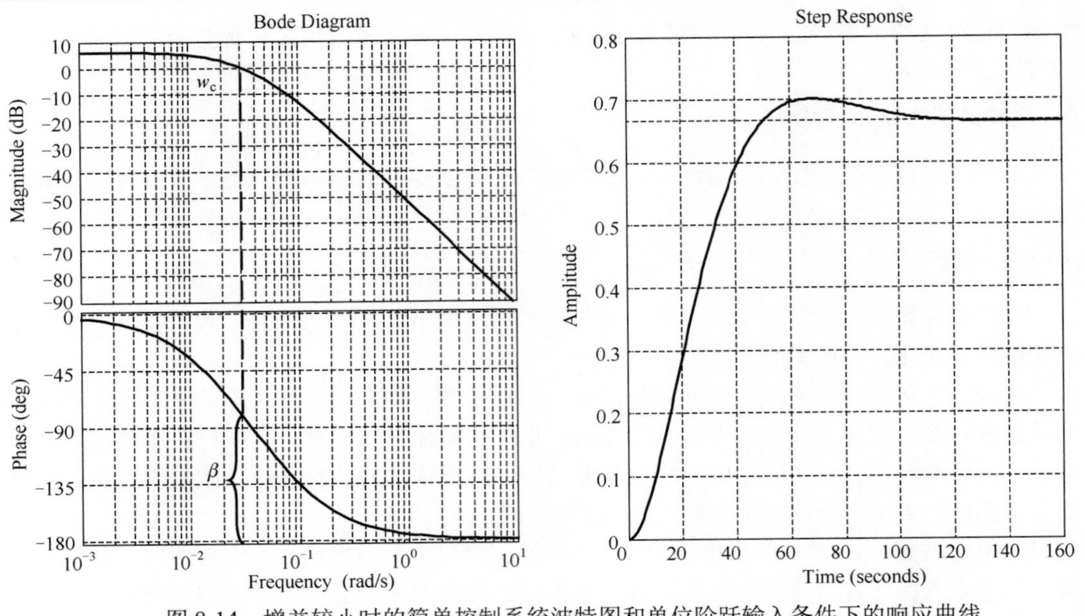

图 8-14　增益较小时的简单控制系统波特图和单位阶跃输入条件下的响应曲线

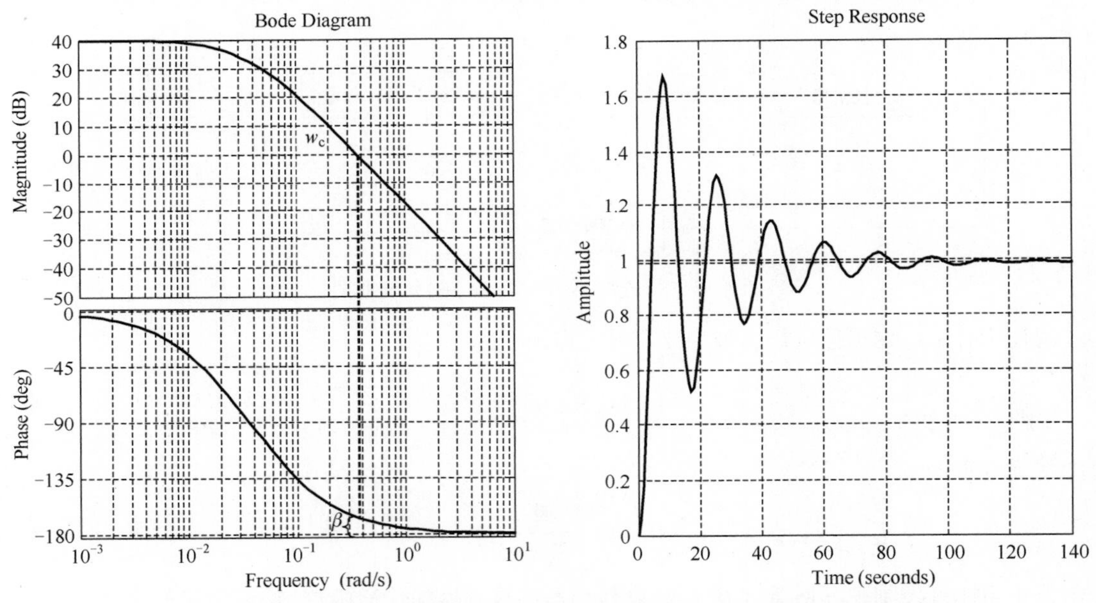

图 8-15　增益较大时的简单控制系统波特图和单位阶跃输入条件下的响应曲线

从上面的分析可以看出，管式加热炉之所以难以控制，是因为其容量滞后过大造成的，为解决该问题，人们设计了串级控制系统。

从图 8-12 中可以看出，管式加热炉的惯性环节，主要由两部分组成：第一部分是当燃气压力或燃料热值发生变化时，引起炉膛温度变化的过程；另一部分是炉膛温度变化，将热量传递给原料，进而引起原料出口温度变化的过程。由实践检验可知，第一部分的容量滞后时间大约为 3min，而第二部分约为 12min。因此从上面的分析可知，系统的容量滞后主要是由第二部分引起的，因此这里考虑是否可以绕开第二部分，直接通过检测炉膛的温度来控制燃气阀，进而实现对输出温度的控制，以炉膛温度作为控制对象的简单控制系统如图 8-16 所示，其对应的炉膛温度控制系统框图如图 8-17 所示。

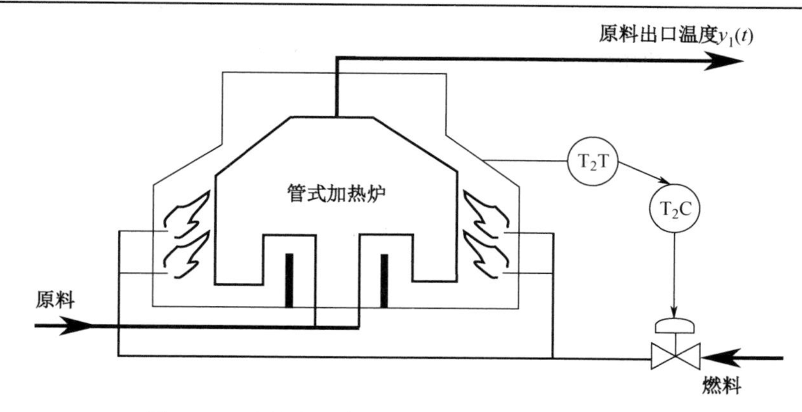

图 8-16　以炉膛温度作为控制对象的简单控制系统

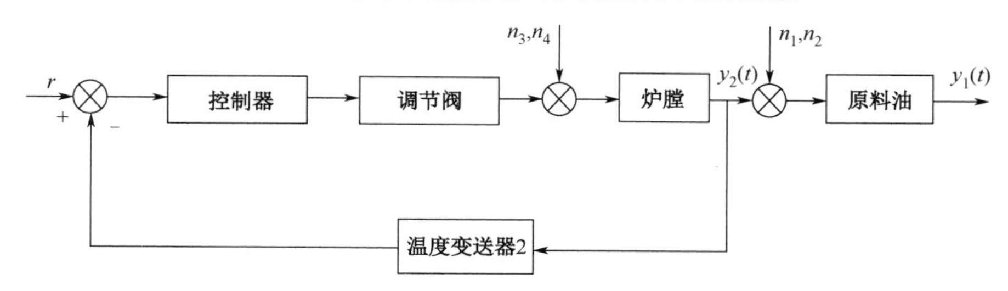

图 8-17　炉膛温度控制系统框图

该控制系统显然可以迅速克服阀前压力 n_3 和热值 n_4 变化等扰动，因此可以有效解决管式加热炉的温度控制，因为燃气输送引入干扰的容量滞后过大问题，所以该控制方案并没有将另一类主要干扰，即原料流量和原料温度包括在反馈闭环内，炉膛温度控制系统框图如图 8-17 所示。这意味着该控制系统对于干扰 n_1 和 n_2 没有抑制作用。

虽然图 8-13 和图 8-17 所示的简单控制都不能完全解决管式加热炉的温度控制问题，但将这两种控制方案的优点结合，就可以很好地解决上述管式加热炉的温度控制问题。串级控制系统就是基于上述设计思想提出的。

串级控制系统框图如图 8-18 所示。其中各变量及传递函数简述如下。

（1）主被控变量 $Y_1(s)$：多为工业过程中的重要操作参数，在串级控制系统中起主导作用的被控变量。

（2）副被控变量 $Y_2(s)$：多为影响主被控变量的重要参数，通常为稳定主被控变量而引入的中间辅助变量。

（3）主控制器 $G_{c1}(s)$：在控制系统中起主导作用，按主被控变量和其设定值之差进行控制运算，并将其输出作为副控制器设定值的控制器，简称“主控”。

（4）副控制器 $G_{c2}(s)$：在控制系统中起辅助作用，按副被控变量和其设定值之差进行控制运算，其输出直接作用于控制阀的控制器，简称“副控”。

（5）主对象 $G_{o1}(s)$：为工业过程中所要控制的、由主被控变量表征其主要特性的生产设备或过程。

（6）副对象 $G_{o2}(s)$：为工业过程中影响主被控变量的、由副被控变量表征其特性的辅助生产设备或辅助过程。

（7）主变送器 $G_{m1}(s)$：测量并转换主被控变量的变送器。

（8）副变送器 $G_{m2}(s)$：测量并转换副被控变量的变送器。

（9）副回路：处于串级控制系统内部的，由副变送器、副控制器、调节阀 $G_v(s)$ 和副对象所构成的闭环回路，又称为“副环”或“内环”。

（10）主回路：即调节串级控制系统，共包括由主变送器、主控制器、副回路等效环节、主对象所构成的闭环回路，又称为“主环”或“外环”。

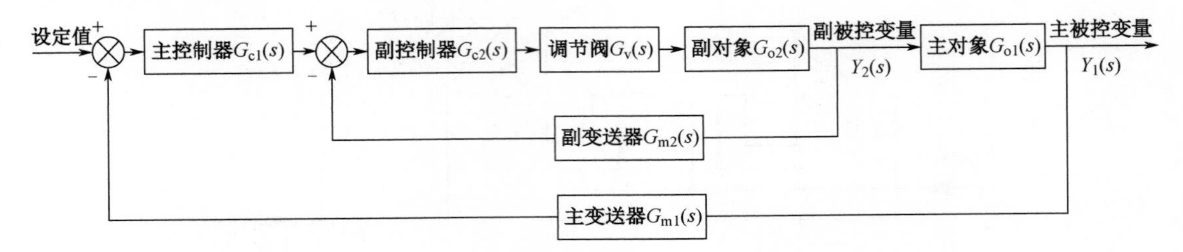

图 8-18　串级控制系统框图

串级控制系统中其他各个环节和变量的拉式变换如下。

- $R_1(s)$：主控制器设定值。
- $E_1(s)$：主控制器输入偏差。
- $R_2(s)$：副控制器设定值。
- $E_2(s)$：副控制器输入偏差。
- $Z_1(s)$：主被控变量测量值。
- $Z_2(s)$：副被控变量测量值。
- $N_1(s)$：进入主回路的扰动。
- $N_2(s)$：进入副回路的扰动。

用传递函数和拉氏变换表示的串级控制系统变量示意图如图 8-19 所示。

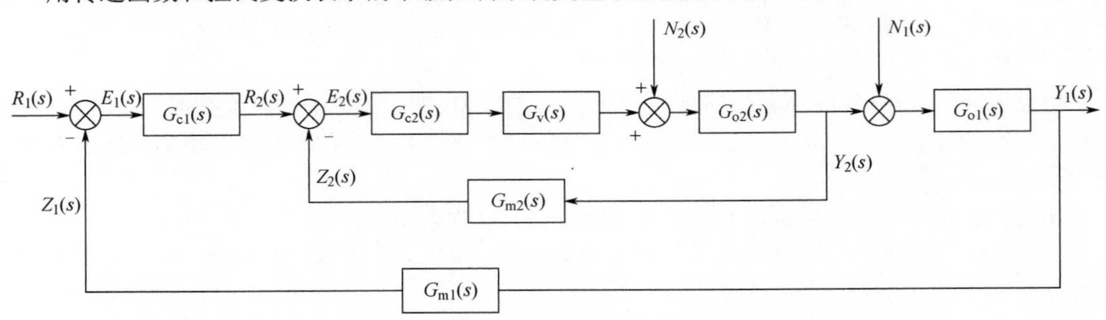

图 8-19　用传递函数和拉氏变换表示的串级控制系统变量示意图

8.2.2　串级控制系统的特点

串级控制系统从总体上看仍然是一个定值控制系统，因此主被控变量在干扰作用下的过渡过程与单回路具有相同的品质指标和类似形式。但是串级控制系统与单回路定值控制系统相比，在结构上增加了一个与之相连的副回路，并具有一系列特点。

1. 串级控制系统的抗干扰能力

串级控制系统的这个特点，可以用加热炉出口温度串级控制系统为例加以说明。当燃料气调节阀上游压力增加时，如果采用简单控制系统，则燃料气流量将增加，并通过滞后较大的温度对象，直到它使出口温度上升时，调节阀才动作，这样出口温度偏差较大。与简单控制系统相比，在串级控制系统中，由于副回路的存在，当燃料气上游压力波动影响到燃料气流量时，副控制器及时控制。这样即使进入加热炉的燃料气流量比以前有所增加，但也肯定比没有副回路时小得多，它所能引起的温度偏差要小得多，而且又有主控制器进一步控制来克服这个干扰，总体效果比单回路控制时好。

串级控制系统的等效框图如图 8-20 所示。与单回路控制系统相比，干扰作用的影响将减少为原来的 $1/(1+K_{c2}K_vK_{o2}K_{m2})$。由此可见，由于副回路的存在，干扰作用的影响大为减少，因此对于进入副回路的干扰具有较强的抑制能力。

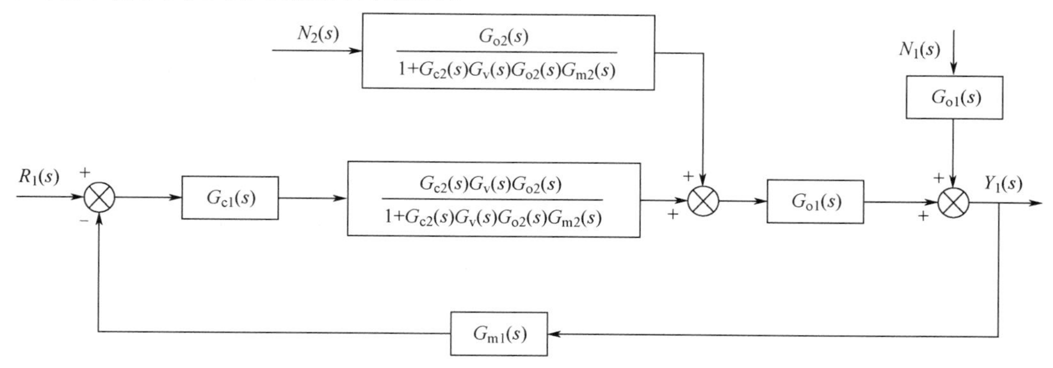

图 8-20　串级控制系统的等效框图

下面从理论上分析为什么串级控制系统有利于压制干扰。当干扰 $N_2(s)$ 由副回路作用于系统时，不等它影响到主被控变量，副控制器会先进行调节，这样，此干扰对主被控变量的影响就会减小，主被控变量的控制品质就会提高。此时，干扰 $N_2(s)$ 作用下的传递函数为

$$\frac{Y_1(s)}{N_2(s)}=\frac{G_{o2}''(s)G_{o1}(s)}{1+G_{c1}(s)G_{c2}(s)G_{o2}''(s)G_{o1}(s)G_{m1}(s)G_v(s)} \tag{8-15}$$

式中

$$G_{o2}''(s)=\frac{G_{o2}(s)}{1+G_{c2}(s)G_v(s)G_{o2}(s)G_{m2}(s)} \tag{8-16}$$

而设定值作用下系统的传递函数为

$$\frac{Y_1(s)}{R_1(s)}=\frac{G_{c1}(s)G_{c2}(s)G_{o2}''(s)G_{o1}(s)G_v(s)}{1+G_{c1}(s)G_{c2}(s)G_{o2}''(s)G_{o1}(s)G_{m1}(s)G_v(s)} \tag{8-17}$$

在控制系统中，常用信号和干扰的比值来反映系统对干扰的克服能力，即信号与干扰的比值越大，则说明系统对干扰的克服能力越强。现在假设信号 $R_1(s)$ 与 $N_2(s)$ 都是单位阶跃输入，那么这时干扰与设定值的输出比就是系统传递函数的比。因此，这里采用下面这个指标来分析串级控制系统的抗干扰能力。

$$J_c=\left|\frac{Y_1(s)/R_1(s)}{Y_1(s)/N_2(s)}\right|=\left|G_{c1}(s)G_{c2}(s)G_v(s)\right| \tag{8-18}$$

如果采用简单控制系统，那么采用简单控制系统的框图如图 8-21 所示。

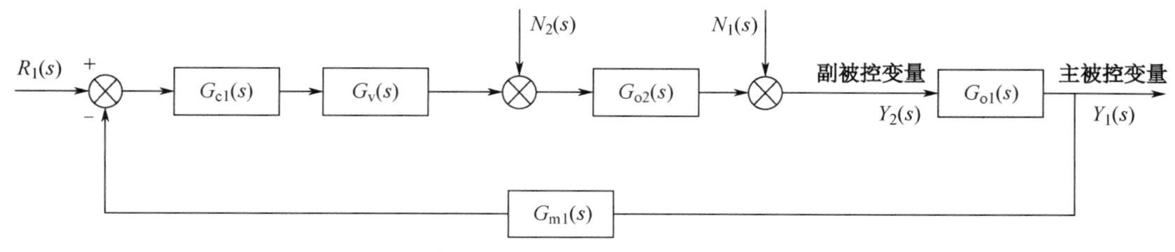

图 8-21　采用简单控制系统的框图

根据图 8-21，可得在简单控制系统条件下

$$\frac{Y_1(s)}{N_2(s)}=\frac{G_{o2}(s)G_{o1}(s)}{1+G_{c1}(s)G_{o2}(s)G_{o1}(s)G_{m1}(s)} \tag{8-19}$$

而

$$\frac{Y_1(s)}{R_1(s)}=\frac{G_{c1}(s)G_{v}(s)G_{o2}(s)G_{o1}(s)}{1+G_{c1}(s)G_{o2}(s)G_{o1}(s)G_{m1}(s)} \tag{8-20}$$

根据式(8-19)和式(8-20)也可以得到相应的简单系统的抗干扰能力指标

$$J_{d}=\left|\frac{Y_1(s)/R_1(s)}{Y_1(s)/N_2(s)}\right|=\left|G_{c1}(s)G_{v}(s)\right| \tag{8-21}$$

在串级控制系统中，若主、副控制器都采用比例作用，其比例放大倍数分别为K_{c1}、K_{c2}，则式(8-18)可写成

$$J_{c}=\frac{Y_1(s)/R_1(s)}{Y_1(s)/N_2(s)}=K_{c1}K_{c2}K_{v} \tag{8-22}$$

而式(8-21)可以写为

$$J_{d}=\left|\frac{Y_1(s)/R_1(s)}{Y_1(s)/N_2(s)}\right|=K_{c1}K_{v} \tag{8-23}$$

式(8-22)和式(8-23)说明在串级控制系统中，主、副控制器比例放大倍数的乘积越大，系统的抗干扰能力越强，控制品质也就越高。同时对比式(8-22)和式(8-23)也可以发现，因为在串级控制系统中，多采用了一个控制器$G_{c2}(s)$，这使得J_{c}通常要大于J_{d}，也就意味着串级控制系统的抗干扰能力通常要强于简单控制系统。

2．串级控制系统对系统特性的改善

为便于分析，这里把整个副回路看作主回路中的一个环节，即把副回路等效为对象$G''_{o2}(s)$，如式(8-16)所示。假如图 8-19 所示的副对象为过程控制中常见的一阶惯性环节，而副控制器采用比例控制，调节阀和副变送器均用比例环节表示，那么有

$$G_{o2}(s)=\frac{K_{o2}}{1+T_{o2}s} \tag{8-24}$$

$$G_{c2}(s)=K_{c2} \tag{8-25}$$

$$G_{v}(s)=K_{v} \tag{8-26}$$

$$G_{m2}(s)=K_{m2} \tag{8-27}$$

式中，T_{o2}表示副对象的惯性常数；K_{c2}表示副控制器的增益；K_{v}和K_{m2}为调节阀和副变送器的比例系数。将式(8-24)、式(8-25)、式(8-26)和式(8-27)等各环节的传递函数代入式(8-16)可得

$$G''_{o2}(s)=\frac{K_{c2}K_{v}\dfrac{K_{o2}}{1+T_{o2}s}}{1+K_{c2}K_{v}K_{m2}\dfrac{K_{o2}}{1+T_{o2}s}} \tag{8-28}$$

整理后得

$$G''_{o2}(s)=\frac{K'_{o2}}{1+T'_{o2}s} \tag{8-29}$$

式中

$$K'_{o2}=\frac{K_{c2}K_vK_{o2}}{1+K_{c2}K_vK_{o2}K_{m2}} \tag{8-30}$$

$$T'_{o2}=\frac{T_{o2}}{1+K_{c2}K_vK_{o2}K_{m2}} \tag{8-31}$$

式(8-29)为副回路等效对象的特性，式(8-30)为副回路等效对象 $G''_{o2}(s)$ 的放大倍数，式(8-31)为副回路等效对象 $G''_{o2}(s)$ 的时间常数。由于放大倍数都为正值，所以通常情况下，总有 $1+K_{c2}K_vK_{o2}K_{m2}>1$，因此由式(8-31)可知

$$T'_{o2}<T_{o2} \tag{8-32}$$

式(8-31)和式(8-32)表明，由于副回路的作用，副回路等效对象 $G''_{o2}(s)$ 的时间常数 T'_{o2}，相对于副对象 $G_{o2}(s)$ 的时间常数 T_{o2} 缩小为 $1/(1+K_{c2}K_vK_{o2}K_{m2})$。等效对象的时间常数缩小，使控制通道的控制过程惯性时间加快，因此，对于克服整个系统的惯性滞后大有帮助。惯性时间的减少，对加快系统响应、减少超调量、提高控制品质很有利。

另外，由于副回路等效对象的时间常数有所缩小，所以串级控制系统的工作频率得到了提高。串级控制系统的工作频率可由系统的特征方程求取，串级控制系统的特征方程为

$$1+G_{c1}(s)G''_{o2}(s)G_{o1}(s)G_{m1}(s)=0 \tag{8-33}$$

假定主对象也是一阶惯性环节，主控制器、主变送器也为放大环节，则

$$G_{o1}(s)=\frac{K_{o1}}{1+T_{o1}s} \tag{8-34}$$

$$G_{c1}(s)=K_{c1} \tag{8-35}$$

$$G_{m1}(s)=K_{m1} \tag{8-36}$$

将其代入特征方程式(8-33)有

$$1+K_{c1}\frac{K'_{o2}}{1+T'_{o2}s}\cdot\frac{K_{o1}}{1+T_{o1}s}K_{m1}=0 \tag{8-37}$$

将上式整理可得

$$s^2+\frac{T_{o1}+T'_{o2}}{T_{o1}T'_{o2}}+\frac{1+K_{c1}K'_{o2}K_{m1}K_{o1}}{T_{o1}T'_{o2}}=0 \tag{8-38}$$

与二阶标准形式相比可知

$$2\xi w_0=\frac{T_{o1}+T'_{o2}}{T_{o1}T'_{o2}} \tag{8-39}$$

$$w_0^2=\frac{1+K_{c2}K_vK_{o2}K_{m2}+K_{c1}K_{c2}K_vK_{m1}K_{m2}K_{o2}}{T_{o1}T_{o2}} \tag{8-40}$$

则串级控制系统的特征方程为标准的二阶形式

$$s^2+2\xi w_0s+w_0^2=0 \tag{8-41}$$

式中，ξ 为串级控制系统的衰减比；w_0 为串级控制系统的自然角频率。

由控制原理可知，串级控制系统的工作角频率即为其特征方程根的虚部，即

$$w_{cs} = w_0\sqrt{1-\xi^2} = \frac{\sqrt{1-\xi^2}}{2\xi}\frac{T_{o1}+T'_{o2}}{T_{o1}T'_{o2}} \tag{8-42}$$

同理，可以求得单回路控制系统的工作角频率为

$$w_s = w_0\sqrt{1-\xi^2} = \frac{\sqrt{1-\xi^2}}{2\xi}\frac{T_{o1}+T_{o2}}{T_{o1}T_{o2}} \tag{8-43}$$

对比式(8-42)和式(8-43)可知，当串级控制系统和简单控制系统具有相同的阻尼系数ξ时，有

$$\frac{w_{cs}}{w_s} = \frac{1+\dfrac{T_{o1}}{T'_{o1}}}{1+\dfrac{T_{o1}}{T_{o2}}} = \frac{1+(1+K_{c2}K_vK_{o2}K_{m2})\dfrac{T_{o1}}{T_{o2}}}{1+\dfrac{T_{o1}}{T_{o2}}} \tag{8-44}$$

由于

$$1+K_{c2}K_vK_{o2}K_{m2} > 1$$

所以

$$\frac{T_{o1}}{T'_{o2}} > \frac{T_{o1}}{T_{o2}}，\quad w_{cs} > w_s$$

由此可见，引入副回路可以改善过程特征，提高整个系统的工作频率，而且当主、副对象的特性一定时，副控制器的放大倍数越大，系统的工作频率越高；而当副控制器的放大倍数K_{c2}一定时，工作频率将随着主、副对象的时间常数比值T_{o1}/T_{o2}的增大而增大。串级控制系统工作频率的提高，可以使系统响应的振荡周期缩短，从而提高系统的控制品质。

同时，也可以通过分析波特图的工作频率，解释在控制系统中增加副回路能够提高系统的响应速度的原因。从图 8-22 所示的剪切频率提高示意图可以看出，由于副回路的加入，使得副回路等效的惯性常数T'_{o2}要比副对象T_{o2}小得多，这使得被控对象的剪切频率向高频移动。由经典控制理论可知，剪切频率的提高会使系统的响应速度加快，且工作频率提高。

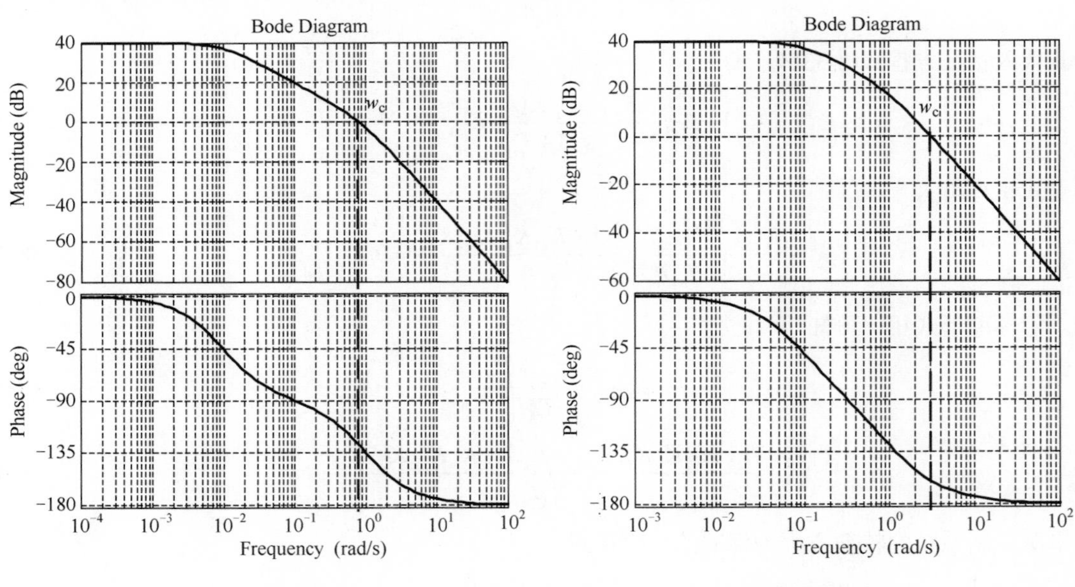

（a）未加副回路　　　　（b）加入副回路

图 8-22　剪切频率提高示意图

3．串级控制系统对于负载变化的适应能力

串级控制系统，就其主回路来说，是一个定值控制系统，而就其副回路来说，则为一个随动控制系统，即主回路的输出是副回路的期望，使得副回路的设定值随着主回路的变化而发生变化。由于主控制器的输出能按照负荷或操作条件的变化而变化，从而不断地改变副控制器的设定值，使副控制器的设定值能随负荷及操作条件的变化而变化，这就使得串级控制系统对负荷的变化和操作条件的改变有一定的自适应能力。

一般过程控制系统的控制器参数都是在一定的负荷下工作的，即在一定的工作点下，按一定的质量指标要求整定得到的。它只适应其特定的负荷及工作点情况。若对象含有非线性，那么随着负荷的变化，工作点将会移动，对象特性就发生了变化。此时，控制器参数就不再适用了，应重新整定，否则将会引起控制品质下降。对于串级控制系统，此问题简单得多。串级控制系统依靠主控制器的输出实时地调整副控制器的设定值，使其系统能随着其工作负荷及工作点的变化及时进行调整，从而保证系统的控制品质。

串级控制系统的上述特性，也可以通过下面的分析获得。由图 8-19 可知，副回路的等效传递函数 $G''_{o2}(s)$ 可以表示为式(8-16)的形式。由于式(8-16)中 $G_{c2}(s)$ 、$G_{v}(s)$ 和 $G_{m2}(s)$ 在工作频段内，其增益在通常情况下都大于 1，因此在工作频段内，有

$$G_{c2}(s)G_{v}(s)G_{o2}(s)G_{m2}(s) \gg 1 \tag{8-45}$$

将式(8-45)代入式(8-16)则有

$$G''_{o2}(s) \approx \frac{G_{o2}(s)}{G_{c2}(s)G_{v}(s)G_{o2}(s)G_{m2}(s)} = \frac{1}{G_{c2}(s)G_{v}(s)G_{m2}(s)} \tag{8-46}$$

从式(8-46)可以看出，此时副回路的等效传递函数近似为 $G_{c2}(s)$ 、 $G_{v}(s)$ 和 $G_{m2}(s)$ 三个环节传递函数乘积的倒数。这意味增加了副回路以后，副对象 $G_{o2}(s)$ 对系统产生的影响被大大地减小了。由于 $G_{c2}(s)$ 是副控制器的传递函数，$G_{v}(s)$ 是调节阀的传递函数，而 $G_{m2}(s)$ 是副回路传感器的传递函数，而在系统的工作过程中，显然它们的传递函数是稳定的，因此这使得副回路的等效传递函数 $G''_{o2}(s)$ 也是相对稳定的。因此式(8-46)说明增加了副回路以后，即使副对象 $G_{o2}(s)$ 发生显著变化，但对于整个控制系统，等效副回路传递函数 $G''_{o2}(s)$ 也是近似恒定不变的，这就增加了系统对负载变化的自适应能力。

8.2.3　串级控制系统的设计

1．主、副回路的设计

串级控制系统的主回路仍是一个定值控制系统。主被控变量的选择和主回路的设计，仍可用单回路控制系统的设计原则进行。

（1）副回路的设计。由前面的分析可知，串级控制系统副回路具有调节速度快、抑制扰动能力强等特点。所以在设计时，副回路应尽量包含生产过程中主要的、变化剧烈的、频繁的和幅值大的扰动，并力求包含尽可能多的扰动。这样可以充分发挥副回路的长处，将影响主被控变量严重、频繁、激烈的干扰因素抑制在副回路中，从而确保主被控变量的控制品质。

（2）设计副回路应注意工艺上的合理性。过程控制系统是为工业生产服务的，设计串级控制系统时，应考虑和满足生产工艺的要求。由串级控制系统的框图可以看到，系统的操纵变量是先影响副被控变量，然后再去影响主被控变量的。所以，应选择工艺上切实可行、容易实现，以及对主被控变量有直接影响且影响显著的变量为副被控变量来构成回路。

（3）设计副回路应考虑经济性。设计副回路时，应同时考虑实施的经济性和控制品质的要求，统筹兼顾。

（4）主、副对象的时间常数匹配。在选择副被控变量进行副回路设计时，必须注意主、副对象时间上的匹配。因为它们是串级控制系统正常进行的首要条件，是确保安全生产、防止系统共振的基础。设计时，为防止系统共振现象发生，应使主、副对象的时间常数和时滞时间错开，副对象的时间常数和时滞应比主对象小一些，一般选择T_{o1} ：$T_{o2}=3$ ：10为好。在投入运行时，若发生共振现象，应使主、副回路工作频率拉开；若增加主控制器的比例度，那么这样虽然降低了控制系统的品质，但可以消除共振。

2．串级控制系统中主、副控制器的选择

在串级控制系统中，主、副控制器所起的作用是不同的。主控制器起定值控制作用，副控制器对主控制器输出起随动控制作用，而对扰动作用起定值控制作用，因此，主被控变量要求无余差，副被控变量却允许在一定范围内变动。这是选择控制规律的基本出发点。

一般主控制器可采用比例、积分两作用或比例、积分、微分三作用控制规律，副控制器采用比例作用或比例积分作用控制规律即可。

3．主、副控制器正、反作用的选择

为保证所设计的串级控制系统的正常运行，必须正确选择主、副控制器的正、反作用。在具体选择时，先根据调节阀的气开、气关形式，副对象的放大倍数，决定副控制器正、反作用方式，即必须使得$K_{c2}K_{v}K_{o2}K_{m2}$为正值，其中K_{m2}通常总是正值。然后，决定主控制器的正、反作用方式，主控制器的正、反作用主要取决于主对象的放大倍数，而调节阀的气开、气关形式不影响主控制器正、反作用的选择，因为调节阀已包含在副回路内。总之，应使$K_{c1}K_{o1}K_{m1}$为正值，通常K_{m1}总是正值，因此，主控制器的正、反作用选择应使$K_{c1}K_{o1}$为正值。

8.2.4 前馈-串级控制系统

我们知道，串级控制系统通过合理地选择副变量，可以有效地克服在副回路中的一系列扰动。这反映出串级控制系统的优越之处。但是，当系统中存在副回路之外的主要扰动或副回路对象滞后过大时，串级控制系统的品质改善就差，这时用前馈-串级控制系统能取得较好的效果。由图8-23中的热交换器前馈-反馈控制系统可知，前馈控制器的输出与反馈控制器的输出叠加后，直接作用在调节阀上。由于前馈控制是一种开环控制方式，为了保证前馈控制的精度，对调节阀提出了严格的要求，希望其灵敏、线性和具有尽可能小的滞环区。此外还要求调节阀前后的差压恒定，否则，同样的前馈输出将产生不同的蒸汽流量，从而无法实现精确校正。

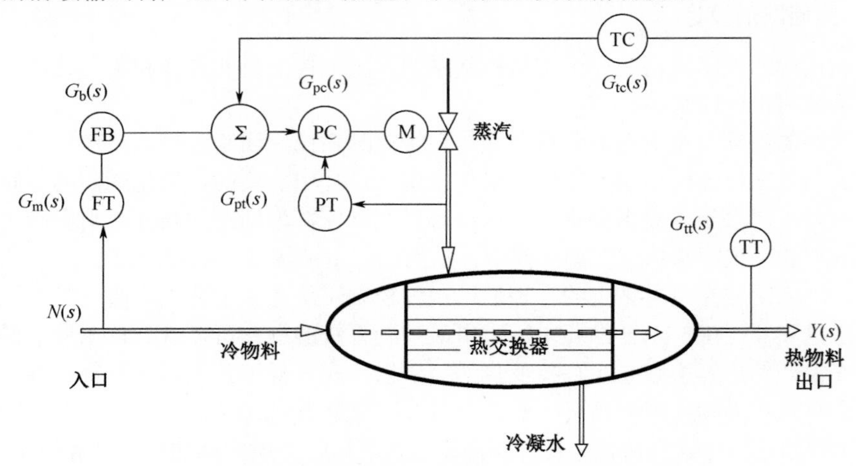

图8-23　热交换器的前馈-串级控制系统

为了解决上述问题，降低对调节阀的要求，进一步提高前馈的精度，可以在图 8-23 中的热交换器的前馈-反馈控制系统中再增加一个蒸汽流量的控制回路，把前馈控制器的输出与温度控制器的输出叠加后作为蒸汽流量控制器的设定值，构成如图 8-23 所示的前馈-串级控制系统，对应的前馈-串级控制系统框图如图 8-24 所示。图 8-24 中 $G_{o1}(s)$ 表示温度对象传递函数，$G_{o2}(s)$ 表示压力对象传递函数，$G_{v}(s)$ 表示调节阀传递函数，$G_{pc}(s)$ 表示压力控制器传递函数，$G_{pt}(s)$ 表示压力变送器传递函数，$G_{tc}(s)$ 表示温度控制器传递函数，$G_{b}(s)$ 表示前馈控制器传递函数，$G_{ft}(s)$ 表示流量变送器传递函数，$G_{f}(s)$ 表示干扰通道传递函数。

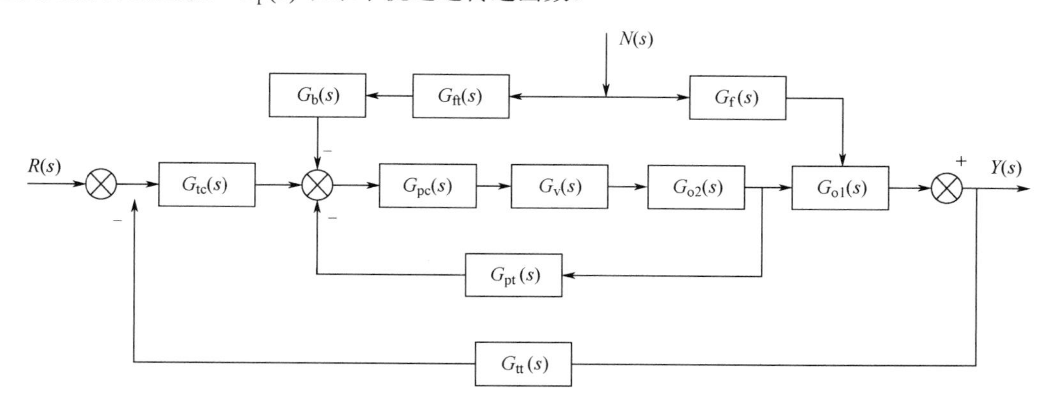

图 8-24　前馈-串级控制系统框图

由于副回路是个很好的随动系统，故它可以实现进料量与蒸汽流量的对应关系。这里首先考虑图 8-24 中，从干扰 $N(s)$ 到 $Y(s)$ 的传输特性。根据经典控制理论系统框图，等价变换，可得

$$\begin{aligned}\frac{Y(s)}{N(s)} &= \frac{G_{ft}(s)G_{b}(s)G_{o1}(s)\tilde{G}_{o2}(s)}{1+G_{o1}(s)G_{tc}(s)G_{tt}(s)\tilde{G}_{o2}(s)} + \frac{G_{f}(s)}{1+G_{o1}(s)G_{tc}(s)G_{tt}(s)\tilde{G}_{o2}(s)} \\ &= \frac{G_{pt}(s)G_{b}(s)G_{o1}(s)\tilde{G}_{o2}(s)+G_{f}(s)}{1+G_{o1}(s)G_{tc}(s)G_{tt}(s)\tilde{G}_{o2}(s)}\end{aligned} \tag{8-47}$$

这里

$$\tilde{G}_{o2}(s)=\frac{G_{pc}(s)G_{v}(s)G_{o2}(s)}{1+G_{pc}(s)G_{v}(s)G_{o2}(s)G_{pt}(s)} \tag{8-48}$$

表示图 8-24 中副回路的传递函数。

显然由式(8-47)可知，如果实现对干扰的完全补偿，使得 $Y(s)/N(s)=0$，那么就有

$$G_{ft}(s)G_{b}(s)G_{o1}(s)\tilde{G}_{o2}(s)+G_{f}(s)=0 \tag{8-49}$$

考虑式(8-48)中副回路传递函数的特性。在系统的工作频段中，通常有

$$|G_{pc}(s)G_{v}(s)G_{o2}(s)G_{pt}(s)| \gg 1 \tag{8-50}$$

这意味着

$$\tilde{G}_{o2}(s) \approx \frac{1}{G_{pt}(s)} \tag{8-51}$$

将式(8-51)代入式(8-49)可得

$$G_{ft}(s)G_{b}(s)G_{o1}(s)+G_{f}(s)G_{pt}(s)=0 \tag{8-52}$$

由式(8-52)可知，在前馈-串级控制系统中，全补偿前馈控制

$$G_b(s) = -\frac{G_f(s)G_{pt}(s)}{G_{ft}(s)G_{o1}(s)} \tag{8-53}$$

由于在式(8-53)中，$G_{ft}(s)$ 和 $G_{pt}(s)$ 是流量和压力变送器的传递函数，通常为比例环节且为已知量，所以在实际的前馈控制的设计中，主要依赖于 $G_f(s)$ 和 $G_{o1}(s)$ ，而与副对象 $G_{o2}(s)$ 无关。

因此，在实际的前馈-串级控制系统的设计中，前馈控制与串级控制的设计可以独立展开。

8.2.5　串级控制系统控制器参数整定

参数整定就是通过调整控制器的参数，改善控制系统的动态、静态特性，找到最佳的调节过程，使控制品质最好。串级控制系统常用的控制器参数整定方法有逐步逼近法、两步法和一步法三种。对新型智能控制仪表和 DCS 控制装置构成的串级控制系统，可以将主控制器选为具备自整定功能。下面介绍逐步逼近法。

所谓逐步逼近法就是在主回路断开的情况下，求取副控制器的整定参数值，然后将副控制器的参数设置在所求的数值上，使串级控制系统主回路闭合求取主控制器的整定参数值。而后，将主控制器参数设置在所求的数值上再进行整定，求出第二次副控制器的整定参数值。比较上述两次的整定参数值和控制质量，如果达到了控制品质指标，那么整定工作结束。否则，再按此方法求取第二次主控制器的整定参数值，如此循环，直至求得合适的整定参数值为止。这样，每循环一次，其整定参数值与最佳参数值就更接近一步，故称为逐步逼近法。

具体整定步骤如下。

（1）首先断开主回路，闭合副回路，按单回路控制系统的整定方法整定副控制器参数。

（2）闭合主、副回路，保持上步取得的副控制器参数，按单回路控制系统的整定方法整定主控制器参数。

（3）在主、副回路闭合，主控制器参数保持的情况下，再次调整副控制器的参数。

（4）至此已完成一个循环，如果控制品质未达到规定指标，则返回步骤（2）。

8.2.6　串级控制系统的应用实例

图 8-25 所示是蒸馏塔塔釜温度简单控制系统，在该系统中，通过检测蒸馏塔底的温度，然后控制蒸汽阀门开度，调节流经热交换器的蒸汽流量来改变蒸馏塔底部的温度。

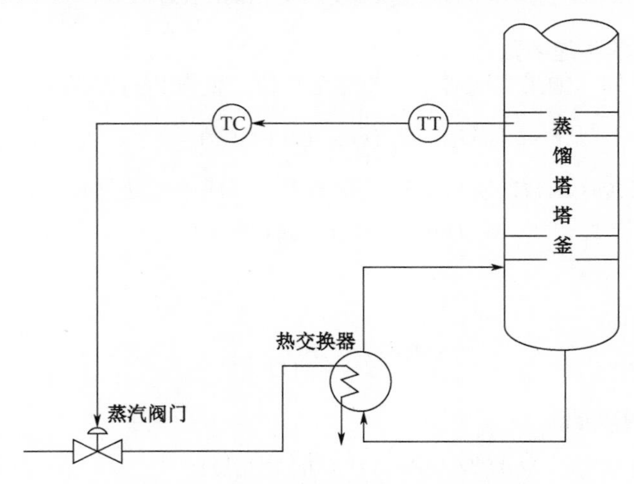

图 8-25　蒸馏塔塔釜温度简单控制系统

然而，由于蒸汽压力不稳定，波动幅度较大，变化幅度有时达 40%。对这样大的干扰，单回路控制系统控制品质较差。当控制器的 $K_c = 1.3$ 时，最大偏差为±10 ℃，无法满足工艺要求最大偏差为±1.5 ℃的要求。

为解决上述问题，在实际工程应用中通常采用温度-蒸汽流量的串级控制方案，精馏塔塔釜温度与加热蒸汽流量的串级控制系统工艺流程图如图 8-26 所示。在该串级控制系统中，增加了对蒸汽流量的控制。在工作过程中，温度变送器作为主变送器，首先检测塔底温度，然后将检测得到的温度转换为电信号，送给作为主控制器的温度控制器。温度控制器经过计算，将输出当作设定值输入作为副控制器的流量控制器，副控制器将作为副变送器的流量变送器传回来的信号与设定值进行比较、运算输送给蒸汽阀门，控制蒸汽流量的大小。

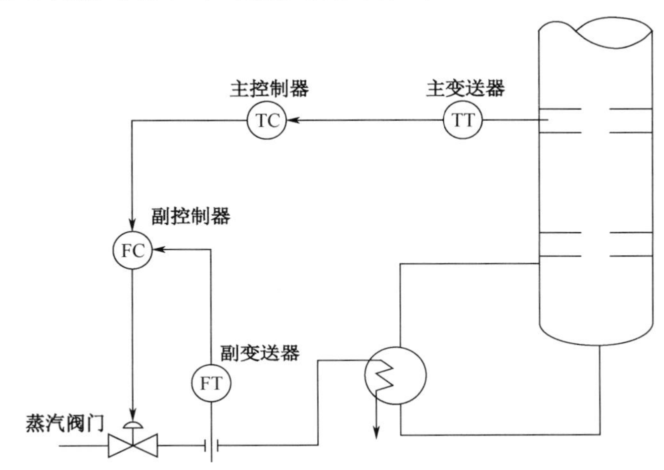

图 8-26　精馏塔塔釜温度与加热蒸汽流量的串级控制系统工艺流程图

精馏塔塔釜温度与加热蒸汽流量的串级控制系统框图如图 8-27 所示，从图中可知，引起精馏塔塔釜温度变化最大的干扰是蒸汽压力，它会引起管道蒸汽流量的波动，进而影响精馏塔塔釜的温度。为解决上述问题，在串级控制系统的设计中，将稳定管线蒸汽流量作为副回路控制的主要目标。从图 8-27 中可以看出，蒸汽压力干扰被包裹在控制环内，在这种情况下，如果精馏塔塔釜的温度没有发生变化，而仅仅是管线压力发生波动，那么副回路就可以很好地保持蒸汽流量的稳定，进而避免精馏塔塔釜温度的变化。另外，如果精馏塔塔釜温度发生变化，则主控制器也可以通过改变副控制器输入设定值的方式来克服温度干扰的影响。

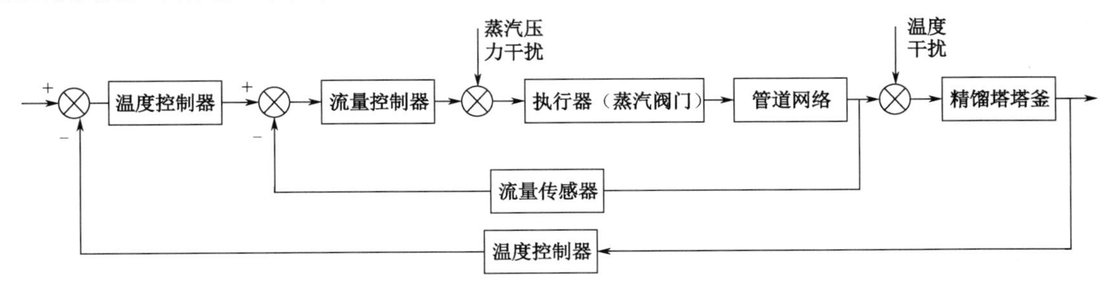

图 8-27　精馏塔塔釜温度与加热蒸汽流量的串级控制系统框图

实际应用表明，采用精馏塔塔釜温度与蒸汽流量的串级控制系统后，副控制器的 $K_{c2} = 5$，由于副回路的存在，对扰动有较强的克服能力。此串级控制系统工作时，最大偏差没有超过±1.5 ℃。当有较大的干扰出现时，主参数塔釜温度只要稍微波动一下就能平稳下来，从而满足工艺要求。

8.3 纯滞后及其控制方法

8.3.1 概述

在实际的工业生产中，有不少的过程特性有较大的纯滞后。例如，固体传送带的重力控制系统如图 8-28 所示。从阀门动作到压力传感器的变化是有滞后的，这个纯滞后等于阀门到压力传感器之间的距离除以传送带的运动速度。纯滞后一般都是由于物质或能量的传输引起的。

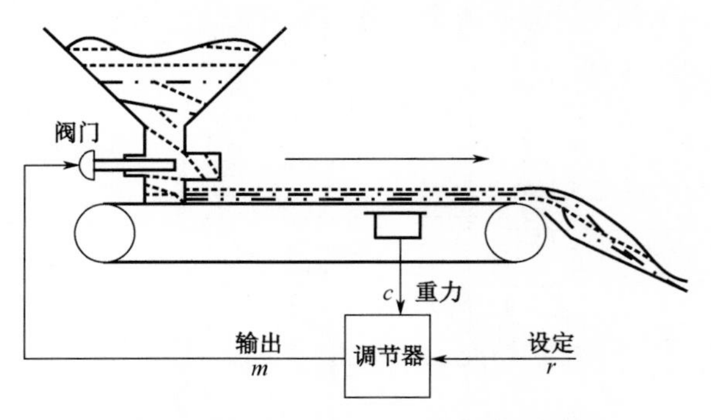

图 8-28 固定传送带的重力控制系统

反馈控制器以当时观测到的对象输出为依据，与设定值比较后，提供一个相应的控制作用给对象。因此，观察对象当时产生的效果，就可以使控制作用及时，大小适度。然而具有纯滞后的对象在输入的作用下，不能立即观察到它对输出产生的影响，从而使调节控制不及时，它会使系统超调量增大，从而导致过渡过程的振荡剧烈，严重地破坏系统的稳定性。基于这个原因，对于具有纯滞后的对象被认为是最难控制的动态环节。长期以来，人们提出了许多克服纯滞后的方法，但是还没有一种方法达到令人十分满意的程度。因此，如果能通过工艺改革，合理选择控制方案，改变测量方法或移动测量点位置，从根本上减小对象或测量的纯滞后，将是最理想的方案。本节讨论在闭环控制系统中存在纯滞后，如何改进和提高系统的动态质量问题。对于具有较大纯滞后的对象，目前常用的自动控制方案有两种：①采样控制方案；② Smith 预估补偿方案。

8.3.2 纯滞后环节的频域特点

虽然纯滞后和惯性滞后都会导致实际工业系统响应速度缓慢，但在控制学理论上它们是完全不同的概念。这使得在实际控制系统的设计中，针对上述两种滞后需要采用不同的控制方案。

针对两者的不同，下面以二阶环节

$$G(s)=\frac{10}{(s+1)(100s+1)} \tag{8-54}$$

为例对该问题进行描述，图 8-29 描述了容量滞后加超前环节后的波特图。其中图 8-29（a）表示式(8-54)对应的波特图。由于该二阶系统含有两个惯性环节，因此系统响应速度较慢。这时如果增加一个超前环节，那么式(8-54)就变为

$$G(s)=\frac{10(50s+1)}{(s+1)(100s+1)} \tag{8-55}$$

其相应的波特图如图 8-29（b）所示。对比图 8-29（a）和图 8-29（b）可以发现，加入超前环节以后，系统的剪切频率大大提高，且相角裕量 β 也相应增大。这意味着对于因为惯性系数较大而引起的容量滞后，加入超前环节可以大大改善系统的响应速度和稳定性。

然而对于含有纯滞后的系统情况则完全不同，假设式(8-54)中的系统含有滞后环节 $e^{-0.5s}$，即

$$G(s)=\frac{10e^{-0.5s}}{(s+1)(100s+1)} \tag{8-56}$$

图 8-30 描述了纯滞后加超前环节的波特图，式(8-56)相应的波特图如图 8-30（a）所示。

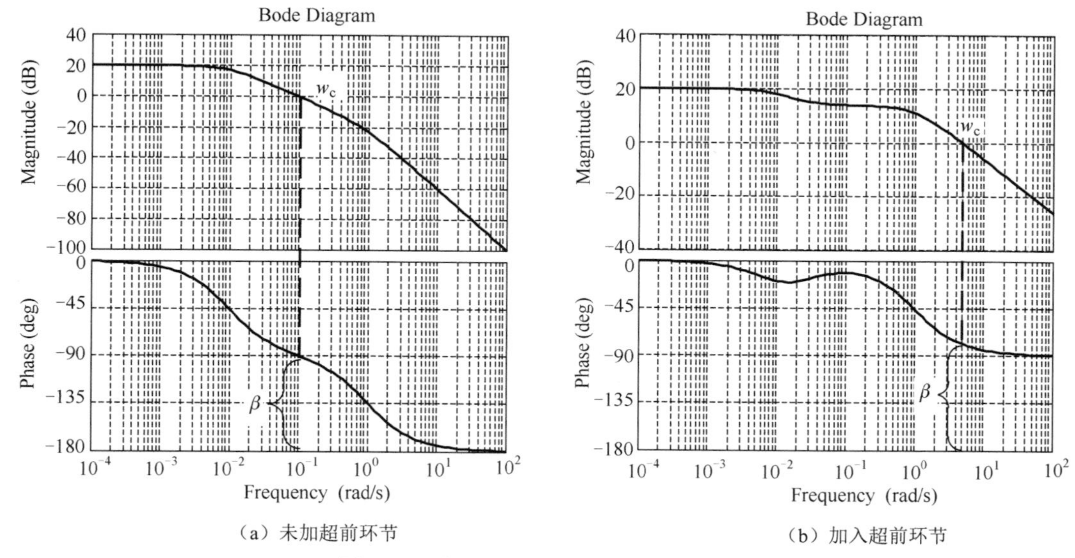

（a）未加超前环节　　（b）加入超前环节

图 8-29　容量滞后加超前环节的波特图

对比图 8-29（a）和图 8-30（a）可以发现，滞后环节的引入并不会改变波特图的幅值特性，但是对系统的相频特性影响很大。从两者的对比可以发现，在频率较低时，纯滞后环节对相频特性的影响不是特别明显，但是随着频率的增加相角会快速衰减。这时式(8-56)增加一个与式(8-55)相同的超前环节校正，即式(8-56)变为

$$G(s)=\frac{10(50s+1)\mathrm{e}^{-0.5s}}{(s+1)(100s+1)} \tag{8-57}$$

其相应的波特图如图 8-30（b）所示。对比图 8-30（a）和图 8-30（b）可以发现，超前环节的加入确实可以增加系统的剪切频率，并引入正的相角，但是由于滞后环节的存在，相角的衰减随着频率的增加变得非常快，因此从图 8-30（b）中可以看到，随着剪切频率的增加，衰减掉的相角远比超前环节引入的相角大，此时相角裕量 β 变成了负值。这意味此时系统是不稳定的。

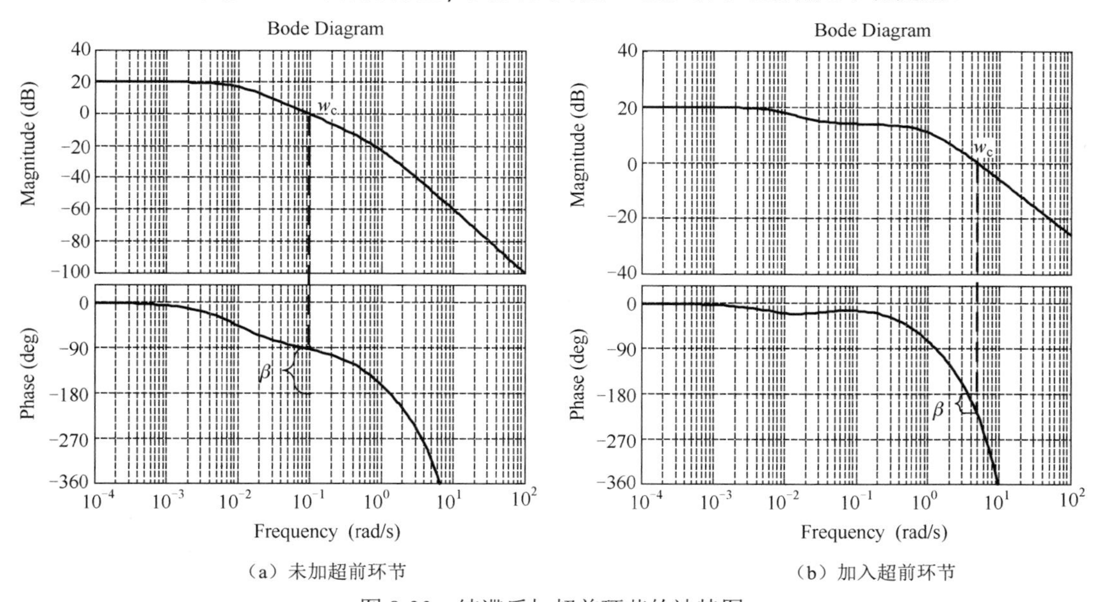

（a）未加超前环节　　（b）加入超前环节

图 8-30　纯滞后加超前环节的波特图

在实际应用中，由于超前环节对应的是 PID 控制中的 D 环节，因此这也是 D 环节不能在过程控制中过度使用的重要原因。同时，从上面的分析可以看出，由于滞后环节的存在，会导致相角随频率的增加而快速衰减，因此在控制理论上它是很难解决的难点之一。

8.3.3　大滞后过程的采样控制

所谓采样控制是一种定周期的断续控制方式，即控制器以一定的时间间隔 T_S 采样被控变量，与设定值进行比较后，经控制运算输出控制信号，然后保持该控制信号不变，保持时间 T_S 必须大于纯滞后时间 τ_0。

图 8-31 所示是某个一次汽减温器出口温度的自动控制系统。该系统中减温水要通过阀门、管道等设备才能进入减温器，降低一次汽的出口温度。由于管道具有较长的长度，因此它有长达数秒甚至十几秒的滞后。出口温度的误差信号经过控制器后用以推动阀门，阀门又使减温水流量增大或减小，以控制一次汽的出口温度。

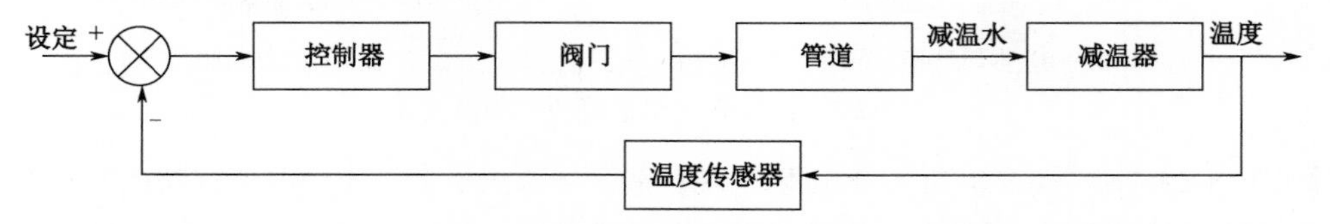

图 8-31　一次汽减温器出口温度的自动控制系统

在该控制过程中，如果采用常规控制，在检测到温度偏高时，就会通过控制器增大阀门的开度，增大减温水的流量，但是由于管道滞后的存在，减温器的出口温度并不会马上改变。这时温度传感器的输出信号并没有发生改变，由于控制器采用的是线性控制规律，因此控制器会误认为控制信号过弱，没有使出口温度发生改变。为此，控制器的输出信号会进一步增强，进而进一步增大阀门的开度。这导致当温度传感器检测到出口温度发生变化时，减温水流量已经过量。在这种情况下，当减温水经过管道滞后进入减温器后，温度传感器又会发现出口温度过低，进而导致控制器去减小阀门的开度。同样因为管道滞后的原因，阀门的开度减小而引起的减温水流量降低，并不会立刻反应到温度的变化上，因此导致控制器将阀门的开度关得过小，进而引起出口温度上升过高。上述的过程会因为滞后环节的存在而重复发生，进而导致系统不稳定。

显而易见，解决上述问题的一个有效方法是在检测温度改变进而改变阀门开度后，间隔一段时间再去检测温度的变化。实现这种控制方法是在系统的适当位置装一个采样开关 S，减温水出口温度采样控制系统如图 8-32 所示，并且令它周期性地自动接通或断开，使开关 S 每隔相当长的时间才闭合一次，这个等待时间一般与纯滞后大小相等或略大一些，如几秒或几十秒。而每次闭合的时间则很短，如 1s。

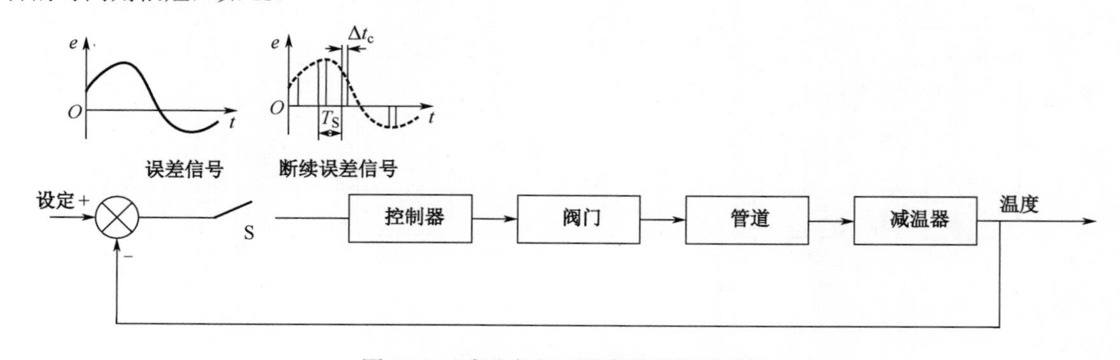

图 8-32　减温水出口温度采样控制系统

当出现了误差信号时，这个信号只有在 S 闭合时才能通过，它推动执行电动机调节阀门，当 S 断开后，尽管误差并未消除，执行电动机也停下来，好像是等待炉温自己继续变化一段时间一样。直到 S 下次闭合时才检验误差是否仍然存在，并根据那时的误差的符号和大小再进行控制。采样控制系统就是这样一会进行闭环控制，一会又不进行控制而“等待”被控变量的变化。由于在等待时执行电动机不旋转，所以超调的危险大大减轻。这样就可以采用较大的开环比例系数而仍保持系统稳定，并且能使控制过程无超调，从而使静态性能和动态性能都得到改善。

由于这种系统的基本特点是周期性地测量误差信号，即定时采集误差信号的“样品”，所以称为采样控制系统。

采样控制可由专用的模拟式采样控制器来完成。模拟式采样控制器一般具有 PI 控制规律。图 8-33 所示为典型的采样控制系统框图，而采样控制器的控制规律与参数整定一般都凭经验来完成。

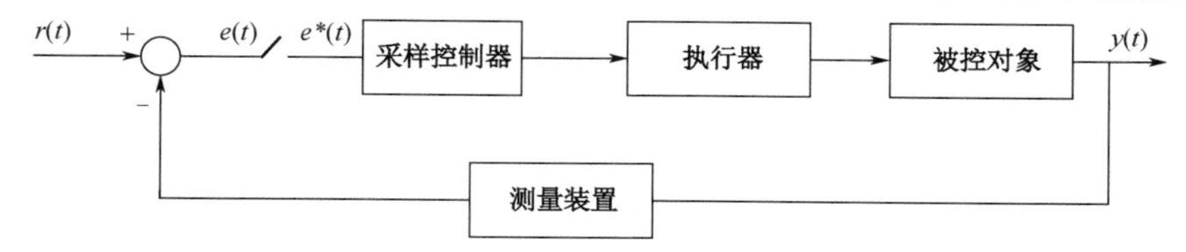

图 8-33　典型的采样控制系统框图

8.3.4　大滞后过程的 Smith 预估补偿控制

Smith 预估补偿控制的特点是预先估计出过程在基本扰动下的动态特性，然后由预估器进行补偿，力图使被延迟了 τ 时间的被调量超前反映到控制器，使控制器提前动作，从而明显减小超调量和加速调节过程，改善控制系统的品质。

1. Smith 补偿原理

假定广义对象的传递函数为 $G_o(s)e^{-\tau s}$ ，这里 $G_o(s)$ 是广义对象传递函数中不包含纯滞后的部分。对于传统的简单控制系统，其相应纯滞后环节的单回路控制系统如图 8-34 所示。

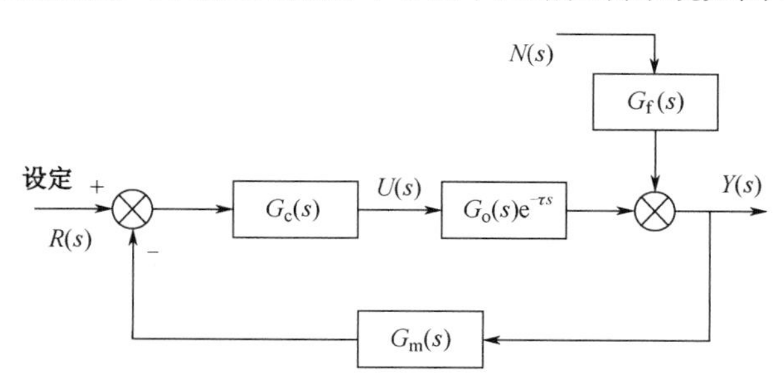

图 8-34　纯滞后环节的单回路控制系统

其相应的传递函数可以表示为

$$\frac{Y(s)}{R(s)}=\frac{G_c(s)G_o(s)e^{-\tau s}}{1+G_m(s)G_c(s)G_o(s)e^{-\tau s}} \tag{8-58}$$

从前面的分析可知，图 8-34 所示的控制系统之所以难以控制，其主要原因在于式(8-58)所示的传递函数对应的特征方程 $1+G_m(s)G_c(s)G_o(s)e^{-\tau s}$ 带有纯滞后环节 $e^{-\tau s}$ 。这使得在波特图中，相角裕量随着频率的增加而极易发生衰减。因此，对于含有纯滞后环节的控制系统，要想保证控制效果，关键在于去除含在特征方程中的滞后环节 $e^{-\tau s}$ 。

考虑一种特殊的情况，即我们能够准确地知道被控对象 $G_o(s)$ 的解析表达形式。在这种情况下，

完全可以根据 $G_o(s)$ 的解析表达式，构建被控对象除去不包含纯滞后部分的准确数学模型。纯滞后的补偿原理图如图 8-35 所示，如果将这种数学模型接入实际对象，那么在不考虑干扰的条件下，模型输出和实际的对象输出只相差时间滞后 τ 。

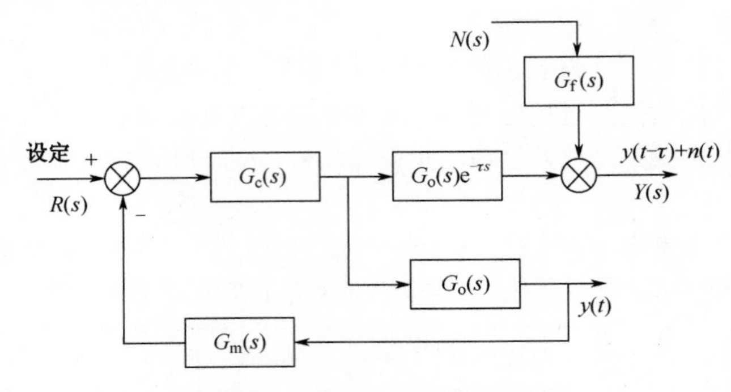

图 8-35　纯滞后的补偿原理图

显然传统的控制方法之所以难以控制滞后环节，很大程度上是因为传感器获取的是带有滞后以后特性的信号 $y(t-\tau)$ 。既然能够准确地获取被控对象 $G_o(s)$ 准确的数学模型，那么就完全可以利用 $G_o(s)$ 模型输出的信号 $y(t)$ 来替代实际系统的输出信号 $y(t-\tau)$ 作为反馈信号，这样控制系统就可以有效克服滞后环节带来的不利影响，如图 8-35 所示。此系统的传递函数可以表示为

$$\frac{Y(s)}{R(s)}=\frac{G_c(s)G_o(s)e^{-\tau s}}{1+G_m(s)G_c(s)G_o(s)} \tag{8-59}$$

对比式(8-58)和式(8-59)可以发现，图 8-34 和图 8-35 两种控制方案具有相同的前向通道传递函数，但由于在图 8-35 的控制方案中，应用数学模型的输出替代实际系统的输出，因此有效地消除了在特征方程中的滞后环节。由于图 8-35 控制方案的关键在于利用模型 $G_o(s)$ 的输出预估实际系统的输出，因此，这也成为 Smith 预估补偿控制核心思想。

2．Smith 补偿方案

然而如果仅采取图 8-35 所示的控制方案，虽然能够解决纯滞后带来的问题，但是显然在该控制方案中，干扰 $N(s)$ 并没有包含在闭环当中。这使得图 8-35 所示的控制方案对干扰 $N(s)$ 并没有克服作用。为此图 8-35 所示的控制方案可以改进为图 8-36 所示的 Smith 预估补偿控制器控制方案。

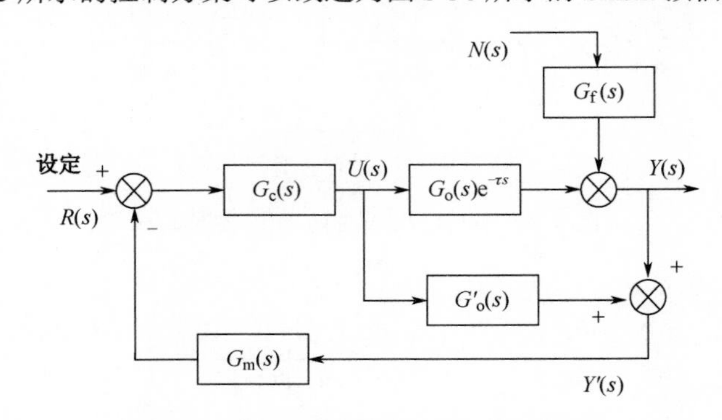

图 8-36　Smith 预估补偿控制器控制方案

在图 8-36 中， $G_o'(s)=G_o(s)(1-e^{-\tau s})$ 。在不考虑干扰 $N(s)$ 的情况下，从图 8-36 中 $U(s)$ 到 $Y'(s)$ 的传递函数可以表示为

$$\frac{Y'(s)}{U(s)} = G_o'(s) + G_o(s)e^{-\tau s} \tag{8-60}$$

将 $G_o'(s)$ 的表达式代入式(8-60)可得

$$\frac{Y'(s)}{U(s)} = G_o(s)(1 - e^{-\tau s}) + G_o(s)e^{-\tau s} = G_o(s) \tag{8-61}$$

式(8-61)意味着在图 8-36 所示的控制方案中，$R(s)$ 到 $Y(s)$ 传递函数就是式(8-59)，因此这种控制方案与图 8-35 所示的控制方案，都可以有效克服纯滞后对系统带来的稳定性问题。

然而与图 8-35 所示控制方案不同的是，由于图 8-36 所示控制方案将噪声 $N(s)$ 包含在了闭环当中，因此它不仅可以有效克服纯滞后带来的稳定问题，而且对噪声 $N(s)$ 具有较强的克服作用。事实上在图 8-36 中，噪声 $N(s)$ 到 $Y(s)$ 传递函数可以表示为

$$\frac{Y(s)}{N(s)} = G_f(s)\left(1 - \frac{e^{-\tau s}G_o(s)G_m(s)G_c(s)}{1 + G_o(s)G_m(s)G_c(s)}\right) \tag{8-62}$$

由于大多数系统中，在工作频段的范围内都有

$$|G_o(s)G_m(s)G_c(s)| \gg 1 \tag{8-63}$$

成立，因此式(8-62)通常可以变为

$$\frac{Y(s)}{N(s)} \approx G_f(s)\left(1 - e^{-\tau s}\right) \tag{8-64}$$

根据终值定理，式(8-64)意味着采用 Smith 预估补偿控制后，只要过渡时间大于滞后时间 τ，那么噪声对输出的影响就可以忽略不记。

虽然 Smith 预估补偿控制从理论的角度说可以有效克服纯滞后对控制系统的影响，但是 Smith 预估补偿的优良性质，主要依赖对实际模型 $G_o(s)$ 的准确描述。由于在实际应用中，工业系统往往非常复杂，因此准确获得被控对象的准确模型 $G_o(s)$ 非常困难，这也限制了 Smith 预估补偿控制在实际工业系统中的应用。

8.4　配比传送与比值控制系统

在各种生产过程中，需要使两种物料的流量保持严格的比例关系是常见的。例如，在锅炉的燃烧系统中，要保持燃料和空气量的一定比例，以保证燃烧的经济性。而且往往其中一个流量随外界负荷的需要而改变，另一个流量则应由控制器控制，使之成比例地改变，保证两者之比不变。否则，如果比例严重失调，就有可能造成生产事故，或者发生危险。又如，以重油为原料生产合成氨时，在造气工段应该保持一定的氧气和重油比率，在合成工段则应保持氢和氮的比值一定。这些比值调节的目的是使生产能在最佳的工况下进行。

8.4.1　比值控制系统的组成原理

1. 开环比值控制系统

开环比值控制系统是所有比值控制系统中最为简单和基础的一种。开环比值控制系统如图 8-37 所示，在某个生产工艺过程中，物料 A 和物料 B 需要成比例地送进反应釜，进行相应的化学反应。工艺上要求 A 和 B 两种物料需要保持一定的比例关系。为实现上述控制目标，这里首先利用流量变送器测取，运送物料 B 的流量，然后根据物料 B 的流量，通过流量比值控制器计算出相

应物料 A 的流量，并输出相应信号控制物料 A 的阀门开度，进而调节物料 A 的流量。显然在该控制系统中，为保证 A 和 B 两种物料能够按一定比例输送流量，只是简单地检测物料 B 的流量，而没有对物料 A 的实际流量进行测量，因此系统并不能自行确定物料 A 的实际流量。为此，这种比例控制系统称为开环比值控制系统，它只能满足最基本的比值控制。

注意在整个控制过程中，物料 A 跟随物料 B 的变化而变化，因此物料 A 的流量称为副流量，而物料 B 的流量称为主流量。显然简单比值控制方案的优点是结构简单、成本低，但是它无抗干扰能力，当副流管线压力等改变时，不能保证所要求的比值。

2. 单闭环比值控制系统

显然对于开环比值控制系统，当副流量受到其他干扰的影响时，就很难保证物料之间的比值关系。如当输送物料 A 的管线压力发生变化时，即使物料 B 的流量不发生变化，物料 A 的流量也会发生变化，此时就很难满足物料 A 和物料 B 之间的比值关系。为克服上述问题，人们提出了单闭环比值控制，单闭环比值控制系统如图 8-38 所示。

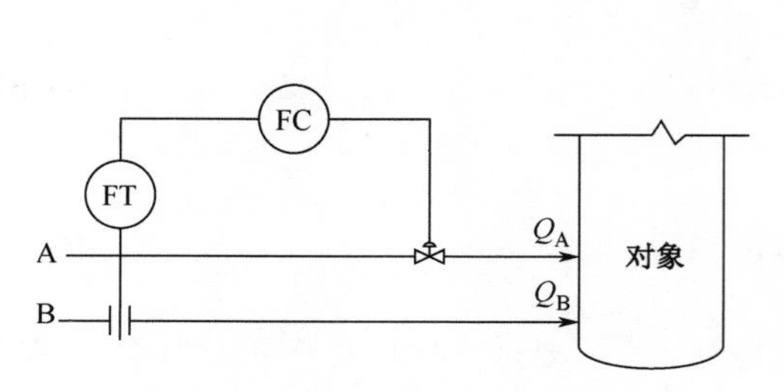

图 8-37　开环比值控制系统

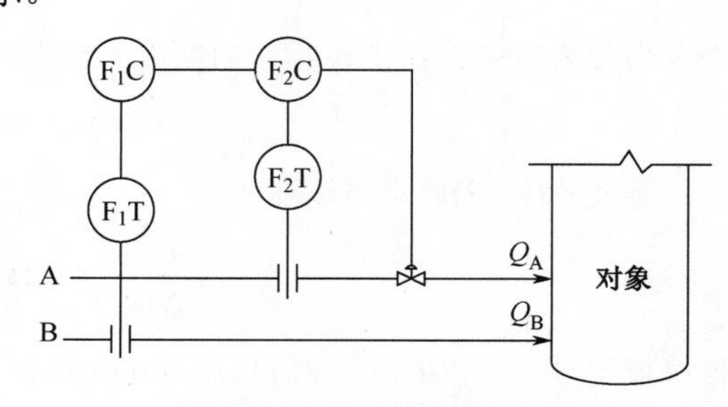

图 8-38　单闭环比值控制系统

物料流量 Q_B 是不可控的，当它改变时就由控制器 A 控制物料 A 的调节阀，使物料 A 的流最随之改变，并保持比值 Q_A/Q_B 不变。为此，在 A、B 管路上都装了节流元件。物料 A 流量经变送器 F_1T 后，变为信号送到控制器 F_1C，与调节阀、管道 A 构成一个闭环系统。物料 B 流量先经过变送器 F_2T 转换成统一信号，再经控制器 F_2C 送到控制器 F_1C，作为控制器 F_1C 的设定值，其中 F_2C 为比例运算控制器。这个单闭环比值控制系统框图如图 8-39 所示。

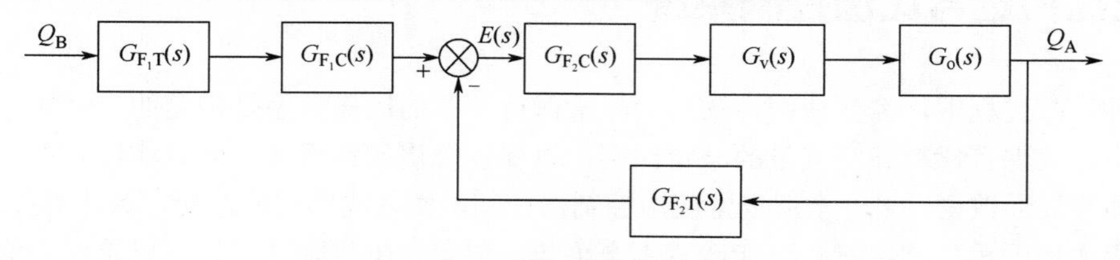

图 8-39　单闭环比值控制系统框图

这里 $G_{F_1T}(s)$ 表示物料 B 流量传感器的传递函数，$G_{F_1C}(s)$ 表示流量 Q_B 和流量 Q_A 之间的比例控制器，$G_{F_2T}(s)$ 表示物料 A 流量传感器的传递函数，$G_{F_2C}(s)$ 表示 Q_A 的流量控制器传递函数，$G_v(s)$ 表示调节阀传递函数，$G_o(s)$ 表示被控对象传递函数。

$G_{F_2T}(s)$、$G_{F_2C}(s)$、$G_v(s)$ 和 $G_o(s)$ 构成一个闭环系统。它的给定信号是由 Q_B、$G_{F_1T}(s)$、$G_{F_1C}(s)$ 转换后提供的。所以输出量 Q_A 将跟随着 Q_B 的改变而变化。控制器 $G_{F_1C}(s)$ 是比例型的，它在这里起着改变比值的作用，只要改变控制器 $G_{F_1C}(s)$ 的放大系数，就能调整 Q_A/Q_B 的稳态比值。由 $G_{F_2C}(s)$ 与 $G_o(s)$ 等所组成的闭环系统，是用来克服管道中发生的某种扰动，严格保持 Q_A 与 Q_B 的比例关系。为了提高稳态时的比值精度，$G_{F_2C}(s)$ 应是 PI 型的。

图 8-39 的比值控制系统也使用了两个控制器串联在一起工作，但整个系统中只有一个闭环，故与串级调节有本质差别。此外需要注意的是，Q_A 作为被控变量，其相应的期望是比例控制器 $G_{F_1C}(s)$ 的输出，而 $G_{F_1C}(s)$ 的输出会随着 Q_B 的变化而发生变化。这意味着整个系统的控制目标是让 Q_A 随着 Q_B 的变化而变化，因此图 8-39 中 $G_{F_2T}(s)$、$G_{F_2C}(s)$、$G_v(s)$ 和 $G_o(s)$ 构成闭环控制不是定值控制系统，而是随动控制系统。这个性质与其他常见的工业过程定值控制有较大差别。

3．双闭环比值控制系统

除单闭环比值调节方案外，还可以有其他的调节方案。例如，图 8-40 所示的单闭环比值和流量的混合控制系统，它用在化工烷基化装置中。进入反应器的异丁烷-丁烯馏分要求按比例配以催化剂硫酸，它不仅要求流入反应器的两种流量各自比较稳定，而且要按一定的比值。为此人们可以采用两组不同的控制方案来实现上述的控制目标。一组采用简单控制系统，用以稳定管道 B 中的流量，如图 8-40 中物料 B 流量变送器 $F_{b1}T$ 和控制器 F_bC 。同时还采用了单闭环比值控制系统，如图 8-40 中，物料 B 流量变送器 $F_{b2}T$ 、比值控制器、物料 A 流量变送器 F_aT 和物料 A 流量控制器 F_aC 。在该控制系统中可以发现，变送器 $F_{b1}T$ 和 $F_{b2}T$ 产生的信号事实上是可以合并的，即单个变送器产生的物料 B 流量的信号既可以提供给简单控制系统实现对物料 B 流量的控制，也可以提供给比值控制系统，用以调节物料 B 流量和 A 的比例关系。为了便于维护和节约成本，人们将上述两种控制系统进行合并，提出了双闭环比值控制系统，如图 8-41 所示。对比图 8-40 和图 8-41 可以发现，双闭环比值控制系统本质上就是将一个流量控制系统和单闭环比值控制系统的主流量变送器进行了合并，即图 8-40 中物料 B 流量变送器 $F_{b1}T$ 和 $F_{b2}T$ 合并为图 8-41 中的流量变送器 F_bT ，使得这两个控制系统共用一个主流量变送器产生的信号。

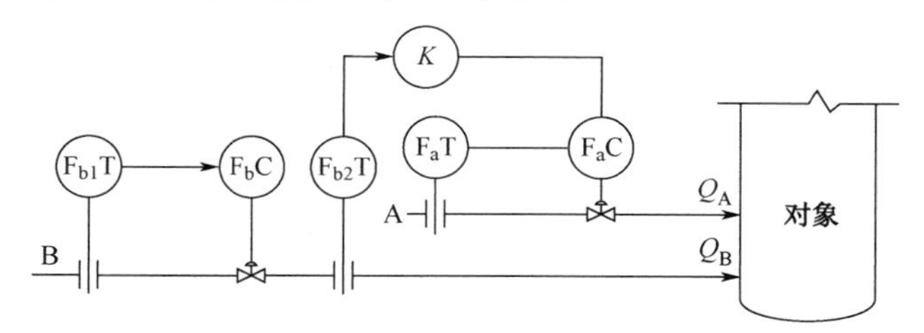

图 8-40　单闭环比值和流量的混合控制系统

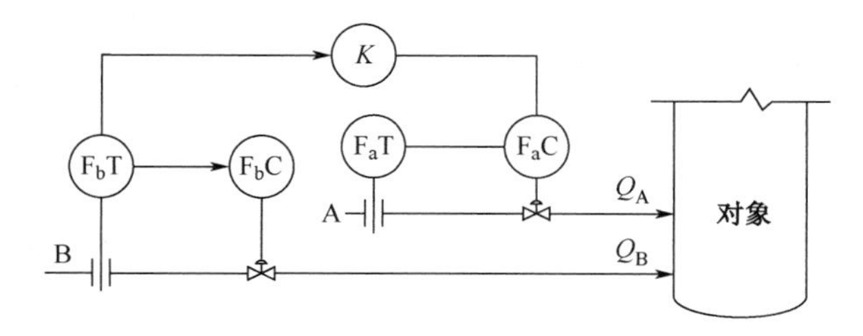

图 8-41　双闭环比值控制系统

在图 8-41 所示的系统中，采用了两个独立的流量闭合回路，在两者之间设有比值器，以实现比值调节，双闭环比值控制系统框图如图 8-42 所示，图中 $G_{F_aC}(s)$ 和 $G_{F_bC}(s)$ 分别表示物料 A 流量和物料 B 流量的控制器传递函数，$G_{va}(s)$ 和 $G_{vb}(s)$ 分别表示物料 A 流量和 B 流量的阀门传递函数，$G_{F_bT}(s)$ 和 $G_{F_aT}(s)$ 分别表示物料 A 流量和物料 B 流量的变送器传递函数，$G_{oa}(s)$ 和 $G_{ob}(s)$ 分别表示管道 A 和管道 B 的被控对象传递函数。在稳定的状态下，流量 Q_A 、Q_B 以一定的比例进入反应器。在某种情况下，流量受到干扰而变化，这里流量 Q_B 是主参数，它通过物料 B 的变送器反馈到物料 B 的控制器进行恒值调节。另外，物料 B 的变送器的信号经比值器作为物料 A 控制器的设定值，以实现比值调节。经过调节 Q_A、Q_B 都重新回到设定值，并保持原有比值不变。

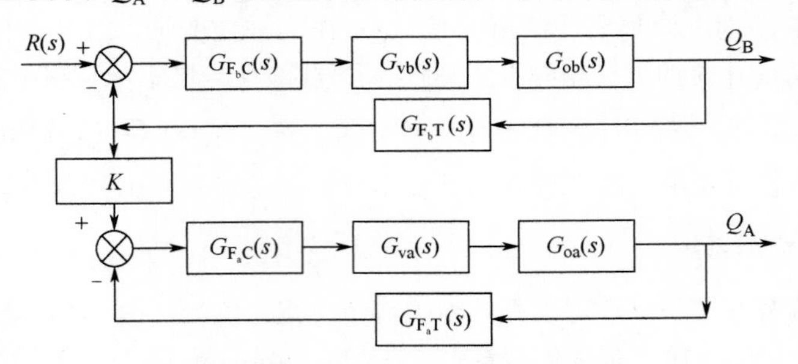

图 8-42　双闭环比值控制系统框图

这类比值控制系统，虽然主参数也形成闭合回路，但是由框图可以看出，主、副调节回路是两个单回路控制系统，主参数通过比值器作为副回路的设定值。由于是两个闭环系统，副回路的过渡过程不影响主回路，所以主、副控制器都可选用 PI 型的控制器，并按单回路控制系统来整定。这类双闭环比值控制系统，由于所用设备多、投资高，所以应用不太广泛。在比值控制系统中，比值器可以用比例控制器、除法器或乘法器，设计中可以根据操作要求，比值系数大小，精度要求情况来选定。

8.4.2　比值控制系统的整定

现以图 8-40 所示的系统为例，说明比值控制系统的控制器参数整定问题。

1．比值控制系统的设计

（1）主流量、副流量的确定原则。

① 生产中起主导作用的物料流量，一般选为主流量，其余的物料流量跟随其变化，为副流量。

② 工艺上不可控的物料流量一般选为主流量。

③ 成本较昂贵的物料流量一般选为主流量。

④ 当生产工艺有特殊要求时，主、副物料流量的确定应服从工艺需要。

（2）控制方案的选择。

控制方案的选择应根据不同的生产要求确定，同时兼顾经济性原则。

① 如果工艺上仅要求两物料流量的比值一定，而对总流量无要求，可用单闭环比值控制方案。

② 如果主、副流量的扰动频繁，而工艺要求主、副物料总流量恒定的生产过程，可用双闭环比值控制方案。

③ 当生产工艺要求两种物料流量的比值要随着第三个参数的需要进行调节时，可用变比值控制方案。

（3）控制规律的确定。

在比值控制系统中，控制器的控制规律是根据控制方案和控制要求而定的。在单闭环比值控制系统中，比值器 K 起比值计算的作用，若用控制器实现，则选 P 调节；控制器 F_2C 使副流量稳定，本质上与普通的单闭环控制系统的控制规律选择相似。但是由于比值控制系统属于跟随系统，因此在控制过程中要求副流量紧跟主流量的变化，在选择控制规律时，应保证副流量控制具有较高的响应速度和较短的过渡时间。

（4）正确选择流量计及其量程。

各种流量计的选择，可参见流量计部分的论述，在特殊的比值设计中，可参考有关设计资料、产品手册。

（5）比值系数的计算。

在整定图8-41所示的双闭环比值控制系统时，主要的问题是信号 y_a 和 y'_a 的静态配合问题。只有正确地解决了这个问题，控制器才能真正保持两个流量的比值等于工艺上要求的数值。

首先考虑变送器与流量之间成线性关系，且采用4～20mA DC标准信号的传感器的情况。此时在图8-41中有

$$Y_a'(s) = K \cdot G_{F_b}(s) Q_B(s) \tag{8-65}$$

且

$$Y_a(s) = G_{F_aT}(s) Q_A(s) \tag{8-66}$$

由于当系统稳定时，图8-41中偏差 $E(s)$ 很小，所以近似有

$$Y_a'(s) = Y_a(s) \tag{8-67}$$

这意味着

$$K \cdot G_{F_bT}(s) Q_B(s) = G_{F_aT}(s) Q_A(s) \tag{8-68}$$

即

$$\frac{Q_A(s)}{Q_B(s)} = \frac{K \cdot G_{F_bT}(s)}{G_{F_aT}(s)} \tag{8-69}$$

如果在实际的应用中，生产工艺要求

$$Q_A(s) / Q_B(s) = K_q \tag{8-70}$$

那么将式(8-70)代入式(8-69)有

$$\frac{K \cdot G_{F_bT}(s)}{G_{F_aT}(s)} = K_q \tag{8-71}$$

由于这里使用DDZ-Ⅲ型仪表，而该类仪表的电流输出范围为4~20mA，因此变送器 F_aT 和 F_bT 的电流输出和流量之间存在以下关系

$$\begin{cases} I_B(t) = \dfrac{Q_B(t)}{Q_{B\max}}(20-4)+4 \\ I_A(t) = \dfrac{Q_A(t)}{Q_{A\max}}(20-4)+4 \end{cases} \tag{8-72}$$

由于4mA代表的是信号零，因此在图8-41中

$$\begin{aligned} y_a'(t) &= I_B(t) - 4 \\ y_a(t) &= I_A(t) - 4 \end{aligned} \tag{8-73}$$

这里 $y_a'(t)$ 和 $y_a(t)$ 的拉氏变换分别为 $Y_a'(s)$ 和 $Y_a(s)$。

将式(8-73)代入式(8-72)，并进行拉氏变换，可得

$$\begin{cases} G_{F_bT}(s) = \dfrac{Y_a'(s)}{Q_B(s)} = \dfrac{16}{Q_{B\max}} \\ G_{F_aT}(s) = \dfrac{Y_a(s)}{Q_A(s)} = \dfrac{16}{Q_{A\max}} \end{cases} \tag{8-74}$$

将式(8-74)代入式(8-71)，可得当要求流量A和B比例为 K_q 时，比例控制器 $G_{F_lC}(s)$ 的比值为

$$K=\frac{K_{\mathrm{q}}\cdot Q_{\mathrm{B\,max}}}{Q_{\mathrm{A\,max}}} \tag{8-75}$$

在实际应用中，流量传感器的电流输出往往并不是线性关系，而表现为平方关系，如差压式流量计。这时式(8-72)转变为

$$\begin{cases} I_{\mathrm{B}}(t)=\dfrac{Q_{\mathrm{B}}^2(t)}{Q_{\mathrm{B\,max}}^2}(20-4)+4 \\ I_{\mathrm{A}}(t)=\dfrac{Q_{\mathrm{A}}^2(t)}{Q_{\mathrm{A\,max}}^2}(20-4)+4 \end{cases} \tag{8-76}$$

为便于处理，式(8-76)意味着可以将 $Q_{\mathrm{A}}^2(t)$ 和 $Q_{\mathrm{B}}^2(t)$ 作为系统的输入。在这种情况下，通过上面的分析，将式(8-71)转变为

$$\frac{K\cdot G_{\mathrm{F_bT}}(s)}{G_{\mathrm{F_aT}}(s)}=K_{\mathrm{q}}^2 \tag{8-77}$$

而在实际应用中设定的比例控制器的比值 $G_{\mathrm{F_1C}}(s)$ 与期望的流量 A 和 B 的比值之间的计算式(8-75)则变为

$$K=K_{\mathrm{q}}^2\cdot\left(\frac{Q_{\mathrm{B\,max}}}{Q_{\mathrm{A\,max}}}\right)^2 \tag{8-78}$$

（6）流量测量中的温度、压力补偿。

用差压式流量计测量气体流量时，被测气体温度和压力的变化会使其密度发生变化，流量的测量值将产生误差。对于温度、压力变化较大而控制质量要求较高的对象，必须进行温度、压力补偿，以保证流量测量值的准确。

2．控制器的参数整定

（1）比值控制系统的实现。

比值控制系统的实现有相乘和相除两种方法。在工程上可采用比值器、乘法器、除法器等仪表实现；用计算机控制时，通过比例、乘、除运算程序实现。

（2）比值控制系统的参数整定。

由上面的分析可知，双闭环比值控制系统本质上是一个定值控制系统和一个单闭环比值控制系统的组合，因此在整定主流量回路时，可按单回路控制系统进行整定；比值控制系统的副流量控制系统本质上是一个跟随控制，因此同普通的定值控制系统相比，要求具有更高的响应速度和更短的过渡时间。同时，也要防止在过渡期间出现较大的超调量，导致过渡期间主、副流量比值不能满足生产工艺要求，造成产品质量下降，甚至出现生产事故。因此，副流量的整定应设定为振荡与不振荡的临界状态，这时既能保证有较快的响应速度，又能防止出现过大的超调量。

8.5　均匀控制系统

8.5.1　均匀控制系统的基本原理和结构

在连续生产过程中，为了减小设备投资和紧凑生产装置，往往设法减少中间贮罐。这样，前一设备的出料往往就是后一设备的进料，必须同时要求前一设备料位稳定，后一设备进料平稳。此时，若采用液位定值控制，液位稳定便可得到保证，但流量扰动较大；若采用流量定值控制，

则流量稳定也可得到保证，但液位会有大幅度波动。这就产生了矛盾。人们设计出了均匀控制系统，该系统应具有既允许表征前后供求矛盾的两个变量都有一定范围的变化，又能保证它们的变化不会过于剧烈的特点。

1. 简单均匀控制系统

图 8-43 所示为精馏塔底的简单协调控制方案。精馏塔底的提取物将通过管道输送到下一级的反应釜，进一步加工和成分提取。在该工艺流程中，首先需要对精馏塔内反应物液位进行控制，过高或过低的液位都会影响精馏塔的正常工作。其次，该控制系统还需要控制进入反应釜的流量。这是因为在单位时间内，反应釜能够加工的物料量是有限的，因此在单位时间内进入反应釜的物料量过多或过少，都会影响生产的正常进行。

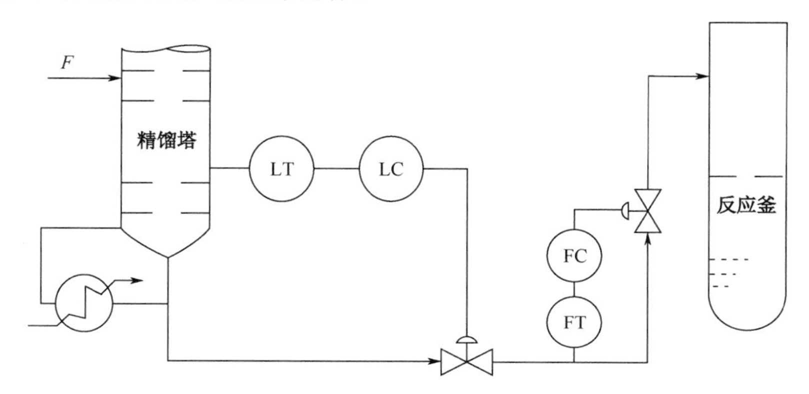

图 8-43　精馏塔底的简单协调控制方案

显然在该工艺工程中，如果只考虑精馏塔内的液位控制要求，实现液位的精准控制，那么势必造成流量的巨大波动。反之，如果对流量进行高精度控制，又会造成液位的大范围波动。如果同时对液位和流量进行控制，由于在该控制系统中，液位和流量是相互耦合的控制变量，因此会导致液位和流量控制分别朝着相反的方向调节各自的阀门，进而导致相互矛盾的控制动作，使得系统处于不稳定的状态。

然而在该控制系统中，液位和流量的控制要求都不是特别高，因此这使得人们考虑从液位和流量中选取一个主要的被控变量（如液位），并设计相应的液位控制系统，但是在设计控制规律时降低对控制精度的要求，使得液位能够在误差允许的范围内进行温和变化。由于液位和流量相互耦合，因此当液位温和变化时，流量也可以在合理的范围内波动，进而实现对液位和流量的协调控制，这种控制称为简单均匀控制，简单均匀控制系统如图 8-44 所示。

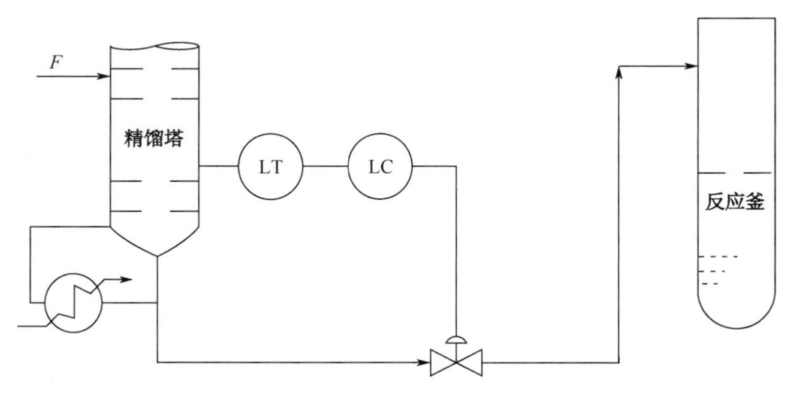

图 8-44　简单均匀控制系统

由上面的分析可知，简单均匀控制系统从方案外表上看，它像一个简单液位定值控制系统，并且常被误解为简单液位定值控制系统，使设计思想得不到体现。该系统与定值控制系统的不同之处是在控制器的控制规律选择和参数整定问题上。

在均匀控制系统中不应该选择微分作用，有时还可能需要简单均匀控制系统选择反微分作用。在参数整定上，一般比例度要大于 100%，并且积分时间要长一些，这样才能满足均匀控制的要求。

2. 串级均匀控制系统

简单均匀控制系统虽然在一定范围内能够满足均匀控制的要求，但在控制过程中当对某个变量实现控制时，对另一个被控变量实行的是开环控制，因此它只能适用于控制要求不高的场合。在干扰较大的环境下，没有进行闭环控制的变量，极有可能超出控制要求所允许的范围。为解决上述问题，人们提出了串级均匀控制方案，串级均匀控制系统如图 8-45 所示。

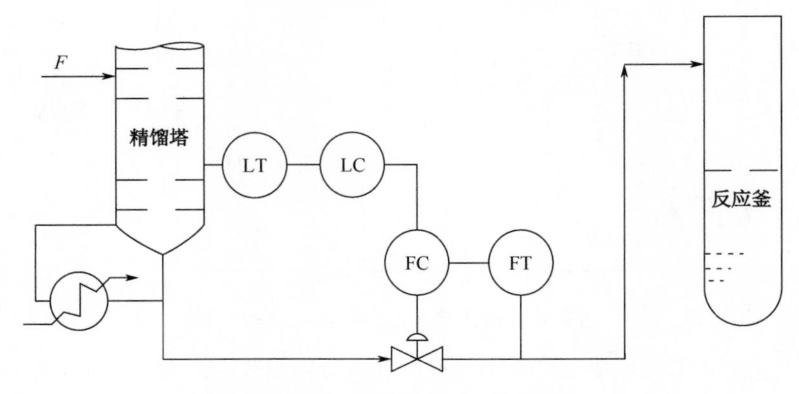

图 8-45　串级均匀控制系统

由串级控制的讨论可知，在串级均匀控制系统中被控副变量和被控主变量之间是存在相互耦合的。在控制过程中，对被控主变量的控制要求高，而通过对被控副变量的控制，影响被控主变量。串级均匀控制系统的这些特点，正好被用于解决均匀控制问题。

在串级均匀控制系统中，将控制要求较低的变量，如图 8-45 中的流量作为被控副变量，构建串级均匀控制系统的副回路，目的是为了消除调节阀前后压力干扰及自衡作用对流量的影响。而控制要求稍高的被控变量作为被控主变量，如图 8-45 中的液位，构建串级均匀控制系统的主回路。这样在串级均匀控制过程中，就能够同时兼顾液位和流量的变化了。

副回路与串级均匀控制中的副回路一样，副控制器参数整定的要求与前面所讨论的串级均匀控制对副回路的要求相同。而主控制器，即液位控制器，则与简单均匀控制系统的控制器的参数整定相同，以满足均匀控制的要求，使液位与流量均可保证在较小的幅度内缓慢变化。

在有些容器中，液位是通过进料阀来控制的，用液位控制器对进料的流量进行控制，同样可以实现均匀控制的要求。

当物料为气体时，前后设备的均匀控制是前者的气体压力与后面设备的进气流量之间的均匀。分离器压力与出口气体流量的串级均匀控制 PT 压力变送器如图 8-46 所示。它既保证了精馏塔塔压的稳定，又保证了加氢反应器进料的平稳。

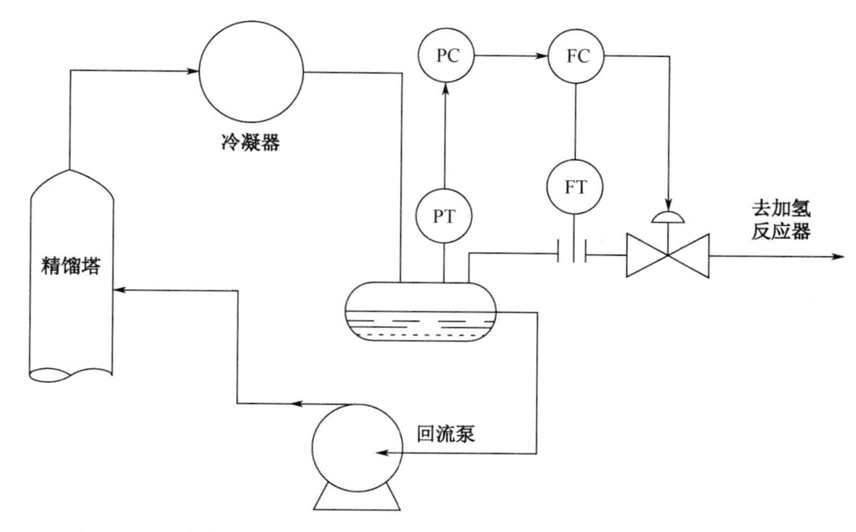

图 8-46　分离器压力与出口气体流量的串级均匀控制 PT 压力变送器

8.5.2　均匀控制系统控制规律的选择及参数整定

1．控制规律的选择

对一般的简单均匀控制系统的控制器，都可以选择纯比例控制规律。这是因为均匀控制系统所控制的变量都允许有一定范围的波动且对余差无要求。而纯比例控制规律简单明了，整定简单便捷，响应迅速。例如，对液位-流量的均匀控制系统，增益增加，液位控制作用加强，便可根据需要选择适当的比例度。

对一些输入流量存在急剧变化的场合或液位存在“噪声”的场合，特别是希望液位正常稳定工况时保持在特定值附近，则应选用比例积分控制规律。这样，在不同的工作负荷情况下，都可以消除余差，保证液位最终稳定在某一特定值。

2．参数整定

均匀控制系统的控制器参数整定的具体做法如下。

（1）纯比例控制规律。

① 先将比例度放置在不会引起液位超值但相对较大的数值，如$\delta = 200\%$。

② 观察趋势，若液位的最大波动小于允许的范围，则可增加比例度。

③ 当发现液位的最大波动大于允许范围时，减小比例度。

④ 反复调整比例度，直至液位的波动小于且接近于允许值为止。一般情况

$$\delta = 100\% \sim 200\%$$

（2）比例积分控制规律。

① 按纯比例控制方式进行整定，得到所适用的比例度δ。

② 适当加大比例度值，然后投入积分作用。由大至小逐渐调整积分时间，直到记录趋势出现缓慢的周期性衰减振荡为止。大多数情况T_i在几分到十几分之间。

8.6 选择性控制系统

8.6.1 选择性控制系统的基本原理和结构

选择性控制又称为取代控制或超驰控制。由于在这类控制系统中含有选择单元，因此称为选择性控制。这类控制系统是逻辑控制与常规控制的结合，所以可以有效地增强系统的控制能力，进而能够实现非线性控制、安全控制和自动开停车等复杂控制过程。

选择性控制系统被广泛地应用于需要同时在多种工况下工作的系统，因此这类系统应具备：

（1）生产操作上有一定的选择性规律；

（2）组成控制系统的各个环节中，必须包含具备选择性功能选择单元。

1．控制器输出信号的选择性控制

在一般情况下，选择性控制可以分为控制器输出信号和操作变量两种。其中控制器输出信号选择性控制具有多个控制器。选择器通过判断控制器输出，选择对应的控制器进行控制。液氨蒸发器控制性系统如图 8-47 所示。液氨蒸发器是一个换热设备，液氨的汽化需要吸收大量的汽化热，因此在工业生产中，它被广泛应用于冷却流经管内的被冷却物料。在该系统中，通过控制液氨控制阀的开度，来控制液氨输入量，进而控制液氨蒸发量，控制物料的输出温度。

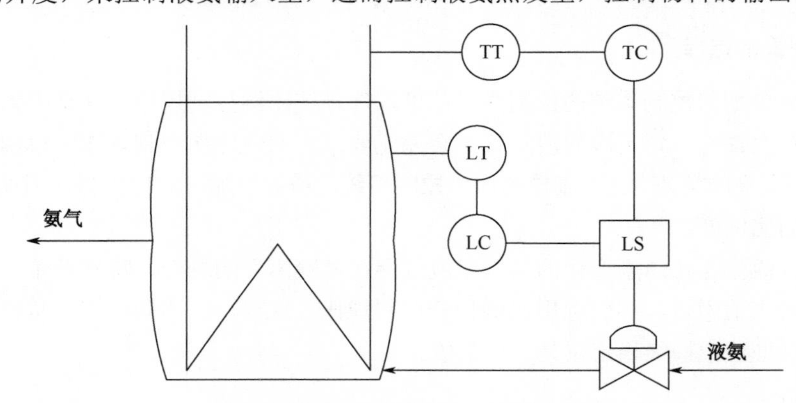

图 8-47 液氨蒸发器选择性控制系统

液氨控制阀由温度控制器 TC 的输出来控制，并以被冷却物料的温度作为控制目标。但是蒸发器需要足够的汽化空间来保证良好的汽化条件以及避免出口氨气带液，因此需要防止液氨蒸发器中液氨的液位过高。为此，该系统中又引入了选择器，还设计了液面控制系统。选择器通常分为高选器和低选器，其中低选器选择低信号作为输出，而高选器则选择高信号。该控制系统中采用低选器，控制阀选用气开阀。这样就可以在液面达到高限的工况，即便被冷却物料的温度高于设定值，也不再增加液氨量，而由液位控制器 LC 取代温度控制器 TC 进行控制。采用这种控制方式，既保证了必要的汽化空间，又保证了设备安全，实现了选择性控制。因此该系统是对温度和液位两种控制器输出信号的选择性控制。

从上述液氨蒸发器的例子可知，控制器输出信号选择性控制系统如图 8-48 所示。该系统结构也是控制器输出信号选择性控制的一般形式。

2．对变送器输出信号进行选择

通过对变送器输出的选择进行控制是选择性控制的另一种重要形式。在这种类型的选择性控制系统中，选择器通过对变送器输出的分析和对比，进而选择合适的变送器输出作为系统的反馈信号，实现合理控制。

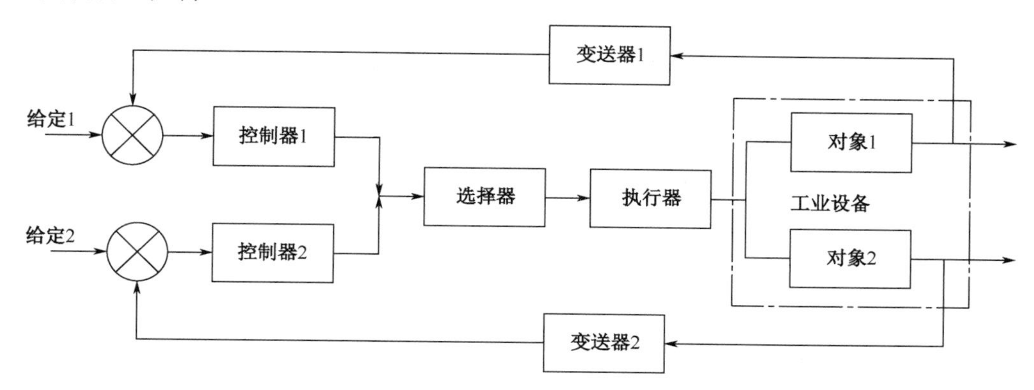

图 8-48　控制器输出信号选择性控制系统

固定床冶炼反应器系统如图 8-49 所示。这种反应器被广泛应用于铁矿石等矿物的冶炼。在这种系统的工作过程中，反应器固定床上装有催化剂以加速反应，冶炼的物料从一端进入，通过加热反应后，从另一端出来。由于在反应中会产生热量，因此在系统的工作过程中，如果温度过高就会烧坏催化剂。这时需要对固定床通入冷却液，带走过多的热量。然而由于催化剂的老化、变质和流动等原因，固定床不同位置的温度并不相同。显然，这时为了控制温度，通入的冷却液的量，必须以反应床中温度最高点为控制对象。为实现上述目标，在实际的工业系统中，会在反应床的不同位置装上温度传感器，如图 8-49 所示。温度传感器的输出都会输入信号高选器。这时控制器会根据高选器输出的最高温度的检测信号，控制冷却液阀门的开度，进而实现对反应器的温度控制。

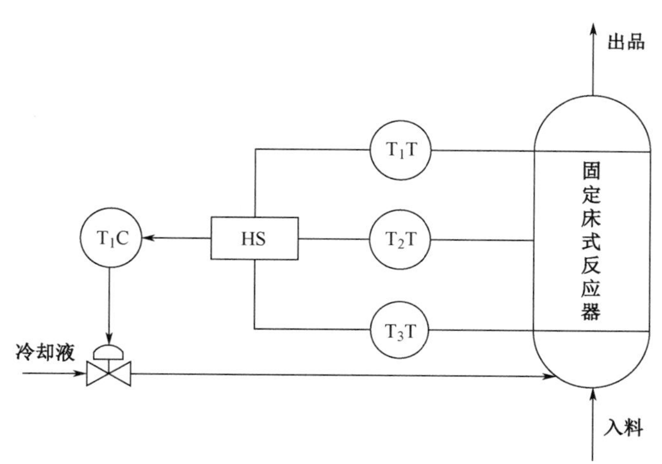

图 8-49　固定床冶炼反应器系统

根据图 8-49 可以获得图 8-50 所示的变送器输出信号选择性控制系统。像固定床冶炼反应器这样的冷却控制系统，与液氨蒸发器选择性控制系统不同。无论哪个温度传感器，都具有相同的控制规律，因此在该控制系统中，只对变送器送来的信号进行选择，并且采用相同的控制器，如图 8-50 所示。

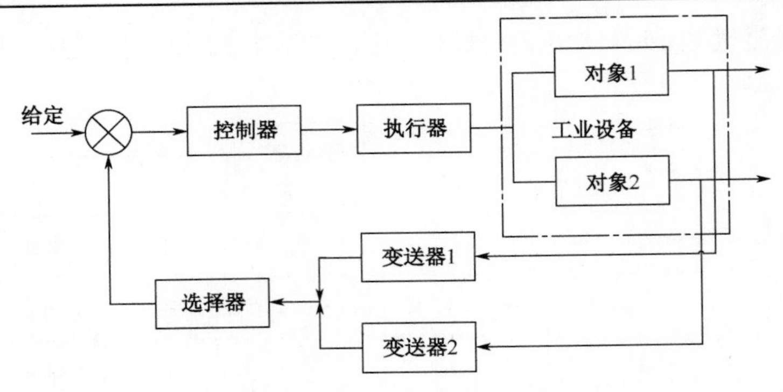

图 8-50　变送器输出信号选择性控制系统

8.6.2　选择性控制系统的设计

选择性控制系统是多个常规控制系统的组合。与常规控制系统的设计相比，其主要不同点是选择器的选择和控制器控制规律的确定。

1．控制器的选择

选择性控制系统与简单控制系统相同，同样也需要选择控制器的正、反作用。正、反作用的选择依据也是使所构成的闭环控制系统为负反馈控制。控制规律应能保证选择后的快速投入，因此大多选择较小比例度的 P 或 PI 作用控制器。

2．选择器的选择

选择器有高值选择器 HS 和低值选择器 LS 两种。选择器类型的确定，是根据执行器的作用方向和控制回路的切换条件决定的。选择器的选择原则是使选择性控制系统既能达到所希望的选择控制目的，又能在系统故障的情况下不对生产造成危害，保证系统安全。

3．防止积分饱和控制器输出跟踪措施

在选择性控制系统运行中，无论在正常工况下，还是在异常工况下，总会有控制器处于开环待命状态。如果控制器使用了积分作用，当其处于开环待命状态时，偏差输入信号一直存在，那么积分作用将使控制器的输出不断增加或减小，一直达到输出的极限值为止，这种现象称为“积分饱和”。当积分电路处于积分饱和状态时，它的输出将达到最大或最小的极限值，积分运放正负输入端电位不再相等。此时若切回控制器，要让其重新发挥作用，则必须等它退出饱和区，使输出慢慢返回到执行器的有效输入范围。这种控制的不及时，会给系统带来严重的后果，因而必须设法防止。

在传统工业应用中，抗积分饱和措施主要有三种，它们分别是 PI-P 法、积分切除法，以及限幅法。其中 PI-P 法主要用监测电路检测积分环节的电压，当发现积分环节的积分电容两端的电压接近饱和电压时，就在积分电容两端接上并联电阻，将积分电路改成比例电路，进而防止积分饱和的发生。

防止积分饱和的另一种方法是积分切除法。这种方法是在控制器没有接入系统的情况下，直接将积分环节从控制系统中移除，将控制仪表的内部电路切换为比例电路，进而防止积分饱和的发生。

通过限幅法来防止积分饱和，就是在积分电路的电容两端加入限幅电路。这时当积分环节的电容两端电压接近饱和电压时，限制电容两端电压持续增加，进而达到防止积分饱和的发生。

8.7　分程控制系统

8.7.1　分程控制系统的基本原理和特点

分程控制系统是另一种重要的控制系统。一个控制器的输出同时送往两个或多个执行器，而各个执行器的工作范围不同，这样的系统称为分程控制系统。例如，一个控制器的输出同时送往气动控制阀门 A 和 B。对于 DDZ-Ⅲ型仪表，该控制器的输出信号范围为 4~20mA。在这种情况下，通过设定阀门 A 的输入信号范围，使得其工作在 4~12mA 信号区间上，而使阀门 B 工作在 12~20mA 信号区间上。

分程控制系统用于不同工况需要不同的控制手段。下面以间歇式搅拌反应槽的温度控制为例说明该问题。在该控制系统中，化学反应液放置在中间的反应容器内，周边围着水槽，间歇式搅拌反应槽控制工艺流程图如图 8-51 所示。当化学反应开始时，需要对容器内的反应液进行加热，这时与水槽相连的热水阀会打开，往水槽中注入热水。然而当反应容器中的化学反应开始以后，反应容器中的化学反应会释放热量。所以在这种情况下，不但不能给反应容器加热，而且需要加入冷水，带走过多的热量，使化学生产过程平稳进行。

为此，在实际生产过程中，设计了如图 8-51 所示的控制系统工艺流程。与简单控制系统相比，从图中可以看出，在该控制系统中，虽然采用单一的温度变送器和温度控制器，但是控制器的输出分别同时和热水阀及冷水阀相连。

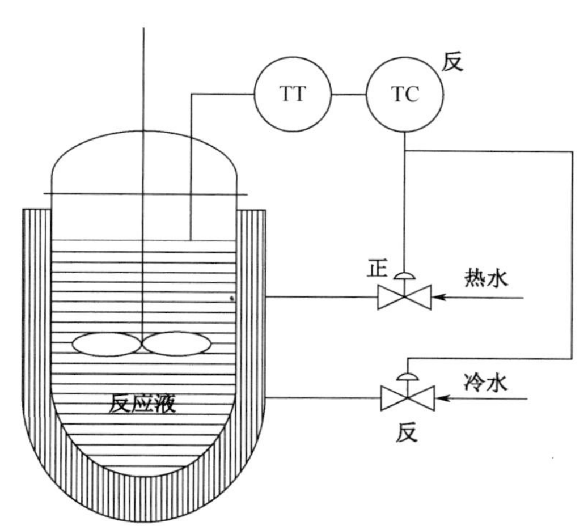

图 8-51　间歇式搅拌反应槽控制工艺流程图

根据图 8-51 所示的工艺流程图，可以得到图 8-52 所示的分程控制系统。对比图 8-48 所示的选择性控制系统和图 8-52 所示的分程控制系统，可以发现分程控制系统最大的特点是它具有多个执行器，而选择性控制系统的最大特点是它具有多个变送器。正是因为分程控制系统具有多个执行器，所以使得分程控制系统与简单控制系统相比具有许多需要注意的细节和技术难点。

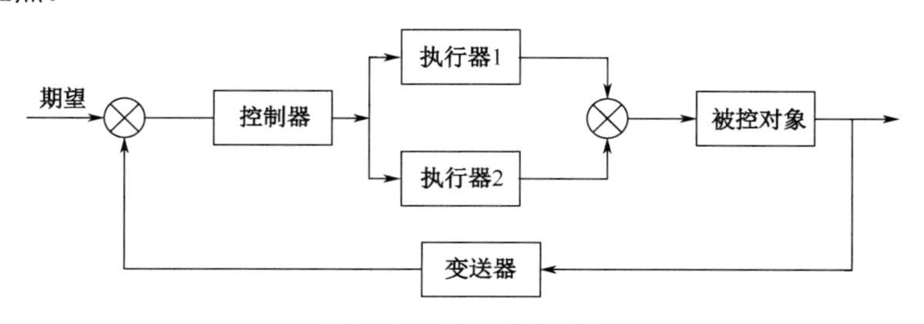

图 8-52　分程控制系统

8.7.2　分程控制系统中阀门组合的特点

由上述分析可知，为保证安全，热水阀采用气开式，冷水阀采用气关式。这就决定了两个调节阀异向工作，如图 8-51 所示。当反应容器中的温度较低时，热水阀需要全开，而冷水阀需要全关。当温度升高时，热水阀需要逐渐关小。由于该系统中传感器和热水阀同为正作用，而在加入热水的情况下，被控对象为正作用，即热水的流量越大，则反应容器内的温度越高，因此为保证整个闭环的负反馈，控制器需要选择反作用。当温度继续升高，超过一定值以后，热水阀完全关闭，这时冷水阀逐渐开启，由于冷水阀采用的是气关阀，因此在闭环系统中为反作用。另一方面，冷水阀的开度越大，冷水的流量就越大，此时反应容器的温度越低，可见在开启冷水阀的情况下，系统的被控对象为反作用。这意味着如果在冷水阀动作的情况下，则要保持系统的负反馈，依然需要控制器为反作用。综合冷水阀和热水阀正反作用的要求，这里选择控制器为反作用。

从上面的分析还可以知道，在开启热水阀时被控对象为正作用，而开启冷水阀时被控对象为负作用，被控对象到底是正作用还是负作用并不是恒定不变的，需要基于控制系统的整体特性，通过综合分析确定。

从上述的分析可知，热水阀采用气开式，冷水阀采用气关式，控制器采用反作用，因此根据工艺要求，阀门组合需要满足组合阀门特性，如图 8-53 所示。图 8-53（a）所示的特性，即需要通过阀门定位器将热水阀的工作范围限制在 4~12mA 内，而冷水阀的工作范围限在 12～20mA 内。在这种情况下，在控制器输出 4~12mA 的电流时，冷水阀（B 阀）完全关闭，而热水阀（A 阀）随着输出信号的增强，阀门开度逐渐减小。当控制器的信号超过 12mA 时，热水阀完全关闭，而冷水阀逐渐打开，并且其阀门开度随着控制器输出信号的增强而变大。

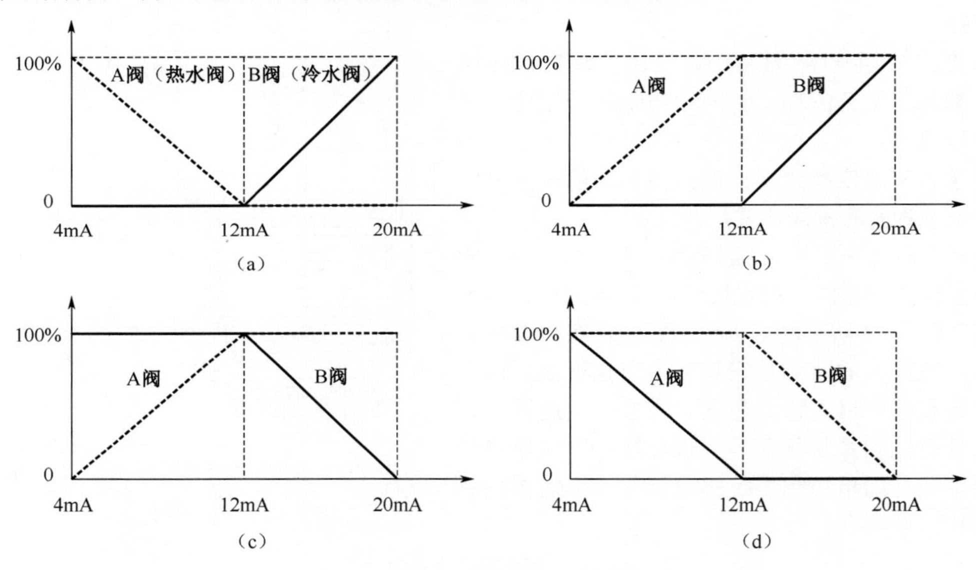

图 8-53　组合阀门特性

然而图 8-53（a）所示的组合阀门特性并不是唯一的。例如，某电站的锅炉汽包给水系统如图 8-54 所示，燃气通过对汽包加热产生蒸汽，然后蒸汽推动汽轮机工作进行发电。为保持系统的正常工作，在电站运行过程中必须保证汽包液位不能低于一定值。由于在汽包的工作过程中并不能对汽包的液位直接进行检测，因此通过对汽包输出的过热蒸汽进行检测，并控制给水阀对汽包进行补水。已知蒸汽流量的变化范围为 20～500t/h，所以汽包里给水流量的范围非常大。因此，该汽包一共有 A、B 两个给水阀，其中 B 阀为 600t/h，A 阀为 50t/h，它们分别通过省煤器经过一次汽减温器，进入汽包。显然小阀门具有调节精度高、泄漏量小的特点，而大阀门具有提供大流量的能力。因此在汽包的工作过程中，如果汽包的蒸发量较小，需要给水量也比较小，通常只开启 A 阀，对汽包给水进行调节。当蒸汽流量较大时，则逐渐开启 B 阀和 A 阀对汽包进行补水。显然该系统也是一种分程控制系统，以该系统中 A 和 B 两个阀门为例，显然这两个阀门满足图 8-53（b）所示的组合特性。在实际的工业中，除图 8-53（a）和图 8-53（b）两种组合阀门外，还存在

图 8-53（c）和图 8-53（d）的组合阀门形式。分析图 8-53 中四种组合阀门特性，可以发现图 8-53（a）和图 8-53（c）中的两个阀门，当输入信号增大时，阀门开度变化相反，因此它们属于异向动作的组合阀门，而图 8-53（b）和图 8-53（d）中的两个阀门，在输入信号增大时，阀门开度动作相同，因此它们又称为同向动作的组合阀门。

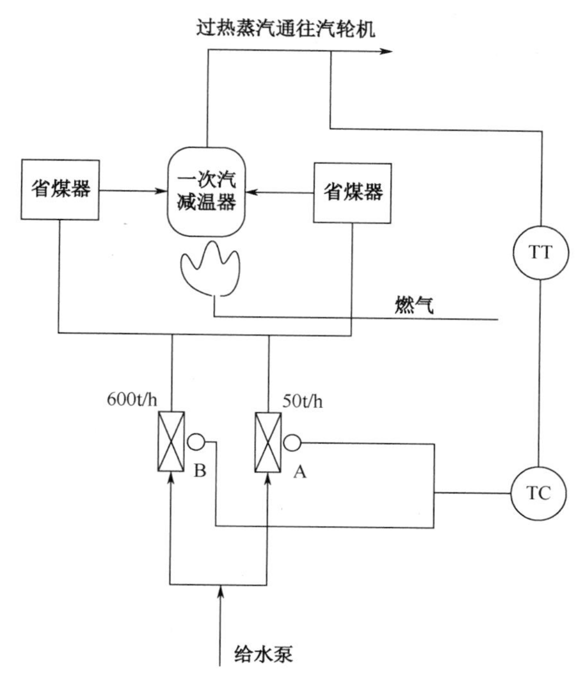

图 8-54　锅炉汽包给水系统

8.7.3　多种控制器件的衔接问题

在选择性控制和分程控制中，需要在多个控制器件之间进行切换。实际的工业应用表明，如果不合理地选择执行器或变送器的传送特性，那么在多个控制器件之间进行切换，很容易导致控制系统品质下降。下面以分程控制为例对该问题进行分析。

对于线性流量特性的阀门，当两个阀门组合使用时，线性流量特性的组合阀门如图 8-55 所示。由于两个阀门对于流量的控制能力不同，因此图 8-55 所示的 A 点就是一个拐点。这导致当输入的控制信号经过 A 点时，流量会发生突变。这种突变在信号学上表现为会产生大量额外的高频成分，进而导致控制系统的控制品质下降。因此，使用线性流量特性的阀门构成分程控制，为保证控制品质，只能选择流量特性相近的阀门，以保证 A 点的弯折程度较小。

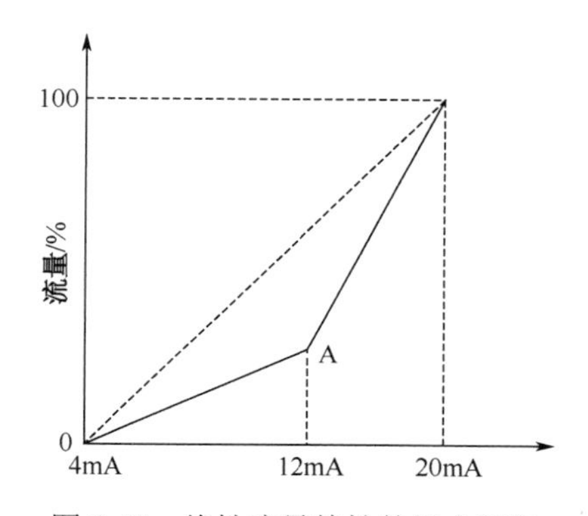

图 8-55　线性流量特性的组合阀门

当选择对数流量特性的阀门构成分程控制时，对数流量特性情况下的不连续点如图 8-56 所示。这时在两种流量特性切换的位置也会出现不连续的点，无重叠区的情况见图 8-56（a）中的 A 点。这与线性流量特性阀门并联的情况相似。这种不连续的点同样会在系统中产生额外的高频成分，进而导致控制品质下降。解决该问题的一种方法是将两个阀门的工作范围扩大，使它们在切换区域有一块重叠的工作区，有重叠区的情况如图 8-56（b）所示，即在一个阀门还没有关闭时，另一个阀门就开始工作。这种措施可以减小两个阀门交接处阀门特性的不连续性，进而提高控制品质。

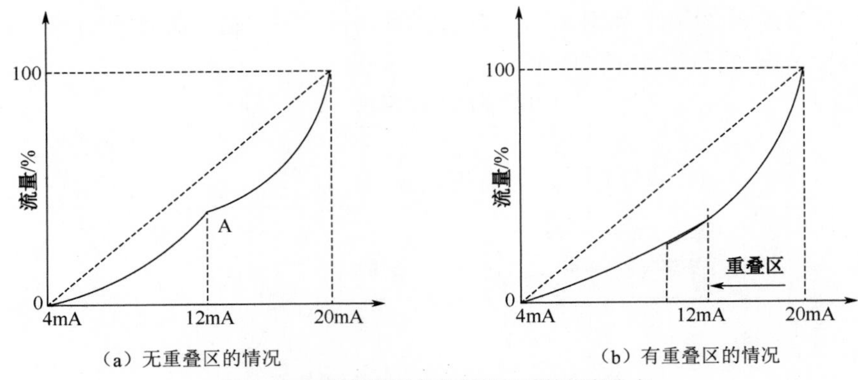

（a）无重叠区的情况　　（b）有重叠区的情况

图 8-56　对数流量特性情况下的不连续点

思考题与习题

8-1　常见的复杂控制系统有哪些？特点是什么？

8-2　与单回路控制系统相比，串级控制系统有哪些主要特点?

8-3　在串级控制系统中，主调节器和副调节器分别起什么作用？

8-4　前馈控制是开环控制还是闭环控制？一个前馈控制通道能抑制一个还是两个干扰对被控变量的影响?

8-5　在工业控制系统中，哪些控制系统具有随动控制环节？

8-6　在串级控制系统中，当主回路为定值（设定值）控制时，副回路也是定值控制吗?为什么?

8-7　前馈控制系统的主要特点是什么？

8-8　简述前馈控制的工作原理，与反馈控制相比，它有什么优点和局限性？

8-9　什么是分程控制？分程控制怎样实现？分程控制系统与单回路控制系统的主要区别是什么？

8-10 单闭环比值控制系统的主、副流量之比 Q_2/Q_1 是否恒定？总物料 $Q_{总}=Q_1+Q_2$ 是否恒定？双闭环比值系统中的 Q_2/Q_1 与 $Q_{总}$ 的情况怎样？

8-11 化工过程中的化学反应为吸热反应。为使化学反应持续进行，必须用热水通过加热套加热反应物料，以保证化学反应在规定的温度下进行。如果温度太低，不但会导致反应停止，还会使物料产生聚合凝固导致设备堵塞，为生产过程再次运行造成麻烦甚至损坏设备。为此，设计如图 8-57 所示的温度控制系统。试确定调节阀的气开、气关方式和调节阀的 TC 的正、反作用。

8-12 如图 8-58 所示的加热器串级控制系统。

要求：

（1）画出该控制系统的框图，并说明主变量、副变量分别是什么？主控制器、副控制器分别是哪个？

（2）工艺要求加热器温度不能过高，否则易发生事故，确定调节阀的气开、气关型。

（3）确定主、副控制器的正、反作用。

（4）当蒸汽压力突然增加时，简述该控制系统的控制过程。

（5）当冷物料流量突然增大时，简述该控制系统的控制过程。

（注：要求用各变量间的关系来阐述。）

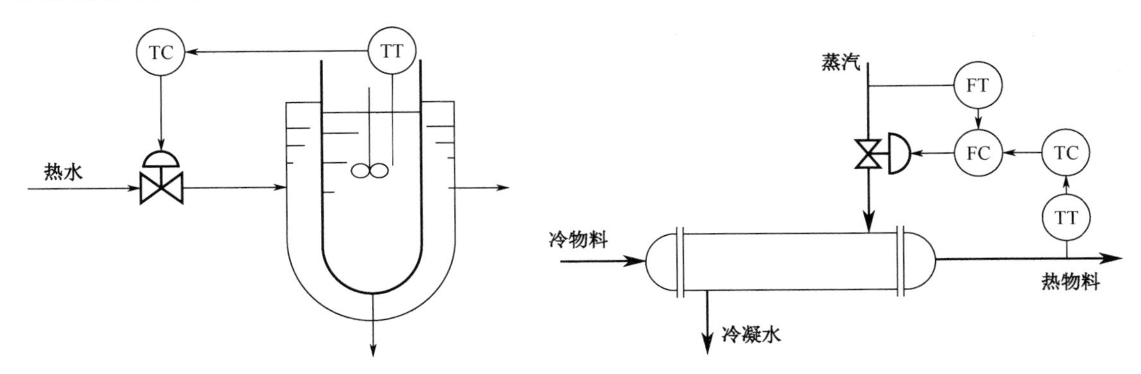

图 8-57　温度控制系统　　图 8-58　加热器串级控制系统

8-13 有时前馈-反馈控制系统从其系统结构上看与串级控制系统相似，如何区分它们？分析图 8-59 所示的两个系统各属于什么系统？说明理由。

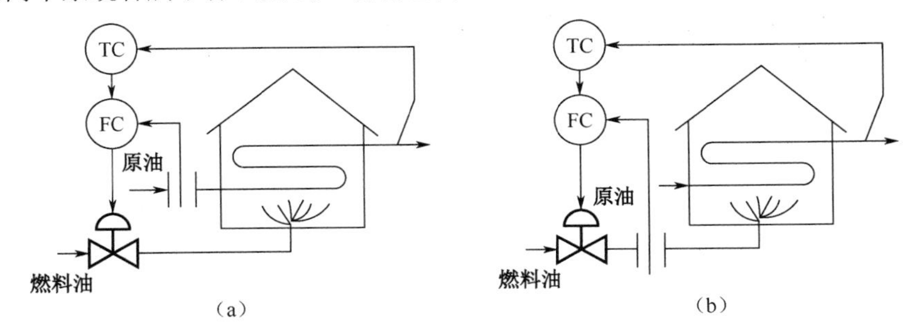

图 8-59　燃料油控制系统

8-14 在图 8-60 所示的热交换器中，物料与蒸汽换热，要求出口温度达到规定的要求。试分析下述情况应采取哪种控制方案。

（1）物料流量 F 比较稳定，而蒸汽压力波动较大。

（2）蒸汽压力比较稳定，而物料流量 F 波动较大。

（3）物料流量 F 比较稳定，而物料入口温度及蒸汽压力波动都较大。

指出图 8-61 所示的比例控制系统的主流量控制回路，并说明理由。

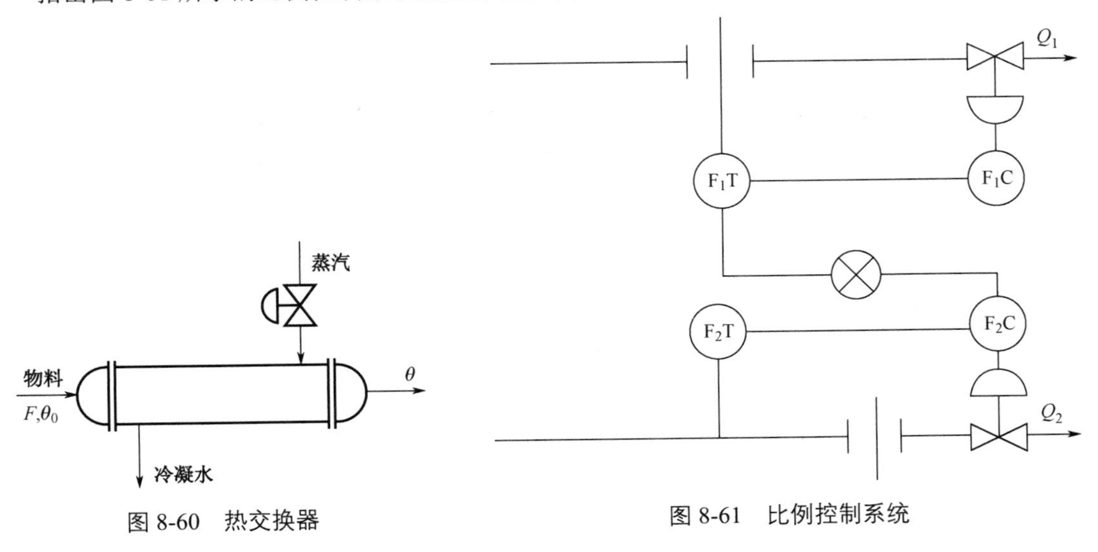

图 8-60　热交换器　　图 8-61　比例控制系统

8-15 在图 8-62 所示的单闭环比值调节系统中，分别简述 Q_1 有波动和 Q_2 受扰动时，被控系统如何起作用。

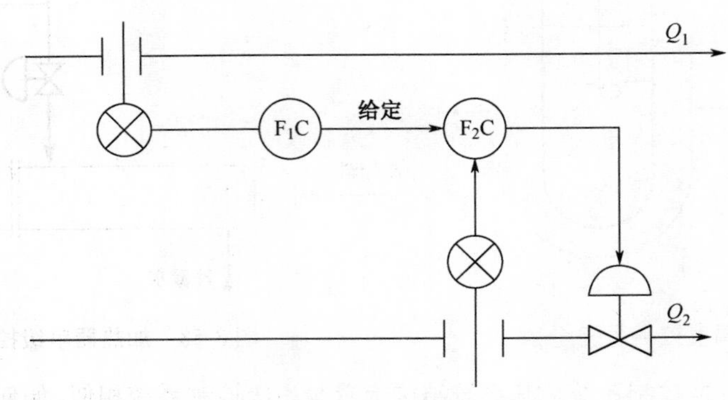

图 8-62　单闭环比值调节系统

第 9 章　先进过程控制技术

9.1　概述

从 20 世纪 40 年代开始至今，采用 PID 控制规律的单回路控制系统一直是过程控制领域主要的控制系统，单回路控制系统主要采用经典控制理论的频域分析方法进行控制系统的分析和设计。PID 控制算法简单、有效。可以实现一般生产过程的平稳操作与运行，即使在使用 DCS 的现代化工业生产中，采用 PID 的单回路控制系统仍占到总控制回路数的 80%～90%。但单回路 PID 控制并不适用于特性复杂的被控过程，不能满足生产工艺的特殊需要和高精度控制的要求。从 20 世纪 50 年代开始，过程控制领域陆续出现了串级、比值、前馈、均匀和 Smith 预估控制等系统，即所谓的复杂控制系统，这些系统在一定程度上满足了复杂生产过程、特殊生产工艺及高精度控制的需要。复杂控制系统的理论基础仍是经典控制理论，但在系统功能和组成结构上各有特点。复杂控制系统的有关内容在第 8 章已进行了讨论。

从 20 世纪 60 年代初期逐渐发展起来的以状态空间为基础的现代控制理论日趋完善，形成了状态反馈、状态观测器、最优控制等一系列多变量控制系统的设计方法，对自动控制技术的发展起到了积极的推动作用，并在航天航空等工业中获得了卓越的成就，但在生产过程控制中的应用却没有收到预期的效果。这主要是因为：①现代控制理论的设计方法必须依据被控过程准确的参数模型，但生产过程往往难以用简单而精确的数学模型描述，给现代控制理论的应用带来困难；②有些生产过程具有非线性、时变性、耦合性和不确定性等特点，即使做了大量简化得到线性定常模型，并求出某些高等控制策略，但由于这些控制策略的结构和算法往往十分复杂，在实施中难以准确实现而无法达到预期的效果。

随着过程工业日益走向大规模、复杂化，对生产过程的控制品质要求越来越高，出现了许多过程、结构、环境和控制均十分复杂的生产系统，基于传统过程控制理论和方法的控制技术与实际生产过程控制要求之间的差距日益突出，迫切需要新的过程控制理论与技术，以满足复杂生产过程的要求。为此，过程控制工作者进行了不懈的努力，提出了先进过程控制（Advanced Process Control，APC）的概念。关于先进过程控制，目前尚无严格而统一的定义，习惯上，将那些不同于常规单回路 PD 控制，并具有比常规 PD 控制更好控制效果的控制策略统称为先进过程控制，如自适应控制、预测控制、专家控制、模糊控制、神经网络控制、推理控制等都属于先进过程控制。另外， 随着数字计算机向小型机、微型机、大容量、低成本方向发展，使计算机控制在工业生产中得到了广泛的应用，计算机强大的计算能力可以用来求解许多过去无法求解的计算问题，这也为新型控制算法的实现提供了基础。

相对于传统的控制技术，先进过程控制有以下特点。

（1）先进过程控制的控制策略与传统的 PID 控制不同，如模型预测控制、推断控制、专家控制、模糊控制等。

（2）先进过程控制通常用于实现复杂被控过程的自动控制，如大滞后、非线性、时变性、被控变量与控制变量存在约束等生产过程。

（3）先进过程控制的实现需要足够的计算能力作为支持平台。由于先进过程控制的算法复杂、计算量大，早期的先进过程控制算法通常是在上位机上实施的。随着 DCS 功能的不断增强，更多的先进过程控制策略可以与基本控制回路一起在 DCS 的现场控制器（站）上实现，使先进过程控制的实时性、可靠性、可操作性和可维护性大为增强。

通过过程控制工作者的不懈努力，先进过程控制的研究和应用取得了很大的成绩，许多先进过程控制技术已在实际生产中取得了巨大的经济效益。由于生产规模日益大型化、复杂化，以及生产过程的多样性，现有的先进过程控制技术并不能完全满足实际生产的需要；另外，先进过程控制技术是涉及建模理论、控制理论、计算机技术和工艺过程等内容的综合性技术，它的发展需要相关领域的研究人员、工程技术人员、操作人员和生产工艺人员的密切配合和长期努力。

本章简单介绍近年来出现的典型先进过程控制方法，这些控制方法在复杂工业过程控制中得到了成功的应用，并受到工程界的欢迎和好评。

9.2 自适应控制

前面两章讨论的控制系统设计和控制器参数整定，都是在假定被控过程特性呈线性、模型参数固定不变的条件下进行的，但在实际生产中，被控过程的数学模型参数会随着生产的不断进行而发生变化（如原材料成分的改变、催化剂的活性降低、设备老化、结垢、磨损等）。为了保证控制品质，当对象特性发生变化时应该重新整定控制器参数。而生产条件的不断变化，致使过程特性也会不断变化，这就要求不断地整定控制器参数，这在连续进行的实际生产过程中根本做不到。另外，对负荷频繁改变的非线性被控过程（如 pH 值控制），常规的 PID 控制效果很差，甚至根本不能正常工作。对于上面这些生产过程，采用常规 PID 控制不能很好地适应过程特性参数的变化，导致控制品质下降，产品产量和质量不稳定。人们希望采用一种控制系统，它可以随被控过程特性或工艺参数的变化，按某种性能指标自动选择控制规律、调整控制器参数，保证系统的控制品质不随被控过程特性的变化而下降。这种能根据被控过程特性变化情况，自动改变控制器的控制规律和可调参数，使生产过程始终在最佳状况下进行的控制系统称为自适应控制（Adaptive Control）系统。

自适应控制系统应具有以下基本功能。

（1）辨识被控对象的结构、特性参数的变化，建立被控过程的数学模型，或者确定当前的实际性能指标。

（2）能根据条件变化，选择合适的控制策略或控制规律，并能自动修正控制器的参数，保证系统的控制品质，使生产过程始终在最佳状况下进行。

根据设计原理和结构的不同，自适应控制系统可分为两大类，即自校正控制系统和模型参考自适应控制系统。

9.2.1 自校正控制系统

自校正控制系统的原理如图 9-1 所示。它是在简单控制系统的基础上，增加一个外回路，外回路由参数辨识环节和控制器参数计算环节组成。被控过程的输入（控制）信号 u 输出信号 y 送入对象参数辨识环节，在线辨识出被控过程的数学模型，控制器参数计算环节根据辨识得到的数学模型设计控制规律、计算和修改控制器参数，使对象特性发生变化时，控制系统性能仍保持或接近最优状态。现在流行的自整定（Self-Tuning）控制器就是采用这种原理实现 PID 参数的在线自整定的。

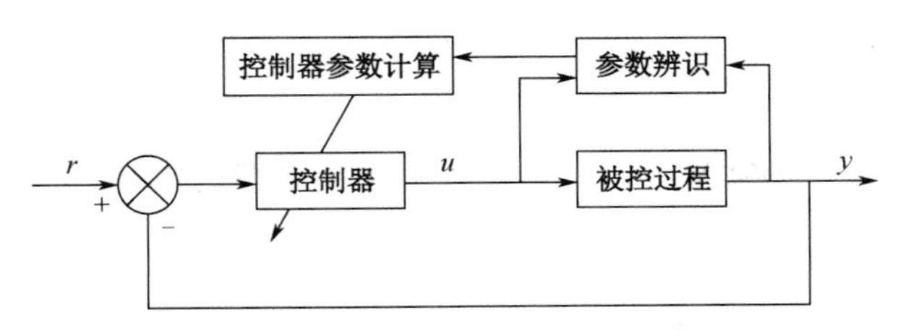

图 9-1　自校正控制系统的原理

根据具体生产过程的特点，采用不同的辨识算法、控制规律（策略）及参数计算方法可设计出各种类型的自整定控制器和自校正控制系统。

9.2.2　模型参考自适应控制系统

模型参考自适应控制系统的基本结构如图 9-2 所示，图中参考模型表示控制系统的性能要求，虚线框内表示控制系统。参考模型与控制系统并联运行，接受相同的设定信号 r，两者输出信号的差值 $e(t)=y_{\mathrm{m}}(t)-y(t)$，由自适应机构根据 $e(t)$ 调整控制器的控制规律和参数，使控制系统性能接近或等于参考模型规定的性能。

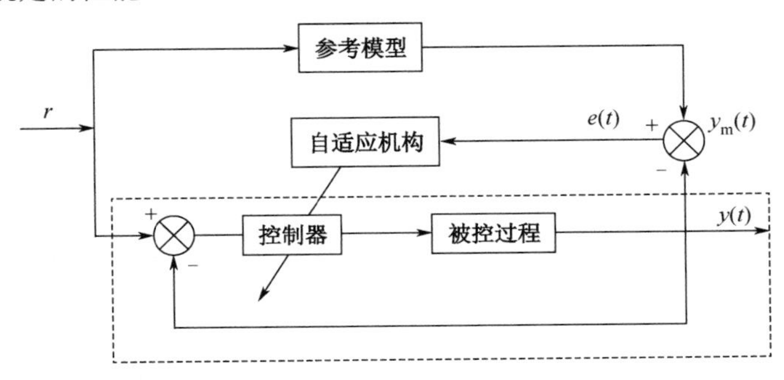

图 9-2　模型参考自适应控制系统的基本结构

这种系统不需要专门的在线辨识装置，调整控制系统控制规律和参数的依据是被控过程输出 $y(t)$ 相对于理想模型输出 $y_{\mathrm{m}}(t)$ 的广义偏差 $e(t)$。通过调整控制规律和参数，使系统的实际输出 $y(t)$ 尽可能与参考模型输出 $y_{\mathrm{m}}(t)$ 一致。参考模型与控制系统的模型可以用系统的传递函数、微分方程、输入-输出方程或系统状态方程来表示。模型参考自适应控制要研究的主要问题是怎样设计一个稳定的、具有较高性能的自适应机构（有效算法）。

模型参考自适应控制系统除图 9-2 所示的并联结构外，还有串联结构、串-并联结构等其他形式。按照自适应原理的不同，模型参考自适应控制系统还可分为参数自适应、信号综合自适应或混合自适应等多种类型。

9.3　预测控制

被控过程数学模型的准确程度直接影响控制品质。对于复杂的工业过程，要建立它的准确模型是非常困难的。人们一直希望能找到一种对模型精度要求不高但同样能实现高质量控制的方法。1978 年，Richalet 提出的预测控制（Predictive Control）就是这样一种控制方法，并很快在生产过程自动化中获得了成功的应用，取得了很好的控制效果。近几十年来，研究人员投入了大量人力和物力对预测控制进行深入研究，提出了多种预测控制算法，其中比较有代表性的有模型算法控制

（Model Algorithmic Control，MAC）、动态矩阵控制（Dynamic Matrix Control，DMC）、广义预测控制（Generalized Predictive Control，GPC）和内部模型控制（Internal Model Control，IMC）等。

虽然这些控制算法的表达形式和控制方案各不相同，但都是以工业生产过程中较易得到的脉冲响应或阶跃响应曲线为依据，并将它们在采样时刻的一系列数值作为描述对象动态特性的数据，构成预测模型，据此确定控制变量的时间序列，使未来一段时间中被控变量与期望轨迹之间的误差最小，“ 优化”过程反复在线进行，这就是预测控制的基本思想。

9.3.1　模型算法控制

MAC 的原理如图 9-3 所示。模型算法控制的结构包括内部模型、反馈校正（闭环预测输出）、滚动优化（优化算法）、参考轨迹四个环节。具体的模型算法可分为单步模型算法控制、多步模型算法控制、增量型模型算法控制和单值模型算法控制等。下面以多步模型算法控制为例，说明各个环节的算法和整个系统的工作原理。

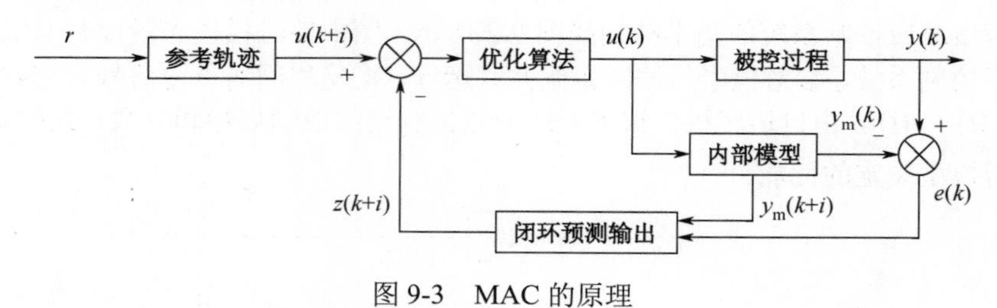

图 9-3　MAC 的原理

1. 内部模型

对于有自衡特性的对象，模型算法控制采用单位脉中响应曲线这种非参数模型作为内部模型，单位脉冲响应模型如图 9-4 所示，以各个采样时刻的 $\hat{g}_i$ 表示，共采取 N 个采样值（$\hat{g}_i \approx 0$，$i > N$）。

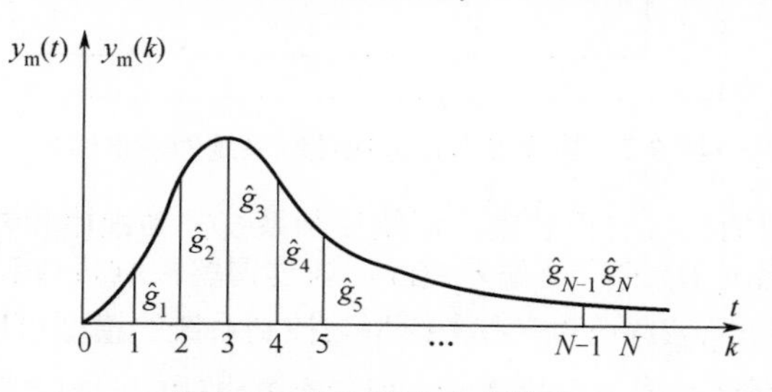

图 9-4　单位脉冲响应模型

设当前时刻为 k，对于图 9-4 所示的内部模型，可以根据过去和未来的输入数据，由卷积方程计算出被控过程未来 $k+i$ 时刻输出 $y(k+i)$ 的预测值

$$y_{\mathrm{m}}(k+i)=\sum_{j=1}^{N}\hat{g}_j u(k+i-j)\text{，}\quad i=1,2,\cdots,P \tag{9-1}$$

式中，$y_{\mathrm{m}}(k+i)$ 为 $k+i$ 时刻预测模型输出；$\hat{g}_1,\hat{g}_2,\cdots,\hat{g}_{N-1},\hat{g}_N$ 为实测到的对象单位脉冲响应序列值；$u(k+i-1),u(k+i-2),\cdots,u(k+N)$ 为 $k+i$ 之前所有控制输入值，其中，当前时刻 k 及其之后的控制变量 $u(k)$，…，$u(k+M-1)$ 待定；$k+M$ 及其之后的控制变量保持不变；$u(k+M)=\cdots=u(k+P-1)=u(k+M-1)$；$P$ 为多步输出预测序列（时域）长度。

$k+i-1$ 时刻预测模型输出 $y_{\mathrm{m}}(k+i-1)$ 为

$$y_{\mathrm{m}}(k+i-1)=\sum_{j=1}^{N}\hat{g}_j u(k+i-1-j) \tag{9-2}$$

将式(9-1)与式(9-2)相减可得增量表达式

$$y_{\mathrm{m}}(k+i)=y_{\mathrm{m}}(k+i-1)+\sum_{j=1}^{N}\hat{g}_j\Delta u(k+i-j)\ ,\quad i=1,2,\cdots,P \tag{9-3}$$

式中
$$\Delta u(k+i-j)=u(k+i-j)-u(k+i-j-1)$$

2．反馈校正

由式(9-1)得到的预测值 $y_{\mathrm{m}}(k+i)$ 完全由对象的内部特性决定，而与对象在 k 时刻的实际输出 $y(k)$ 无关。考虑到实际对象中存在着时变或非线性等因素，加上系统的各种随机干扰，模型预测值不可能与实际输出完全符合，因此需要对式(9-1)开环预测模型的输出进行修正。在预测控制中通常采用第 k 步的实际输出测量值 $y(k)$ 与预测输出值 $y_{\mathrm{m}}(k)$ 之间的误差 $e(k)=y(k)-y_{\mathrm{m}}(k)$ 对模型的预测输出 $y_{\mathrm{m}}(k+i)$ 进行修正，即可得到闭环预测模型。这就是闭环预测模型的由来。修正后的预测值用 $z(k+i)$ 表示。

$$z(k+i)=y_{\mathrm{m}}(k+i)+h_i[y(k)-y_{\mathrm{m}}(k)]=y_{\mathrm{m}}(k+i)+h_ie(k) \tag{9-4}$$

式中，h_i 为误差修正系数，一般取 $h_i=1$，　$i=1,2,\cdots,P$。由式(9-4)可知，由于每个预测时刻都引入了当前时刻实际对象输出和预测模型输出的偏差 $[e(k)=y(k)-y_{\mathrm{m}}(k)]$ 对开环模型预测值 $y_{\mathrm{m}}(k+i)$ 进行修正，这样可克服模型不精确和系统中存在的不确定性带来的误差。

用修正后的预测值 $z(k+i)$ 作为计算最优性能指标的依据，实际上是对测量值 $y(k)$ 的一种负反馈，故称为反馈校正。如果对象特性发生了某种变化，使内部模型不能准确反映实际过程的变化，预测输出就不准确。由于存在反馈环节，经过反馈校正，控制系统的鲁棒性得到很大提高，这也是预测控制得到广泛应用的重要原因。

3．参考轨迹

模型算法控制的目的是使输出 $y(k)$ 沿着一条事先规定好的曲线逐渐达到设定值 r，这条指定曲线称为参考轨迹 u，通常参考轨迹采用从现在时刻 k 对象实际输出值 $y(k)$ 出发的一阶指数曲线。u 在未来 $k+i$ 时刻的数值为

$$\begin{cases}u(k)=y(k)\\ u(k+i)=\alpha_{\mathrm{r}}^{i}y(k)+(1-\alpha_{\mathrm{r}}^{i})r\end{cases}\qquad i=1,2,\cdots,P \tag{9-5}$$

式中，r 为设定值；$\alpha_{\mathrm{r}}=\mathrm{e}^{-T/T_0}$ 为平滑因子，T 为采样周期，T_0 为参考轨迹的时间常数。

由式(9-5)可知，采用这种参考轨迹，将会减小过量的控制作用，使系统输出能平滑地到达设定值 r。参考轨迹的时间常数 T_0 越大，α_{r} 值也越大，u 越平滑，系统的柔性越好，鲁棒性也越强，但控制快速性也会降低。在实际系统设计时，需要兼顾快速性和鲁棒性两个指标。

4．滚动优化

预测控制是一种最优控制策略，其目标函数 J_{p} 是使某项性能指标最小。最常用的是二次型目标函数

$$J_{\mathrm{p}}=\sum_{i=1}^{P}\eta_i[z(k+i)-u(k+i)]^2+\sum_{j=1}^{M}\lambda_j[u(k+j-1)]^2 \tag{9-6}$$

式中，η_i、λ_j 分别为输出预测误差和控制变量的非负加权系数，η_i、λ_j 取值不同表示未来各时刻的误差及控制变量在目标函数 J_{p} 中所占比重不同，对应的计算方法和解出的最优控制策略（也就是控制序列 $u(k+i)$，$i=1,2,\cdots,M$）也不同；$u(k+i)$ 为参考轨迹；其他符号含义同前。

根据式(9-6)目标函数求极小值，可得到M个控制作用序列$u(k),u(k+1),\cdots,u(k+M-1)$。但在实际执行控制作用时，只执行当前一步$u(k)$，下一时刻的控制变量$u(k+1)$则需重新计算，即递推一步，重复上述过程。这种方法采用滚动式的有限时域优化算法，优化过程是在线反复计算，对模型时变、干扰和失配等影响能及时补偿，因而称其为滚动优化。由于目标函数中加入控制变量的约束，可限制过大的控制变量冲击，使过程输出变化平稳，参考轨迹与最优控制策略曲线$y_r(t)$如图 9-5 所示。

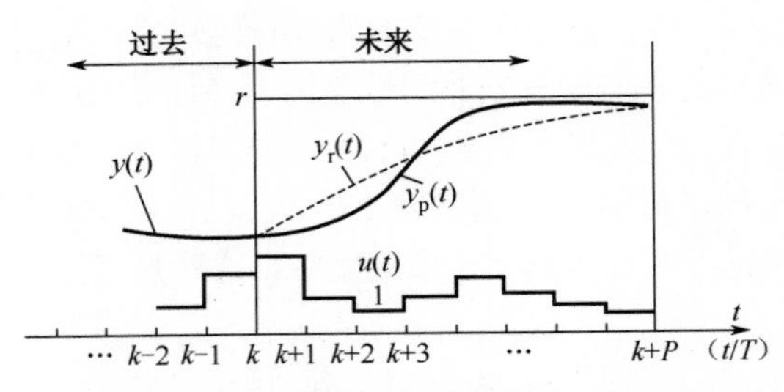

图 9-5　参考轨迹与最优控制策略曲线$y_r(t)$

将上述四部分与被控过程像图 9-3 那样相连，就构成了模型算法控制的预测控制系统。这种算法的基本思想是首先预测被控过程未来的输出，再确定当前时刻的控制$u(k)$，是先预测后控制，明显优于先有输出反馈、再产生控制作用$u(k)$的经典 PID 控制系统。只要针对具体对象，选择合适的加权系数η_i、λ_j和预测长度P、控制（时域）长度M及平滑因子α_r，就可获得很好的控制效果。

9.3.2　动态矩阵控制

1980 年由 Culter 提出的动态矩阵控制（DMC）也是预测控制的一种重要算法，DMC 与 MAC 的差别是内部模型不同。DMC 采用工程上易于测取的对象阶跃响应作为内部模型，算法比较简单、计算量少、鲁棒性强，适用于有纯滞后、开环渐近稳定的非最小相位对象。在实际应用中取得了显著的效果，并在石化领域得到了广泛的应用。

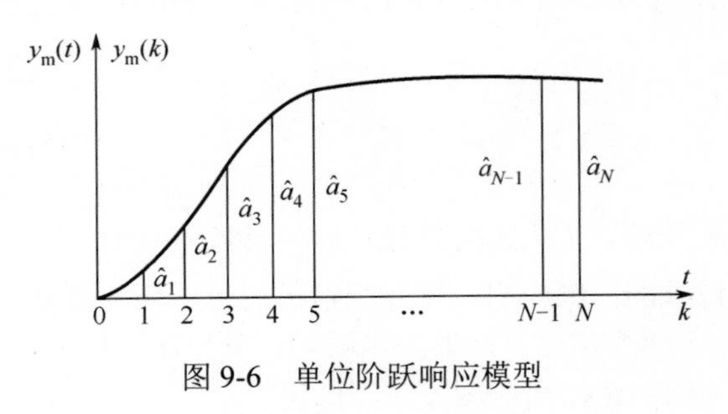

图 9-6　单位阶跃响应模型

1．内部模型

DMC 的内部模型为单位阶跃响应模型，如图 9-6 所示。单位阶跃响应曲线同单位脉冲响应曲线一样可以表示对象的动态特性，两者之间的转换关系为

$$\begin{cases}\hat{a}_i=\sum\limits_{j=1}^{i}\hat{g}_j \\ \hat{g}_i=\hat{a}_i-\hat{a}_{i-1}\end{cases}\qquad \hat{a}_0=0,1,2,\cdots,N \tag{9-7}$$

将式(9-7)代入式(9-1)

$$\begin{aligned}y_m(k+i)&=\hat{a}_1u(k+i-1)+(\hat{a}_2-\hat{a}_1)u(k+i-2)+\cdots+(\hat{a}_N-\hat{a}_{N-1})u(k+i-N)\\&=\hat{a}_1\Delta u(k+i-1)+\hat{a}_2\Delta u(k+i-2)+\cdots+\hat{a}_N\Delta u(k+i-N)\\&=\sum_{j=1}^{N}\hat{a}_j\Delta u(k+i-j)\end{aligned}\tag{9-8}$$

式中，$i=1,2,\cdots,P$；$\Delta u(k+i-j)=u(k+i-j)-u(k+i-j-1)$为$k+i-j$时刻，控制变量的增量；$P$

为预测长度；$i > N$；$\hat{a}_i \approx$常数；$\hat{g}_i \approx 0$。

如果以当前时刻k为界限，可将控制（变量）增量分为两部分，即k之前已输入的控制增量：$\cdots, \Delta u(k-2), \Delta u(k-1)$，以及$k$及其之后将要输入的控制增量：$\Delta u(k), \Delta u(k+1)\cdots, \Delta u(k+M-1)$。那么相应的输出预测值也分为两部分：一部分为在$k$之前控制变量产生的输出预测值$y_{m0}(k+i)$；另一部分是由$k$之后控制信号产生的预测值$\sum_{j=1}^{M} \hat{a}_{i-j+1} \Delta u(k+i-j)$。

这样，式(9-8)可表示为

$$y_{\mathrm{m}}(k+i) = y_0(k+i) + \sum_{j=1}^{M} \hat{a}_{i-j+1} \Delta u(k+i-j) \tag{9-9}$$

这里$i = 1, 2, \cdots, P$。式中的控制增量$\Delta u(k), \Delta u(k+1), \cdots, \Delta u(k+M-1)$是待确定的未知变量。如果定义矢量和矩阵

$$\boldsymbol{Y}_{\mathrm{M}}(k+1) = [y_{\mathrm{m}}(k+1) \quad y_{\mathrm{m}}(k+2) \quad y_{\mathrm{m}}(k+p)]^{\mathrm{T}}$$

$$\boldsymbol{Y}_0(k+1) = [y_0(k+1) \quad y_0(k+2) \quad y_0(k+p)]^{\mathrm{T}}$$

$$\Delta \boldsymbol{U}(k) = [\Delta u(k) \quad \Delta u(k+1) \quad \Delta u(k+M-1)]^{\mathrm{T}}$$

$$\boldsymbol{A} = \begin{bmatrix} \hat{\alpha}_1 & & & \\ \hat{\alpha}_2 & \hat{\alpha}_1 & 0 & \\ \vdots & \vdots & \vdots & \\ \hat{\alpha}_M & \hat{\alpha}_{M-1} & \cdots & \hat{\alpha}_1 \\ \vdots & \vdots & \vdots & \vdots \\ \hat{\alpha}_P & \hat{\alpha}_{P-1} & \cdots & \hat{\alpha}_{P-M-1} \end{bmatrix}$$

则式(9-9)可表示为

$$\boldsymbol{Y}_{\mathrm{M}}(k+1) = \boldsymbol{Y}_0(k+1) + \boldsymbol{A} \Delta \boldsymbol{U}(k) \tag{9-10}$$

2. 反馈校正

由于非线性、随机干扰等因素，模型预测值与实际输出可能存在差异，为了减少这种差异的影响，用对象实际输出和预测模型输出的偏差$e(k) = y(k) - y_{\mathrm{m}}(k)$，对模型预测值$y_{\mathrm{m}}(k)$进行修正

$$z(k+i) = y_{\mathrm{m}}(k+i) + h_i[y[k] - y_{\mathrm{m}}[k]] = y_{\mathrm{m}}(k+i) + h_i e(k) \quad i = 1, 2, \cdots, P \tag{9-11}$$

式(9-11)中变量的含义与式(9-4)中变量的含义相同。通过对预测值进行修正，构成反馈校正，形成闭环预测输出，提高了系统的鲁棒性。

如果定义矢量

$$\boldsymbol{Z}(k+1) = [z(k+1) \quad z(k+2) \quad z(k+p)]^{\mathrm{T}}$$

$$\boldsymbol{Y}(k+1) = [y(k+1) \quad y(k+2) \quad y(k+p)]^{\mathrm{T}}$$

$$\Delta \boldsymbol{U}(k) = [\Delta u(k) \quad \Delta u(k+1) \quad \Delta u(k+M-1)]^{\mathrm{T}}$$

$$\boldsymbol{H} = [h_1 \quad h_2 \quad \cdots \quad h_p]^{\mathrm{T}}$$

则式(9-11)可表示为

$$\boldsymbol{Z}(k+1) = \boldsymbol{Y}_{\mathrm{M}}(k+1) + \boldsymbol{H}[y(k+1) - y_{\mathrm{m}}(k+1)] \tag{9-12}$$

其他部分与模型算法控制相同。

9.4 专家系统

专家系统是人工智能中最重要的也是最活跃的一个应用领域，它实现了人工智能从理论研究走向实际应用、从一般推理策略探讨转向运用专门知识的重大突破。专家系统是早期人工智能的一个重要分支，它可以看作一类具有专门知识和经验的计算机智能程序系统，一般采用人工智能中的知识表示和知识推理技术来模拟通常由领域专家才能解决的复杂问题。简而言之，专家系统是一种模拟人类专家解决领域问题的计算机程序系统。

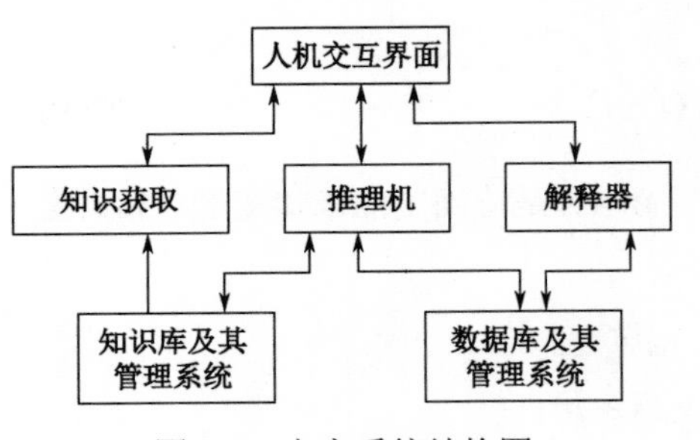

图 9-7 专家系统结构图

专家系统通常由人机交互界面、知识库及其管理系统、推理机、解释器、数据库及其管理系统、知识获取 6 部分构成，专家系统结构图如图 9-7 所示。

9.4.1 专家系统的特点

简而言之，专家系统是一种模拟人类专家解决领域问题的计算机程序系统。专家系统具有下列特点。

（1）具有专家水平的专门知识。

专家系统为了能够像人类专家那样去解决实际问题，就必须具有专家级的知识。知识越丰富，解决问题的能力就越强。

（2）透明性。

专家系统能够解释本身的推理过程并回答用户提出的问题，以使用户能够了解推理过程，提高对专家系统的信赖感。例如，一个医疗诊断专家系统诊断某个病人患有肺炎，而且必须用某种抗生素治疗，那么，这个专家系统将会向病人解释为什么他患有肺炎，而且必须用某种抗生素治疗，就像一位医疗专家对病人详细解释病情和治疗方案一样。

（3）灵活性。

专家系统能不断地增长知识，修改原有知识，不断更新。由于这一特点，使得专家系统具有十分广泛的应用领域。

（4）实用性。

专家系统是根据问题的实际需求开发的，这一特点就决定了它具有坚实的应用背景。

（5）具有一定的复杂性及难度。

专家系统拥有知识，可以运用知识进行推理，模拟人类的思维过程。但是，人类的知识是丰富多彩的，思维方式也是多种多样的。因此，要真正实现对人类思维进行模拟，是一件非常困难的工作，并有赖于其他许多学科的共同发展。

9.4.2 专家系统的类型

专家系统的类型多种多样，大致可以分为如下几类。

1. 预测专家系统

预测专家系统的任务是通过对过去和现在已知状况的分析来推断未来可能发生的情况。预测专家系统具有如下特点。

（1）系统处理的数据随时间变化，而且可能是不准确和不完全的。

（2）系统需要有适应时间变化的动态模型能够从不完全和不准确的信息中得出预报，并达到快速响应的要求。

预测专家系统的例子有气象预报、军事预测、人口预测、交通预测、经济预测和谷物产量预测等。例如，恶劣气候（包括暴雨、飓风、冰雹等预报）、战场前景预测和农作物病虫害预报等专家系统。

2. 诊断专家系统

诊断专家系统的任务是根据观察到的情况（数据）来推断出某个对象机能失常（即故障）的原因。诊断专家系统具有如下特点。

（1）能够了解被诊断对象或客体各组成部分的特性及它们之间的联系。

（2）能够区分一种现象及其所掩盖的另一种现象。

（3）能够向用户提出测量的数据，并从不确切信息中得出尽可能正确的诊断。

诊断专家系统的例子非常多，有医疗诊断、电子机械和软件故障诊断，以及材料失效诊断等。

3. 设计专家系统

设计专家系统的任务是根据设计要求，求出满足设计问题约束的目标配置。设计专家系统具有如下特点。

（1）善于从多方面的约束中得到符合要求的设计结果。

（2）系统需要检索较大的可能解空间。

（3）善于分析各种子问题并处理好子问题之间的相互作用。

（4）能够试验性地构造出可能设计，并易于对所得设计方案进行修改。

（5）能够使用已被证明是正确的设计来解释当前新的设计。

4. 规划专家系统

规划专家系统的任务是寻找出某个能够达到给定目标的动作序列或步骤。规划专家系统具有如下特点。

（1）所要规划的目标可能是动态的或静态的，因此需要对未来动作做出预测。

（2）所涉及的问题可能很复杂，因此要求系统能抓住重点，处理好各子目标之间的关系和不确定的数据信息，并通过试验性动作得出可行规划。

规划专家系统可用于机器人规划、交通运输调度、工程项目论证、通信与军事指挥及农作物施肥方案规划等。

9.4.3 新型专家系统

近年来，在讨论专家系统的利弊时，有些人工智能学者认为，专家系统发展出的知识库思想是很重要的，它不仅促进了人工智能的发展，而且对整个计算机科学的发展影响巨大。不过，基于规则的知识库思想却限制了专家系统的进一步发展。

在专家系统的基础上，新型专家系统不仅能采用各种定性模型，而且还运用到了人工智能和计算机技术的一些新思想与新技术。

1. 分布式专家系统

分布式专家系统具有分布处理的特征，其主要目的在于把一个专家系统的功能经分解后分布到多个处理器上并行工作，从而在总体上提高系统的处理效率。它可以工作在紧耦合的多处理器系统环境中，也可以工作在松耦合的计算机网络环境里，所以其总体结构在很大程度上依赖于其所在的硬件环境。

2．协同式专家系统

协同式专家系统也可称为群专家系统，表示能综合若干个相近领域或一个领域的多个方面的子专家系统互相协作共同解决一个更广领域问题的专家系统。例如，疑难病症需要多个专科医生的会诊、一个复杂系统（如导弹与舰船等）的设计需要多个方面的专家和工程师的合作等。现实世界中对这种协同式专家系统的需求是很多的。

9.5　模糊控制

自 20 世纪 60 年代以来，现代控制理论已经在工业生产过程和军事科学及航空航天等许多方面的应用取得了成功。但它们都有一个基本的要求，这个基本要求就是它们需要建立被控对象的精确数学模型。随着科学技术的迅猛发展，各个领域对自动控制系统控制精度、响应速度、系统稳定性与适应能力的要求越来越高，所研究的系统也日益复杂多变。然而由于一系列的原因，如被控对象具有非线性、时变性、多参数间的强烈耦合、较大的随机干扰、过程机理错综复杂、各种不确定性，以及现场测量手段不完善等，难以建立被控对象的精确数学模型。对于那些难以建立精确数学模型的复杂被控对象，采用传统的控制方法效果并不好。而看起来似乎不确切的模糊手段往往可以达到精确的目的。操作人员是通过不断学习、积累操作经验来实现对被控对象进行控制的，这些经验包括对被控对象特征的了解、在各种情况下相应的控制策略及性能指标判据。这些信息通常是以自然语言的形式表达的，其特点是定性描述，所以具有模糊性。由于这种特性使得人们无法用现有的定量控制理论对这些信息进行处理，所以需探索出新的理论与方法。

L. A. Zadeh 教授提出的模糊集合理论，其核心是对复杂的系统或过程建立一种语言分析的数学模式，使自然语言能直接转化为计算机所能接受的算法语言。模糊集合理论的诞生，为处理客观世界中存在的一类模糊问题，提供了有力的工具。同时，它也适应了自适应科学发展的迫切需要。正是在这种背景下，作为模糊数学一个重要应用的模糊控制理论便应运而生了。

9.5.1　模糊控制的基本原理

“模糊”是人类感知万物、获取知识、思维推理、决策实施的重要特征。“模糊”比“清晰”所拥有的信息容量更大，内涵更丰富，更符合客观世界。模糊逻辑控制（Fuzzy Logic Control）简称模糊控制（Fuzzy Control），是以模糊集合论、模糊语言变量和模糊逻辑推理为基础的一种计算机数字控制技术。模糊控制理论是由美国著名的学者加利福尼亚大学教授 L.A.Zadeh 于 1965 年首先提出的，它是以模糊数学为基础，用语言规则表示方法和先进的计算机技术，由模糊推理进行决策的一种高级控制。在 1968—1973 年期间，L.A.Zadeh 先后提出语言变量、模糊条件语句和模糊算法等概念和方法，使得某些以往只能用自然语言的条件语句形式描述的手动控制规则可采用模糊条件语句形式来描述，从而使这些规则成为在计算机上可以实现的算法。1974 年，英国伦敦大学教授 E.H.Mamdani 研制成功第一个模糊控制器，并把它应用于锅炉和蒸汽机的控制，在实验室获得成功。这一开拓性的工作标志着模糊控制理论的诞生并充分展示了模糊技术的应用前景。

模糊控制是以模糊集合理论、模糊语言及模糊逻辑为基础的控制，它是模糊数学在控制系统中的应用，是一种非线性智能控制。模糊控制是利用人的知识对控制对象进行控制的一种方法，通常用“IF 条件，THEN 结果”的形式来表现，所以又通俗地称为语言控制。它一般用于无法以严密的数学表示的控制对象模型，即可利用人（熟练专家）的经验和知识来很好地控制。因此，利用人的智力模糊地进行系统控制的方法就是模糊控制。

模糊控制系统结构框图如图 9-8 所示，它的核心部分为模糊控制器。模糊控制器的输入、输出变量都是精确的数值，模糊控制采用模糊语言处理，用模糊逻辑进行推理，因此必须将输入数据变换成模糊语言变量，这个过程称为精确量的模糊化；然后进行推理、形成控制策略（变量）；最后将控制策略转换成一个精确的控制变量值，即去模糊化（也称精确化），并输出控制变量进行控制。下面对模糊化、模糊推理、清晰化及知识库做简要说明。

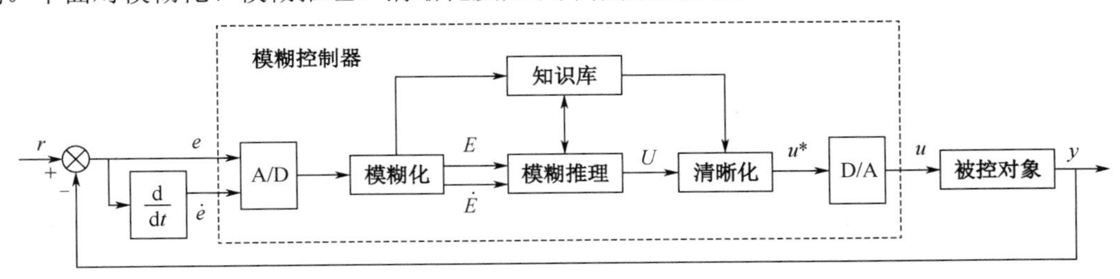

图 9-8　模糊控制系统结构框图

1. 模糊化

模糊化是将偏差 e 及其变化率 $\dot{e}$ 的精确率转换为模糊语言变量，即根据输入变量模糊子集的隶属函数找出相应的隶属度，将 e 和 $\dot{e}$ 变换成模糊语言变量 E、$\dot{E}$ 。在实际控制中，把一个实际物理量划分为“正大”“正中”“正小”“零”“负小”“负中”“负大”七级，分别用英文字母 PB（positive big）、PM（positive medium）、PS（positive small）、ZE（zero）、NS（negative small）、NM（negative medium）、NB（negative big）表示。每一个语言变量值都对应一个模糊子集。首先要确定这些模糊子集的隶属度函数 $u(\cdot)$ ，才能进行模糊化。

一个语言变量的各个模糊子集之间并没有明确的分界线，在模糊子集隶属度函数的曲线上表现为这些曲线的相互重叠。选择相邻隶属度函数有合适的重叠是模糊控制器对于对象参数变化具有鲁棒性的依据。

由于隶属度函数曲线形状对控制性能的影响不大，所以一般选择三角形或梯形，形状简单，计算工作量小，而且当输入值变化时，三角形隶属度函数比正态分布具有更大的灵敏性。在某一区间内，要求控制精度高、响应速度快，则相应区间的分割细一些、三角形隶属度函数曲线斜率取大一些，如图 9-9（a）所示。反之，对应区域的分割粗一些、隶属度函数曲线变化平缓一些，甚至呈现水平形状，如图 9-9（b）所示。

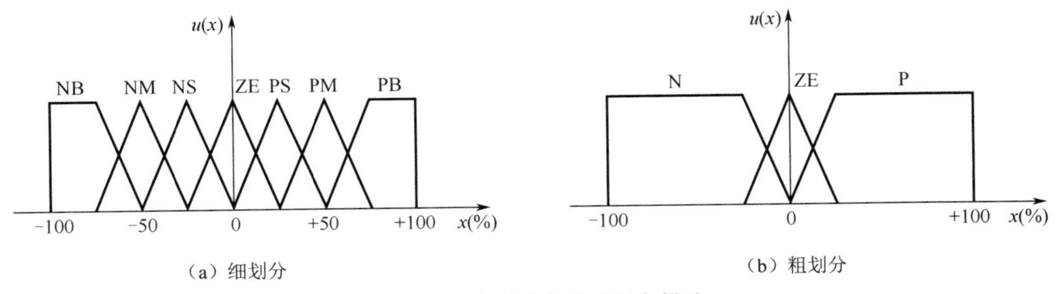

图 9-9　数值变量分割及语言描述

一个模糊控制器的非线性性能与隶属度函数总体的位置及分布有密切关系，每个隶属度函数的宽度与位置又确定了每个规则的影响范围，它们必须重叠。所以在设定一个语言变量的隶属度函数时，要考虑隶属度函数的个数、形状、位置分布和相互重叠程度等。要特别注意，语言变量的级数设置一定要合适，如果级数过多，则运算量大，控制不及时；如果级数过少，则控制精度低。

2. 模糊推理

模糊控制器的核心是依据语言规则进行模糊推理，在设计控制器时，首先要确定模糊语言变量的控制规则。语言控制规则来自于操作者和专家的经验知识，并通过试验和实际使用效果不断优化完善。规则的形式为：

IF…THEN…。

一般描述为：

IF X is A and Y is B，THEN Z is C

这是表示系统控制规律的推理式，称为规则。其中 IF 部分的“X is A and Y is B”称为前件部，THEN 部分的“Z is C”称为后件部，X、Y 是输入变量，Z 是推理结论。在模糊推理中，X、Y、Z 都是模糊变量，而现实系统中的输入、输出变量都是确定量，所以在实际模糊控制实现中，输入变量 X、Y 要进行模糊化，Z 要进行清晰化。A、B、C 是模糊集，在实际系统中用隶属度函数 $u(\cdot)$ 表示，一个模糊控制器由若干条这样的规则组成，且输入、输出变量也可以是多个。

模糊控制用规则来描述，规则多少、规则重叠程度、隶属度函数形状等都可以根据输入、输出变量个数及控制精度的要求灵活确定。

模糊推理中较为常用的模糊关系合成运算有最大-最小合成运算（MAX-MIN Operation）和最大-乘积合成运算（MAX-PROD Operation），常用的推理方法有 Mamdani 推理（Mamdani Inference）、Larson 推理（Larson Inference）等

推理规则对于控制系统的品质起着关键的作用，为了保证系统品质，必须对规则进行优化，确定合适的规则数量和正确的规则形式；同时给每条规则赋予适当的权值或置信因子（Credit Factor），置信因子可根据经验或模拟实验确定，并根据使用效果不断修正。

3. 清晰化

清晰化就是将模糊语言变量转换为精确的数值，即根据输出模糊子集的隶属度计算出确定的输出数值。清晰化有各种方法，其中最简单的一种是最大隶属度方法。在控制技术中最常用的清晰化方法则是面积重心法 COG（Center of Gravity），其计算式为

$$u = \frac{\sum u(x_i)x_i}{\sum u(x_i)} \tag{9-13}$$

式中，$u(x_i)$ 为各规则结论 x_i 的隶属度。对于连续变量，式(9-13)中的和式运算变为积分运算

$$u = \frac{\int u(x)x\mathrm{d}x}{\int u(x)\mathrm{d}x} \tag{9-14}$$

此外，还有一些可供提供清晰化的计算方法，如最大平均值法、左取大法、右取大法、乘积和重心法等。在选择清晰化方法时，应考虑隶属度函数的形状、所选择的推理方法等因素。

4. 知识库

知识库包含了有关控制系统及其应用领域的知识、要达到的控制目标等，由数据库和模糊控制规则库组成。

数据库主要包括各语言变量的隶属度函数、尺度变换因子及模糊空间的分级数等；模糊控制规则库包括用模糊语言变量表示的一系列控制规则，它们反映了控制专家的经验和知识。将上面四个具体内容综合起来，就能实现图 9-8 所示模糊控制系统的功能。

9.5.2　模糊控制的优点

模糊控制具有很多的优点，如简化系统设计的复杂性，特别适用于非线性、时变、模型不完全的系统上。模糊控制技术利用控制法则来描述系统变量间的关系，同时不用数值而用语言式的模糊变量来描述系统，模糊控制系统不必对被控制对象建立完整的数学模式。模糊控制系统是一种语言控制器，使得操作人员易于使用自然语言进行人机对话。模糊控制系统是一种容易控制和掌握的、较理想的非线性控制器，并且抗干扰能力强、响应速度快，对系统参数的变化有较强的鲁棒性和较好的容错性。它从属于智能控制的范畴。模糊控制系统尤其适用于非线性、时变、滞后系统的控制。

9.6　神经网络控制

20 世纪 80 年代，神经网络控制产生并作为智能控制的一个分支得以发展，它是神经网络与控制理论相结合的产物。由于人工神经网络具有非线性、自学习和自适应特性，能够通过学习获得一个复杂非线性对象的未知特征，并将得到的经验用于新的估计、分类、决策和控制，从而改善系统性能。所以，神经网络在控制系统中通常被用作控制器或辨识器，主要为了解决复杂的非线性、不确定性、不确知对象的控制问题，使控制系统达到要求的动态和静态（或称稳态）性能。

9.6.1　神经元模型

1. 生物神经元模型

人的大脑是由大量的神经细胞组合而成的，它们之间互相连接。每个脑神经细胞（也称神经元）的结构如图 9-10 所示。

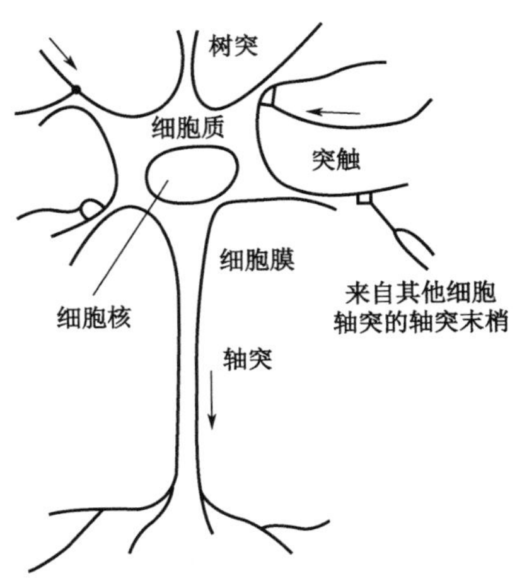

图 9-10　神经元的结构

神经元由细胞体、树突和轴突构成。细胞体是神经元的中心，它又由细胞核、细胞膜等组成。树突是神经元的主要接收器，用来接收信息。轴突的作用为传导信息，从轴突起点传到轴突末梢，轴突末梢与另一个神经元的树突或细胞体构成一种突触的机构，通过突触实现神经元之间的信息传递。

2. 人工神经元模型

人工神经元模型是利用物理器件来模拟生物神经网络的某些结构和功能的。人工神经元模型如图 9-11 所示。

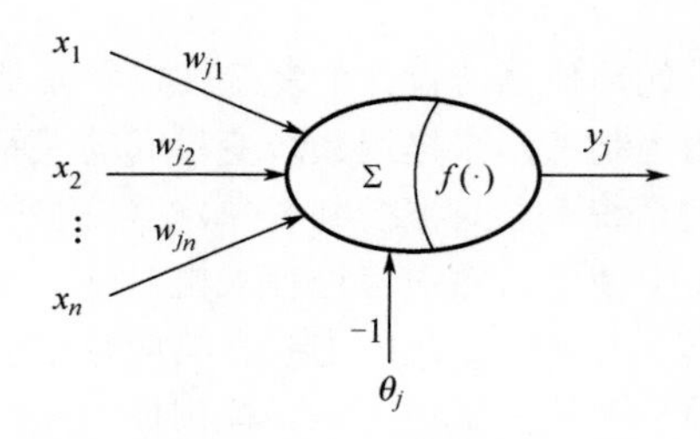

图 9-11　人工神经元模型

在图 9-11 中，神经元模型的输入、输出关系为

$$I_j = \sum_{i=1}^{n} w_{ji} x_i - \theta_j \tag{9-15}$$

$$y_j = f(I_j) \tag{9-16}$$

式中，θ_j 为阈值；w_{ji} 为连接权值；$f(\cdot)$ 为激活函数。

常见的激活函数如图 9-12 所示，各自对应的解析表达式如下。

（1）阶跃函数如图 9-12（a）所示。

$$f(x) = \begin{cases} 1 & x \geqslant 0 \\ 0 & x < 0 \end{cases} \tag{9-17}$$

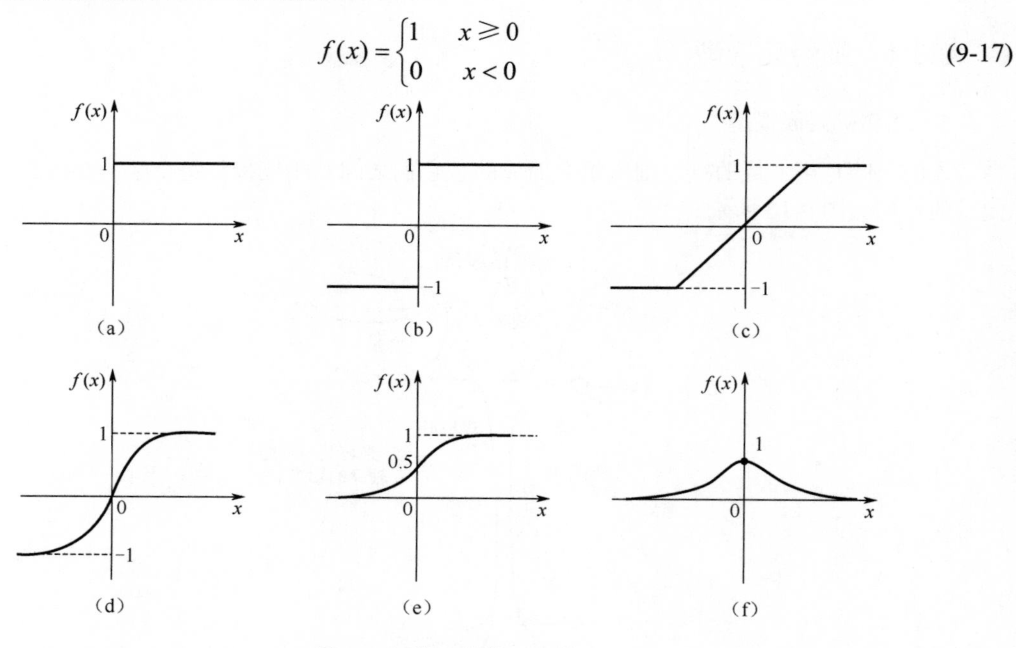

图 9-12　常见的激活函数

（2）符号函数如图 9-12（b）所示。

$$f(x) = \begin{cases} 1 & x \geqslant 0 \\ -1 & x < 0 \end{cases} \tag{9-18}$$

（3）饱和型函数如图 9-12（c）所示。

$$f(x)=\begin{cases}1 & x\geqslant \dfrac{1}{k}\\ kx & |x|<\dfrac{1}{k} \quad k>0\\ -1 & x\leqslant -\dfrac{1}{k}\end{cases} \tag{9-19}$$

（4）双曲函数如图 9-12（d）所示。

$$f(x)=\frac{1-\mathrm{e}^{-ax}}{1+\mathrm{e}^{-ax}} \qquad a>0 \tag{9-20}$$

（5）S 型函数如图 9-12（e）所示。

$$f(x)=\frac{1}{1+\mathrm{e}^{-ax}} \qquad a>0 \tag{9-21}$$

（6）高斯函数如图 9-12（f）所示。

$$f(x)=\mathrm{e}^{-x^2/\sigma^2} \qquad a>0 \tag{9-22}$$

9.6.2　人工神经网络

将多个人工神经元模型按一定方式连接而成的网络结构称为人工神经网络，人工神经网络是以技术手段来模拟人脑神经元网络特征的系统，如学习、识别和控制等功能，是生物神经网络的模拟和近似。人工神经网络有多种结构，图 9-13（a）所示为前向神经网络结构，图 9-13（b）为反馈神经网络结构。

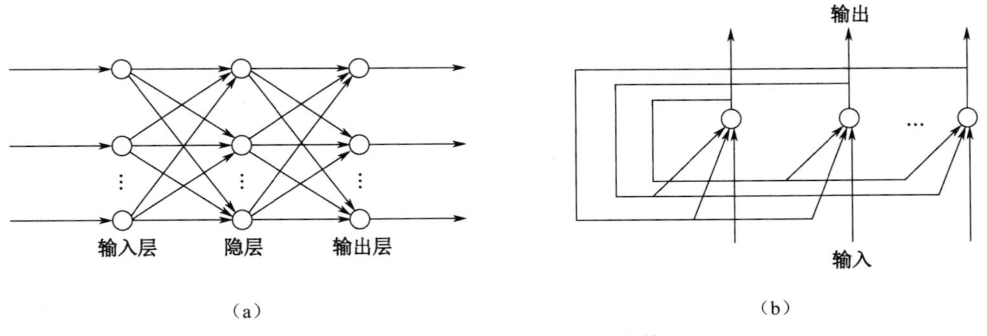

图 9-13　典型人工神经网络结构

人工神经网络中每个节点都有一个输出状态变量 x_j；节点 i 到节点 j 之间有一个连接权值 w_{ji}；每个节点都有一个阈值 θ_j 和一个非线性激活函数 $f(\sum w_{ji}x_i-\theta_j)$。

人工神经网络具有并行性、冗余性、容错性、本质非线性及自组织、自学习、自适应能力，已经成功地应用到许多不同的领域。

下面介绍在自动控制中常用的误差反向传播网络。

误差反向传播网络简称 BP（Back Propagation）网络，是一种单向传播的多层前向网络，在模式识别、图像处理、系统辨识、最优预测、自适应控制等领域得到了广泛应用。BP 网络由输入层、隐含层（可以有多个隐含层）和输出层构成，可以实现从输入到输出的任意非线性映射。连接权值 w_{ji} 的调整采用误差修正反向传播的学习算法，也称监督学习。BP 算法首先需要一批正确的输入、输出数据（称训练样本）。将一组输入数据样本加载到网络输入端后，得到一组网络实际响应的输出数据；将输出数据与正确的输出数据样本进行比较，得到误差值；然后根据误差的情况修

改各连接权值 w_{ji}，使网络的输出响应能够朝着输出数据样本的方向不断改进，直至实际的输出响应与已知的输出数据样本之差在允许的范围之内。

BP 算法属于全局逼近方法，有较好的泛化能力。当参数适当时，能收敛到较小的均方误差，是当前应用最广泛的一种网络；缺点是训练时间长、易陷入局部极小、隐含层数和隐含节点数难以确定。

BP 网络在建模和控制中应用较多，在实际应用中需选择网络层数、每层的节点数、初始权值、阈值、学习算法、权值修改步长等。一般是先选择一个隐含层，用较少隐节点对网络进行训练，并测试网络的逼近误差，逐渐增加隐节点数，直到测试误差不再有明显下降为止；最后再用一组检验样本测试，如误差太大，还需要重新训练。

9.6.3　神经网络在控制中的应用

神经网络控制是指在控制系统中采用神经网络，对难以精确描述的复杂非线性对象进行建模、特征识别，或者作为优化计算、推理的有效工具。神经网络与其他控制方法结合，构成神经网络控制器或神经网络控制系统等，其在控制领域的应用可简单归纳为以下几个方面。

（1）在基于精确模型的各种控制结构中作为对象的模型。

（2）在反馈控制系统中直接承担控制器的作用。

（3）在传统控制系统中实现优化计算。

（4）与其他智能控制方法，如模糊控制、专家控制等相融合，为其提供非参数化对象模型、优化参数、推理模型和故障诊断等。

基于传统控制理论的神经网络控制有很多种，如神经逆动态控制、神经自适应控制、神经自校正控制、神经内模控制、神经预测控制、神经最优决策控制和神经自适应线性控制等。

基于神经网络的智能控制有神经网络直接反馈控制、神经网络专家系统控制、神经网络模糊逻辑控制和神经网络滑模控制等。

9.7　集散控制系统

9.7.1　集散控制系统的发展

集散控制系统（简称集散系统）是以微处理器为基础，借助于计算机网络对生产过程进行集中管理和分散控制的先进计算机控制系统。由于早期开发的集散控制系统在体系结构上具有分散式系统的特征，因此国外将该类系统取名为 Distributed Control System（DCS），国内也有人将其直译为分散控制系统，或者分布式控制系统。

集散控制系统是随着现代计算机技术（Computer）、通信技术（Communication）、控制技术（Control）和图形显示技术（CRT）的不断进步及相互渗透而产生的，是“4C”技术的结晶。它既不同于分散的仪表控制系统，也不同于集中式的计算机控制系统，而是在吸收了两者优点的基础上发展起来的具有崭新结构体系和独特技术风格的新型自动化系统。集散控制系统通过计算机网络将每个分散的过程控制装置和各种操作管理装置有机结合起来，它不仅具有先进可靠的控制性能和集中化的监视、操作功能，而且具有强大的信息处理能力和数据交换能力，以及灵活的构成方式，因此能够适应工业生产过程的各种需要，表现出顽强的生命力和显著的优越性。

自 1975 年世界上第一套集散控制系统——美国 Honeywell 公司的 TDC-2000 问世以来，DCS 越来越受到广大用户的重视和欢迎。目前世界上新建的大型装置和大工厂，多数采用集散控制系统。许多老企业的改造，也将原有的仪表控制系统更新为集散控制系统。我国从 20 世纪 80 年代中期开始陆续从国外引进了上千套集散控制系统，应用领域遍及石油、化工、冶金、电力、纺织、建材、造纸、制药和食品等各行各业，而且这种应用趋势有增无减。在引进的同时，我国于 20 世纪 90 年代初也正式推出了自行设计和制造的集散控制系统，并正在大力推广使用。国内外大量应用的实践表明，集散控制系统在提高企业的生产自动化水平和管理水平，提高产品质量、降低能源和原材料消耗，提高劳动生产率，保证生产安全，促进工业技术进步，创造最佳经济效益和社会效益等方面发挥着极其重要的作用。集散控制系统已经成为当今过程控制系统发展的主流。目前，世界上许多著名的生产厂家都推出了各自开发的集散控制系统。部分生产厂家的 DCS 产品如表 9-1 所示。

表 9-1 部分生产厂家的 DCS 产品

产品名称	生产厂家
TDC-2000，TDC-3000，TDC-3000/PM	美国霍尼威尔公司（Honeywell）
CENTUM，CENTUM-XL，μXL，CS	日本横河机电公司（YOKOGAWA）
SPECTRUM，I/A Series	美国福克斯波罗公司（Foxboro）
Network-90，INFI-90	美国贝利控制公司（Bailey Controls）
SYSTEM RS3	美国罗斯蒙特公司（Rosemount）
MOD 300	美国泰勒公司（Tayler）
HS-2000	中国北京和利时自动化工程有限公司
FB-2000	中国浙江威盛自动化有限公司
SUPCON JX	浙大中控自动化公司
TELEPERM-M，SIMATIC PCS7	德国西门子公司（Siemens）

9.7.2 集散控制系统的组成

集散控制系统各生产厂家推出的产品种类繁多，系统规模和设计风格也有不少差异，但其核心结构基本上是一致的，它们都包含数据通信网络、过程控制装置、操作和管理装置三大基本组成部分。为了便于了解 DCS 的工作原理，我们可以进一步将其细化为“四点一线”式的结构。“一线”是指 DCS 的数据通信网络，“四点”是指连接在网络上的四种不同类型的节点。这四种节点是控制站、操作站、工程师站和管理工作站。其中操作站、工程师站和管理工作站同属于操作和管理装置基本组成部分。

数据通信网络是 DCS 中各设备之间进行信息交换的媒介。不同类型的网络节点通过系统网络互相连接，并在其协调下，共同完成 DCS 的整体功能。数据通信网络还可以通过网间连接器，向下与早期开发的 DCS 子系统及现场总线网络或 PLC 系统相连，向上与企业管理信息系统的局域网乃至广域网相连。DCS 的通信网络要求有较好的实时性和开放性。所谓“实时性”是指信息传送能在受控过程允许的时限内完成。所谓“开放性”是指网络通信标准符合国际统一标准，能与其他厂家的标准产品互换和互操作。

控制站是一类面向生产过程的网络节点，它是 DCS 与工业生产过程的接口，也是 DCS 的核心。控制站主要承担现场信号的数据采集、处理和过程控制等任务。在 DCS 中，控制站的数量需要根据对象的规模和特性、对可靠性的要求程度、经济条件等因素综合确定。通常情况下，由几个控制站共同完成对生产过程的控制。

操作站是一类面向生产操作人员的网络节点，是 DCS 为用户提供处理各种有关运行操作的人机界面。操作站的主要任务就是对实际生产过程进行集中监视和操作。操作站的数量通常是按照生产过程的工段来配置的，所以在一套 DCS 中，操作站的数量一般不止一个。

工程师站是一类面向系统管理人员的网络节点。它的主要任务是对 DCS 进行配置和组态，并对整个系统的运行状况进行实时监视和管理。通常一套 DCS 中只需配备一个工程师站。但并不是所有的 DCS 都提供工程师站，有的 DCS 产品将系统的组态和监管功能全部放到操作站中去实现。这种情况下的操作站就是一台功能更为强大的高级操作站或万能操作站。

管理工作站是一类面向高级管理人员的网络节点，在有些 DCS 中将其称为万能工作站或应用站。实际上它是一台小型计算机或超级微型机再配上相关的应用软件包而构成的过程计算机。它不仅具有工程师站和操作站的通用功能，而且能够对生产过程的运行状况进行统计和分析，并可根据所建立的生产装置数学模型，实现对生产过程的优化控制和各种复杂的高级控制，为企业带来可观的经济效益。随着 DCS 功能的不断增加和各种高级过程控制应用软件的开发，这类网络节点的应用前景极为广阔。

9.7.3 集散控制系统的特点

同传统的集中式计算机控制系统和常规仪表控制系统相比，集散控制系统具有以下主要特点。通过对这些特点的分析，可以反映出集散控制系统的基本设计思想。

1．控制分散、信息集中

集中式的计算机控制系统，将现场信号的采集、过程控制变量的计算和输出过程参数的显示与操作、实时和历史数据的管理等所有功能集中在一台计算机上。它虽然具有结构简单、信息便于集中管理等优点，但一旦主机出现故障，对生产过程所造成的危害是不言而喻的。而常规仪表控制系统具有控制分散的优点，即便是某台控制器失效，也只会影响到某局部回路，但该类系统的监视和操作功能却不尽如人意。集散控制系统继承了以上两者的优点，它将过程量的输入和输出分配到若干个控制站中去分别完成，使危险性大大分散；同时，通过数据通信网络将分散在各控制站的实时数据和信息集中到操作站的 CRT 显示画面上，代替了庞大的模拟仪表盘，大大方便了操作员对生产过程的监视和操作。

2．极好的灵活性和可扩展性

集散控制系统的硬件和软件采用开放式、标准化和模块化设计，系统采用积木式结构，具有灵活的配置，可适应不同用户的需要，选用不同类型的插卡，可以实现不同要求的控制功能；增加或减少网络节点的数目就可改变整个系统的规模；当工厂改变生产工艺和流程时，不必去开发新的软件，只要借助于系统提供的软件工具，对某些配置和控制方案进行重新组态即可实现。显然，这种软件、硬件结构使得集散控制系统具有高度的灵活性和可扩展性。

3．自主性和协调性

集散控制系统中的各类网络节点独立自主地完成系统所分配的规定任务，不同的网络节点具有不同的功能。每个节点都是一个能够独立运行的计算机子系统。但是每个节点之间又不是孤立存在的，它们之间又有着密切的分工合作关系。比如，操作站所显示的过程参数信息是由控制站提供的，而管理工作站计算得到的最优设定值必须通过控制站才能实现。所以每个网络节点之间通过数据通信网络传送各种信息而协调地工作，以完成集散控制系统的总体功能。

4．高度的安全可靠性

连续生产过程对控制系统的可靠性要求极高，各集散控制系统生产厂家采用各种措施来提高系统的可靠性。这些措施包括：

（1）系统结构的容错化设计，即在任一单元失效的情况下，仍能保持系统的完整性；
（2）系统中的关键环节，包括控制站、操作站、数据通信网络等均采用双重化；
（3）软件的设计除采用模块化设计和积木式结构外，也运用了容错技术；
（4）在器件的选择和表面封装方面采用最新应用技术；
（5）系统内外采用抗干扰设计；
（6）硬件的自诊断及快速排除故障的设计等。
正是由于这些措施使得集散控制系统的安全性和可靠性大大提高。

9.8 计算机控制系统

计算机的问世，在科学技术上引起了一场深刻的革命。近几十年来，随着电子技术的飞速发展，计算机也在不断完善和发展。由于计算机具有运算速度快、精度高、存储容量大和逻辑功能齐全等特点，已成为很多领域强有力的工具。在生产过程控制领域中，计算机已作为一个强有力的控制工具，获得了较广泛的应用。本节将对计算机控制系统的应用进行简单的介绍。

工业用计算机控制系统，与它所控制的生产过程的复杂程度密切相关，不同的控制对象和不同的要求，就有不同的控制方案。从应用特点、控制目的出发，简述几种典型应用。

9.8.1 数据采集和数据处理系统

计算机在进行数据采集和处理时，主要是对大量的生产过程的参数进行巡回检测、数据记录、数据计算、数据统计和整理、数据越限报警，以及对大量数据进行累积和实时分析。在这种应用方式中，计算机不直接参与过程控制，对生产过程不会产生直接影响， 数据采集和处理系统框图如图 9-14 所示。计算机虽然不直接参与生产过程的控制，但其作用还是很明显的。由于计算机具有速度快等特点，故在过程参数的测量和记录中可以代替大量的常规显示和记录仪表，对生产过程进行集中监视，同时由于计算机具有运算、逻辑判断能力，可以对大量的输入数据进行必要的集中加工和处理，并且能以有利于指导生产过程控制的方式表示出来，故对指导生产过程控制有一定的作用。另外，计算机有存储信息的能力，可预先存入各种工艺参数的极限值，处理过程中可进行越限报警，以确保生产过程的安全。此外，这种应用方式可以得到大量的统计数据，为建立数学模型提供了依据。

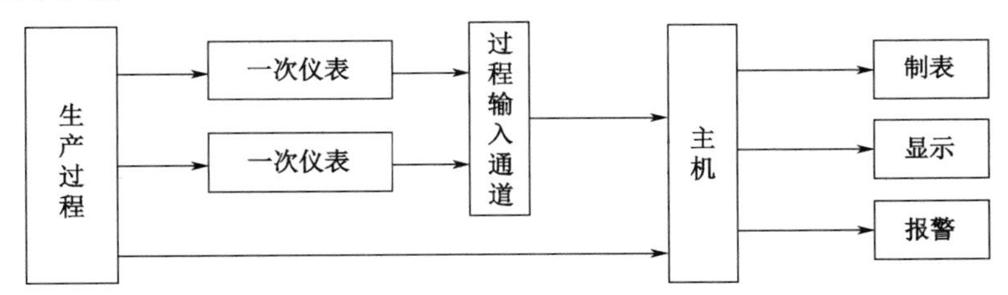

图 9-14 数据采集和处理系统框图

9.8.2 直接数字控制系统

直接数字控制（Direct Digital Control，DDC）系统是计算机在生产过程中应用最普遍的一种形式。它是一台计算机配以适当的输入、输出设备，从生产中获取信息，按照预先规定的控制规律进行运算，然后发出控制信号，通过输出通道直接控制执行机构，实现对生产过程的闭环控制。一般的 DDC 系统有一个功能较齐全的运行操作控制台，给定、显示、报警等集中在这个

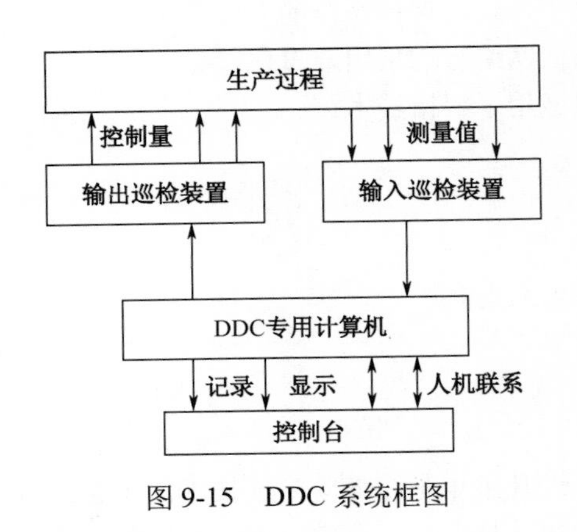

图 9-15　DDC 系统框图

控制台上，操作方便。DDC 系统框图如图 9-15 所示。对于系统结构和基本原理而言，DDC 系统与常规控制系统相似，但是根据计算机的特点，使得 DDC 控制具有下列优点。

（1）一台计算机可取代多台常规调节器。

（2）控制规律中的参数范围变化大，而且参数间无相互干扰。

（3）容易实现无扰动切换，对于噪声较大的信号，可以通过数字滤波来提高信号的真实性，以保证控制系统可靠运行。

（4）除能实现 PID 控制规律外，还能方便地采用先进的、复杂的控制规律，如前馈控制、选择性控制、解耦控制等，使系统的控制品质得到提高。

9.8.3　计算机监督控制系统

在 DDC 系统中，对生产过程产生直接影响的被控变量设定值是预先设定的，并存入计算机的内存中，这个设定值不能根据过程条件和生产工艺信息的变化及时修改，故 DDC 控制无法使生产过程处于最优工况，这显然是不够理想的。

在计算机监督控制（Supervisory Computer Control，SCC）系统中，计算机根据原始工艺信息和其他参数，按照描述生产过程的数学模型或其他方法，自动地改变常规模拟调节器或以 DDC 控制方式工作的计算机设定值，从而使生产过程处于最优工况（如保持高质量、高效率、低消耗、低成本等）。从这个角度上说，它的作用是改变设定值，所以又称设定值计算机控制（Setpoint Computer Control，SPC）。

计算机监督控制方式的控制效果主要取决于数学模型的优劣。这个数学模型一般是针对某一目标函数设计的，如果这一数学模型能使某一目标函数达最优状态，那么这种控制方式就能实现最优控制。计算机监督控制系统有两种不同的结构形式，SCC+模拟调节器系统如图 9-16 所示、SCC+DCC 系统如图 9-17 所示。

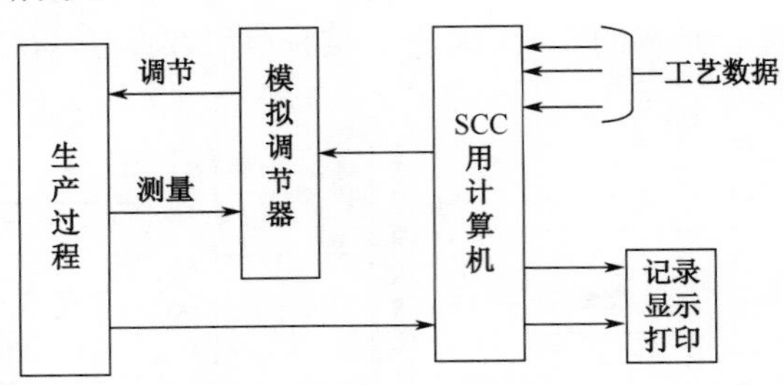

图 9-16　SCC+模拟调节器系统

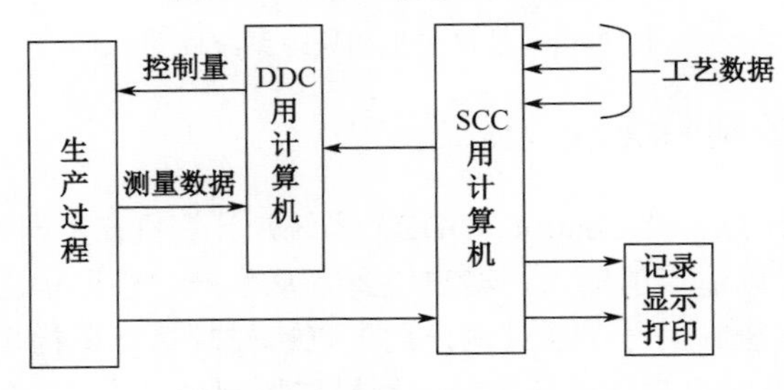

图 9-17　SCC+DCC 系统

1. SCC+模拟调节器系统

该系统由计算机系统对各参数进行巡回检测，按一定的数学模型对生产工况进行分析，计算后得出控制对象各参数最优设定值并送给调节器，使工况保持在最优状态。当 SCC 用计算机出故障时，可由模拟调节器独立完成控制。

2. SCC+DCC 系统

这实际上是一个两级控制系统，SCC 可用高档计算机，它与 DDC 之间通过接口进行信息联系。SCC 用计算机可完成高一级的最优化分析和计算，并给出最优设定值，送给 DDC 级执行过程控制。

思考题与习题

9-1　自适应控制系统具有哪些基本功能？
9-2　模型参考自适应控制系统的基本结构？
9-3　模型算法控制的结构？
9-4　专家系统的特点是什么？
9-5　新型专家系统有哪些类型？
9-6　什么是隶属度函数？它有哪些特点？
9-7　模糊控制的基本原理是什么？在应用过程中，有哪些步骤？
9-8　什么是神经元？什么是神经网络？
9-9　误差反向传播的基本原理是什么？
9-10　数据采集系统的基本结构是什么？
9-11　计算机监督控制系统的基本结构是什么？
9-12　直接数字控制系统有哪些优点？

参 考 文 献

[1] 金以慧．过程控制[M]．北京：清华大学出版社，1993.

[2] 方康玲．过程控制系统[M]．武汉：武汉理工大学出版社，2002.

[3] 陈夕松，汪木兰．过程控制系统[M]．北京：科学出版社，2005.

[4] 林锦国．过程控制[M]．南京：东南大学出版社，2006.

[5] 王再英，刘淮霞，陈毅静．过程控制系统与仪表[M]．北京：机械工业出版社，2006.

[6] 俞金寿，蒋慰孙．过程控制工程[M]．北京：电子工业出版社，2007.

[7] 葛宝明，林飞，李国国．先进控制理论及其应用[M]．北京：机械工业出版社，2007.

[8] 王树青．先进控制技术及应用[M]．北京：化学工业出版社，2001.

[9] 李亚芬．过程控制系统及仪表[M]．大连：大连理工大学出版社，2006.

[10] 王俊杰．检测技术与仪表[M]．武汉：武汉理工大学出版社，2001.

[11] 吴勤勤．控制仪表及装置[M]．北京：化学工业出版社，2002.

[12] 丁轲轲．自动测量技术[M]．北京：中国电力出版社，2004.

[13] 何离庆．过程控制系统与装置[M]．重庆：重庆大学出版社，2003.

[14] 邵裕森，戴先中．过程控制过程[M]．北京：机械工业出版社，2003.

[15] 丁宝苍．先进控制理论[M]．北京：电子工业出版社，2010.

[16] 居滋培．过程控制系统及其应用[M]．2 版．北京：机械工业出版社．2009.

[17] 侯慧姝．过程控制技术[M]．北京：北京理工大学出版社，2012.

[18] 梁昭峰，李兵，裴旭东．过程控制工程[M]．北京：北京理工大学出版社，2010.

[19] 牛培峰．过程控制系统[M]．北京：电子工业出版社，2011.

[20] 徐丽娜．神经网络控制[M]．3 版．北京：电子工业出版社，2013.

[21] 喻宗泉，喻晗．神经网络控制[M]．西安：电子科技大学出版社，2009.